U0259749

乳脂及乳脂产品科学与技术

刘振民　主编

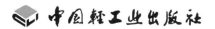 中国轻工业出版社

图书在版编目（CIP）数据

乳脂及乳脂产品科学与技术/刘振民主编 .—北京：中国轻
工业出版社，2019.7

ISBN 978-7-5184-2360-6

Ⅰ.①乳… Ⅱ.①刘… Ⅲ.①乳制品－研究 Ⅳ.①TS252.5

中国版本图书馆 CIP 数据核字（2019）第 014277 号

责任编辑：伊双双　　罗晓航
策划编辑：伊双双　　责任终审：张乃柬　　封面设计：锋尚设计
版式设计：王超男　　责任校对：吴大鹏　　责任监印：张　可

出版发行：中国轻工业出版社（北京东长安街 6 号，邮编：100740）
印　　刷：北京君升印刷有限公司
经　　销：各地新华书店
版　　次：2019 年 7 月第 1 版第 1 次印刷
开　　本：787×1092　　1/16　印张：20.75
字　　数：520 千字
书　　号：ISBN 978-7-5184-2360-6　定价：100.00 元
邮购电话：010-65241695
发行电话：010-85119835　传真：85113293
网　　址：http://www.chlip.com.cn
Email：club@chlip.com.cn
如发现图书残缺请与我社邮购联系调换
170418K1X101ZBW

本书编写人员

主　　编：刘振民

参编人员：高红艳　郑远荣　游春苹　苏米亚
　　　　　孙颜君　苗君莅　贾宏信

| 前言 |

脂肪是人体的必要营养成分，也是食物呈味的重要组分。脂肪可以是一种食物，同时也可以是一种配料。但消费者也担心肥胖，担心食用高脂食品。对脂肪如何科学认识和消费？如何认识脂肪与某些慢性疾病的关系？人食用什么类型的脂质更健康？乳脂肪未来如何发展？这些都是人们关心的问题。

乳脂肪主要成分是饱和脂肪酸及不饱和脂肪酸。乳脂中的磷脂成分和某些不饱和脂肪酸具有多种生理活性，可作为体内一些生理活性物质的前体。

乳脂及乳脂产品在西餐中扮演很重要的角色。中国人主要食用植物油，普通消费者对乳脂和乳脂产品不熟悉，国内关于乳脂及乳脂产品的书籍或材料很缺乏。

本书编写过程中查阅了大量的国内外书籍和资料，部分材料源于作者的科研成果。本书出版得到"十三五"国家重点研发计划（编号：2018YFC1604200）、上海领军人才（编号：2015087）、上海科委项目（编号：19DZ2281400、17391901100）的资助。

本书着重科学性和实用性，全面概括乳脂和乳脂产品科技的各个侧面。主要内容包括：乳脂的生物合成和组成、乳脂的营养和物化特性、脂质与人体健康、乳脂产品的加工技术、人乳脂和人乳替代脂、乳脂产品加工的科技新进展等。

本书编写分工：刘振民负责编写绪论、乳脂与乳品发泡特性、冰淇淋的加工、稀奶油和奶油的部分内容；高红艳负责编写乳脂的组成和营养、乳脂的物理特性、乳脂肪球膜；郑远荣负责编写乳脂的化学特性、乳脂和乳脂产品的微观结构和质构；游春苹负责编写脂质与健康；苏米亚、贾宏信负责编写人乳脂和替代脂；苗君莅负责编写以乳脂原料制备风味物、乳中胆固醇的脱除及低胆固醇乳品开发、脂肪替代品；孙颜君负责编写乳脂产品的加工。全书由刘振民统稿。

本书可供乳品行业科研工作者、生产技术人员以及相关大专院校师生等参阅。

本书不可避免地存在瑕疵，如有错误之处，敬请读者批评指正。

编者

2019 年 4 月

| 目录 |

目录

第一章　绪论

脂质① （Lipids，也称为脂类） 是食物中重要的组分，除了多数的水果、甜品和饮料外，几乎对各种食物的营养和风味起重要作用。自然界存在大量的在化学和功能特性上具有很大差异的脂质。

脂质对食品质量的影响主要与脂质在食品基质中的含量、分布、化学组成和反应特性有关，也与加工期间物理变化以及与其他组分的作用有关。加工和贮存期间，脂质与其他食品组分之间的化学和生物化学作用也影响食品质量的所有方面。食品化学专家可以有效了解、控制多数加工工艺，并进一步应用工业酶和化学工艺创造出新颖的、定制的脂质，满足营养学家、美食家和食品加工者的需求。

乳脂肪是乳中主要的能量物质和重要营养成分，是迄今为止已知的组成和结构最复杂的脂质。其主要成分是饱和脂肪酸及不饱和脂肪酸。

所有哺乳动物的幼仔在生长的初期，乳脂肪都是其能量的主要来源，同时也是构成其细胞膜的主要成分。乳脂肪赋予乳制品特有的风味，对乳制品的加工工艺产生重要的影响，并由于其在商业上的重要性而受到更多的关注②。人乳脂肪因其生理重要性也正被深入研究。乳脂肪的成分和结构受到各种因素的影响，如饮食、泌乳期、泌乳量、繁殖期等。

乳脂在乳中的含量高于蛋白质。脂肪球的直径为 $0.5 \sim 5\mu m$，每毫升乳中有大约 150 亿个脂肪球。乳脂肪是最复杂的脂肪之一，由多种的甘油三酯构成。40℃ 以上时，乳脂肪呈液体状态，通常在 -40℃ 以下时完全固化。乳脂肪的熔点温度范围极广。脂肪的结晶状态对许多性质有影响，如搅打或凝集的稳定性、脂肪球的耐碎性、高脂产品口感的均匀性、稀奶油的分离率等。总之，乳脂肪的基础特性影响着乳脂肪产品的应用特性，如外观、质地 （黏度、硬度） 和口感、凝结和机械软化特性、可涂抹性、融化性、稳定性等。

乳脂肪对人类膳食非常重要，不仅提供能量、脂溶性维生素和必需脂肪酸，而且也使我们的食物更加可口。奶油的熔点一般为 27 ~ 34℃，低于人体体温 （37℃）。食用后，奶油很快从固态转化为液态，因而在胃消化前即融化。奶油的消化率在 97% 左右。乳脂肪由其风味优良而具有特殊价值，因而广受欢迎，"乳来源特性" 被认为是 "清洁和绿色" 的象征。

乳脂化学涉及面广，从牧草到乳脂生产的生物化学到复杂的食品乳化体系的相互作用，这既包括主要甘油三酯的熔解和结晶，也包括各种微量的风味物质。生产条件也引起乳脂风味和物理特性发生变化，必须理解这类影响以控制最终产品中乳脂的功能特性。近

---

① 脂质是脂肪酸酯以及溶解于非极性有机溶剂中的相关化合物，并且几乎不溶于水。脂质可以分成三类：中性脂 （甘油三酯、甘油二酯和单甘油酯）、极性脂 （磷脂和糖脂）、混合脂 （胆固醇、类胡萝卜素和维生素）。"脂质" 一词经常与 "脂肪" 互换，事实上脂肪仅代表脂质中的中性脂——甘油三酯。

② 牛乳是乳品加工中最普遍和最重要的原料。本书提到的主要是牛乳脂质，简称为乳脂；乳脂肪是指牛乳脂肪。本书中提到的其他脂质和脂肪会进行特别标注。

年来分析技术的进步，加速了对乳脂的研究，并在人乳和牛乳方面取得了许多新进展。

乳脂中的磷脂成分和某些不饱和脂肪酸具有多种生理活性，可作为体内一些生理活性物质的前体。乳脂中某些成分的抗菌、抗癌和抗氧化等作用已被发现，日益引起人们的重视。

第一节　乳脂概述

乳是在复杂的激素调节下通过乳腺分泌出的一种特殊物质。散布于腺泡周围的毛细血管，将来自心脏血液中丰富的营养物质供给产乳细胞，以满足泌乳所需要的营养物质。每生产 1L 牛乳约需要 400~800L 血液通过。乳在泌乳细胞中合成，泌乳细胞构成了泌乳上皮组织。随着体内激素水平的变化，这些细胞开始增殖并在分娩后开始乳的生物合成。各种激素，如雌性激素、黄体酮和生长激素会促进乳腺的发育。胰岛素会促进乳腺上皮细胞的分裂，皮质类固醇能促进乳生物合成细胞的细胞器的生成，催乳素对乳的分泌和泌乳期的保持有重要作用。每个泌乳细胞都能分泌牛乳，在这些细胞中合成了许多成分，而其他成分的运输也要通过这些细胞来进行。生物合成过程发生在细胞的各个部分，合成蛋白质、乳糖和脂肪的中间物在线粒体中产生，蛋白质和脂肪在内质网中合成，线粒体的作用是将能量传递给三磷酸腺苷（ATP）。

一、乳脂中脂肪酸的来源

乳脂中的脂肪酸有三种来源：

（1）饲料中的脂以甘油三酯和游离脂肪酸的形式通过血液和淋巴进入乳腺。通常这些脂肪酸为十六碳脂肪酸。

（2）瘤胃中的细菌所产生的醋酸和羟丁酸被乳腺合成为脂肪酸，通常是 $C_4 \sim C_{14}$ 的脂肪酸，也有一部分是十六碳脂肪酸。醋酸在合成作用中使碳链增长，而羟丁酸则被用来合成初始阶段的四碳酸。乳腺中脂肪酸的合成与体内的合成方式相同，通过丙二酰辅酶 A 和二碳单位的增加来合成。还原型辅酶 Ⅱ（NADPH）是通过磷酸己糖途径中葡萄糖的降解来产生的，或从柠檬酸循环中由异柠檬酸的氧化来产生。

瘤胃中的细菌能够氢化被动物吸收的脂肪酸。包埋在经甲醛处理的酪蛋白中的脂肪喂给牛以后，脂肪在瘤胃中不会受到影响并在皱胃中释放。如果给牛食用高度不饱和脂肪酸会使牛乳中的十八碳二烯酸的含量增加。

（3）脂肪酸也可以通过葡萄糖的糖酵解作用、柠檬酸循环和柠檬酸盐分解来合成。但这并不是牛乳中脂肪酸合成的主要方式。

精饲料中醋酸含量少，从而增加了瘤胃中丙酸盐的量。精饲料喂养牛的乳中脂肪酸的含量是粗饲料喂养的牛的一半，而且短链脂肪酸的含量也很少。这一现象被称为低脂综合征。

反刍动物能够将十八碳酸转化为十八碳一烯酸。某些植物中的环丙烯会抑制脱氢酶。含有这种抑制剂的饲料油不能为瘤胃中的酶所作用，从而使得乳脂中的饱和脂肪酸的含量提高。

二、乳脂的生物合成

甘油酯的生物合成路径包括脂肪酸的活化、两分子的酯同磷酸甘油形成磷酸酯，然后脱去磷酸根形成甘油二酯，最后通过酯化作用形成甘油三酯。在反刍动物的乳脂中，短链的酰基专一定位在甘油的 3 位。这表明乳中的合成的短链脂肪酸在甘油三酯形成的最后一步在 1、2 位上进行酯化。棕榈酰基易于定位在大分子质量甘油三酯的 2 位上，易于出现在分子质量小的甘油三酯的 1、3 位上。

磷脂胆碱和磷脂乙酰胺可以通过磷酸与半胱氨酸二磷酸胆碱或半胱氨酸二磷酸乙酰胺反应生成。磷脂肌醇和磷脂酰丝氨酸可以由半胱氨酸二磷酸甘油酯和游离肌醇及游离丝氨酸形成。

三、脂肪球的转移

甘油三酯是在粗面内质网上形成的。脂肪球在牛乳中的颗粒分布大约可以分为两类，一类是 $1\mu m$ 以下的小脂肪球，大约占脂肪的 2%；第二类直径 $1\sim10\mu m$，是脂肪的绝大部分，这两类脂肪球的合成过程是不同的。第二类脂肪球在通过细胞时明显变大，这可能和它们表面的甘油三酯不断合成有关。脂肪球在迁移到细胞顶部膜的过程中可能会需要一个磷脂的界面层。脂肪球被运到细胞膜后开始长大，然后被释放到腺小体。细胞膜主要由糖蛋白以及一些极性的脂质组成，而且含有多种酶。

一些高尔基体也会附着在脂肪球上并且随着脂肪球一起被释放到腺小叶中。同时在脂肪球离开细胞的时候，少量的细胞质也会被释放到腺小叶中。脂肪球在细胞中主要是停留在细胞膜上而不是在细胞液中。牛乳脂肪球最初的膜主要是从细胞顶部的膜中释放出来，然后细胞膜发生了一定的变化形成脂肪球膜。细胞中细胞膜的损失被高尔基体膜所代替。膜的形成过程是从内质网到高尔基体再到顶部细胞膜。计算表明高尔基体的膜有百分之一要用来形成脂肪球膜。

第二节 乳脂产品的基本状况

乳脂产品包括冰淇淋、稀奶油、奶油、无水奶油、含乳脂涂抹产品、乳脂混合物、乳脂甜点、奶油粉等。欧洲乳品工业至少年产乳脂 10 万 t。乳脂产品用途广泛，可用于甜点、焙烤食品、巧克力糖果、咖啡和奶味甜酒等。与以植物油为基础的产品相比，乳脂产品的传统优势在于风味和乳来源，以及乳脂产品在功能性方面的特点。

一、乳脂产品

(一) 奶油类产品

有记载表明，黄油的生产可以追溯到很久以前。早在公元前 2000 年，亚洲的印度人就把黄油作为食物。历史上，黄油常被用作食品、药品以及用于宗教仪式。可能是斯堪的纳维亚人将黄油传入欧洲。历史记载，12 世纪德国人就把酒运送到挪威以换取黄油和干鱼。

早在 19 世纪，奶油可以通过稀奶油自然条件下酸化制成，酸化后奶油层上浮，将其撇去置于木头圆筒中，并进行搅打形成奶油。传统加工方式，产品容易受到杂菌的污染，影响奶油品质。随着冷却工艺的发展，在稀奶油自然变酸之前，可搜集上浮的奶油层来制备奶油，质量和经济效益都得到提高。1878 年出现乳脂分离机，可以更高效的从牛乳中分离稀奶油，规模化奶油生产工艺也得到发展。

黄油实质是一种油包水型乳化液，是水、蛋白质、乳糖和盐组成的液滴分散在半结晶的乳脂肪形成的连续相中。黄油是与乳和稀奶油（O/W 溶液）相反的分散体系。黄油有轻微的、令人愉悦的风味，这种风味与其"乳来源特性"一起，赋予乳脂肪及其产品超越其他含有相似组分的天然脂肪和油的商业价值。

典型的浓缩奶油类产品包括无水奶油、无水酥油（Ghee）、酥油（Ghee）和传统酥油（Ghee）。酥油（Ghee）为印度传统食品，起源于吠陀时期（公元前 2000 ~ 3000 年），印度古老的诗经中已有关于酥油（Ghee）的记载（Achaya，1997）。

（二）冰淇淋

乳脂肪是冰淇淋最重要的成分。最早的冰淇淋加工技术可能起源于中国的元朝，当时称为"酪冰"。之后意大利著名旅行家马可·波罗将中国的冰淇淋加工技术传到欧洲。1774 年 8 月，法国公爵卡他司（Duede Chartres）的厨师首先在巴黎制造了初级的冰淇淋，味美可口，清凉宜人，为消暑之佳品。1776 年法国人克来蒙氏（Clermont）在其著作中谈及冰淇淋的制造方法。1851 年美国建造了第一个冰淇淋加工厂。1861 年创造了冰淇淋凝冻机；1902 年采用了高压均质机；1935 年又发明了连续冰淇淋凝冻机，使冰淇淋制造技术获得迅速发展，产品的产量与质量均取得了快速进展，使冰淇淋这一冷冻制品在世界上得到广泛的普及。

冰淇淋生产和研究的重要技术进步表现在：冰淇淋领域的最大技术进步是由原来的间歇式生产变成连续式生产；电脑控制凝冻过程，设定参数后，电脑感应器会自动调节，控制温度和膨胀率，节约能源，改善产品品质；冰淇淋企业最大的变革是出现了自动化凝冻机及先进的仓贮系统；在料浆处理方面应用超高温杀菌和长时间老化；在将来保持冰淇淋口感的同时保证营养，尤其对低脂和无脂冰淇淋而言；为了使脂肪球粉碎的更细小，并呈均匀的乳化状态，人们研制了多种新型的均质机，除普遍使用的高压均质机外，还出现了高剪切均质机、超高压均质机、对流超微均质机等；研究不同原料与冰淇淋结构、特性之间的关系，包括脂肪替代物、新型的甜味料、稳定剂和其他原料；应用 HACCP 和 GMP 技术控制病原菌；营造完善的食品销售系统，保证消费者购买到品质优良、质量稳定的产品。

（三）含乳脂涂抹类产品

早在 1965 年，威斯康辛大学的 Weckel 等率先开发出一款脂肪含量为 45% 的"纯乳脂涂抹物"，其工艺是将稀奶油或者奶油、乳固体、水、乳酸、色素和食盐混合、加热、均质和包装后制成，主要配料均来自乳成分。该产品质地类似于奶油奶酪，为油包水型乳状液，质地粗糙黏稠，低温下仍有较好涂抹性。刮板式热交换器（Scraped Surface Heat Exchangers，SSHE）和搅拌结晶设备的发展，推进了乳脂肪涂抹产品的生产。

关于如何提高乳脂涂抹产品的涂抹性、口感和风味，已有大量的专利方法公布，包括模拟人造奶油生产技术，促使稀奶油的相转化，或者直接提高奶油中水分和空气含量等。

（四）其他乳脂产品

凝结稀奶油为英国西部地区传统食品，在英国西部的康沃尔郡和德文郡有广泛的生产。该类产品微甜，有坚果香气，表面有金黄色的奶皮，质地厚实细腻。凝结稀奶油一般用来制作康沃尔郡和德文郡地区特色的奶油茶，还可以涂抹面包，或与水果（如草莓和蔓越莓等）做成酱料，用于热加工或者冷加工甜点等。

稀奶油利口酒是含有酒精的稀奶油制品，几个世纪前起源于家庭手工制作，如苏格兰的 Atholl Brose，其中含有威士忌、稀奶油和蜂蜜。1974 年，第一款商业化的稀奶油利口酒是爱尔兰百利（Baileys）公司的产品，目前比较有名的除了百利爱尔兰甜酒，还有南美爱玛乐（Amarula）等品牌。

低脂奶油产品在 19 世纪 40 年代初早已存在，在低脂人造奶油成功之后该产品再次获得兴趣。这类涂抹产品含水量在 40%，含部分植物脂。

二、乳脂产品的生产和消费状况

2014 年所有统计国家的全球消费稀奶油的产量为 533.8 万 t，奶油和无水奶油的产量为 1043.9 万 t。其中，中国的奶油和无水奶油的产量为 6.0 万 t。

（一）奶油及其他乳脂产品的生产情况

奶油及其他乳脂产品的全球产量预计为 1000 万 t。印度（47%）和欧盟（20%）占有超过 2/3 的产量。其他主要生产国是美国（8%）、巴基斯坦（7%）和新西兰（5%）。2015 年的产量增长 2.1%，低于过去五年 3.2% 的平均增长率。世界上部分国家的奶油及无水奶油产量见表 1-1。

表 1-1　　　　　　　　世界上部分国家的奶油及无水奶油产量　　　　　　　单位：万 t

国家	2000 年	2005 年	2010 年	2014 年	2015 年
德国	42.5	45.5	44.9	49.0	51.7
法国	44.2	40.2	39.4	42.1	42.1
波兰	13.9	17.0	13.9	18.4	19.4
英国	13.2	13.0	12.0	14.3	15.0
比利时①	14.1	15.5	12.2	9.6	11.7
西班牙	3.9	5.8	3.8	4.2	3.9
意大利	13.3	13.0	9.5	9.4	9.4
瑞典	3.0	2.7	2.0	1.8	1.7
奥地利	3.6	3.1	3.3	3.4	3.4
丹麦	4.6	4.4	3.3	4.3	4.5
芬兰	5.5	5.0	4.7	4.9	5.5
爱尔兰	14.6	14.8	13.8	16.6	18.8
荷兰	14.7	17.7	19.0	22.1	23.2

续表

国家	2000 年	2005 年	2010 年	2014 年	2015 年
美国[②]	57.0	61.1	70.9	84.2	83.8
加拿大[②]	7.7	8.6	8.3	8.7	8.8
俄罗斯	27.0	27.7	20.7	25.1	25.9
瑞士[②]	3.7	3.9	4.9	4.8	4.7
挪威	2.3	0.9	1.1	1.5	1.6
中国	1.5	3.0	5.0	6.0	6.1
印度[③]	190.0	271.2	416.2	488.7	503.5
日本[②]	8.8	8.4	7.4	6.1	6.5
阿根廷	4.7	4.0	4.9	4.8	4.5
澳大利亚[④]	17.6	14.6	12.2	12.2	9.9
新西兰	37.4	42.4	44.1	58.0	57.0

注：①包括再加工奶油产量（2010 年、2014 年和 2015 年为计算值）；②仅包括奶油产量；③乳业年度至次年 3 月；④乳业年度至次年 6 月。

印度是这一市场的支配者，十年前超过欧盟并实现产量翻番，目前产量接近全球产量的一半。2015 年印度奶油和酥油的产量增长 3%。全球第二大生产地区欧盟的产量比印度少 50% 以上。2015 年欧洲奶油产量增长 5%。美国奶油产量下降 0.4%。受主要生产国原料乳产量增加以及新的需求增长的推动，预计 2016 年奶油和无水奶油的产量会进一步增长。

（二）奶油的消费

欧洲是最大的奶油消费地。法国年人均消费量为 8kg，德国达到 6kg。其次消费较低的国家或地区是大洋洲、印度和巴基斯坦。奶油消费的增长主要来源于美洲地区和斯堪的纳维亚半岛。世界上部分国家的奶油消费量见表 1-2。

表 1-2　　　　　　　　世界上部分国家的奶油消费量

国家	总体消费量/万 t			人均消费量/（kg/人）		
	2013 年	2014 年	2015 年	2013 年	2014 年	2015 年
德国	46.9	46.2	48.9	6.1	6.2	6.2
法国	48.9	52.9	51.6	7.7	8.3	8.0
波兰	15.3	15.6	16.4	4.0	4.1	4.3
英国	20.3	18.8	20.5	3.2	2.9	3.2
比利时	2.6	2.6	2.6	2.3	2.3	2.3
西班牙	2.2	2.2	2.1	0.5	0.5	0.4
意大利	14.2	14.3	14.8	2.4	2.3	2.4

续表

国家	总体消费量/万 t			人均消费量/（kg/人）		
	2013 年	2014 年	2015 年	2013 年	2014 年	2015 年
瑞典	2.1	2.2	2.5	2.2	2.3	2.5
奥地利	4.5	4.5	4.3	5.3	5.3	5.0
丹麦	2.2	2.7	2.8	3.9	4.9	4.9
芬兰	2.0	1.7	1.8	3.7	3.2	3.3
爱尔兰①	1.1	1.1	1.1	2.4	2.4	2.4
荷兰	5.0	5.1	5.1	3.0	3.0	3.0
美国	78.8	79.7	82.2	2.5	2.5	2.6
加拿大	9.6	10.2	10.2	2.7	2.9	2.8
俄罗斯	36.7	34.6	32.5	2.6	2.4	2.3
瑞士	4.5	4.4	4.5	5.5	5.3	5.4
挪威	1.5	1.5	1.6	2.9	2.9	3.0
中国	9.9	12.0	12.5	0.1	0.1	0.1
印度②③	473.5	487.6	502.6	3.7	3.8	3.8
日本②	7.4	7.4	7.4	0.6	0.6	0.6
阿根廷	3.8	3.9	3.8	0.9	0.9	0.9
澳大利亚④	9.0	9.3	9.4	3.9	4.0	3.9
新西兰	2.2	2.1	2.2	4.9	4.9	4.9

注：①不包括工业用途；②乳业年度至次年 3 月；③包括酥油；④乳业年度至次年 6 月。

奶油市场发展良好的原因是：奶油被认为是健康脂肪的来源；许多厨师将奶油作为其烹饪和制作点心的基本配料，越来越多的消费者也将奶油视为令人愉悦的食品；奶油是较少加工的脂肪、天然的脂肪。

据中国乳制品工业协会公报显示，2015 年中国奶油、稀奶油等的产量约为 6.1 万 t，进口量为 7.5 万 t。中国奶油的消费量约为 12.5 万 t。西欧奶油的人均消费最高。

奶油消费市场的推动因素有：广告投入、该国或地区的饮食习惯、食用时的愉悦感和味道、使用奶油烹饪。另一方面，对健康的关注对奶油消费不利，奶油被视作高脂食物含有胆固醇，可能导致超重。

（三）稀奶油的消费

稀奶油消费在世界许多国家的市场活跃度较高。稀奶油消费的驱动力主要有：稀奶油在北美洲和欧洲被视为烹饪的补充和调味品，在亚洲则被视为高品质的产品；饮食习惯在改变，食品全球化使得消费者去探寻含有稀奶油的食谱和甜点。

世界上部分国家的稀奶油消费量见表 1-3。

表 1-3 世界上部分国家的稀奶油消费量 单位：万 t

国家	2000 年	2005 年	2010 年	2014 年	2015 年
德国	67.1	67.8	55.6	56.7	56.6
法国	30.1	33.7	34.2	38.7	42.1
波兰	30.0	31.3	34.4	21.8	20.9
英国	27.0	30.5	26.0	21.5	20.1
比利时	9.5	12.3	14.7	22.0	22.2
西班牙	6.8	7.5	11.8	10.4	12.3
意大利	11.9	11.7	12.4	10.9	16.5
瑞典	9.6	8.9	11.0	10.5	11.2
奥地利	5.5	5.9	6.2	7.0	7.3
丹麦	5.8	6.3	5.8	5.0	5.4
芬兰	3.9	3.9	3.5	4.4	4.2
爱尔兰	2.2	2.2	2.1	2.4	2.3
荷兰	4.7	2.9	1.6	0.9	1.0
美国	120.9	166.1	169.4	164.7	165.4
加拿大	21.6	27.8	28.9	36.7	36.7
俄罗斯	—	—	7.9	11.6	12.1
瑞士	6.8	6.5	6.8	6.9	7.1
挪威	3.4	3.7	4.6	4.9	5.0
日本	7.3	9.2	10.7	11.7	11.4
阿根廷	3.2	3.8	4.0	4.2	4.3

三、全球奶油及其他乳脂产品贸易

2015 年奶油及其他乳脂产品国际贸易量折合为奶油 96.8 万吨，比去年减少 5%。美国出口的大幅下滑是造成国际贸易急剧减少的主要原因，其出口减少了 2.4 万 t。与去年相比，美国出口主要受到了国内乳品市场需求扩张以及国际价格低迷的影响。国际乳脂产品生产高度集中，10 大主要出口国占国际贸易 92% 以上的份额。新西兰依然是最大的奶油供应商，出口份额达到 55%。欧盟奶油和其他乳脂产品的出口进一步增长，增幅为 11%，达到 16.5 万 t。

奶油及其他乳脂产品出口到许多国家，主要是亚洲、北非和中东地区。自 2010 年以来中国进口量增长 3 倍，已经成为主要的亚洲出口目的地。而埃及是最大的非洲市场。

过去几年，中国成为了新西兰奶油的主要出口地。2015 年对中国的出口略有下降但依然占新西兰出口量的 15%。俄罗斯的进口禁令影响了其作为国际奶油及其他乳脂产品贸易主要目标市场的地位，进口减少了31%。俄罗斯依然是最大的进口市场。

四、国内乳脂产品的研究现状和趋势

如果利用自己的新品开发能力，在大量的市场信息和产品经验基础上，就可以开发出更适合国内餐饮和零售渠道的乳脂产品，加上更为经济的成本和低廉的价格，国内的公司依然会占据比较有利的地位。

我国奶酪研究技术已经奋起直追，乳脂产品研究却极其落后。中国的乳脂产品的生产约占牛奶总产量的0.02%以下。另外，我国高品质的奶油几乎没有。有关乳脂系统的技术研究和高新加工技术起步更晚，当前乳脂产品的技术壁垒严重阻碍了我国乳脂产品的发展。

光明乳业有比较完整的产品线，是国内生产零售乳脂产品的企业，生产UHT淡奶油、ESL淡奶油（出口）、新鲜稀奶油、小份装奶油等，丰富了消费者的选择。

在牛奶消费过程中，世界各国一般都经过了奶粉、液体乳、干酪及奶油三个阶段。西方发达国家的牛奶消费已经处于第三个阶段即干酪、奶油阶段。在中国人的日常生活中，饮用的乳制品以液体乳和酸乳为主，奶粉的消费其次，处于第二阶段。我们也开始迈向第三阶段。

随着我国奶业发展进入新阶段，产业结构调整和自主创新成为乳业工作的核心，提高创新能力和竞争力，以迎接国际乳业的挑战。因此，发展乳脂产品和相关技术研究具有重要的现实和经济意义。

参考文献

［1］Kanes K. Rajah. Fats in food technology［M］. John Wiley & Sons, Inc., UK., 2014：1-39.

［2］PF Fox. Developments in dairy chemistry-2［M］. Springer Netherlands, 1983：159-194.

［3］Barber. M. C., Clegg. R. A. Travers, M. T. &Vermon, R. G.. Lipid metabolism in the lactating mammary gland［J］. Biocheimica et Biophyisian Acta., 1997：101-126.

［4］Christie, W. W. Composition and structure of milk lipids［M］. Advanced Dairy Chemistry 2：Lipids（ed. P. F. Fox）. 2nd edn.. Chapman &Hall, London, 1995：1-36.

［5］MacGibbon, A. K. H. & Taylor. M. W. Composition and structure of bovine milk lipid［M］. Advanced Dairy Chemistry 2：Lipids. US：Springer, 2006：1-42.

［6］Malcolm Stogo. Ice cream and frozen desserts［M］. John Wiley & Sons Inc., U. S., 1998：5-30.

［7］骆承庠. 乳与乳制品工艺学［M］. 北京：中国农业出版社，1999.

［8］李基洪. 冰淇淋生产工艺与配方［M］. 北京：中国轻工业出版社，2000：1-10.

［9］郭本恒. 乳品化学［M］. 北京：中国轻工业出版社，2001：18-19，24-25.

［10］顾瑞霞 主编. 乳与乳制品的生理功能特性［M］. 北京：中国轻工业出版社，2000：63-73.

［11］中国乳制品工业协会秘书处，中国乳制品工业协会公报［M］，2017：17-125.

［12］Jensen, R. G. （ed.）. Handbook of milk composition academic press［M］. New York, 1995.

［13］Phil C, Christine M, Peter R, 澳大利亚乳品原料参考手册［M］. 2版. 澳大利亚乳业局，2008.

［14］张和平，张列兵. 现代乳品工业手册［M］. 北京：中国轻工业出版社. 2005，531-546.

［15］Boudreau, A., Arul, J. 1993. Cholesterol reduction and fat fractionation technologies for milk fat：an overview［J］. J. Dairy Sci, 1976：1772-1781.

第二章　乳脂的组成和营养

乳是雌性哺乳动物分泌的液体，含有满足幼体生长发育所需要的营养物质。乳中含有脂质、蛋白质（酪蛋白和乳清蛋白）、碳水化合物（主要是乳糖）、矿物质（例如钙和磷）、酶、维生素和微量元素。

乳中脂质的主要作用是为幼体提供能量，也作为脂溶性维生素 A、维生素 D、维生素 E、维生素 K 的运载工具并且提供必需脂肪酸。脂肪的消化分解产物以及内源性合成的脂质共同提供多种不同的组分，在多种代谢途径中扮演重要角色。

牛乳中的脂质成分是较为复杂的。其中甘油三脂肪酸酯（简称甘油三酯）是最主要的组分，占98%左右，其他成分包括磷脂、脑磷脂、固醇及少量的脂溶性维生素、生育酚、胡萝卜素、风味物质等。在食品加工中，乳脂在赋予诸如液态奶、奶酪、冰激凌、黄油以及酸奶等一系列乳制品独特的营养特性、质构以及感官特性方面具有非常重要的作用。

牛乳中脂质含量的变化范围为3%~6%。人乳中的脂质含量为 3.5%~4.5%。乳中总脂质的95%~98.7%存在于脂肪球内，0.4%~2.17%在脂肪球膜上，0.8%~3.25%在乳浆中（随季节稍有变化）。其余为 1%~2% 的类质：0.3%~1.6% 的二酰甘油、0.002%~0.1%的单酰甘油、0.2%~1.0%的磷脂、0.01%~0.07%的脑苷脂、0.2%~0.4%的固醇、0.1%~0.4%的脂肪酸。另外还含有微量的烃、固醇酯、蜡以及角鲨烯。乳脂肪中脂肪酸的种类多于其他组织中脂肪酸的种类，且以酯化形式存在于乳脂肪中的长链脂肪酸也比较多。脂肪中的脂肪酸一般包括 4~20 个碳原子、0~4 个双键。

第一节　乳脂的组成

牛奶的脂质含量与奶牛的品种、饲料、哺乳期以及健康状况有关，脂质含量范围为30~60g/L。哺乳动物的脂质含量差异极大，一些品种的脂质浓度可高达500g/L，见表2-1。

表 2-1　　　　　　　　　　不同动物乳中的脂质含量　　　　　　　　单位：g/L

品种	乳中脂质含量	品种	乳中脂质含量
奶牛	33~47	狐猴	8~33
水牛	47	兔子	183
绵羊	40~99	豚鼠	39
山羊	41~45	貂	71
麝牛	109	雪兔	134
戴尔绵羊	32~206	南美栗鼠	117
驼鹿	39~105	大鼠	103

续表

品种	乳中脂质含量	品种	乳中脂质含量
羚羊	93	红袋鼠	9~119
大象	85~190	海豚	62~330
人	38	海牛	52~215
马	19	抹香鲸	153
猴子	22~85	格陵兰海豹	502~532
猪	68	熊	108~331

乳脂的组成见表 2-2。典型的乳脂肪球的结构和组成异常复杂，这种脂球体的直径为 2~3μm，由 9nm 厚度的膜包裹着 98%~99% 甘油三酯的球体。

乳中的脂肪球具有的膜层要比简单的乳化液滴复杂得多，这种膜与吸附层不同，它来自于乳腺细胞的尖端外膜。膜的质量大约占了总脂肪球质量的 2%，它主要包括极性脂类质、蛋白质和许多酶类。乳脂肪和乳脂肪球有所不同，因为在膜层中有一半是非脂类物质，乳脂的 0.4% 是在脂肪球以外的。乳脂肪球膜中脂质的成分与乳脂的成分相差很大，其中 60% 左右为甘油三酯，大大低于乳脂中甘油三酯的含量，见表 2-3。

表 2-2		牛乳中脂质的组成		单位：%
脂质	含量	脂质	含量	
甘油三酯	98.3	固醇	0.3	
甘油二酯	0.3	类胡萝卜素	痕量	
单甘油酯	0.03	脂溶性维生素	痕量	
游离脂肪酸	0.1	风味物质	痕量	
磷脂	0.8			

表 2-3		牛乳脂肪球膜中脂质的组成		单位：%
脂质	占膜脂质的含量	脂质	占膜脂质的含量	
甘油三酯	53.4	胆固醇	5.2	
甘油二酯	8.1	类胡萝卜素	0.45	
单甘油酯	4.7	胆固醇酯	0.79	
游离脂肪酸	6.3	鲨鱼烯	0.61	
磷脂	20.4			

一、脂肪酸

脂肪酸是一端含有一个羧基的长的脂肪族碳氢链，它是最简单的一种脂质，是许多复杂脂质的组成成分。脂肪酸的组成决定脂质的物理、化学以及营养特性。乳脂是最复杂的一类天然脂质，这主要是由于乳脂含有数量巨大的脂肪酸。

牛乳中的脂肪酸部分来源于血脂，部分在乳腺中合成，这两个来源的脂肪酸成分不同。乳腺中合成的脂肪酸多为短链到中链的脂肪酸，而血液来源的脂肪酸为 C_{16} 和 C_{18} 脂肪酸。迄今为止，从乳脂中鉴定出来的脂肪酸超过 400 种，主要脂肪酸组成见表 2-4。

表 2-4　　　　　　　　　　　　　　　乳脂中的脂肪酸组成

碳原子数	不饱和双键	速记表示	系统命名	俗名	平均含量/（g/100g）
4	0	$C_{4:0}$	正丁酸	酪酸	2~5
6	0	$C_{6:0}$	正己酸	低羊脂酸	1~5
8	0	$C_{8:0}$	正辛酸	亚羊脂酸	1~3
10	0	$C_{10:0}$	正癸酸	羊脂酸	2~4
12	0	$C_{12:0}$	十二烷酸	月桂酸	2~5
14	0	$C_{14:0}$	十四烷酸	豆蔻酸	8~14
15	0	$C_{15:0}$	十五烷酸	—	1~2
16	0	$C_{16:0}$	十六烷酸	棕榈酸	22~35
16	1	$C_{16:1}$	9-十六碳烯酸	棕榈油酸	1~3
17	0	$C_{17:0}$	十七烷酸	珍珠酸	0.5~1.5
18	0	$C_{18:0}$	十八烷酸	硬脂酸	9~14
18	1	$C_{18:1}$	9-十八碳烯酸	油酸	20~30
18	2	$C_{18:2}$	9，12-十八碳二烯酸	亚油酸	1~3
18	3	$C_{18:3}$	9，12，15-十八碳三烯酸	亚麻酸	0.5~2

从表 2-4 中可以清楚地看出棕榈酸、油酸、硬脂酸和豆蔻酸是牛乳脂质中主要的脂肪酸，中链、短链脂肪酸含量很少。长链脂肪酸会影响脂质的熔化特性。中、短链脂肪酸与长链脂肪酸不同，它们以非酯化形式在血液中吸收，并且代谢很快。

饱和程度指饱和脂肪酸在脂肪酸链上不含有双键。"饱和"一词指除了羧酸基团外，所有的碳原子上连接尽可能多的氢原子。饱和脂肪酸仅含有单键（—C—C—）的烷烃链，而不饱和脂肪酸至少含有一个双键（—C═C—）。这两个以双键相连的碳原子，如果它们的氢原子位于双键同一侧为顺式构型，位于双键两侧则为反式构型（图 2-1）。顺式构型是自然界存在最普遍的构型（>95% 的不饱和脂肪酸），不饱和脂肪酸的烃链有约 30°的弯曲，干扰它们堆积时有效地填满空间，降低了范德华相互反应力，使脂肪酸的熔点随其不饱和度增加而降低。在反式构型中，双键相连的碳原子它们的氢原子位于双键两侧，并且并没有引起脂肪酸链过于弯曲，因此反式脂肪酸外形近似于脂肪酸链更加直的饱和脂肪酸。

对多不饱和脂肪酸而言，"非共轭"表明两个双键被一个亚甲基（—CH₂—）隔开；而共轭脂肪酸，双键则仅仅由一个单键隔开（图 2-2）。大多数天然存在的脂肪酸是非共

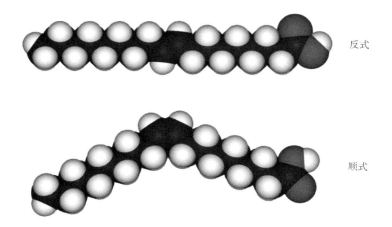

图 2-1　脂肪酸双键顺、反构象

轭脂肪酸。但是在近十年，共轭亚油酸（CLA）在人类营养方面获得非常多的关注。

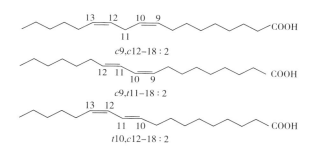

图 2-2　亚油酸和两种共轭亚油酸的化学结构

二、甘油三酯

　　甘油三酯（也叫甘油三酸酯、三酸甘油酯或三酰甘油）是一类甘油上酯化有三个脂肪酸的甘油酯。单甘油酯或者甘油二酯，指甘油上分别酯化有一个或者两个脂肪酸。甘油三酯的组成可以依据甘油三酯上脂肪酸的种类和数量定义，并且可以以总碳数表示，也就是说以三个脂肪酸上的总碳数表示。牛乳中以总碳数表示的甘油三酯的含量如表 2-5 所示。立体专一性分析确定了脂肪酸在甘油骨架上 sn-1、sn-2、sn-3 位的分布（图 2-3），结果表明脂肪酸在牛乳甘油三酯中的分布高度专一（表 2-6）。丁酸和己酸这类短链脂肪酸几乎专一性

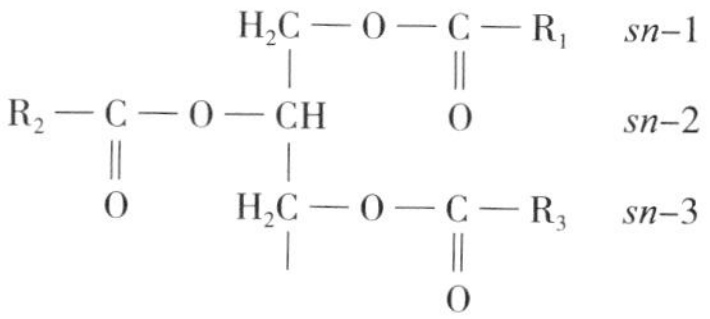

图 2-3　脂肪酸在甘油骨架上 sn-1、sn-2 以及 sn-3 的分布

地酯化在 sn-3 位置，而月桂酸和肉豆蔻酸中链脂肪酸，则优先酯化在 sn-2 位置。棕榈酸优先酯化在 sn-1 和 sn-2 位置，硬脂酸优先酯化在 sn-1 位置，油酸在 sn-1 和 sn-3 位置。

表 2-5　　　　　　　　　　　　　牛乳脂肪中甘油三酯的碳原子数　　　　　　　　　　单位:%

脂肪酸总碳数	占总碳的百分比	脂肪酸总碳数	占总碳的百分比
C_{26}	0.1~1.0	C_{42}	6~7
C_{28}	0.3~1.3	C_{44}	5~7.5
C_{30}	0.7~1.5	C_{46}	5~7
C_{32}	1.8~4.0	C_{48}	7~11
C_{34}	4~8	C_{50}	8~12
C_{36}	9~14	C_{52}	7~11
C_{38}	10~15	C_{54}	1~5
C_{40}	9~13		

脂肪酸在三酰甘油中的分布不是随机的，人乳中含量超过 1% 的脂肪酸大约有 7 个。人乳中大多数 16:0 脂肪酸在 $sn-2$，12:0 脂肪酸在 $sn-3$，18:0 脂肪酸在 $sn-1$；而 18:1 和 18:2 的脂肪酸在 $sn-1$ 和 $sn-3$。人乳和牛乳中三酰甘油中的脂肪酸分布如表 2-6 所示。

表 2-6　　　　　　　　　　人乳和牛乳中三酰甘油中的脂肪酸分布　　　　　　　　　单位:%

脂肪酸	人乳[1]			牛乳[2]		
	$sn-1$	$sn-2$	$sn-3$	$sn-1$	$sn-2$	$sn-3$
4:0				—	—	35.4
6:0				—	0.9	12.9
8:0				1.4	0.7	3.6
10:0	0.2	0.2	1.8	1.9	3.0	6.2
12:0	1.3	2.1	6.1	4.9	6.2	0.6
14:0	3.2	7.3	7.1	9.7	17.5	6.4
15:0	—	—	—	2.0	2.9	1.4
16:0	16.1	58.2	6.2	34.0	32.3	5.4
16:1	3.6	4.7	7.3	2.8	3.6	1.4
17:0	—	—	—	1.3	1.0	0.1
18:0	15.0	3.3	2.0	10.3	9.5	1.2
18:1	46.1	12.7	49.7	30.0	18.9	23.1
18:2	11.0	7.3	14.7	1.7	3.5	2.3
18:3	0.4	0.6	1.6	—	—	
20:1	1.5	0.7	0.5			
20:4	T	0.9	0.3			

注：[1]数据来源于 R. G. Jensen et al. （1995）；[2]数据来源于 Christie and Clapperton （1982）；T 痕量；—未检出；空白为未检测。

三、单甘油酯、甘油二酯和游离脂肪酸

挤奶过后，牛奶中立即就会产生少量的单甘油酯和甘油二酯以及游离脂肪酸。在牛奶的储藏过程中，这三种物质的含量快速增加，这是由于脂肪酶水解甘油三酯的酯键。新鲜乳中的甘油二酯不大可能是甘油三酯水解产物，这是由于甘油二酯主要是 sn-3 位脂肪酸为非酯化，而脂肪酶优先水解 sn-1 和 sn-3 脂肪酸，若是水解产物的话，甘油二酯应该是 sn-1 位和 sn-3 的非酯化型的混合物。所以鲜奶中的甘油二酯更可能是生物合成甘油三酯的中间产物，这个过程中 sn-3 会在最后酯化。游离脂肪酸的组成与甘油三酯酯化的脂肪酸不同，这使得游离脂肪酸也不像是脂肪水解产生的游离脂肪酸。甘油二酯与甘油三酯有相似的物理特性，但是单甘油酯，特别是含有长链脂肪酸的单甘油酯，是双亲性的，因此具有表面活性。

在人乳、牛乳和绵羊乳的中性脂类中发现了烷基甘油二酯，其含量分别为 0.1%、0.01%、0.02%；同时带有少量的 2-O-甲基取代类似物，它们同磷脂的结构形式一样。这些成分也存在于山羊乳和猪乳；在初乳及产乳中期时，这些成分的含量较高。

四、磷　　脂

磷脂占乳脂的 0.8%。由于其两性性质，在牛乳中起着主要作用，约 65% 的磷脂在乳脂肪球膜（MFGM）中发现，其余部分保留在水相中。磷脂酰胆碱、磷脂酰乙醇胺和鞘磷脂是牛乳的主要磷脂，共占 90% 左右。

磷脂是由四种组分形成的一类脂质：骨架（甘油或鞘氨醇）、脂肪酸、带有负电的磷酸基以及一个含碳组分或者糖。带有甘油骨架的磷脂称为磷酸甘油酯，在 sn-1 和 sn-2 位连接脂肪酸，sn-3 位上有磷酸基或一个极性基团（胆碱、乙醇胺、丝氨酸或肌醇）。磷脂的平面图如图 2-4 所示。磷脂酸胆碱通常指的是卵磷脂（Lecithin）。磷脂上连接的

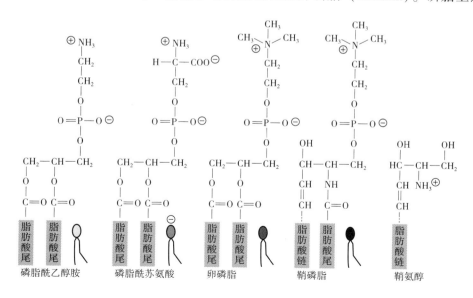

图 2-4　甘油磷脂的结构以及可能的极性基团

脂肪酸主要是棕榈酸、硬脂酸、油酸和亚油酸，很少有链较短的脂肪酸。鞘磷脂（Sphingolipid）由一个长链氨基醇、鞘氨醇，通过酰胺键连接脂肪酸组成的神经酰胺组成。神经鞘氨的醇基基团末端连接有一个磷脂酰胆碱基团，成为一个神经鞘磷脂，神经鞘磷脂如图 2-4 所示。神经鞘磷脂有一个或者多个己糖基团（如葡萄糖）连接在神经鞘氨的醇基末端。

乳脂中磷脂含量一般为 0.9%，但是脱脂乳（25g/100g）和酪乳（22g/100g）中磷脂含量会相当高，分别占乳脂的 25% 和 22%。与此相反，脂质稀奶油（Fat Cream）中磷脂的比例比全脂乳低，仅为 0.5%。磷脂酰胆碱、磷脂酰乙醇胺、神经鞘磷脂是牛乳中的主要磷脂，每一种磷脂的含量占总磷脂的 25%~35%。在乳制品中磷脂非常重要，因为磷脂是良好的乳化剂，对稳定体系非常重要。因此，大多数磷脂（60%~65%）会出现在牛奶脂肪膜上，而其余的磷脂则存在于乳基质中，主要是脂肪球膜上的可溶性组分。

利用专一性酶——磷脂酶 A 的分解作用，可以分离鉴定许多动物乳中甘油磷脂 sn-1 和 sn-2 位置上脂肪酸的特异分布，表 2-7 列出了部分结果。

表 2-7　　　　　人乳和牛乳中磷脂酰胆碱和磷脂酰乙醇胺的主要脂肪酸分布　　　　　单位:%

脂肪酸	牛乳[①]				人乳[②]			
	磷脂酰胆碱		磷脂酰乙醇胺		磷脂酰胆碱		磷脂酰乙醇胺	
	sn-1	sn-2	sn-1	sn-2	sn-1	sn-2	sn-1	sn-2
14:0	5.6	10.8	1.9	1.3	3.4	4.9	1.0	1.0
16:0	41.9	30.6	19.7	4.7	34.2	32.3	9.3	8.2
16:1	0.6	1.2	1.2	2.2	1.5	2.2	1.8	3.3
18:0	17.5	2.4	19.0	1.3	43.9	2.1	65.4	1.3
18:1	20.3	27.8	45.8	47.8	14.3	13.7	18.1	15.3
18:2	2.7	9.2	2.9	21.4	2.7	30.9	4.4	30.2
18:3	0.8	1.8	1.1	4.5	—	2.0	—	5.1
20:3	—	1.6	0.2	2.2	—	3.9	—	5.4
20:4	0.2	1.2	0.2	3.0	—	6.6	—	20.9
22:6	—	—	—	—	—	0.8	—	5.2

注：①数据来源于 Morrison, et al（1965）；②数据来源于 Morrison 和 Smith（1967）。

在牛乳的磷脂酰胆碱（卵磷脂）和磷脂酰乙醇胺中，饱和脂肪酸在 sn-1 位置上的浓度较高，不饱和脂肪酸（带有两个或更多的双键）多存在于 sn-2 位置。这种不对称性在其他组织中是不多见的。牛乳与人乳脂肪酸组成之间是有区别的，但组成模式一致。许多动物的甘油磷脂间的差异是不大的。

五、微量成分

1. 固醇

固醇为乳脂中的微量成分，仅占总脂质 0.3%，胆固醇占乳中总固醇的比例超过 95%。

由于胆固醇主要是在脂肪球膜上，因此脱脂奶和酪乳中胆固醇的含量，要比全脂奶高。不同乳制品中胆固醇的含量如表2-8所示。膳食胆固醇与冠心病之间的关系已经使得消费者倾向于选择更低胆固醇含量的食品，当然也包括乳制品。这也使得相当多的研究集中在脱除乳制品中的胆固醇。

表 2-8　　　　　　　　　　乳制品中胆固醇含量　　　　　　　单位：g/100g 产品

乳制品	脂质含量	胆固醇含量	乳制品	脂质含量	胆固醇含量
脱脂奶	0.3	2	干酪		
全脂奶	3.3	14	切达干酪	33.1	105
中脂稀奶油	25.0	88	布里干酪	27.7	100
脱脂奶粉	0.8	20	瑞士干酪	27.5	92
稀奶油干酪	34.9	110	黄油	81.1	219
冰淇淋	11.0	44			

也发现一些少量的固醇成分。在反刍动物的乳中，已经分离鉴定出β-谷固醇、羊毛固醇、二氢羊毛固醇、δ-4-胆固醇-3-1、δ-3，5-胆（固）二烯-7-1 和 7-脱氢胆固醇；同时还含有菜油固醇、豆固醇和δ-5-燕麦固醇。人乳中除了固醇以外还含有植物固醇类物质，但它们的含量随膳食和分泌期的不同而不同，在乳中还发现了一定数目的固醇类激素，尤其是黄体酮、雌激素和皮质类固醇。尽管这些激素类物质对新生儿的生理作用是重要的，但更多的研究重点放在了监控黄体酮的含量方面，以确定牛的发情期和早期怀孕情况。

2. 类胡萝卜素

乳脂中仅有微量类胡萝卜素存在。β-胡萝卜素占牛奶中总类胡萝卜素的95%以上。β-胡萝卜素的含量波动比较大，主要依赖于饲料中胡萝卜素的含量以及奶牛的种类。正是由于含有β-胡萝卜素，乳脂肪才呈现黄颜色。

3. 脂溶性维生素

乳脂中也含有脂溶性维生素（如维生素 A、维生素 D、维生素 E、维生素 K）。乳是维生素 A 的很好来源，而维生素 D、维生素 E、维生素 K 含量较少。

各种乳中的脂溶性维生素的含量见表2-9。

表 2-9　　　　　　　　　　各种乳中脂溶性维生素的含量

类别	维生素 A/（mg/L）	维生素 D/（IU/L）	维生素 E/（mg/L）
牛乳	410	25	1
山羊乳	700	23	<1
人乳	750	50	3
鼠乳	1440	5	3
野兔乳	2080	—	—

4. 风味物质

脂质能够为乳和乳制品提供良好的风味和适口性。乳脂会衍生出许多不同的组分。乳脂中含有许多风味物质，特别是内酯、脂肪酸、乙醛和甲基酮，这些决定了乳的感官特性。风味物质的浓度主要受奶牛饲料的影响。

风味物质处于正常水平，乳和乳制品呈现良好的风味；但当其浓度改变或特殊成分的浓度增加便会出现风味改变。不正常的贮存会引起乳与乳制品的风味异常。在黄油中，少量的多烯脂肪酸（$n-3$）的氧化作用可生成乙烯酮，这些成分有金属味。研究较多的是内酯和甲基酮，短链醛和短链脂肪酸也是比较重要的风味物质。它们以游离的形式或作为各种物质的酯化前体存在。乳脂肪含有少量的游离 $\gamma-$内酯、$\delta-$内酯，它们主要是六碳到八碳的饱和化合物组分。

5. 碳氢化合物

角鲨烯（三十碳六烯）和胡萝卜素是存在于乳脂肪中的痕量成分。胡萝卜素主要存在于脂肪液滴。已在牛乳中检测出十七碳到四十八碳的奇数脂肪酸、偶数脂肪酸及支链脂肪酸，同时也有十八碳烷、植酸烷烃及一些其他的类异戊二烯碳氢化合物。

6. 神经酰胺（神经鞘氨醇）

牛乳中存在神经酰胺，它是长链鞘氨醇的 $N-$酰基衍生物。神经酰胺的衍生物，如磷脂、糖鞘氨醇等，主要存在于乳脂肪球膜。牛乳中主要的糖脂成分是酰基鞘氨醇己单醣、酰基鞘氨醇己二糖，己糖部分由葡萄糖和乳糖基组成。人乳脂肪球膜中主要含有酰基鞘氨醇己单醣；神经酰胺的己糖类物质是半乳糖神经酰胺，同时含有乳糖神经酰胺和中性糖鞘氨脂。

在牛乳和其他乳的脂肪球中发现了大量的神经节苷脂，如含有唾液酸的糖脂，不同泌乳期的人乳含有不同量和不同组成的神经节苷脂，这与乳腺上皮细胞的定性变化有关。糖脂在乳腺分泌过程中起到融合微小脂肪液滴的作用，有研究表明它还能抑制霍乱弧菌和大肠杆菌产生的毒素。

7. 前列腺素

人乳中含有前列腺素 E 和前列腺素 F。使用免疫学的方法分析前列腺素的含量，发现存在于乳中的前列腺素浓度同存在于血浆中的前列腺素浓度基本相同。另外人乳和牛乳中存在非生物活性的血栓素 A2（Thromboxane A2）和前列腺环素（Prostacyclin），它们可以调节小肠的蠕动或护肠作用（抗溃疡）。

8. 肉毒碱和酰基肉碱

在动物组织中，肉毒碱和脂肪酸的氯化作用密切相关。肉毒碱以酯化状态存在，酰基肉碱也是如此。人乳也含有肉毒碱（35~70nmol/L），它的一部分以酯化的乙酸和长链脂肪酸的状态存在。婴幼儿对乳中的肉毒碱需要量较大，这主要是因为在酶的合成中需要肉毒碱的参与。

六、乳脂的脂肪酸组成

（一）乳脂中的主要脂肪酸

血浆脂肪来源于饲料，也包含一部分机体组织释放的脂肪酸，尤其是脂肪的分解作用。非反刍动物乳中脂肪酸组成依赖于饲料中摄入脂肪酸的类型。另一方面改变正常的反刍动物饲料中的某些不饱和脂肪酸的量，基本不会影响乳中脂肪酸的组成。其原因是瘤胃中可发生很多生化（如氢化作用）反应。如饲料中的亚油酸在瘤胃中可被微生物利用，提高加氢反应得到硬脂酸，但有时也会得到少量的 11-十八碳一烯酸、其他同分异构体、9，11-十八碳二烯酸。所有这些成分在肠内的吸收是通过淋巴和血液进入到组织中，在组织中进一步改性，如链的延长、α-氧化、β-氢化和去饱和作用均会发生。

在乳腺中合成的脂肪酸一般是短链和中链成分。在动物体内乳腺通常是合成它们的唯一组织，这些短链、中链脂肪酸以酯化的形式存在。乳中脂肪酸的组成代表着饲料来源的脂肪酸与新合成脂肪酸间的平衡。

在反刍动物乳脂肪中存在着大量的短链脂肪酸，尤其是己酸、丁酸。如果以物质的量比例表示，乳脂肪中有 14% 的丁酸或占三酰甘油酯的 40%；假定为三酰甘油酯三个脂肪酸之一。作为乳脂肪层内丁酸的主要生物合成前体之一的 β-羟基丁酸，对反刍动物是很有意义的。反刍动物的乳脂肪中中链脂肪酸的数量很多，但不饱和脂肪酸的含量较低，尤其是主要的脂肪酸，如亚油酸，含量很低。人乳中含有相对低的中链脂肪酸。

大部分非反刍动物，尤其是杂食动物，从食物中获得和吸收大量不饱和脂肪酸，因此它们的乳脂肪中的亚麻酸含量很高。海洋动物乳脂肪中含有大量二十碳脂肪酸和二十二碳脂肪酸，十八碳不饱和脂肪酸的含量较少，这是因为它们以鱼、虾为主食。

在牛乳中至少检测出 400 余种组分，其中发现 184 种脂肪酸。由于牛乳中未含有可满足婴儿需要的足够的亚麻酸，因而以牛乳作为配方奶粉的原料时，生产厂家会额外添加植物油以弥补这种不足。

牛乳中发现的脂肪酸，包括所有二碳到二十八碳的奇数和偶数饱和脂肪酸、十一碳到二十八碳的一甲基分支脂肪酸（包括大量的位置异构体）、十六碳到二十六碳的多甲基分支脂肪酸、一定量的二烯酸和多烯酸、酮脂肪酸和羟脂肪酸、环己基脂肪酸。如 8%~20% 的十八碳脂肪酸含有反式的双键构型及许多顺式和反式的位置异构体。大部分的顺式结构都是双键发生在 9 位上，这是硬脂酸发生脱饱和作用而形成的；大量的反式结构都是双键发生在 11 位上，这是亚麻酸在瘤胃中发生生物脱氢反应的副产物或中间产物。

同牛乳相比，人乳中已经分离的脂肪酸很少。人乳中含有 17 种四碳到二十三碳的饱和成分，54 个分支链，62 个单不饱和脂肪酸和 33 个多不饱和脂肪酸。人乳中反式脂肪酸的含量随着膳食情况变化很大，含量为 0%~10%。

（二）胆固醇酯和甘油磷脂的脂肪酸组成

一些具有代表性的动物乳中胆固醇酯和主要的甘油磷脂中脂肪酸的组成见表 2-10。

表 2-10　　　　　　各种动物乳（或乳脂肪球）中含有的胆固醇酯、
卵磷脂和磷脂酰乙醇胺的脂肪酸基本组成　　　　　　单位：%

脂肪酸	牛乳			人乳			马乳		
	CE	PC	PE	CE	PC	PE	CE	PC	PE
12：0	0.2	0.3	0.1	3.2	—	—	0.3	—	—
14：0	2.3	7.1	1.0	4.8	4.5	1.1	1.1	1.3	0.8

续表

脂肪酸	牛乳			人乳			马乳		
	CE	PC	PE	CE	PC	PE	CE	PC	PE
16：0	23.1	32.2	11.4	23.8	33.7	8.5	25.4	26.4	20.6
16：1	8.8	3.4	2.7	1.5	1.7	2.4	4.4	1.1	1.2
18：0	10.6	7.5	10.3	8.0	23.1	29.1	14.7	20.8	29.3
18：1	17.1	30.1	47.0	45.7	14.0	15.8	35.7	31.7	27.8
18：2	27.1	8.9	13.5	12.4	15.6	17.7	13.5	17.4	19.1
18：3	4.2	1.4	2.3	T	1.3	4.1	2.6	2.2	0.5
20：3	0.7	1.0	1.7	—	2.1	3.4	—	—	—
20：4	1.4	1.2	2.7	T	3.3	12.5	—	—	—
22：6	—	—	0.1	—	0.4	2.6	—	—	—

注：CE 胆固醇酯；PC 磷脂酰胆碱（卵磷脂）；PE 磷脂酰乙醇胺；T 痕量。

　　乳脂中胆固醇酯的含量很低，但它在乳腺的生化反应方面非常重要。磷脂酰胆碱（卵磷脂）和磷脂酰乙醇胺是乳中主要的甘油磷脂，它们在膜中被分离出。磷脂酰乙醇胺含有较高量的多不饱和脂肪酸。

　　（三）乳的（神经）鞘脂类物质的脂肪酸和长链碱性物质

　　乳中的神经鞘脂类物质，主要指神经磷脂和糖基鞘脂，占乳脂肪的比例很小，但在乳腺膜和乳脂肪球膜的生化方面起重要作用。它们含大量的长链脂肪酸，牛乳和人乳中的基本物质的组成如表 2-11 所示。

表 2-11　　牛乳和人乳（神经）鞘脂类物质中不含羟基的长链脂肪酸的基本组成　　单位：%

脂肪酸	牛乳				人乳			
	神经酰胺	神经磷脂	CMH	CHD	神经节苷脂	神经磷脂	CMH	CHD
14：0	0.6	0.4	1.0	0.3	5.7	2.5	—	—
16：0	7.2	7.8	9.3	7.7	25.6	22.5	13.6	16.2
16：1	0.3	—	1.4	—	—	1.0	1.3	0.9
18：0	1.1	1.6	13.7	3.3	10.9	8.1	6.9	8.7
18：1	0.3	0.2	12.2	1.3	10.3	6.2	5.2	7.8
18：2	0.2	0.2	2.0	0.2	—	0.5	—	—
20：0	0.3	0.6	0.9	1.1	0.9	0.5	3.8	2.8
22：0	17.9	20.7	17.0	24.9	16.7	7.5	13.3	12.5
23：0	38.1	30.4	22.0	29.5	16.0	27.2	3.9	3.4

续表

脂肪酸	牛乳				人乳			
	神经酰胺	神经磷脂	CMH	CHD	神经节苷脂	神经磷脂	CMH	CHD
23 : 1	—	5.0	3.4	6.6	—	1.2	0.4	1.1
24 : 0	29.5	22.8	9.9	16.5	12.2	17.0	31.9	20.1
24 : 1	0.2	4.0	2.1	3.7	1.6	2.0	16.8	20.1
25 : 0	1.8	1.6	—	0.7	—	—	0.3	1.7
25 : 1	—	1.6	—	1.4	—	—	0.8	2.6

注：CMH 单己糖基神经酰胺；CDH 双己糖基神经酰胺。

最简单的中性神经鞘脂类物质是神经酰胺。牛乳中这种成分主要含有饱和的二十二碳、二十三碳和二十四碳脂肪酸，其含量与神经磷脂和神经酰胺的二己糖基脂部分中的这些成分的量相似。神经酰胺单己糖脂和神经节苷脂部分含有相似的脂肪酸含量；此外神经磷脂、神经酰胺单己糖脂和神经酰胺二己糖脂含有少量的 2-羟基脂肪酸。从乳脂肪球膜和脱脂乳中已经分离出葡萄糖基神经酰胺和乳糖基神经酰胺，且已发现含有十八碳脂肪酸和长链脂肪酸的比例不同。

牛乳神经鞘脂类物质含有丰富的长链碱基，包括正常的异构饱和羟基和三羟基成分的异构前体，但它们在脂类组成之间无明显差异。人乳的神经磷脂和单糖基鞘脂有相对简单的长链碱性成分，这其中十八碳-神经鞘氨醇占了 60% 以上。这些类似的脂肪酸和长链碱性物质通过髓脂质的作用被贮存在脑中，因此这些物质对于新生儿具有营养上的重要意义。

第二节　乳脂的营养

一、乳脂的主要营养成分

乳脂的消化分解产物，与内源性合成脂质一同，提供多种不同的分子，在多种代谢途径中扮演重要角色。甘油三酯是动物体内主要的能量储存形式，它们也能够保护机体免受冷损失和热损失，并且保护许多器官免受外力损伤，这些损伤主要是与日常生活相关的外力有关。乳脂是细胞膜的重要组成部分，并且参与细胞内以及细胞间的信息传递。乳脂有多种形式及功能，包括维生素、固醇类激素以及类二十烷酸，参与多种代谢途径。乳脂的营养学这一领域缺乏足够的重视。近几十年的研究认为乳脂肪与冠状动脉疾病有关，更近一些的研究通常认为脂肪与某些部位的癌症以及当前的肥胖流行病相关，所以脂肪的负面营养学形象导致了该领域的研究疏漏。

（一）脂肪酸

脂肪酸摄入量的确定主要依据人体不能合成的必需脂肪酸与人体能够合成脂肪酸的差别确定。必需脂肪酸是由美国科学家 G. O. Burr 在 1922 年发现，概念的提出主要是基于脂肪酸对人体生长的影响以及预防皮炎。亚油酸 [18 : 2 (n-3)] 很快被认定为必需脂肪酸，但是亚麻酸在 1982 年才由美国的学者 R. T. Holman 发现其作用，R. T. Holman 首次描述了人类亚麻酸缺乏病例。现在普遍认为 n-3 脂肪酸对于哺乳动物来说是必需脂肪酸，但是 n-3 脂肪酸缺乏症的严重性主要取决于亚麻酸消化吸收的质量。

1. 饱和脂肪酸

从生理学角度看，膳食中存在的饱和脂肪酸是没有必要的。人类和其他的动物一样，特别是在脂质缺乏的情况下，能够以碳水化合物中的碳源来合成脂质。在大量膳食脂质存在的情况下，不会启动从头合成这些化合物的途径。

20 世纪 50 年代，研究已经转向限制膳食中饱和脂肪酸的比例，生理学家研究表明人体和动物一样，血脂（胆固醇、磷脂和甘油三酯）与消化吸收脂质的饱和程度直接相关。这些研究取得的重大进展与脂质分析检测方法的进步有很大的关系。因此，美国学者 L. W. Kinsell 于 1953 年的研究表明摄入植物油（高不饱和度）的病人，即使大量摄入，也很少会患胆固醇血症。相反，L. W. Kinsel1955 年的研究也同样表明，来源于椰子的高饱和椰子油引起血浆胆固醇升高。1957 年，著名美国生理学家 E. H. Ahrens（1915—2000），*Journal of Lipid Research* 的创办者十分明确地确认了上述结论，膳食不饱和与饱和脂肪酸的比例与血脂，特别是胆固醇关系密切。最后，涉及 7 个国家历经 25 年，超过 12000 人的流行病学研究表明无论什么原因引起的死亡率都与膳食摄入的饱和脂质（介于 4% ~ 23% 的总能量摄入）密切相关。

饱和脂肪酸的推荐摄入量：在膳食饱和脂肪酸的最高摄入量上仍然存在争议，但是普遍认为饱和脂肪酸的膳食摄入量不应超过成人膳食摄入总能量的 10% ［膳食参考摄入量（Dietary Reference Intake，DRI）推荐总能量摄入 10465kJ/d 条件下，饱和脂肪酸摄入量为 28g/d］。一些营养学家甚至建议上限应低于 8%（22g/d）。需要指出的是这些结论都非出自严格的生理学研究结论，而是主要来源于一些观察性研究，这些观察性研究主要观察人类和动物的膳食饱和脂肪酸摄入量与胆固醇血症的主要关系。

生理学家越来越清晰地意识到饱和脂肪酸的营养以及细胞功能不同，更应区别对待。研究表明短链脂肪酸主要是丁酸以及中链脂肪酸（$C_{6:0}$ 到 $C_{12:0}$）的代谢不同于长链脂肪酸（$C_{14:0}$ 及更长链），其吸收与分解代谢也有差异。短链及中链脂肪酸约占母乳总脂肪的 6%，是婴儿脂质的唯一来源，据此可以推测婴儿吸收的饱和脂肪酸（$C_{4:0}$ ~ $C_{12:0}$）为 1g/d，其中含丁酸约 0.12g/d。成人每天摄入 1L 牛奶会吸收 13g 饱和脂肪酸（$C_{4:0}$ ~ $C_{12:0}$），其中包括 1.4g 的丁酸。事实上短链脂肪酸的摄入量很难确定，这是因为小肠内摄入植物的微生物发酵也会产生丁酸。很少有国家致力于研究消费者饱和脂肪酸的吸收，美国男性和女性饱和脂肪酸的摄入量分别为 2.6 和 2.1g/d，男性和女性分别摄入的短链和中链脂肪酸的占摄入总饱和脂肪酸的 8.3% 和 9.5%。美国的调查更多的表明摄入的饱和脂肪酸主要来源于动物（58%），由于饮食习惯的特异性，很难将结果推广到其他国家。

从生理学家以及膳食学家的角度来看，长链脂肪酸族下的 C_{12} ~ C_{16} 脂肪酸（月桂酸、肉豆蔻酸和棕榈酸）是影响健康的风险因子，如果摄入过多的话会使血清胆固醇升高，引发动脉粥样硬化。法国食品、环境、职业健康与安全署（ANSES）已经对这类脂肪酸设定了推荐膳食供给量（美国称之为 RDA，欧洲称之为 ANC），设定值为总能量摄入的 8%，例如重 75kg、能量消耗为 10465kJ/d 的成年男性摄入量为 22g/d。

另一个饱和脂肪酸是硬脂酸（18：0），与其他饱和脂肪酸相反，这类脂肪酸既不会引起高血脂胆固醇也不会引起粥样硬化。甚至有建议指出该脂肪酸可以替代工业化来源的反式脂肪酸，用于提高植物油的熔点。经考证，硬脂酸与其他饱和脂肪酸影响胆固醇效果不同的原因之一是其溶解度要比其他脂肪酸低，然而其吸收却较容易，这点已由人体实验所证实。硬脂酸在生体内经不饱和反应会迅速地转换为油酸，从而不呈现出如棕榈酸那样的胆固醇上升效果。其在体内的不饱和反应要比链延长反应要快得多。

2. 油酸

食品含有大量的 $n-9$ 脂肪酸，最具代表性的是油酸［18：1（$n-9$）］，牛乳脂质中油酸含量为20%～30%。很少有专门针对单不饱和脂肪酸的生理功能的研究，一些实验研究表明摄入单不饱和脂肪酸与心血管疾病相关的血液标记物的改善有关，并没有与这些疾病的发病率显著相关。

油酸作为单不饱和脂肪酸，最近引起人们关注。油酸替代膳食中的饱和脂肪酸，与摄取亚油酸的场合一样，也具有降低低密度脂蛋白胆固醇（LDL-C）效果。然而亚油酸在降低 LDL-C 的同时也降低了高密度脂蛋白胆固醇（HDL-C），而摄食油酸却不会降低（HDL-C），至少目前还没人报道。众所周知，低密度脂蛋白（LDL）氧化变性是动脉硬化的初期病变，也是形成泡沫细胞的主要原因。有研究表明，摄取较多油酸的场合，会生成油酸含量较多的 LDL，而此类 LDL 比较耐受氧化，油酸的作用可见一斑。有关这一点，也可从地中海沿岸一带的冠状动脉疾病发病率较低这一现象得到确证，经考证这与这一带的膳食中含有较多的油酸含量有关。

综合考虑营养学家的推荐量范围，ANSES 组织定义的油酸推荐膳食供给量（ANC 或 RDA）为每天能量摄入的15%～20%（即42～55g/d）。摄入量下限的设定需要考虑引起粥样硬化的饱和脂肪酸与替代油酸之间的关联性。上限的设定主要依据涉及心血管疾病风险因子的流行病学以及临床数据。

3. 亚油酸

早在1929年研究小鼠的生长和预防炎症时，必需脂肪酸的概念就已经应用在 $n-6$ 脂肪酸上，但是直到20年后这个概念才扩展到人类。这一发现是由美国的 A. E. Hansen 于1947年治疗儿童湿疹时，通过摄入动物来源 $n-6$ 脂肪酸治愈而发现的。在1963年该作者的一篇更加严格的营养学研究，将这一结果扩大到超过400名儿童，第一次将儿童 $n-6$ 脂肪酸的摄入量设定为约为总能量摄入的1%。

所有的 $n-6$ 必需脂肪酸是通过前体物质亚油酸一系列的去饱和（特异性去饱和酶）以及链延长（延长酶），进而生物合成出来的。几乎所有的哺乳动物都需要通过植物或者动物源食物补充 $n-6$ 脂肪酸。这些转变都是在细胞液和线粒体中完成的。

亚油酸作为必需脂肪酸这一功能明确以来，亚油酸的 ANC（或 RDA）推荐值不断的修改完善。如今人们已经清晰的意识到成年人建议的初始值估计过高，这是因为起初的流行病学调查并没有将摄入的 $n-3$ 脂肪酸考虑进去。更加精确的推荐值已经在动物实验中获得，即可以通过添加亚麻酸［18：3（$n-3$）］至膳食中，以减少对亚油酸的需求。

很多研究已确认亚油酸具有降低血清总胆固醇作用，然而此种作用却随亚油酸在总能量摄取量中所占的比例而变化。有资料显示，亚油酸摄取量一旦超过15%，确认其降总胆固醇效果就会下降，而且高密度脂蛋白胆固醇含量也大为下降，也易产生脂质过氧化物（LPO）而导致衰老。可见，亚油酸的摄取量要合理，合适的摄取量会表现较好的效果，反之则会出现代谢问题。

在前面研究的基础上，1994 年的联合国粮食及农业组织/世界卫生组织（FAO/WHO）报告并没有规定 $n-6$ 脂肪酸的最小需要量或不超过 $n-3$ 脂肪酸的摄入量，主要关注食物脂质中亚油酸与亚麻酸的比例。之后在流行病学研究的基础上，国际专家确定了 18∶2（$n-6$）脂肪酸的最小生理需求量为总能量摄入的 2%。

其他的推荐值，与前述的推荐值非常相似，是由其他国家或者国际权威机构制定。关于 $n-6$ 脂肪酸的推荐值，FAO/WHO 在 2008 年设定为 5%~8%；欧洲议会在 2008 年制定为 4%~8%；英国在 2008 年指定为 6%~10%；澳大利亚和新西兰在 2008 年制定为 4%~10%；加拿大在 2007 年制定为 3%~10%。

在法国，ANSES 在 2010 年建立的 $n-6$ 脂肪酸的 ANC（或者 RDA）是总能量摄入的 4%。例如，相当于每天总能量摄入 10465kJ 时，最大摄入量为 11g/d。这一值是考虑法国膳食中 $n-3$ 脂肪酸摄入量后的一个折中值，并且考虑到 $n-6$ 脂肪酸与 $n-3$ 脂肪酸的比例需低于 5。

亚油酸广泛存在于各类膳食中，不仅存在于牛奶、猪油、肉中，也存在于各类植物油（葡萄籽油、花生油、葵花籽油以及大豆油）中，很少有精确的膳食中 $n-6$ 脂肪酸含量。2009 年，L. Elmadfa 在包括 7 个欧洲国家在内的 14 个国家的食品消耗研究表明亚油酸的摄入范围为总能量摄入的 2.7%（印度）至 7.2%（奥地利）。在欧洲，法国的摄入量最低（4.2%），同样低的还有芬兰（3.9%）以及挪威（4.3%）。摄入量较推荐量低的国家还有英国（4.8%）、比利时（5.3%）、德国（5.7%）以及奥地利（7.2%）。在美国亚油酸的摄入量为总能量摄入的 7.2%。因此，除了美国和奥地利，被研究国家居民的亚油酸摄入量均在国家专家推荐摄入量的范围内（6%）。

4. α-亚麻酸

α-亚麻酸是人体必需脂肪酸，能在体内经脱氢和碳链延长合成 EPA、DHA 等代谢产物。二十碳五烯酸（EPA）是体内前列腺素、白三烯的前体，二十二碳六烯酸（DHA）是大脑、视网膜等神经系统膜磷脂的主要成分，它们在体内对于稳定细胞膜功能，细胞因子和脂蛋白平衡以及抗血栓和降血脂、抑制缺血性心血管疾病等方面起重要作用。

许多科学家研究证明，人体饱和脂肪酸过剩和摄入过多的反式脂肪酸是导致癌症、心脑血管病等许多疾病的直接原因，增加摄入 α-亚麻酸可以显著地改变这种状态。α-亚麻酸基本功能主要表现为：增强智力、增强免疫力、保护视力、降低血脂、降低血压、降低血糖、抑制出血性脑疾病和血栓性疾病、抑制癌症的发生和转移、预防心肌梗死和脑梗死、预防过敏性疾病、预防炎症以及减缓人体衰老等。α-亚麻酸有益于预防和治疗癌症、心脑血管病、糖尿病、类风湿病、皮炎症、抑郁症、精神分裂症、老年痴呆症、过敏、哮喘、肾病和慢性塞性肺炎等。人体一旦缺乏 α-亚麻酸，就会引起人体脂质代谢紊乱，导致免疫力降低、健忘、疲劳、视力减退、动脉粥样硬化等症状的发生。尤其是婴幼儿、青少年，如果缺乏 α-亚麻酸，就会严重影响其智力和视力的发育。

5. 花生四烯酸

花生四烯酸，有时也看作仅有的必需的 $n-6$ 脂肪酸，广泛存在于包括动物来源在内的各种食物中，蛋黄以及动物组织是直接的来源。花生四烯酸可以代谢成为类二十烷以及 4-类白三烯，这些生理活性物质对人体心血管系统及免疫系统具有十分重要的作用，如参与神经内分泌，调节平滑肌收缩，促进细胞分裂，抑制血小板聚集，也有助于过敏反应的机制。但是，但是这些类二十烷的过量摄入会导致诸如关节炎、湿疹、牛皮癣等疾病以及其他一些自身免疫反应。

由于成年人体内花生四烯酸可以由其前提亚油酸转化，因此没有设定其膳食推荐量。在美国，估计花生四烯酸的平均膳食摄入量约为 150mg/d。在法国，Noisette 等研究表明男人的平均摄入量为 204mg/d，女人的膳食摄入量为 152mg/d。花生四烯酸的食物来源主要是鸡蛋以及各种肉类。每摄入 100g 肉类，花生四烯酸的含量为 30~120mg。

膳食补充实验显示摄入 7 周后并没有在人体检测出任何不良反应，血小板含量、出血时间以及血脂含量、免疫响应等均没有差异。美国的 Ferretti 在 1997 年的研究表明每天摄入花生四烯酸高于 1.5g/d，生物合成血管类二十烷量显著增加。其他研究表明摄入花生四烯酸对免疫响应以及血小板功能具有重要影响。

6. γ-亚麻酸

γ-亚麻酸 ［18：3（n-6）］，可以以亚油酸 ［18：2（n-6）］ 为起始物，由细胞自然合成，但是在体内不会积累。在某些生理条件下（年老、糖尿病或者酗酒），γ-亚麻酸的形成会放缓。在某些特定的植物油中，也含有一定量的 γ-亚麻酸，这些有时也被认为是 γ-亚麻酸膳食补充来源抵消生物转化的不足。琉璃苣籽油 （Borago Officinalis，Boraginaceae） 的 γ-亚麻酸为 18% 至 25%，黑加仑籽油中含量为 16% 至 18%，月见草油中 γ-亚麻酸含量为 8% 至 14%。这一脂肪酸能够提升皮肤的屏障功能以及限制诸如特应性湿疹的表皮增生病理学特性。一些临床观察表明 γ-亚麻酸在调控与一些病理（癌症、糖尿病、心脏病、关节炎、阿莫兹海默症等） 有关的炎症反应方面具有重要的作用。γ-亚麻酸与亚油酸一样同属 n-6 型多不饱和脂肪酸，是亚油酸在体内代谢的中间产物。也能在体内氧化酶的作用下，生成生物活性极高的前列腺素、凝血烷及白三烯等二十碳酸的衍生物，具有调节脉管阻塞、血栓、伤口愈合、炎症及过敏性皮炎等生理功能。

近年来研究表明，每天只要摄入 0.5g 的 γ-亚麻酸不但使血浆磷脂中的 DH-γ-亚麻酸含量明显增加，同时花生四烯酸含量也有增加，而不是通常认为的只有亚油酸才能够提高人体血液中的代谢产物含量。随着 γ-亚麻酸的生理学研究不断深入，相信在不久的将来 γ-亚麻酸在治疗方面会有更重要的进展。

（二）磷脂

磷脂总是与脂肪球膜结合在一起，占乳脂质量分数的 0.2%~1.0%，是生命基础物质。磷脂分别对人体的各部位和各器官起着相应的功能。磷脂对活化细胞，维持新陈代谢、基础代谢及荷尔蒙的均衡分泌，增强人体的免疫力和再生力，都能发挥重大的作用。另外，磷脂还具有促进脂肪代谢，防止脂肪肝，降低血清胆固醇，改善血液循环，预防心血管疾病的作用。

（三）脂溶性维生素

乳脂富含维生素 A 和 β-胡萝卜素，但是维生素 D、维生素 E 和维生素 K 的含量不高。由于这些维生素比较常见，并不是乳脂中才含有，而且它们的特性在大多数营养学文献中都存在，因此在本节中不做过多讨论。但是由于维生素 D 缺乏之病发病率不断上升，以及维生素 D 在多种慢性病中的重要作用，在一些国家乳制品会强化维生素 D。

皮肤经过 UV 照射，7-去氢胆固醇可以生成维生素 D_3，之后在肝脏中，维生素 D_3 代谢成为 25-羟基维生素 D_3（储藏形式）和生物活性激素 $1,25(OH)_2D_3$。有研究认为阳光照射贡献了维生素 D 需求量的 90%。可是，有很多证据表明，世界范围内有很大一部分人群，即使身处光照充裕的环境中，也会存在维生素 D 不足的情况。这种状况可能是多种因素作用的结果，包括为了减少皮肤癌的风险减少光照时间、防止皮肤皱纹、雾霾增多等。

维生素 D 在钙吸收和代谢、佝偻病、软骨病以及骨质疏松等方面的作用被很好的认识。另外，维生素 D 在预防包括癌症，特别是结肠癌、乳腺癌、前列腺癌，肺结核、炎症性肠病、多发性硬化、类风湿性关节炎、1 型糖尿病、高血压以及代谢综合征等各种疾病中均发挥重要作用。

二、乳脂中的抗癌因子

乳脂含有几种已经证明有抗癌作用的化合物。首先是瘤胃酸，它是一种有效的乳腺肿瘤发生抑制剂。鞘磷脂和其他鞘脂对肠道肿瘤有抑制作用，其可预防结肠癌和乳腺癌。新证据表明，乳脂可以预防肠道感染，特别对于儿童，防止过敏性疾病（如哮喘）和提高血液中长链 n-3 多不饱和脂肪酸的含量有重要作用。

（一）丁酸

乳脂肪是丁酸（BA）的唯一膳食来源。丁酸是有效的抗肿瘤剂，能够抑制细胞增殖并且诱导分化和凋亡。大量的证据表明结肠中产生的丁酸是纤维素微生物发酵的产物，有助于预防结肠癌。实验研究证明丁酸在治疗以及辅助治疗癌症，特别是与血液相关的恶性肿瘤方面具有一定的作用。可是，临床实验没有充分确认这一结论。缺乏相应的证据主要归结于丁酸在肝脏中代谢很快以及在循环系统中的半衰期很短。丁酸的衍生物的产生延长了动物和人体内血清半衰期。乳脂肪中，约 1/3 的甘油三酯分子含有丁酸残基。丁酸也表现出与许多普通的膳食品类和药物具有协同作用，这些物质包括视黄酸、$1,25(OH)_2D_3$、植物抗氧化物白藜芦醇、他汀类药物（HMG-CoA 还原酶抑制剂）以及阿司匹林（Aspirin），这些都能够降低血清丁酸水平并发挥一定的生理功能。除了能够调控细胞生长外，丁酸能够抑制血管生成，加强谷胱甘肽转移酶的表达。谷胱甘肽转移酶涉及膳食致癌物的脱毒。

丁酸也能够调控先前讨论的转录因子；NF-κB 被抑制而 PPARs 被激活。在培养的内皮细胞上，丁酸抑制 TNF-γ 诱导的细胞间黏附分子-1 和 IL-1 诱导表达的血管细胞黏附分子-1，这表明丁酸具有抗炎症作用以及极有可能具有抗动脉粥样硬化作用。

有两篇文献证明膳食丁酸能够抑制小鼠化学诱导乳腺肿瘤的生长。在一篇文献中，在含有 20% 红花籽油基人造奶油的基础膳食中添加 6% 的丁酸钠，明显降低了化学诱导乳腺癌的发病率。在另一篇文献中，添加 1% 或者 3% 丁酸甘油三酯（丁酸含量与乳脂肪中相当）到葵花籽油基础膳食，化学诱导癌症发病率分别降低 20% 和 52%，乳脂肪膳食要比葵花籽油基础膳食癌症发病率低。

（二）支链脂肪酸

牛乳中含有 3.07% 支链脂肪酸（BCFA），除了痕量的 6-甲基十六烷酸外，基本都是末端支链脂肪酸。单支链脂肪酸的甲基位置对分子构型非常重要，如果甲基位于脂肪酸分子碳链骨架倒数第 2 个碳原子上，形成的结构为异构型（iso-构型），如果甲基位于脂肪酸分子碳链骨架倒数第 3 个碳原子上，形成的结构称为反异构型（anteiso-构型）。中间支链脂肪酸在合成过程中，碳链延长时用甲基丙二酰-CoA 代替丙酰-CoA，而牛的组织中不含丙二酰-CoA，所以不能合成中间支链脂肪酸。

近年有研究表明，BCFA 具有抗癌作用，且抗癌活性比共轭亚油酸更显著。Sawitree W. 等研究了不同异构支链脂肪酸链长与抗乳腺癌活性之间的关系，发现异构 $C_{16:0}$ 具有最高的抗癌活性，大于或小于此链长的支链脂肪酸的抗癌活性相应降低。异构和反异构支链脂肪酸都具有抗癌活性的既往研究发现，小剂量 13-甲基十四烷酸能特异性诱导乳腺癌肿瘤细胞的凋亡，而对正常细胞没有明显影响。为了进一步研究 13-甲基十四烷酸的程序性杀死癌细胞的机制，2005 年，Sawitree W. 等将 BCFA 装入细胞脂质体中，研究发现13-甲基十四烷酸是通过经典的 Caspase 凋亡通路，破坏乳腺癌细胞中 SKBR-3 线粒体的完整性，引发细胞凋亡。

乳脂含有一系列的饱和支链脂肪酸。这些支链脂肪酸主要来源为特定瘤胃微生物产生的结构脂，这些结构脂在消化道吸收至循环系统，经过循环系统进入脂肪组织和泌乳乳腺进行甘油三酯的合成。BCFAs 具有抗癌症功能。Yang 等报道，13-甲基十四烷酸（13-MTDA，iso-15：0）通过诱导细胞凋亡抑制一系列人体癌症细胞的生长。Wright 等（2005）将鳞状细胞癌的片段移植到兔子大腿肌肉。通过动脉供给 13-甲基十四烷酸到达癌细胞位点的方案，得出癌细胞的生长与浓度有关。

Wongtangtintharn 等在两类人体乳腺癌细胞中测试了一系列异构支链脂肪酸的抗癌活性。发现抗癌活性最高的为异构 16：0 支链脂肪酸，随着碳链的增长或者减少，抗癌活性均降低。反异构支链脂肪酸也具有细胞毒性。乳腺癌细胞中的 13-MTDA 的细胞毒性与反式脂肪酸相当，抑制脂肪酸合成酶活性。在大量的人类恶性肿瘤中也已证明反式脂肪酸表达会增加。

（三）共轭亚油酸

乳脂中最重要的生物活性物质是共轭亚油酸（CLA），含有共轭双键的十八碳二烯酸（Octadecadienoic Acid）的所有可能的空间和位置异构体。乳脂中天然的顺-9、反-11-18：2 共轭亚油酸含量最为丰富，占 CLA 异构体的含量超过 90%。其余 20 种少量异构体也有报道，最主要的异构体是反-7，顺-9-18：2。

1978 年，美国威斯康辛大学食品研究中心的 Michael Pariza 博士在探索汉堡牛排中含有的抗癌性物质时，发现还存在一些抗癌物质，经有机溶剂抽提分析，鉴定此类物质为顺-9、反-11 以及反-10、顺-12 共轭亚油酸的混合物。之后，种种抗癌试验表明，此类脂肪酸对多种癌包括皮肤癌、直肠癌、肺癌、乳癌等，都有较强的抑制活性。然而，尽管其抗癌生理功能取得了很大的进展，其作用机制仍不十分明确。除了具有较强的抗癌活性之外，共轭亚油酸还对其他一些慢性病也有较好的效果，如对粥样动脉硬化、糖尿病等。此外，CLA 的选择性减少体脂肪效果也是相当令人关注的。CLA 由于具有突出的生理功能特性，特别是显著地减少体脂肪效果，目前引起人们的广泛注目。

（四）鞘脂

鞘脂是基于长链称为鞘氨醇的长链氨基醇组成的一系列化合物。如果脂肪酸连接到鞘氨醇链上的—NH₂ 基团上，就成为神经酰胺。鞘脂末端羟基如果结合磷脂胆碱基团就成为鞘磷脂，如果连接一个或者多个糖基就会产生各种复杂的鞘糖脂（包括脑苷脂和神经节苷脂）。鞘脂与生物膜结构的外表面相连。因此，在酪乳和乳清脂质中含量丰富的乳脂肪球膜，是鞘脂的丰富来源。

在一系列的动物实验中，Schmelz 和 Schmelz 等的研究表明，鞘磷脂和其他的鞘脂确实能够抑制肠道内的肿瘤细胞生长。鞘脂在小肠内的消化率反映了碱性鞘磷脂酶和神经酰胺酶在小肠内的分布。对于人类来说，碱性鞘磷脂酶在人类结肠癌组织内的活性，要比在正常结肠组织中低75%。结肠癌患者中细胞神经酰胺浓度，与正常结肠黏膜相比低50%。另外，鞘脂能够保护结肠细胞免受胆汁酸的毒性侵袭，胆汁酸能够提高细胞增殖以及提高患癌风险。

动物研究表明，膳食鞘脂能够抑制胆固醇的吸收，这是降低血清胆固醇水平的主要原因。鞘脂和胆固醇之间的作用是由于鞘脂能够在鞘脂酰胺基基团与胆固醇羟基基团之间形成氢键。膳食鞘脂同样能够减少脂肪的在肠道内的吸收。而且，牛奶来源的鞘脂比鸡蛋来源鞘脂更加有效，这也表明鞘脂酰基链链长以及饱和度是抑制脂质吸收的决定性因素。

鞘脂路径中依赖神经酰胺的信号转导也在组成免疫系统的大多数细胞中发生，并且影响到这些细胞的生长、激活以及调控。除了在细胞增殖、分化以及凋亡中发挥作用外，神经酰胺信号转导在高效吞噬作用以及 B-淋巴细胞和 T-淋巴细胞功能，特别是抗原处理中具有重要的作用。在 T 细胞中，鞘脂路径也能够影响诸如 IL-1 至 IL-6、TNF-α 以及干扰素-γ 等细胞因子的产生。这些细胞因子通过自分泌和旁分泌机制影响重要的下游目标，如 COX-2、NOS、NF-κB、PGE2、金属球蛋白类以及粘附内皮细胞内的分子。这些都是新兴的研究领域，需要大量的研究确认各种交互作用的路径。

此外，乳鞘脂在肠道健康，特别是婴幼儿肠道健康方面具有重要的作用。随着研究的深入，鞘脂的各种功能会进一步发掘，人们对鞘脂以及各种疾病的作用也会认识的更加深刻和清晰。

参考文献

［1］Barber. M. C. , Clegg. R. A. Travers, M. T. &Vermon, R. G. Lipid metabolism in the lactating mammary gland ［J］. Biocheimica et Biophyisian Acta. , 1997：101-126.

［2］Christie, W. W. Composition and structure of milk lipids. Advanced Dairy Chemistry 2：Lipids (ed. P. F. Fox)［M］. 2ⁿᵈ edn. London：Chapman & Hall, 1995：1-36.

［3］Jensen, R. G. The Composition of bovine milk lipids：January 1995 to December 2000 ［J］. Journal of Dairy Science, 2002（85）：295-350.

［4］Fox, P. F. & Kelly, A. L. Chemistry and biochemistry of milk constituents. Food Biochemical and Food Processing ［M］. Oxford：Blackwell Publishing, 2006：425-452.

［5］MacGibom, A. K. H. & Taylor, M. W. Phospholipids. Encyclopedia of Dairy Science ［M］. Amsterdam：Academic Press, 2002：1559-1563.

［6］MacGibbon, A. K. H. & Taylor. M. W. Composition and Structure of bovine milk lipid. Advanced Dairy Chemistry 2：Lipids ［M］. 2006：1-42.

［7］Walstra, P. , Wouters, J. T. M. &Geurts, T. J. Dairy Technology ［M］. 2ⁿᵈ edn. New York：Marcel Dekker Inc. , 2006.

［8］Bitman, J. & Wood, D. L. Changes in milk phospholipids during lactation ［J］. Journal of Dairy Science, 1990 (73): 1208-1216.

[9] Walstra, P. Physical chemistry of milk fat globules. Advanced Dairy Chemistry 2: Lipids, (ed. P. E. Fox) [M]. 2nd. London: Chapman & Hall, 1995: 131-178.

[10] Sieber, r. & Eyer, H. Cholesterol removal from dairy products. Encyclopedia of Dairy Sciences [M]. Amsterdam: Academic Press, 2002: 1544-1550.

[11] Schieberle, . P., Gassenmeier, K., Guth, H., Sen, A. &Grosch, W. Character impact odour compounds of different kinds of butter [J]. Lebensmittel Wissenschaft and Technologie, 1993 (26): 347-356.

[12] Holick, M. F.. Vitamin D deficiency [J]. New Engl. J. Med, 2007 (357): 266-281.

[13] Holick, M. F. Sunlight and vitamin D for bone health and prevention of autoimmune diseases, cancers and cardiovascular disease [J]. American Journal of Clinical Nutrition, 2004 (80): 1678-1688.

[14] Parodi, P. W. Health benefits of conjugated linoleic acid [J]. Food Industry Journal, 2006 (5). 222-259.

[15] Parodi, P. W. Conjugated linoleic acid in food [J]. Advances in Conjugated Linoleic Acid Research, 2003 (2): 101-122.

[16] Parodi, P. W. Milk fat in human nutrition [J]. Australian Journal of Dairy Technology, 2004 (59): 3-59.

[17] Parodi, P. W. Dairy product consumption and the risk of breast cancer [J]. Journal of the American College of Nutrition, 2005 (24): 556-568.

[18] Parodi, P. W. Nutritional significance of milk lipids. Advanced Dairy Chemistry, Volume 2, 3 rd edn [M]. New York: Springer, 2006: 601-639.

[19] Zapolska-Downar, D., Siennicka, A., Kaczmarczyk, M., et al. Butyrate inhibits cytokine-induced VCAM-1 and ICAM-1 expression in cultured endothelial cells: the role of NF-Kb and PPARa [J]. Journal of Nutritional Biotechnology, 2004 (15): 220-228.

[20] Yanagi S., Yamashita M. & Imai S. Sodium butyrate inhibits the enhancing effect of high fat diet on mammary tumorigenesis [J]. Oncology, 1993 (50): 201-204.

[21] Yang Z., Liu S., Chen X., et al. Induction of apoptotic cell death and in vivogrowth inhibition of human cancer cells by a saturated branched-chain fatty, 13-methyltetradecanoic acid [J]. Cancer Research, 2000 (60): 505-509.

[22] Belobrajdic, D. P. & McIntosh, G. H. Dietar butyrate inhibits NMU-induced mammary cancer in rats [J]. Nutrition and Cancer, 2000 (36): 217-223.

[23] Wright K. C., Yang P., Van Pelt C. S., et al. Evaluation of targeted arterial delivery of the branched chain fatty acid 12-methyltetradecanoic acid as a novel therapy for soid tumors [J]. Journal of Experimental Therapeutics and Oncology, 2005 (5): 55-68.

[24] Wongtangtintharn S., Oku H., Iwasaki H. & Toda, T. Effect of branched-chain fatty acid biosynthesis of human breast cancer cells [J]. Journal of Nutritional Science and Vitaminology, 2004 (50): 137-143.

[25] Lock, A. L. &Bauman, D. E. Modifying milk fat composition of dairy cows to enhance fatty acids beneficial to human health [J]. Lipids, 2004 (39): 1197-1206.

[26] Pariza M. W. Park Y. & Cook M. E. The biologically active isomers of conjugated linoleic acid [J]. Progress in Lipid Research, 2001 (40): 283-298.

[27] Roche H. M., Noone E., Nugent A. et al. Conjugated linoleic acid : a novel therapeutic nutrients? [J]. Nutrition Research Reviews, 2001 (14): 173-187.

[28] Belury, M. A. Dietary conjugated linoleic acid in health: physiological effects and mechanisms of action [J]. Annual Reviews in Nutrition, 2002 (22): 505-531.

[29] Wahle, K. W. J., Heys, S. D. & Rotondo. Conjugated linoleic acids: are they beneficial or detrimental to health? [J]. Progress in Lipid Research, 2004 (43): 553-587.

［30］Ip, C. , Chin, S. F. , Scimeca, J. A. & Pariza, M. W. Mammary cancer prevention by conjugated dienoic derivative of linoleic acid ［J］. Cancer Research, 1991 (51): 6118-6124.

［31］Ip M. M. , Masso-Welch P. A. &Ip C. Prevention of mammary cancer with conjugated linoleic acids: role of stroma and the epithelium ［J］. Journal of Mammary Gland Biology and Neoplasia, 2003: 103-118.

［32］Scimeca J. A. Cancer inhibition in animals. Advances in conjugated linoleic acid research ［M］. Volume 1. Champaign: AOCS Press, 1999: 420-443.

［33］Rombaut R. & Dewettinck K. Properties, analysis and purification of milk polar lipids ［J］. International Dairy Journal, 2006 (16): 1362-1373.

［34］Schmelz, E. M. Sphingolipids in the chemoprevention of colon cancer ［J］. Fronteers in BIO Science, 2004 (9): 2632-2639.

［35］Schmelz E. M. Mottillo E. P. , et al. Effect of sphingosine and enigmol on mouse ovarian surface epithelial cells representing early, intermediated and late stages of ovarian cancer ［J］. Journal of Nutrition, 2006 (135): 30-45.

［36］Duan R. D. Anticancer compounds and sphingolipid metabolism in the colon ［J］. In Vivo, 2005 (19): 293-300.

［37］Eckhardt E. R. M. , Wang D. Q-H. et al. Dietary sphingomyelin suppresses intestinal cholesterol adsorption by decreasing thermodynamic activity of cholesterol monomers ［J］. Gastroenterology, 2002 (122): 948-956.

［38］Noh, S. K &Koo, S. I. Milk sphingomyelin is more effective than egg sphingomyelin in inhibiting intestinal absorption of cholesterol and fat in rats ［J］. Journal of Nutrition, 2004 (134): 2611-2616.

［39］Kobayashi T. , Shimizugawa T. , Osakabe T. et al. A long term feeding of sphingolipids affected the level of plasma cholesterol and hepatic triacylglycerol but not tissue phospholipids and sphingolipids ［J］. Nutrition Research, 1997 (17): 111-114.

［40］Ballou L. R. , Laulederkind S. J. F. , Rosloniec, E. F. & Raghow, R. Ceramide signaling and the immune response ［J］. Biochemica et Biophysica Acta. 1996 (1301): 273-287.

［41］Cinque B. , Di Marzio L. , Centi C. , et al. Sphingolipids and the immune system ［J］. Pharmacological Research, 2003 (47): 421-437.

［42］郭本恒. 乳品化学 ［M］. 北京: 中国轻工业出版社, 2001: 18-19, 24-25.

［43］顾瑞霞. 乳与乳制品的生理功能特性 ［M］. 北京: 中国轻工业出版社, 2000: 63-73.

第三章 乳脂的理化特性

第一节 乳脂的物理特性

乳脂的物理性质对许多乳制品功能特性影响很大，取决于乳脂分子构成和结构特征。脂质分子的基本特征是具有双亲性结构，即长链亲油性的烃基和亲水性的羧基或部分亲水的酯基（与烃基相比酯基是亲水的）等。烃基碳链的长短、双键数目及构象又会对油脂和脂肪酸的熔点、密度、黏度、溶解度、晶态结构、热学性质、光谱性质等产生不同程度的影响。

随着现代分析技术的发展，核磁共振（NMR）、差热扫描（DSC）、红外光谱（IR）、拉曼光谱（R）、X-衍射、甚至原子力显微镜（Atomic Force Microscope，AFM）等都已广泛应用于油脂物理性质的研究，尤其是结晶性质的研究。

一、乳脂的熔点

乳脂是混合脂肪酸甘油三酯的混合物，所以没有确定的熔点，而仅有一个熔化的温度范围。只有在很低温度下，乳脂才能完全变为固体。室温下呈现固态多数是塑性脂肪，是固体脂肪和液体油的混合物，不是完全的固体脂。其理化常数见表3-1。

表3-1 乳脂的理化常数或范围

皂化值/（mg KOH/g）	相对密度（60℃）	熔点/℃	折光指数（n_D^{60}）	脂肪酸凝固点/℃
210~250	0.887	38	1.4460~1.4470	34
不皂化物含量/%	碘值/（g I/100g）	赖克特-迈斯尔值（Reichert-Meissl Value）	波轮斯基值（Polenske Value）	基尔希纳值（Kirschner Value）
0.4	30~40	22~24	2~4	20~26

二、乳脂的结晶

乳脂肪的结晶习性和流变特性对于乳制品加工是非常重要的。例如，黄油的晶体网络结构依赖于乳脂肪的组成和结晶习性，结晶习性决定了最终的应用、塑性、口感和外观。

乳脂肪由数百种复杂甘油三酯组成的混合物，使得乳脂肪具有复杂的结晶、熔化和流变特性。脂肪的组成和加工条件都会影响结晶。脂肪的成分随季节、区域和动物的种类而变化。例如，与夏季生产的黄油（碘值36）相比，冬季生产的黄油含有较高的棕榈酸和较低的油酸，其碘值也只有30。因此几乎不可能明确每种甘油三酯与其他甘油三酯的协同的结晶习性。

加工条件也影响乳脂肪结晶和流变学特性。例如，连续搅拌黄油通常较常规间歇搅拌黄油更硬，且不易涂抹。影响乳脂肪结晶的外部因素包括温度、冷却速率、产量、搅拌和储存条件。脂肪分散状态影响结晶行为，分散较好的脂肪结晶需要更高的过冷度和较低的结晶速率。

乳脂的主要成分是具有不同化学组成以及不同物理特性的甘油三酯。当甘油三酯分子在熔融状态时，也就是具有较高的动能时，由于将分子束缚在一起的分子间作用力不够强，每个单独的分子具有相当的自由度。当脂肪冷却时，分子的热运动减少，分子间作用力（氢键和范德华力）将甘油三酯分子按照脂肪酸链初始的平行状态束缚得更加紧密。脂肪结晶可分为晶核生成（成核）和晶体生长两个阶段，两个阶段的推动力都是溶液的过饱和度（结晶溶液中溶质的浓度超过其饱和溶解度之值）。

（一）晶核产生

晶核的形成是一个新相产生的过程，需要消耗一定的能量。当脂肪冷却到低于熔点的温度时，分子处于过冷状态，是结晶发生的热力学驱动力。在这种非平衡态，分子开始聚集成微小的团簇，不断形成和溶解，直到达到一定的临界尺寸。在这一点上，集群被称为核。只有当与结晶潜热相关联的能量大于克服固体表面积增加所需的能量时，才形成原核。核稳定的临界半径取决于温度。

脂肪一般有三种成核形式，即初级均相成核、初级非均相成核及二次成核。在高过饱和度下，溶液自发地生成晶核的过程，称为初级均相成核。Walstra 和 van Beresteyn 研究发现，在 5~25℃条件下，温度每降低 5℃，牛乳中脂肪球成核速率就会增加一倍。牛奶中的脂肪，这种类型的成核非常罕见，只会出现在非常高的过冷度，在接近或低于 0℃时候出现。更多情况下溶液在外来物（如大气中的微尘）的诱导下生成晶核的过程，称为初级非均相成核，需要相对低的过冷度。而在含有溶质晶体的溶液中的成核过程，称为二次成核。二次成核也属于非均相成核过程，它是在晶体之间或晶体与其他固体（器壁、搅拌器等）碰撞时所产生的微小晶粒的诱导下发生的，是乳脂肪结晶的重要环节。已经表明脂肪中的单甘油酯，可作为诱导剂。

成核的差异解释了大量乳脂和乳化状态下结晶的不同。在大量乳脂体系中，只需少量的细胞核诱导结晶。但同样脂肪被乳化后，每个脂肪液滴必须含有核或杂质以便结晶，这种概率较低，所以经乳化的脂肪需要更高的过冷度才能成核。一般自动成核的机会较少，常需要借助外来因素促进生长晶核，如机械振动、搅拌等。

（二）晶体生长

天然脂肪的晶体生长相对较慢，并且结晶的动力学似乎与化学反应的动力学类似，即存在与聚集相反的自由能势垒，该自由能势垒只能由相对高能量状态的分子克服。晶体生长的基本驱动力是体系的自由能降低，即结晶后的自由能要小于结晶前体系的自由能，所以用结晶后晶体的自由能减去结晶前体系的自由能就是体系中晶体结晶的驱动力，当该值小于一定临界值（该值必小于零）时，结晶过程才可能进行。

晶核生长的速度与过饱和度及温度有关，在一定温度下成核速度随过饱和度的增加而加快；但当超过某一值时，反而会使溶液的分子运动减慢，黏度增加，成核也受到阻碍。在过饱和度不变的情况下，温度升高，成核速度也会加快。实际情况是成核速度开始随温度升高而升高，达最大值后，温度继续升高，成核速度反而降低。在工业生产中，结晶过程要求有适当的成核速度，成核速度过快，必将导致生成细小的晶体，影响产品质量。

　　Grishehenko 研究了乳脂结晶的动力学，发现活化能为 38.5kJ/mol，而 de Man 认为该过程对应的是一级反应，他认为活化能为 46.0kJ/mol。Ryzgin 和 Fresko 研究了 0.5~17℃下结晶速率，证实了 de Man 的结论。从 Mortensen 和 Danmark 的数据可以计算出体积脂肪的相应的活化能，此外还证明了结晶过程的常数与碘值有关，即它取决于脂肪的组成。

　　晶体生长速率由过甘油三酯分子饱和度决定，分子扩散到晶体表面的速率，以及甘油三酯分子进入生长晶格所需的时间。与成核相比，晶体生长所需的驱动力相对较低。然而，在多组分脂肪中，每个的过饱和度很小，晶格中相同位点分子之间需要竞争，意味着牛乳脂肪结晶特别慢。

　　熔融黏度对晶体生长速率有显著影响，它限制了分子扩散，以及结晶热量的发散。熔融黏度随温度的降低而升高，与晶体生长速率成反比。剪切力也会影响脂肪结晶。剪切的影响包括由于晶体压裂而导致的次级成核增加，并且由于甘油三酯分子的平行排列可能易于成核。剪切也增强了质量和热传递。在乳脂分提过程中，发现剪切会影响过滤晶体的组成和结构。

　　（三）同质多晶

　　同质多晶指的是同一种物质在不同的结晶条件下具有不同的晶体形态。不同形态的固体结晶称之为同质多晶体。同质多晶体间的熔点、密度、膨胀等特性不同。

　　甘油三酯一般有三种结晶形态，分别为 α、β' 和 β。表 3-2 概括了三种晶形的基本物理性质。α 型是最不稳定的，受热处理影响，很容易转化成 β' 和 β。β' 晶型较稳定，其晶体形态和网络适用于人造黄油和起酥油，会产生最佳的流变和组织状态。β 型最为稳定，呈现大块板状晶体形态。

表 3-2　　　　　　　　　　　　甘油三酯三种晶型的部分特征参数

晶型	熔点	密度	X-射线衍射 短距离/nm	红外光谱 吸收/cm⁻¹	碳链排布	亚晶胞结构
α	最低	最小	0.41	720	垂直	六方晶系
β'	中值	中值	0.42~0.43； 0.37~0.40	727，719	倾斜	正交晶系
β	最高	最大	0.46；0.36~0.39	717	倾斜	三斜晶系

　　亚晶胞结构定义了烃基链的横向堆积模式。α、β' 和 β 三种晶型的亚晶胞结构分别为六方（H）、正交（O$_\perp$）、平行（T$_\parallel$），如图 3-1 所示。亚晶胞结构可以通过 X-射线衍射（XRD）测定。

　　图中显示了甘油三酯结晶的晶包和链长结构，说明了围绕长链轴线的烃链重复序列构成层状单元。当甘油三酯三个脂肪酸部分的化学性质相同或非常相似时，形成 2 倍链长结构（DCL）。相反，当甘油三酯中一个或两个脂肪酸的化学性质与其他脂肪酸化学性质大不相同时，形成 3 倍链长结构（TCL）。在固相中不同类型的甘油三酯的混合相行为揭示了链长结构，例如当 2 倍链长结构脂肪与 3 倍链长结构脂肪混合时，容易发生相分离。可

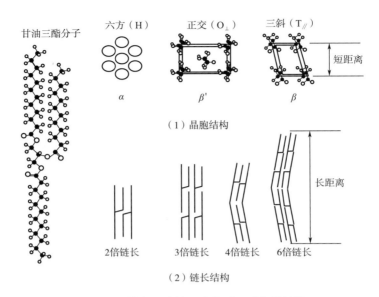

图 3-1　甘油三酯的三种典型同质多晶结构

以仅通过测量多晶样品的 X-射线衍射长距离图来确定链长度结构。

脂肪的物理性质受脂肪多样性的影响很大，所以脂肪酸组合物如何影响脂肪多态性，先了解两类脂肪酸组合物。

1. 同酸甘油三酯，甘油三酯的脂肪酸部分是相同类型。脂肪酸影响因素如下：

①饱和脂肪酸：脂肪酸碳原子数 N_C，奇数或偶数。

②不饱和脂肪酸：脂肪酸碳原子数 N_C，奇数或偶数；不饱和双键顺式或是反式；不饱和双键的数目；不饱和双键的位置。

2. 混合酸甘油三酯，甘油三酯中三种脂肪酸组成不同，脂肪酸影响因素如下：

①三个饱和脂肪酸，但化学性质不同。

②三个不饱和脂肪酸，但化学性质不同。

③脂肪酸有饱和的，也有不饱和的。

④不同的脂肪酸在甘油基上的位置不同。

甘油三酯如果拥有不同类型的脂肪酸，更容易形成 β' 晶型。在天然脂肪中，牛乳脂肪含有长短链、饱和与不饱和脂肪酸，所以结晶易形成 β' 晶型。棕榈油也是 β' 型，是因为存在不对称的混合甘油三酯，如 POO 和 PPO。

混合酸甘油三酯的多态性与单甘油酯的差异很大。例如，表 3-3 显示了多态性发生的变化及一系列甘油三酯的熔化特性，甘油三酯 sn-1、sn-3 位置是硬脂酸，sn-2 位置的脂肪酸可以是反式油酸（SES）、油酸（SOS）、蓖麻油酸（SRS）、亚油酸（SLiS）、α-亚油酸（SLnS）或二十碳五烯酸（SEpS）。在硬脂酸（SSS）中显示了三种典型的 α、β' 和 β 多晶型物质，全部堆叠在双链长度结构中。用反油酸（SES）取代 sn-2 酸导致三种多晶型物的熔点降低，其表现出与 SSS 基本相同的性质。但是，当 sn-2 酸被油酸、蓖麻油酸或亚油酸代替时，会产生较大的差异，显示出新的多晶型以及链长结构的变化从双 α 型到更稳定的形式。

表 3-3　SSS、SES、SOS、SRS、SLiS、SLnS、SEpS 的同质多晶晶型及熔点

晶型 a	SSS	SES	SOS	SRS	SLiS	SLnS	SEpS
α-2	55.0	46.0	23.5	25.8	21.6	—	—
β'-2	61.6	58.0	—	—	—	—	—
γ-3	—	—	35.4	40.6	34.5	35.9	32.5
β-2	73.0	61.0	—	—	—	—	—
β'-3	—	—	36.5	—	—	—	—
β'_2-3	—	—	—	44.3	—	—	—
β_2-3	—	—	41.0	—	—	—	—
β'_1-3	—	—	—	48.0	—	—	—
β_1-3	—	—	43.0	—	—	40.1	—

Sato 的研究工作揭示了 SLnS 和 SEpS 的多晶结构，如图 3-2：

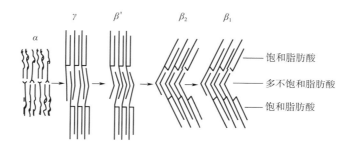

图 3-2　1，3-饱和脂肪酸-2-不饱和脂肪酸甘油三酯的多晶结构

（1）在表 3-3 所示的甘油三酯中，不饱和脂肪酸和硬脂酸形成不同的晶层，决定了 3 倍碳链结构。

（2）由于范德华力作用硬脂酸层 3 倍链长结构，单不饱和脂肪酸和多不饱和脂肪酸都表现出延伸的链构象。

（3）甘油三酯的熔点由多不饱和脂肪酸部分与硬脂酸间的范德华相互作用共同决定，熔点比多不饱和脂肪酸在游离状态下高。

Van Mechelen 等通过使用从熔融相生长的多晶样品研究了 β 型 SOS 和 POS，证实了两种 β 形式的 3 倍碳链结构的存在。他们指出 β_1 和 β_2 之间的差异大部分可以在层状结构中显示，其中 β_2 是 3 倍链长碳链结构，而 β_1 是由两个 3 倍链长碳链结构组成的 6 层结构，如图 3-2 所示。

混合酸甘油三酯的特性通过饱和、不饱和脂肪酸部分之间的链-链相互作用只能部分被了解，复杂多态性的分子机制需要更多研究，对理解天然油脂（如乳脂、棕榈油和可可脂）的多态性具有重要作用。

（四）乳脂肪的同质多晶

乳脂肪是一种复杂的甘油三酯混合物，因此几乎不可能明确每一种甘油三酯与其他甘

油三酯是如何共同协作而结晶的。按照不同的熔化范围将乳脂肪分提得到三种不同的组分：高熔点（HMF）、中等熔点（MMF）、低熔点分提物（LMF）。高熔点和中等熔点组分在固态时完全互溶，低熔点分提物与高熔点和中等熔点的混合物呈现固溶体的偏晶性质。

在乳脂肪的同质多晶型中经常出现 α、β' 晶型，部分高熔点组分和乳脂肪贮存较长时间的特殊条件下会出现 β 晶型。关于热处理和乳化体系对乳脂肪同质多晶的影响，Lopez 等近期对无水乳脂体系和奶油体系同步进行了 XRD 和 DSC 的研究，结果见表3-4。当样品从50℃快速冷却到−8℃时没有发现无水乳脂和奶油两个体系之间同质多晶型的区别，即 α 晶型首先出现，在 α 晶型熔化后的加热过程中 β' 晶型出现。但缓慢冷却结晶（<0.15℃/min）过程中，会导致无水乳脂体系和奶油乳化体系的显著差异，即 β' 晶型首先结晶，并且 β' 和 α 晶型共存直到达到无水乳脂的冷却终点。与此相反，对于奶油乳化体系，其首先形成 α 晶型，进一步冷却时形成 β' 晶型，后两种晶型共存。在结晶后的加热过程中，两种样品中 α 晶型首先熔化，然后 β' 晶型再熔化。

表3-4　　　　　无水乳脂和奶油在低冷却速率时 XRD 和 DSC 分析比较

	无水乳脂	奶油
多晶体	$\beta' \rightarrow \beta' + \alpha$	$\alpha \rightarrow \beta' + \alpha$
链长结构	4.15（2倍）：vs	4.65（2倍）：m
	4.83（2倍）：w	4.0（2倍）：m
	6.22（3倍）：s	7.13（3倍）：s
	3.92（2倍）：w	6.5（3倍）：w

注：英文表示 X 谱线的强度。vs 非常强；m 中等强度；s 强；w 弱。

从链长结构上来看，纯无水乳脂和奶油体系有显著的不同。表3-4所示分别为无水乳脂和奶油体系四种不同的晶体以及不同晶体 X 谱线峰的强度，可以看出各种晶型的层间距值彼此均不相同；且2倍和3倍链长结构共存。

无水乳脂的结晶行为不同于其乳化体系。乳化液滴中缺乏成核中心可能会延缓其结晶，使最不稳定的 α 晶型首先成核。乳脂体系同时存在2倍和3倍链长结构的晶型，可能是由多种甘油三酯分别结晶而导致的一个复杂的混合体系存在。

（五）混合晶体

与同质多晶的纯晶体相比，混合晶体具有较低的密度和较低的熔解焓。混合晶体也倾向于缓慢地重新排列成更纯净的晶体，形成稳定的多晶型。当液体状态的甘油三酯混合时，观察体积和热量是不发生变化的。Mulder 提出了混合晶体形成理论来解释乳脂的复杂结晶行为。混合或复合晶体含有多于一种的分子种类，混合晶体形成天然脂肪，如牛乳脂肪，它们是甘油三酯的复杂混合物。

乳脂肪含有超过400个不同的甘油三酯，每个具有其自身的熔融温度，表现出很宽的熔化范围和不同的熔化温度。但乳脂肪的熔解曲线不等于所有甘油三酯熔化温度的累加。乳脂肪中的甘油三酯的熔点范围介于−40~40℃之间。这导致固体和液体脂肪都具有广泛的可塑性，如图3-3所示。

乳脂肪甘油三酯分提物通常用熔化特性进行分类和分析，同组的甘油三酯物理和化学性质相似。因此甘油三酯有三个主要的分组，即低熔点、中等熔点和高熔点分提物（分别为 LMF、MMF 和 HMF）。这些部分对应于通过 DSC 在乳脂肪中观察到三个吸热峰。由于 LMF 含有长链多不饱和脂肪酸和短链饱和脂肪酸，所以室温下是液态。HMF 部分熔化温度超过 50℃，因为富含长链饱和脂肪酸，几乎不含长链多不饱和脂肪酸和短链饱和脂肪酸。MMF 的熔化温度范围为

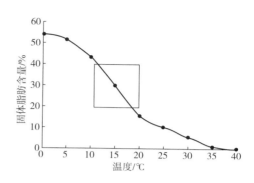

图 3-3　乳脂的固脂含量与温度变化曲线

35~40℃。在乳脂肪中，较高熔点的甘油三酯倾向于溶解在较低熔点的物质中。但是在固相中，由于甘油三酯大范围以固态存在，不能完全观察到混溶性。

三、表面张力

牛乳表面张力约为 0.05N/m（20℃），同温度下水的表面张力为 0.07275N/m。乳蛋白、乳脂肪、磷脂和游离脂肪酸是决定牛乳表面特性的主要表面活性物质。

乳脂肪水解释放的游离脂肪酸能降低牛乳表面张力。表面张力是脂肪水解酸败的客观指数之一，但其作用很有限。短链脂肪酸是酸败味的来源，而长链的脂肪酸则是较强的表面张力的抑制剂。

四、乳脂与流变学特性之间的关系

部分固态乳脂肪有塑性，是黏弹性体。在形变范围很小，如 21% 时，几乎表现为纯粹的弹性，弹性模量约为 1MPa。如图 3-4（1），加大应力，脂肪开始流动。随应力再次加大，可通过下式来描述形变与应力的关系：

$$D = (\tau - \tau_B)/\eta_B$$

式中　D——形变率或流动率

　　　τ——应力

　　　τ_B——宾汉姆屈服应力

　　　η_B——宾汉姆黏度

影响乳脂肪硬度的主要因素如下：

（1）脂肪结晶絮凝　主要原因是范德华力的相互吸引作用，脂肪结晶形成网眼直径为几个毫米的网状结构。在形变范围很小时，这一网状结构使脂肪显示弹性，形变程度增大，网络中化学键断裂。

（2）固体脂肪的含量　决定网络中晶体的数目和化学键的强度，因此温度和脂肪组成的影响是非常大的。

（3）结晶的大小与形状　这也是一个很重要的因素，主要通过絮凝起作用。

（4）脂肪结晶的生长　脂肪长时间保存中，会发生结晶生长现象。结晶生长过程中絮凝结晶相互黏结，网状结构向外延伸，直至整个体系，形成一固体结构。形变过程中，这

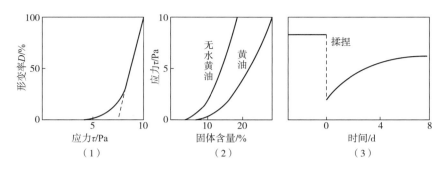

图 3-4 乳脂肪的流变学特性曲线

（1）乳脂肪形变率 D（%）随应力 τ（Pa）的变化曲线；（2）脂肪硬度随固体脂肪含量的变化曲线；
（3）脂肪揉捏后其硬度随时间的变化曲线

一结构局部性遭破坏。强烈的形变作用，如压炼、捏，能导致硬度测定值下降，这一现象称"压炼变软"。经过这一过程，脂肪的硬度恢复是非常缓慢的，如图 3-4（3）所示。

另一方面，结晶脂肪与液态脂肪的结构是不同的，因此其作用也是不同的。发生形变过程中，弱键区域发生流动，致使形变不均匀。

黄油的结构是不均匀的。黄油中含有水滴，水的存在能弱化其结构，特别值得一提的是黄油中含完整的脂肪球。脂肪球含部分结晶脂肪，脂肪球内的结晶脂肪不参与外部网状结构的形成。因此，对同样的固-液脂肪比来说，黄油的网状结构比无水黄油少，硬度低，这一点从图 3-4（2）可看出。

含脂肪 50% 的稀奶油（水包油型）和组成相同的低脂黄油产品（油包水型）特性不同。相比较而言，两者的流变学特性差异非常显著，表观黏度相差很大。对稀奶油来说，脂肪结晶不能形成整个网状结构；而低脂黄油却可以，一旦稀奶油中的脂肪部分聚结，其流变学特性便开始接近黄油。通常深度冷冻的乳可导致在脂肪球周围形成结晶。如果将冷冻同搅拌结合在一起，尤其是在奶油中，许多脂肪球可能呈破碎的形状。

五、乳脂与乳品发泡特性

（一）乳成分与空气间的相互作用

乳与乳制品能与空气相互作用。与空气相互作用的成分主要是乳蛋白质和乳脂肪。牛乳具有发泡性能。

液体通过搅拌而发泡，但只有在液体中存在表面活性物质的情况下，形成的泡沫才稳定；否则气泡间的液层将迅速流动，使气泡破坏。若有表面活性剂存在，则它能吸附在空气-液体面上，此时液体流动产生一界面张力梯度；这一梯度对流体施加应力，使界面充当"固体墙"的角色，从而阻滞气泡间的液体流动。

泡沫主要变化阐述如下：

1. 泡沫上液体的排除

泡沫上液体的排除过程受黏度的影响。薄层越薄，排除越慢，直到最后泡沫中含有很少的液体。当薄层厚度约为气泡直径的 1% 时，空气的体积分数可高达 95%。通常以膨胀率来表示空气含量。向液体施加屈服应力，使连续相在搅打时为液态，泡沫形成后即"固化"。另外一种方法是在液体中加固体粒子作间隔元。牛乳酪蛋白胶束可作间隔元。搅打稀奶油中脂肪球也可作间隔元。

2. 泡沫上水分蒸发导致薄层变薄

蒸发通常发生在泡沫上端的薄层最薄处。

3. 发生薄层破裂

薄层破裂，两气泡聚集，泡沫变粗而体积却不减少，泡沫上层与空气接触处的薄层最易破裂；破裂后的泡沫往下塌陷。脂肪球也能导致薄层破裂。

4. 奥氏熟化（泡沫快速溶解）继续发生

奥氏熟化过程中，小气泡消失，其余气泡则相应变大；泡沫变粗后，薄层减少，稳定性下降。

实际上，通常不容易制作稳定的泡沫；泡沫的生命周期通常只有简短的几分钟或几个小时。许多泡沫通常通过硬化来达到稳定的目的，如固化连续相或在气泡周围形成固体粒子网络，阻滞奥氏熟化、薄层破裂和排水现象的发生。

（二）乳产品的发泡

衡量起泡性的一些指标包括发泡率（有些蛋白质可以达到2000%）以及泡沫对于塌陷和析水的稳定性。

乳蛋白制品可稳定泡沫。酪蛋白酸盐稳定泡沫的效果较好，在空气-水界面上有强吸附；相比较而言，乳清蛋白的发泡特性则依具体条件不同而异。经过脱脂和纯化的乳清浓缩蛋白的泡沫稳定性更加优良。在酸性环境下经过热变性的乳清蛋白起泡性略微降低，但是泡沫稳定性提高。未变性的乳清蛋白可以产生在加热（烘焙）条件下仍然比较稳定的泡沫。黏性的蛋白质溶液可减少析水，在泡沫体系中加入少量的油脂会有明显的消泡作用。

在不存在油脂的条件下，酪蛋白钠盐和钾盐可以产生稳定的泡沫体系，酪蛋白酸钙的效果比较差。在没有油脂的情况下，经过部分水解的酪蛋白（由于在碱性条件下轻度加热发生的水解）可以产生稳定的泡沫。

牛乳中含多种蛋白质，酪蛋白以胶束的形式存在，也以胶束的形式吸附到空气泡上。当气泡由于溶入空气而收缩时，胶束滞留于界面上而其他吸收物质则可能发生解吸；随着收缩进一步进行，胶束相互接触，形成一黏合层，最终空气完全溶解，并伴随着形成一折叠袋。该折叠袋是由酪蛋白胶束膜组成，是在脱脂牛乳泡沫中发现的，泡沫温度必须在20℃以上；在低温下不能形成这层膜。

与蛋白质相比，脂肪稳定泡沫的性能要稍差一些。这可能与脂肪球和界面相互作用有关。充当膜物质的、铺散的液态脂肪会导致薄膜的破裂。均质能减少脂肪对泡沫不稳定的因素。脂肪含量对泡沫的影响很大。一般来说，离心分离效果越好，脱脂牛奶的起泡性能越好；温度对泡沫的影响相对比较复杂；脂肪结晶、酪蛋白胶束以及其他因素也起部分作用。

极性脂肪，如磷脂、单甘酯和脂肪酸阻碍泡沫形成，故牛乳中加入酪乳或出现脂肪水解都能降低牛乳的泡沫生成能力。

热处理达到使乳清蛋白开始变性的程度能使搅打泡沫更加稳定，加热至杀菌温度则会降低泡沫形成能力。

需要说明的是上面提到的各个因素作用程度取决于泡沫形成方式。

稀奶油与空气的相互作用，即掼打和搅拌。掼打形成的气泡一开始表面无其他附着物，而不久脂肪球、蛋白质层相继在表面张力作用下附于气泡表面。当稀奶油的上层泡沫形成时，脂肪得到聚集，该过程通常称为浮选法。

在实践中，击打通常不能形成泡沫层。击打结果取决于外界条件的不同，其中起决定性的因素是脂肪的固-液比率。脂肪的固-液比依赖于脂肪组成、温度、加温的过程和脂肪球的大小。若液态脂肪含量很少，脂肪球只是附于气泡表面；而如果脂肪几乎全为液态，则稀薄的液态脂肪层将铺展于附有脂肪球的气泡表面，这一脂肪层在击打过程中随气泡的破碎而分裂；脂肪层破裂形成微小脂肪滴，通常称胶态脂肪。胶态脂肪分散性好，一般不受均质的影响。若液态脂肪与固态脂肪分布相对均衡，则部分液态脂肪铺展于气泡表面，残留有相对较小的脂肪球。

另一重要因素是脂肪含量。脂肪含量低，形成不稳定泡沫；相反，脂肪含量高，脂肪固/液比高，则脂肪球几乎覆盖空气泡所有表面，使泡沫稳定。

稀奶油脂肪含量越高，搅拌所需要的时间越短。稀奶油的掼打与奶油生产工艺中的搅拌相似。为确保泡沫稳定，足以经受后续操作（如成形、搅拌），脂肪球需部分聚集成颗粒，在泡沫体系中形成一个三维结构。因此掼打过程中需要权衡搅拌时间与气泡时间的长短。搅拌时间太短，泡沫不稳定；搅拌时间过长，泡沫太粗糙。影响泡沫的另一个重要因素是击打强度，高速击打形成的泡沫气泡小，膨胀率大；低速搅打则效果与搅拌相似。

另外，在脂肪球不聚集的情况下，也能形成泡沫。脂肪球主要起支撑泡沫层的作用。

（三）冰淇淋产品的膨胀性能

牛乳在$-0.54℃$时凝固，浓缩乳的凝固点更低。牛乳中冰晶形成时，牛乳被浓缩，进一步降低了凝固点。当温度越低时，凝固的水分也就越多，同时被凝固溶液的浓度就越高。

冷冻引起未凝结溶液浓度、黏度提高，扩散系数降低。在深度冷冻（$-30℃$）时，牛乳变成了固体，这样在溶液中分子的迁移是不可能发生的。在脱脂乳的冷冻过程中会发生分层现象。当脂肪的含量比较高和脂肪族的直径比较小时，分层现象不严重。冷冻会对脂肪球起到物理性破坏；当温度越低时，冰晶体越大，脂肪球受到的破坏也越大，所以在融化过程中会引起脂肪块形成。如果均质过的牛乳被快速冷冻，脂肪依然能够保持乳化的状态；但稀奶油在冷冻过程中一般都会导致脂肪稳定性降低。

冰淇淋生产过程中，需要将物料快速冷却到$-6\sim-4℃$；同时搅打进空气，搅打空气必须在低温下进行，形成稳定的泡沫。

冰淇淋凝冻中的搅打和冷却过程与掼打稀奶油在某种程度上有相似之处。凝冻中部分液态脂肪铺展于空气泡表面，并伴有脂肪球颗粒的形成。低温能加快脂肪颗粒的形成，并伴有生成机械凝块，但同时有更多的冰晶产生。

冰淇淋凝冻过程形成的结构非常复杂，其结构元素包括冰晶、空气泡、脂肪球、脂肪颗粒和乳糖结晶，大量脂肪球和脂肪颗粒附于空气泡表面。冰淇淋凝冻期的结构元素组成如表3-5所示。

表 3-5　　　　　　　　　　　　　　冰淇淋凝冻期的结构元素

结构元素	大小/μm	结构元素	大小/μm
冰晶	50	泡沫薄层厚度	10~15
乳糖结晶	70	脂肪球	<2
空气泡	60~150	脂肪颗粒	5~10

　　脂肪球大小以及脂肪颗粒的多少决定空气泡的大小。若混料均质效果不佳，则冰淇淋结构粗糙，空气泡大。均质同时也降低脂肪球聚结的可能性，而脂肪球部分聚结是脂肪颗粒形成时所需的，而且脂肪球的部分聚结有助于冰淇淋的口感。因此，为使部分脂肪球聚结，通常在均质前于混合料中加乳化剂。聚结过多将导致质构粗糙。

　　冰淇淋中的气泡主要有三方面的作用：气泡使冰淇淋变轻，相当于降低了冰淇淋的成本；气泡的存在使冰淇淋变软；气泡可缓解冰淇淋在食用时产生的过度的冰凉的感觉。

六、物理特性检测方法在乳脂研究中的应用

　　乳脂的物理特性检测方法主要包括差示扫描量热法（DSC）、电子显微技术（EM）、脉冲傅里叶变换核磁共振技术（PFT-NMR）以及 X-射线衍射技术（XRD），用来研究乳脂的固体脂肪含量、同质多晶现象以及熔化结晶动力学。

　　乳脂结晶行为意味着乳脂肪没有明确的熔点，而是在很宽的温度范围内熔化。通常情况下，温度在 40℃ 以上时乳脂为液体，温度在 -40℃ 以下时完全固化，其他条件下乳脂是固体脂肪和液体油脂的混合物。混合物中固体脂肪的含量是非常重要的，因为许多乳制品在特定温度下，固体与液体脂肪的比例影响产品的流变性质，因此在奶油和黄油加工中是很重要的指标。

　　测定固体脂肪含量（SFC）最传统的方法是膨胀计测定法（AOCS Cd10-57），该法测得的只是固体脂肪指数（SFI），而且这种方法费力费时。近年来差示扫描量热法和脉冲傅里叶变换核磁共振技术已经为国外的实验室和工业生产普遍采用。

（一）差示扫描量热法（DSC）测定固体脂肪指数

　　差示扫描量热法是在程序控制升温下，测量输给试样和参考物的能量差与温度（或时间）关系的一种技术。功率补偿型差示扫描量热仪是基于动态零位平衡原理，不但可以直接用于研究单体或复杂体系的组成、结构和性能，而且还能与其他物理化学方法相互印证和补充，从而更准确更全面的研究物质的物理性质。

　　该方法基于在加热或冷却期间在乳脂中发生的热转变。在脂肪样品的升温谱图中，分别升高或降低温度所需的能量转移到样品的能量转移作为样品的温度的函数被重新定义。这样的曲线图显示出了在完全熔化范围内发生的相变。当脂肪被加热时，会表现出很多的熔化行为，每一次晶型的转化或是重结晶都会转化为更为稳定的晶型，而稳定的晶型具有更高的熔点，因此吸热峰的变化可以指示晶型的变化。

　　DSC 在油脂分析上可以测定油脂的比热及快速测定塑性脂肪的固体脂肪指数（SFI），DSC 现已广泛应用于脂肪塑性和油脂结晶行为研究。DSC 法通过测定脂肪中固体部分的熔化热来确定 SFI。一般操作是将融化均匀的油样称重置于铝锅，再放入仪器的样品槽中。

样品冷却到−30℃，维持 1min，然后升温到测定固体脂肪值需要的温度（一般是 0℃），维持 4min 后温度达到平衡，接着开始使用差示扫描量热法连续测定，加热程序一般为 10℃/min。

DSC 测定的结果与传统法相比令人乐观，尽管它的精确度稍差，其测定的迅速性可弥补精确度的不足，目前用于实验室测定和快速分析固体脂肪指数则极为方便。但是该方法用于检测奶油时，由于奶油中的水分使熔解曲线的解释变得复杂，因为水相转变掩盖了大量熔点低于 0℃ 的脂质，且熔融热分析图中基线的位置是不确定的。

（二）脉冲傅里叶变换核磁共振法（PFT-NMR）测定固体脂肪含量

PFT-NMR 的特点是在强而短的射频脉冲作用下，不同基团的原子核同时被激发，当脉冲停止作用后，它们都会产生相应的核磁共振信号，即自由感应衰减信号（FID）。这样的信号是时域谱，不能直接利用，需将其通过计算机经傅里叶变换转换为频域谱。采用 PFT-NMR 这种无损伤技术可方便的对少量样品进行累加实验，使得对样品量的要求大为降低并显著的改善信噪比。

PFT-NMR（AOCS Cd 16b-93）现在已成为一种测定动植物油固体脂肪含量的标准方法，且已经逐步取代了传统的膨胀计测定法而用于食品工业，它是确定油脂固体脂肪含量的一种更可行的方法，实践也证明 PFT-NMR 具有好的重复性和再现性，准确度也更高。

PFT-NMR 测定 SFC 的原理是将脂肪样品置于强磁场中，固体脂肪中的质子与液体脂肪中的质子的弛豫时间不同；在固液脂肪混合物中施加了射频脉冲后，根据来自固相和液相的 NMR 信号量的不同，就可求得 SFC。PFT-NMR 测定 SFC 可分为直接法和间接法两种类型。其中，直接法是测量两个不同的时间下脂肪混合物的信号强度，而间接法是测定两个不同温度下液体部分的信号强度。美国油脂化学家协会的研究结果表明直接法系统误差小、精密度高、试样处理量少，因此是使用最为广泛的 NMR SFC 法。PFT-NMR 测定 SFC 的调温方法也有两种：连续法和平行法。其中连续法是在不同的温度下制备和测量某种样品，而平行法是指不同样品的温度程序是平行操作的，这样就可以大大减少分析所用的时间，不过平行调温的设备投资较多。目前，美国油脂化学家协会（AOCS）已将平行调温法作为标准使用。

对于纯脂肪样品，使用 NMR 方法出现的问题很少。但是样品中如果含有水分，水对信号有干扰，水的松弛时间稍高于油，不能排除相互间的信号。有研究表明通过添加顺磁离子（Cu^{2+}、Mn^{2+}），可以区分油和水信号，可以使水的松弛时间变小。Samuelsson 和 Vikelsoe 将氯化锰（$MnCl_2$）加入到奶油中，以抑制水相信号。Walstra 和 van Beresteyn 则使用硫酸铜（$CuSO_4$），同样达到目的。

Mortensen 研究了通过 NMR 方法测定黄油中的液体或固体脂肪的含量，试图将不同含水量的黄油样品中的水分和脂肪信号分开。Merilainen 和 Antila 发现，通过在黄油的水分中加入 $MnCl_2$ 来消除水分干扰，使得直接在黄油上获得的 NMR 数据可以与无水脂肪进行比较，但是水脂信号分离的问题尚未得到圆满解决。

（三）同质多晶测定

同质多晶是同一物质能以一种以上的晶体形式存在的现象，它是甘油三酯的一个普遍特征。同质多晶现象在油脂工业中很重要，因为许多重要产品，如奶油、猪油、人造奶油、氢化植物起酥油以及可可脂等，它们的稠度、塑性、粒度以及其他物理化学性质都取决于甘油三酯中特有的同质多晶体的存在。为了生产出具有理想物性的产品，采用合适的方法研究并控制三酸甘油酯的同质多晶现象极为重要。到目前为止，相关的报道主要是以差示扫描量热法（DSC）和 X-射线衍射法（XRD）为研究手段的。

XRD 不同于其它分析方法，它是研究晶体中分子三维结构的几何性质与分子本身性质的最有用的技术。波长为 0.1~1nm 的 X-射线照射晶体（晶体中分子间距为 1nm）时，每个带电粒子都成为一个新的散射中心，向四面八方发出散射波；当满足 Bragg 定律的散射方向就会有显著的 X-射线衍射发生。若已知照射到晶面上的 X-射线的波长 λ，由出现最大强度的衍射角就可以算出相应的界面间距，从而研究晶体结构。

XRD 可用于鉴定各种不同的晶型。从衍射图样上观察到的是晶格短距离的特征值（0.3~0.6nm），它对应于与脂肪酸碳氢链分子侧向堆积有关的距离。用 XRD 进行的研究表明，即使单一脂肪酸构成的三酸甘油酯的晶型也有很大的差异。按 Lutton 的命名法，这 3 种主要类型的多晶分别叫做 α、β' 和 β 型。其晶胞结构堆积分别为六方晶系、正交晶系和三斜晶系。这 3 种晶型之间的关系为：分子堆砌密度依次增大，熔点依次升高，热力学稳定性也相应增加。晶型之间的转变是单向的，而且从理论上讲是自发从亚稳态的 α 型转变为较稳定的 β' 型和稳定的 β 型。脂肪熔融物在骤然冷却时出现的是最不稳定的 α 态多晶型，但冷却速率非常慢时也会出现稳定的 β' 或 β 型。在油脂中存在大量的、混合酸甘油酯的同质多晶情况远比上述的单一酸甘油酯复杂得多，晶体多晶类型更多，转移规律也更为复杂。这就需要采用 DSC 和 XRD 等方法进行深入的研究。复杂脂肪混合物的同质多晶现象取决于一系列的参数：冷却速率、固化温度、晶种的特征（晶核的存在）、机械处理（搅拌）以及可可脂的组成。研究表明，X-射线粉末衍射法（XRPD）是研究可可脂晶体结构和同质多晶现象的一个有效的工具，主要原因有以下几点：可清楚的鉴定多晶型，所有的多晶型物在 0.3~0.6nm 区域都存在一个特征图样；连续的粉末图样（例如作为温度或时间的函数）能够揭示结晶、熔化和相变过程中的细节；总衍射强度与试样中晶态物质的数目相关。Kee van Malssen 等就采用这种快速 XRPD 研究了可可脂的结晶特性与固化温度、冷却速率等参数的关系，在证明了固化温度是影响可可脂结晶的最重要的参数的基础上，还发现除了 β 型以外的所有多晶型物都能从溶液中析出。

虽然 DSC 和 XRD 都可用于监测晶体的相变，但若单独用于复杂脂肪混合物同质多晶现象的研究都有一定的局限性。XRD 测得的是各种多晶型物的数目，根据图样中衍射峰强度和位置的改变可以判断多晶型的转变，但由于一种多晶型物内的各种化学组分的衍射图样几乎完全相同，所以这种方法对相同的多晶型物内部的转变灵敏度较低。另外衍射峰峰宽的变化可能与晶体尺寸的减小以及化学组成的改变有关，而峰位置的移动可能是由于晶体的收缩或膨胀引起。因此仅仅基于 XRD 图样很难对脂肪的晶型转变加以量化。DSC 测得的是晶型变化过程中的热焓。相比于 XRD，DSC 具有的优点是设备相对简单；不管变化是发生在相同的晶型物内部还是发生在不同的晶型物之间，都具有热焓相变的灵敏度。但 DSC 的主要缺点是它不能直接确定某种晶型的存在；而且若有几个反应同时发生，一般的 DSC 图就会表现出热效应的重叠现象而不易分开。不过调温差示扫描量热法（MTDSC）

可以提高相邻峰（或重叠峰）的分辨率。所以仅仅采用 XRD 或 DSC 可能会得到错误的结论，这就需要在研究脂肪的同质多晶现象时将这两种方法结合使用，从而达到相互印证和补充的目的。E. Ten Grotenhuis 等就采用 DSC 和快速 XRPD 研究了乳脂肪的同质多晶现象，他们在研究冷却速率和固化温度对乳脂肪的结晶特性影响时，同时采用 DSC 和 XRD 监测了晶体的形成过程，在乳脂肪中观察到了 3 种不同的晶型：α、β 和 β'，而且晶型之间会发生转变。

乳脂肪的物理性质，尤其是乳脂肪晶体的大小和晶型，大大影响许多乳制品的流变性能。乳脂肪结晶的许多信息可以用于结晶动力学的进一步研究，因为结晶时间的长短对于奶油的温度处理和乳脂肪分提是必不可少的。

固体或液体脂肪的含量可通过不同的方法进行测定，但最有发展前景的是脉冲核磁共振法。这种方法测量容易且快速，目前用于纯脂肪样品几乎没有问题。但是，像奶油既含有脂肪也含有一定量水分的样品，该方法准确确定液体或固体脂肪含量尚未得到圆满解决，需要展开更多的基础性研究。

七、乳脂肪的物理改性

乳脂肪产品包括稀奶油、奶油、无水奶油等，多应用于烘焙产品、冰淇淋、巧克力和糖果中。为了适合更多食品应用，通常需要对乳脂肪熔融性和流变性进行修改，通过各种加工方式进行干预，如分提、选择性混合、质构化，以及使用化学改性或酶改性生产特种乳脂肪。

乳脂肪的物理改性是通过乳脂肪分级或者将部分乳脂肪与其他油和脂肪混合来改变其甘油三酯组成，但乳脂肪中的脂肪酸保持其在甘油三酯分子中的原始位置。

改性可通过在工艺上设计返工或者在黄油中掺入空气。在稀奶油结晶过程中，将稀奶油快速冷却至 4~8℃，以在形成黄油前形成结晶，得到更软的黄油。保持短暂时间后，将稀奶油加热至 20℃，在该温度下大部分高熔点的甘油三酯结晶，然后冷却至搅拌温度，以进一步结晶熔融的甘油三酯。乳脂肪的揉搓破坏了晶体之间的相互作用，但是在冷藏贮存过程中，返工的黄油硬度增加。随后的捏合可以软化黄油，但是由于持续的重结晶过程，黄油的塑变值再次增加。

（一）混合

乳脂肪有一个成本较低改变脂肪组成的方法就是混合，即添加植物油，例如棉籽油、大豆油、菜籽油或葵花籽油。这类产品在一些国家在售，但是最为消费者认知的是瑞典产品 Bregott，产品含有 80%乳脂肪和 20%大豆油。

用这种方法生产的产品很少有技术问题。植物油通常在搅打前加入到稀奶油中，也有在生产中奶油呈颗粒时加入。在生产黄油时加入大豆油，混合后的平均熔化温度降低，同一温度下混合物的液体脂肪含量增加。添加 5%、10%、20%大豆油后，黄油的涂抹性发生变化。当大豆油添加量由 5%升至 20%时，低温下黄油的硬度降低了 35%；而高温下黄油变得非常软且有明显的油析出。所以这类产品特别需要耐油材料包装。

考虑到乳脂肪一般应用到食品加工工业，所以也要求比正常的黄油脂肪要硬。这就可以通过与牛油混合达到目的。Timms 曾研究过相关的方法，通过乳脂肪与牛油或牛油分提物混合，可以得到很满意的物理性能。

（二）分提

乳脂肪由具有不同物理性质的、许多不同的甘油三酯组成，因此可以被分成具有不同组成和熔点的各种馏分。乳脂肪熔点范围很宽（约在−40~40℃）。牛奶脂肪分成一系列具有不同化学成分和物理性质的馏分，扩大了其应用范围。分提技术包括干法分提、溶剂分提、超临界萃取和短程蒸馏。

单一的分馏不如预想的理想。分离不完全［图3-5（1）］，因为相当小的晶体网络内还存在液态脂肪。可以确定的是，可以通过缓慢地冷却脂肪形成大的晶体。这会导致球粒的形成。球粒是球形的晶体，但是它们是由大量的分支、辐射状针形物组成，球粒之间存在液态脂肪。一种更好的分提方法是从丙酮中结晶脂肪，但这是一种昂贵的方法；而且不允许在食品中使用这种产品。

进一步说，不同部分的融解曲线的差别令人失望［图3-5（2）］。这至少部分源于乳脂肪形成复合晶体的趋势。

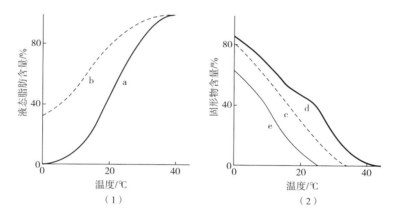

图3-5　乳脂肪的分提

（1）不同的固化温度对分离的液态脂肪含量的影响（曲线a）、在脂肪中实际存在的液态脂肪含量（曲线b）；

（2）不同的融化温度对固形物含量的影响；"固态"部分的固形物含量（曲线d）、"液态"
部分的固形物含量（曲线e）、25℃分提获得的部分（曲线c）

干法分提是在期望温度下融化乳脂肪，控制冷却和熔融乳脂肪结晶，并将晶体与液相分离。干法分提是工业中最常用的乳脂肪分提方法。商业化的干法分提主要有特泰奥克斯工艺（Tirtiaux Fractionation），然后是迪斯梅特（De Smet Fractionation）工艺，两种工艺都是将乳脂肪升温至60~80℃，显著高于熔点，以确保甘油三酯全部融化，然后快速冷却结晶。两种干法分提工艺的主要不同是结晶阶段，特泰奥克斯工艺的在相对较小的热交换面积与体积比的大绝缘罐中进行温和结晶。而迪斯梅特工艺使用具有相当大的热交换表面与体积比和更强烈搅拌的同心结晶器。特泰奥克斯工艺中，在熔点附件形成β'结晶体，分提温度在28~18℃之间，形成非常均匀尺寸的晶体，便于过滤分离。在分离前大约需要16~20h。迪斯梅特工艺中，在多个预先计算的步骤中冷却，以将温度在数小时内降至分提温度，形成的晶体尺寸大小不一。

晶体从溶液中分离是特别困难的，并且分离过程的效率比使用溶剂时低得多。原理是通过程序冷却促进合适的结晶，之后通过过滤或离心将晶体与溶液分离；或通过程序冷却促进组合，之后通过过滤或离心将晶体与熔体分离；或通过这些方法的组合。冷却温度和结晶速率显著影响脂肪晶体的组成，冷却速率影响结晶脂肪的量和晶体的大小。

Black 比较了几种结晶分离的方法，推荐真空过滤以及过滤和离心混用的方法，使用这些过滤方法的生产能力是相当有限的。但是通过应用"Lipofrae"方法，在加入含有表面活性物质的水后，将部分结晶脂肪进行离心，工业规模上也可以分馏牛乳脂肪。脂肪晶体在水相中浓缩，并在离心过程中分离，之后脂肪晶体可以熔化并重新乳化。将形成的乳液再次离心，并用水洗涤脂肪相，最后干燥。表面活性剂通常使用十二烷硫酸钠和氯化胆碱，在加工过程中这些物质大部分会被洗涤除去，但许多国家法规还是禁止使用表面活性剂的。

脂肪分提物的组成和物理特性取决于冷却结晶步骤和脂肪晶体与液体脂肪分离的效率。Fiaervoll 使用工业"Lipofrae"方法，发现分提液体和固体成分之间软化点的差异在15~20℃，而碘值的差异为 5~6gI$_2$/100g。

为了改善奶油的塑性，将奶油的分提液油加入到稀奶油中，然后再搅打生产奶油，结果发现最多添加33%的分提液油，在较低温度时黄油的涂抹性有了很大的改善。奶油中如果液体脂肪含量增加，挺度就会降低，温度升高后导致油析出。为了避免这种情况发生，新西兰发明了另一种分提乳脂肪的方法，通过去除中间馏分使得黄油的物理特性与人造奶油相似，这意味着当从冰箱升温至环境温度时，奶油几乎不发生熔化。

溶剂分提是通过乳脂肪在有机溶剂中因组分熔点不同而结晶分离。这些液体包括丙酮、乙醇、己烷、戊烷、乙酸乙酯和异丙醛等。乳脂肪的相态和结晶动力学取决于分提的选择的溶剂。研究表明使用极性溶剂比非极性溶剂更有优势，因为在极性溶剂中乳脂肪形成棒状晶体，而在非极性溶剂中形成凝胶状结构而不易分离。Van Aken 等比较了通过丙酮分提和干法分提获得的乳脂肪成分。丙酮分提产生富含高熔点的 C$_{16:0}$ 和 C$_{18:0}$ 的甘油三酯，并且降低了短链脂肪酸和不饱和脂肪酸的含量。尽管与干法分提法相比较而言，溶剂分提结晶速率更快，结晶效果更好，但溶剂分离过程中导致风味损失、操作成本、毒理学以及环境问题等，溶剂分提法尚未工业规模应用。

脂肪在有机溶剂（如乙醇或丙酮）中的分提在实验室中很容易使用。脂肪晶体的分离容易，所得馏分可以容易地重结晶并纯化。然而，有机溶剂的应用不适合于食品，因此不存在明显的技术优势。

超临界萃取是利用二氧化碳来代替化学溶剂来分选乳脂肪，将无水奶油分提成具有特定性质的组分，以提高其利用率。这种分提技术利用了乳脂肪成分在二氧化碳临界点附件的溶解度不同而分离。图 3-6 显示了中试规模的连续超临界萃取系统，在超临界萃取中，将乳脂肪分提成富集短链、中链和长链的甘油三酯组分，可以改变乳脂肪的分提加工条件以获得不同的组分。Kaufmann 等在 80℃下使用 20MPa 的压力将乳脂肪分提成两部分，浓缩出低熔点的 C$_4$~C$_{10}$ 的短链脂肪酸，其熔点为 20℃，而普通乳脂肪的熔点为 37℃。在50~80℃下使用 10~35MPa 的压力分提到 8 个组分，熔点为 9.7~38.8℃。表 3-6 比较了干法分提与超临界萃取的乳脂肪成分的理化成分。

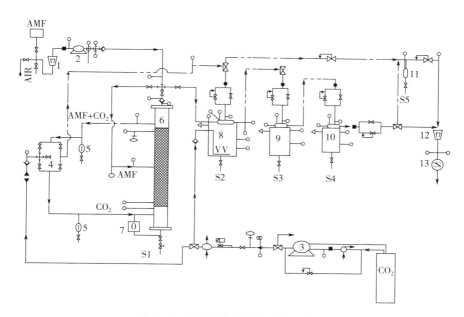

图 3-6　连续超临界萃取系统示意图

1—无水乳脂（AMF）　2—无水乳脂泵　3—CO₂泵　4—CO₂循环　5—流回路　6—夹带容器
7—观察仓　8—分离器 1　9—分离器 2　10—分离器 3　11—分离器 4　12—CO₂计　13—干式测试仪

表 3-6　　　　　　　　干法分提与超临界萃取的乳脂肪成分的理化成分　　　　　　单位：%

乳脂肪	干法分提					超临界萃取			
	AMF45	AMF30	AMF20	AMF10	乳脂	超级硬脂	硬脂	液脂	超级液脂
脂肪酸									
饱和	72.0	66.06	66.35	58.59	63.94	51.41	63.06	67.02	70.66
不饱和	20.22	26.29	26.29	33.34	28.58	38.96	29.48	25.99	23.13
比率[1]	0.28	0.4	0.4	0.57	0.45	0.76	0.47	0.39	0.33
甘油三酯（TAG）									
$C_{24} \sim C_{34}$	7.11	9.75	11.44	14.47	8.08	0.2	4.89	10.38	18.97
$C_{36} \sim C_{40}$	21.78	30.9	36.44	34.31	30.26	2.53	27.52	38.75	42.79
$C_{42} \sim C_{54}$	56.75	50.32	44.42	42.79	53.99	90.58	58.44	43.51	34.15
固体脂肪（SFC）[2]									
0℃	78.9	60.8	56.9	30.8	61.9	80.8	65.6	58.2	52.4

注：①不饱和脂肪酸或饱和脂肪酸；②24h 后的固体脂肪含量。

　　分提是成本很高的加工手段，且技术上并非十分成熟，不能完全分离得到物理特性区别很大的硬脂和软脂。通过添加植物油改变脂肪组成这种方法便宜且有效，但许多国家的法规并不允许。

第二节　乳脂的化学特性

一、脂肪氧化

脂肪氧化是食物中发生的最基本的化学反应之一，通常导致感官品质和营养质量的下降。脂肪氧化基本上是一个自由基链式反应，涉及链引发、链传播和链终止等 3 个阶段。不饱和脂肪酸被氧化形成无味的氢过氧化物。这些氢过氧化物不稳定并降解产生羰基和其他化合物。抑制牛乳和乳制品的脂肪氧化是保持产品质量和延长保质期的关键因素。

牛乳是一种复杂的生物系统。含有多种组分可以作为抗氧化剂或促氧化剂。牛乳中这些成分的相对数量受牛的品种、健康、营养状况和哺乳期等因素的影响。随后的牛乳加工和储运也可能对脂肪氧化的进展产生深刻的影响。

1. 脂肪氧化机制

Farmer（1942）、Bolland 和 Gee（1946）、Bateman（1953）等的工作阐明了脂肪自氧化的基本机制。不饱和脂肪酸自动氧化的初始步骤是形成自由基。氧化过程开始形成自由基可能是由照射、金属络合物、酶或活性氧等因素引起。乳脂中含有单不饱和脂肪酸和非共轭多不饱和脂肪酸，通常是通过从邻近双键的亚甲基中除去氢来引发反应。所得自由基与基态分子氧反应形成过氧化物自由基。与另一不饱和分子反应，继续进行链式反应并产生氢过氧化物。以下的反应式解释了脂肪的自动氧化的链引发、链传播和链终止反应。

链引发：RH→R·+H·　（RH 是不饱和脂肪酸）

链传播：R·+O_2→ROO·

ROO·+RH→ROOH+R·

链终止：$2RO_2$·→O_2+RO_2R

ROO·+R·→ROOR

2R·→R—R

通常，自由基链式反应以非常低的总活化能开始。奶油等食品的氧化速率受到含氧量的影响。

Schaich（1980）提出了以下观点：

①氧化速率与过氧化物的产生量和低氧分压条件下的氧气浓度成正比。

②随着氧浓度的增加，其对氧化速率的影响降低。在正常大气压下，氧化速率与氧浓度无关。

③在氧化早期阶段，ROOH 的浓度可能非常低。在该阶段，链引发反应是至关重要的。一旦 ROOH 开始分解，烷氧基（RO·）从不饱和脂肪酸脱氢的速率是氧自由基（ROO·）的为 $10^4 \sim 10^6$ 倍。过氧化物的产生调节了脂肪氧化的速率，而过氧化物的稳定性受食品组分的影响，这些是影响脂肪氧化酸败的关键因素。

2. 脂肪氧化产品及缺陷

牛奶的特征是有令人愉快的微甜味道，没有不愉快的风味。然而，其温和的味道使其易受各种不良风味的影响。不饱和脂肪酸的自动氧化形成不稳定的氢过氧化物，其分解成广泛的羰基产物，其中许多可能产生异味。氢过氧化物的主要分解产物是饱和醛和不饱和醛、较少量的不饱和酮、饱和烃基和不饱和烃基、半醛、饱和醇和不饱和醇。

乳脂含有许多单不饱和脂肪酸，在自氧化过程中可能会产生很多的羰基产物。因此，在乳脂自动氧化过程中产生的异味是由微量浓度存在的单个羰基化物赋予的许多异味的组合。例如，2，4-癸二烯（浓度低于 $0.5\mu g/kg$）水溶液是一种油性、油炸过度、异味的溶液。

然而，很难将乳制品中的特异性异味与特定的羰基或羰基基团相关联，这是因为：①化合物种类很多；②乳制品氧化的定性分析较难；③各化合物阈值的差异；④各化合物在异味阈值附近，单个化合物提供的味道具有相似性；⑤关于化合物混合物的风味和阈值，可能出现增强或者抵消的效果；⑥可能存在未经鉴定的化合物或化合物混合物；⑦将纯化合物添加到奶制品中来评估其风味特性这一方法较难实现。

已证明几种特定的化学物质与乳制品中的异味相关。正己醛、2-辛烯醛、2-壬烯醛、2，4-庚二烯醛和 2，4-壬二烯醛是导致牛奶中铜异味的主要羰基化合物。Hall 和 Lingnert 则认为这种风味缺陷与喷雾干燥的全脂牛奶中的正己醛有关。1-辛烯-3-酮与乳制品中的"金属"异味有关，其阈值浓度为 $1\mu g/kg$。

奶油中的"乳脂"风味与自氧化产物 4-顺式庚烯醛有关。喷雾干燥奶粉泡沫的"干"的风味与 6-反式-壬烯醛有关，其阈值浓度为 $0.07\mu g/kg$。Bassette 和 Keeney 提到了一种同源系列的自氧化衍生的饱和醛以及美拉德褐变的产品，在脱脂奶粉中产生"谷类"异味。全脂奶粉中的"不新鲜"风味可能与醛类相关。据报道，2，4-癸二烯醛是牛奶自发氧化形成异味的主要化合物。在阳光下暴露牛奶的异味通常涉及到 C_6 至 C_{11} 烷-2-二烯醛。鱼腥味与 1-辛烯-3-酮有关，该化合物也与金属味道相关；油腻味与含有的正庚醛、正己醛、2-己烯醛和庚-2-酮有关。冷藏奶油中分离出约 40 种挥发性化合物与鱼腥味相关，包括 4-顺式庚烯醛、2-反式，顺式-癸二烯醛、2-反式，6-顺-壬二烯醛、2，2，7-癸三烯、3-反式，5-顺式-辛二烯-2-酮、1-辛烯-3-酮和 1-辛烯-3-醇。黄瓜味与 2-辛烯-3-醇的 2，6 和 3，6-壬二醛有关，蘑菇味与 1-辛烯-3-酮有关。

Forss 等比较乳制品中羰基化合物的定性和定量分布与鱼腥味、牛油味或涂料味等异味的关系。牛油味奶油的挥发性羰基化合物含量大约是鱼腥味奶油的 10 倍，涂料味奶油的挥发性羰基化合物含量大约是鱼腥味奶油的 100 倍。牛油味奶油含有更多的正庚醛、正辛醛、正壬醛、2-庚酮 2-庚烯醛和 2-壬烯醛，而涂料味奶油含有更多的正戊醛和 C_5 至 C_{10} 烷-2-烯。

二、脂肪水解

脂肪水解反应可以在酸、碱或脂肪酶催化下发生，但在适宜的压力和温度下，脂肪与溶解在油相中的水也能发生非催化水解反应。

正常牛乳中游离脂肪酸的含量小于 $0.5\mu mol/mL$。这是甘油酯合成不完全的结果并不是脂肪分解作用。

原料乳含有脂肪分解酶（脂肪酶）。乳中存在两种天然的脂酶。一种是胆盐刺激脂酶，它在人乳中占蛋白质总量的 10% 左右，在婴幼儿乳脂肪消化方面有重要作用。这种酶在家畜动物的乳中是不存在的。另一种是脂蛋白脂酶（Lipoprotein Lipase，LPL），它在所有哺乳动物的乳中都存在。

人胰脂酶、牛乳脂酶和人肝脂酶水解甘油三酯、甘油二酯、单甘油酯的 1、3 位；水解甘油磷脂的 1 位，基本不分解胆固醇脂类和神经鞘脂类。脂酶作用分为两个独立的阶段。首先，脂酶吸附在脂肪、水界面上；然后酶与界面上单一作用的底物分子结合于活性位点并发生分解。流体力学和实验研究表明，"界面认知位"是和活力位点分离的。早期研究认为，脂酶作用的最适 pH 是 8~9。近期研究认为直至 pH 为 10 时，脂酶的活力仍在上升。

牛乳中 80% 以上的脂酶是和酪蛋白结合的，这种结合主要靠静电引力，即酪蛋白上带负电荷的磷酸盐和酶带正电荷的区域相互结合。人乳中的脂酶大部分和脂肪球结合，这可能是因为人乳和牛乳比较，酪蛋白含量低的原因。乳经冷却或冷冻使脂酶由脱脂乳部分转移至脂肪部分，这可能是冷处理诱导牛乳脂解作用的原因之一。

牛乳中含有 2μmol/mL 游离脂肪酸时会产生酸败的风味。在某些情况下，游离脂肪酸的量显著增加是由于"诱导型"或"自发型"的脂解作用引起的。当乳脂肪酶系统被物理或化学方法激活时，会发生"诱导型"的脂解作用；牛乳在挤出之后必须经及时冷却，没有更好的方法抑制"自发型"的脂解作用。乳房炎和微生物污染也能引起脂肪的分解、酸败。

（一）"诱导型"脂解作用

1. 搅打和起泡

原料乳中的脂肪酶在搅打或牛乳起泡的情况下很容易被激活。这些处理破坏了乳脂肪球膜，使乳中的三酰甘油酯更易接触乳中的脂肪酶。

诱导脂解的程度依赖于搅打的类型（如泵的输送）、搅拌的强度和时间、脂肪酶存在的数量、脂肪的含量和硬度、乳脂肪球膜的脆弱程度。晚期泌乳和有自发脂解倾向的乳对搅拌敏感，容易发生诱导脂解作用。搅拌诱导产生的脂解作用依赖于脂肪球破坏的程度。搅拌还会造成脱脂乳和稀奶油相之间脂肪酶的重新分配。

正常搅拌的激活作用起因于机械设备不适合的安装和设计，对乳品机械的不充分的保养、过多的空气进入系统会引起湍流和起泡；生产线上的弯头、连接处、长或窄的管道、垂直的开口处是引起湍流的主要原因。泵（尤其是带有通气装置的泵）能破坏乳脂肪球。反渗透浓缩原料乳时使用的温度高于 7℃ 可诱导脂肪分解。工厂分离稀奶油经过均质后离开操作容器时保持相对高的压力也能促进脂解作用。在空气存在的条件下，空气流速过快或连续的搅拌都会引发激活作用。

脂肪酶激活后原料乳或稀奶油的脂解程度是由贮存的温度和贮存时间来决定的。快速冷却到低温和在低温贮存可以使脂解作用保持在最小程度。

2. 均质

对原料乳或稀奶油均质会引起非常强的脂解作用。均质乳的脂解作用是同均质压力、均质时间、温度是相关的。灭菌的均质乳同未均质的乳混合更加容易发生脂解作用。在实际生产中，均质可在杀菌之前或之后立刻进行，使得脂肪酶在乳中发挥作用之前便受到了热失活。

3. 受热激活

当新鲜乳或稀奶油受热发生温度变化时，可诱导发生脂解作用。最适合的激活条件是冷却到5℃以下，接着温度升高到25~35℃，又再次冷却到10℃以下，便会发生脂肪分解作用。

如果少量的冷却乳或稀奶油同大量温度较高的乳混合，便会发生受热激活作用。如果稀奶油在杀菌之前经过冷藏，在30℃左右分离，这个过程也能引起脂肪分解作用。

4. 冷冻

搅拌后的乳经冷冻和解冻过程可能诱导脂解作用。反复冷冻-解冻过程是最有效的；但其脂解作用低于中等搅拌引起的脂解作用。批量乳的冷冻也会诱导脂解作用。

（二）"自发型"脂解作用

牛乳发生了脂解作用，但却未经历上面提到的各种处理方法，这是"自发型"的脂解作用。仅有一部分牛乳会发生脂解反应。影响"自发型"的脂解作用的因素有如下六点。

1. 泌乳期

自发脂解与许多因素有关，包括牛的个体差异、泌乳期和妊娠期等。其中泌乳期是自发脂解乳最重要的因素之一。在泌乳晚期极易产生自发脂解乳，引起乳的风味变化；其中之一就是泌乳末期的产生的苦味奶。

2. 喂养和营养

营养不良的牛容易产生自发脂解程度高的牛乳。给牛喂养干饲料，尤其是干草和高碳水化合物的冬季饲料，可能会使乳增加自发脂解的可能性；而喂养绿草则不会。

3. 季节

季节的变化会影响乳的自发脂解作用，在较冷的月份影响更大；季节相对泌乳期、妊娠期、喂养的饲料而言是次要因素。

4. 乳产量

同高产量的牛相比，低产量的牛比较容易产生自发脂解的牛乳；但乳的产量还受其他因素的影响，如泌乳期、喂养的质量和数量等。相对早挤乳而言，晚挤乳更容易产生自发的脂解作用。这主要是因为晚挤乳同前面挤乳的时间间隔比较小，乳产量较低的缘故。

5. 乳房炎

许多研究表明，乳房炎乳中存在着诱导脂肪酶活性。乳中的白细胞含有脂肪酶或羧酸脂酶，这可能引起乳房炎乳的脂解作用。乳房炎使得乳中的游离脂肪酸含量升高。

6. 微生物脂酶

生产前后发生的微生物污染均可以引起乳或乳制品的脂肪分解、酸败。贮存的牛乳中只要嗜冷菌的数量大于5×10^6CFU/mL便会发生脂解作用。

脂解的酸败能发生在巴氏杀菌乳中，但报道很少；脂解的风味缺陷在巴氏杀菌的奶油中是最常见的。巴氏杀菌乳和奶油的风味缺陷与大量的嗜冷菌（大于10^7CFU/mL）污染有关；这种作用会在5℃时经过4~5d贮存后发生，而高温下只经过较短的时间便会发生。对乳的热处理强度在72℃、15s和UHT处理之间时，嗜冷菌的芽孢前体也能造成脂解腐败。

脂肪酶能在乳粉中残存，从而引起乳粉的脂肪分解。嗜冷酵母、霉菌和细菌能引起奶油的酸败和表面腐败，这与工厂的生产和卫生管理有关。

三、酯 化

在酸或脂肪酶的催化作用下，脂肪酸与过量的醇反应生成酯。在气相色谱分析制备脂肪酸甲酯时，常用三氟化硼、硫酸或者无水盐酸的甲醇溶液作为催化剂，反应回流 30min 后完成。用相应的醇、相同的方法制备丙基酯和丁基酯。但在用受保护的甘油合成甘油三酯时，就不大可能用过量的醇。在甘油酯的合成中，可用较活泼的脂肪酸衍生物，如酸氯或酸酐，或通过使用二环乙基碳二亚胺（DCC）和4-二甲基氨基吡啶（DMAP）的耦合剂使脂肪酸与醇直接反应。一些异常脂肪酸的某些基团对酸是敏感的，如环氧化物、环丙烷、环丙烯或羟基化合物，因而需要避免使用酸催化剂，这时可与重氮甲烷或危险性较低的三甲基硅重氮甲烷进行反应。

四、脂肪氢化

脂肪氢化是一种还原反应，脂肪酸中的碳碳双键和羧基都能被还原，是一起还是单独被还原取决于反应条件。催化还原是使用成熟技术生产硬化脂肪、脂肪醇和脂肪胺的一种重要工业途径。

1. 双键氢化

过渡金属如钴、镍、铜、钌、钯、铂都能催化双键氢化。钴负载型钯或者氧化铂可促进脂肪酸在温室和氢气压力下的氢化反应。氢化伴随着氢原子在双键区域内的交换和运动，这种现象可用氘化作用时形成的大量同位素得以证明。

2. 部分氢化

部分氢化降低了油中多烯的含量但保持或增加了单烯的含量。双键的减少伴随着顺式向反式的转变。氢化反应会降低不饱和脂肪酸含量，提高氧化稳定性，而更深程度的氢化会增加固体脂肪的含量，形成适用于涂抹脂或起酥油的硬化脂肪。部分氢化开始应用于人造奶油已经有一个世纪了，但是这个过程可能产生反式脂肪酸，不利于健康。

氢化是一个在液态油、气态氢和固体催化剂三相之间的反应，如何控制多烯酸和单烯酸之间的选择性，以及如何平衡氢化反应和异构化反应方面，存在很多不确定性。负载型镍是常用的催化剂，主要因为其在反应后容易除去，而且价格低廉，所以在长期使用中获得了广泛的认可。

氢化反应是一个涉及半氢化中间产物的两步反应，加入的第一个氢是可逆的，可重新恢复为双键，但可能改变双键位置或几何构型。加入的第二个氢是不可逆的，结果形成一个饱和键。对于二烯来说，半氢化中间产物是形成速率决定步骤，且依赖于氢化浓度。溶解氢浓度较低情况下，单烯更容易异构化，因此可以通过改变氢压力、搅拌和反应时间来控制产物的形成。

乳脂肪由于饱和程度高，所以采用这种提高饱和度的氢化方法去改善牛乳脂肪的性质几乎没有发展前景。相反地，去饱和或者脱氢工艺则更加具有吸引力。富含乳脂的牛乳和乳制品的风味变质主要因为脂质的氧化降解，这种降解可以通过部分氢化得到缓解。部分氢化的目的是使多不饱和脂肪酸选择性饱和，单不饱和脂肪酸不被饱和，以改善产品的氧化稳定性。

五、酯交换

酯交换反应涉及甘油三酯分子内或分子间酰基的交换和重新分配。20 世纪 20 年代，德国首先研制成功高温酯交换方法。20 世纪 50 年代，美国和欧洲对这种方法不断改进。酯交换反应的脂肪酸总组成与反应前完全相同，但反应前后油脂的甘油三酯组成和物理性质发生很大变化（表 3-7），油脂工业中采用化学催化或者脂肪酶催化酯交换技术来生产人造奶油、起酥油和糖果脂。

表 3-7　　　　　　　　　　天然和酯交换乳脂肪的甘油酯组成　　　　　　　单位：%

甘油三酯	天然乳脂肪	酯交换后的乳脂肪	甘油三酯	天然乳脂肪	酯交换后的乳脂肪
C_{22}	—	0.1	C_{40}	12.1	9.9
C_{24}	0.3	0.8	C_{42}	7.7	7.6
C_{26}	0.1	1.4	C_{44}	6.8	8.3
C_{28}	0.6	1.5	C_{46}	7.5	10.7
C_{30}	0.9	1.3	C_{48}	8.8	12.8
C_{32}	1.9	2.0	C_{50}	11.2	14.2
C_{34}	4.4	3.0	C_{52}	10.8	10.9
C_{36}	9.5	5.9	C_{54}	4.6	0.4
C_{38}	13.1	9.1	C_{38}/C_{50}	1.17	0.64

酯交换技术为我们提供了改变乳脂肪和重组奶油的机会。这种方法赋予了乳脂肪一些有利的营养价值。酯交换反应也有不利影响，乳脂肪风味在中和、酯交换和随后的脱臭过程中会受到损失。

六、乳脂肪的生化改性

（一）乳脂肪的化学改性

乳脂肪可以通过化学改性以获得功能改变的产品。化学改性常见的是酯交换和氢化反应。

1. 酯交换

酯交换反应（也称作酯酯交换、随机酯交换）涉及甘油三酯分子内或者分子间酰基的交换和重新分配，酯化前后乳脂肪的甘油三酯组成如表 3-8 所示。酯交换反应产物的脂肪酸总组成与反应前完全相同，但是反应前后甘油三酯组成和物理性质发生了很大的变化。

传统的酯交换工艺主要是通过催化剂的作用使得脂肪酸分子在甘油分子骨架上进行重排。反应完成后催化剂通过水洗等工艺进行去除。新兴的酯交换技术则是采用酶制剂进行酯交换，由于酶制剂往往具有 1，3-特异性，因此可以定向生成特定结构的甘油三酯，具有特定的功能和营养特性。

表 3-8　　　　　　　　　　　　天然乳脂肪在酯交换反应前后的甘油三酯组成　　　　　　　　单位:%

甘油三酯	天然	酯交换后	甘油三酯	天然	酯交换后
C_{22}	—	0.1	C_{40}	12.1	9.9
C_{24}	0.3	0.8	C_{42}	7.7	7.6
C_{26}	0.1	1.4	C_{44}	6.8	8.3
C_{28}	0.6	1.5	C_{46}	7.5	10.7
C_{30}	0.9	1.3	C_{48}	8.8	12.8
C_{32}	1.9	2.0	C_{50}	11.2	14.2
C_{34}	4.4	3.0	C_{52}	10.8	10.9
C_{36}	9.5	5.9	C_{54}	4.6	0.4
C_{38}	13.1	9.1	C_{38}/C_{50}	1.17	0.64

　　酯交换技术可以改变乳脂,赋予乳脂更好的营养价值。但是酯交换过程中,乳脂风味在中和、酯交换和随后的脱臭过程中会有所损失。综合乳脂的市场价格等多种因素,大多数厂家认为酯交换乳脂不具有商业价值。

　　与随机改性相比,定向改性对乳脂肪的熔点提高更多,并且在酯交换过程中使用了溶剂也增强了其对改性乳脂肪的熔点的影响。以甲醇钠(0.5%)为催化剂对乳脂肪进行非定向化学改性,低相对分子质量的单不饱和甘油三酯(C_{36}和C_{38})含量降低,饱和甘油三酯(C_{44}~C_{50})增加,导致了与天然乳脂相比,改性乳脂的结晶温度范围更广。

　　以甲醇钠(0.1%~0.3%)为催化剂在90℃条件下对乳脂肪进行化学改性,乳脂肪在1h内显著改变了低:高相对分子质量甘油三酯的比例。化学改性降低了C_{38}/C_{50}比例,说明乳脂肪中的高相对分子质量甘油三酯水平升高,可以通过化学变性改变乳脂肪的固体脂肪含量。

　　以甲醇(0.5%)为催化剂在78~82℃加热15~120min条件下对乳脂肪进行化学改性,改变了乳脂肪的甘油三酯组成(图3-7),降低了低熔点甘油三酯含量,提高了熔点。

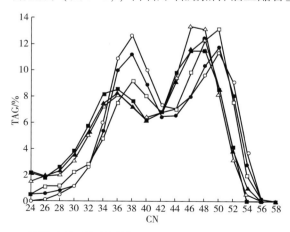

图 3-7　化学改性对不同碳数(CN)甘油三酯质量分数的影响

TAG 为甘油三酯;—○—非改性乳脂肪;改性乳脂肪(—●—15min、—□—30min、—■—60min、—△—90min、—▲—120min)

使用乳脂肪与其他脂肪混合后进行改性，可以获得比单独使用乳脂肪更宽范围的物料性能。研究乳脂肪与玉米油混合油的化学改性（0.5%甲醇钠，65~70℃），结果显示，酯交换提高了混合物的软化点，单不饱和、双不饱和甘油三酯的变化不显著，但是对称和不对称甘油三酯含量发生显著差异。

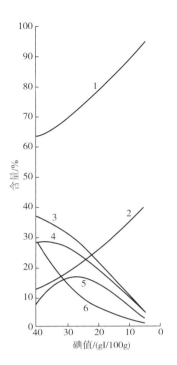

图3-8　加氢过程中乳脂肪中脂肪酸组成的变化
1—饱和脂肪酸　2—硬脂酸　3—不饱和脂肪酸
4—油酸　5—反式脂肪酸　6—顺式不饱和脂肪酸

2. 氢化

氢化是通过在脂肪酸链上加氢的方式降低油脂的饱和度，同时提高油脂的熔点。富含乳脂的乳制品风味变质主要缘于脂肪的氧化降解。通过氢化可以提高产品的货架期。部分氢化工艺可以使多不饱和脂肪酸选择性的加氢，提高产品的稳定性，选择性加氢脂肪酸组成的变化如图3-8所示。油脂氢化已经广泛应用于油脂工业中，但是通常乳脂并不采用氢化的工艺，一方面是由于原料成本限制，另一方面主要是由于乳脂本身的饱和程度就比较高。

（二）乳脂肪的酶改性

氢化以及其他化学改性是工业上常用的油脂改性方法，但是存在许多不利因素阻止其作为乳脂肪改性的有吸引力的选择，所以生产商在寻求化学改性的替代方法。与大多数植物油和动物油脂相比，乳脂肪价格较高，并且乳脂肪在改性过程中往往失去了理想的风味及乳脂性质。酶改性加工条件温和，最常用脂肪酶是甘油酯水解酶，可以水解甘油三酯、甘油二酯、甘油单酯，并且在某些情况下也可以催化游离脂肪酸重新回到甘油骨架上。脂肪酶可以水解乳脂肪增强风味或者促进乳脂肪酯交换以改善乳脂肪的营养和物理特性。

脂肪酶可以根据其特异性分成不同种类。非特异性脂肪酶不区分甘油三酯上的脂肪酸位置和类型（如念珠菌脂肪酶）；1，3特异性脂肪酶仅作用于甘油三酯 $sn-1$ 和 $sn-3$ 位点的脂肪酸（如来源于黑曲霉和根霉属的脂肪酶）。此外一些脂肪酶仅水解特定脂肪酸（如来源于白地霉的脂肪酶）。脂肪酶的作用、稳定性和反应速率受很多因素影响，例如温度、pH、溶剂类型、水分活度和固化还是游离形式等。

科学家研究各种有机溶剂中［己烷-己烷氯仿（70∶30，V/V）和己烷-乙酸乙酯（70∶30，V/V）］来自根霉、毛霉的脂肪酶的活性。向己烷中加入氯仿或乙酸乙酯会增加脂肪酶的活性。有研究表明溶剂的极性会影响系统中水的分配，从而导致酶活性的变化。研究了来源于根霉、毛霉的1，3非特异性脂肪酶在无溶剂体系中对乳脂的改性作用，在20℃反应48h后，脂肪酶使乳脂肪的固体脂肪含量从21%上升到46%。

人们将乳脂肪进行酶改性以改善乳脂肪的营养特性。研究发现爪哇根毛霉脂肪酶对短链脂肪酸具有降低的特异性。研究者将爪哇根毛霉的 1，3-特异性脂肪酶固定在疏水性中空纤维上。在 40℃ 的无溶剂体系并控制水分活度的条件下对乳脂肪进行酶改性，与未改性的乳脂相比，改性脂肪的月桂酸少 10.9%，肉豆蔻酸少 10.7%，棕榈酸少 13.6%。改性乳脂肪的总饱和甘油三酯总量减少 2.2%，总单烯甘油三酯总量增加 5.4%，多烯甘油三酯减少 2.9%。改性的脂肪改变了脂肪的熔融性质。

七、乳脂肪对乳风味的影响

（一）乳的风味物质

优质新鲜牛乳（生鲜牛乳或低温消毒牛乳）拥有温和而独特的风味。该风味直接来源于牛乳独特的构成；牛乳是由蛋白质、脂肪、伴有微咸味的盐与甜味的乳糖等组成的乳浊液。牛乳风味由风味物质形成，也包括部分低于其阈值的物质的综合作用。

牛乳的香味成分构成复杂。迄今为止已经得到证实的物质有二甲基硫醚、羰基化合物（如乙酮、丁酮、乙醛、甲醛等）、低级脂肪酸、内酯、脂类、硫化物、含氮化合物和脂肪族以及芳香族烃等。

稀奶油和奶油的风味取决于牛乳脂肪部分的化合物或牛乳加工过程中由前体物质转化而来的化合物。乳脂肪与甜奶油中重要的风味物质是内酯；其他物质也对风味有贡献。稀奶油的风味区别于甜奶油的主要方面在于其较高含量的液态牛乳组分和脂肪球膜。经搅打后，稀奶油中的氧化产物稍稍上升，有助于改善产品的风味，尤其是 4-顺-糠醛在 $\mu g/kg$ 的数量级内有助于稀奶油整体风味的形成。

酸性奶油的风味则由存在于甜奶油中的风味物质和发酵剂的风味组成。双乙酰是其中最重要的风味成分，它与酸性物质（主要是乳酸和醋酸）、甜性奶油的风味成分、二甲基硫化物一起产生新鲜、温和、完全的奶油风味。

由酶或微生物作用产生的，如酸败、不洁气味、麦芽味或酵母味等风味缺陷，也存在于奶油和稀奶油中。当乙醛超过 0.3mg/kg 时，奶油还会出现酸奶味。稀奶油经热处理后产生的蒸煮味则可通过在奶油分离前将牛乳冷却以及采用低温巴氏杀菌的方法得到大大减弱。稀奶油和奶油的主要风味缺陷取决于这些物质氧化变劣的程度。风味物质产生的影响（愉快的风味或氧化等缺陷）则因浓度大小而异。

（二）乳脂与乳品的不良风味

1. 乳脂肪与热处理产生的异味

乳脂肪是牛乳热处理风味的另一来源。牛乳水解释放的 β-酮基脂肪酸经热脱羧作用可形成甲基酮。同样，γ-脂肪酸和 δ-脂肪酸则可产生内酯。

UHT 牛乳的风味主要来自 2-烷（烃）酮、内酯和硫化合物。一旦牛乳经受剧烈的热处理时，很可能会产生更复杂的热处理异味。通常典型的灭菌牛乳（如 115℃、10min）风味主要来源于麦芽酚、异麦芽酚以及由于糖的转化和美拉德反应而产生呋喃酮。

2. 氧化臭味的产生

乳与乳制品最严重的风味缺陷来源于脂类物质的氧化。这些风味缺陷主要来自不饱和脂肪酸氧化、羰基化合物的生成。

乳脂的不饱和脂肪酸氧化后可产生许多羰基化合物。羰基化合物是牛乳氧化异味的主要来源。表3-9列出了典型的氧化风味化合物。脂肪氧化过程中也有部分风味物质产生，如4-顺-庚醛，有助于形成奶油风味；但这局限在一定的浓度范围之内。

表 3-9 典型的氧化风味化合物

化合物	风味	脂肪酸前体
烷（烃）醛（$C_6 \sim C_{10}$）	青草味、油腻的	大多数不饱和脂肪酸
2-烯醛（$C_6 \sim C_{10}$）	青草味	大多数不饱和脂肪酸
2，4-烷（烃）二烯醛（$C_7 \sim C_{10}$）	油腻的、深度油炸的风味	亚油酸、亚麻酸
3-顺-己烯醛	青草味	亚麻酸
4-顺-庚烯醛	奶油味、油灰味	$\Delta^{11,15}-18:2$
2，6-和3，6-壬二烯醛	黄瓜味	亚麻酸
2，4，7-癸三烯醛	腥臭味、豆腥味	亚麻酸
1-辛烯-3-酮	金属味	亚油酸
1，5-顺-辛二烯-3-酮	金属味	$\Delta^{5,8,11,14,17}-20:5$
3-羟基-1-辛烯	蘑菇味	亚油酸

乳与乳制品由于氧化造成的风味变化也受物理构成和化学成分的影响。在奶油中，自动氧化主要发生在脂肪球膜的磷脂上，氧化产物转移到乳脂肪。该自动氧化反应初期产生金属异味，继而出现蚝油味、腥味和酸败味。乳粉脂肪氧化后直接形成酸败味。

3. 酸败味

乳与乳制品的酸败味是低级脂肪酸（$C_4 \sim C_{12}$）在乳脂酶或细菌脂酶的作用下产生的。酸败牛乳的脂肪酸度（BDI测试[①]）可超过 1.4mmol/L。在低 pH 的乳制品，如发酵牛乳、酪乳和酸牛乳中，未解离脂肪较多，导致酸败，脂肪酸度变小，约为 0.7mmol/L。酸败味和不洁味一样，在大量集中收奶及生鲜牛乳的保存过程中需要充分重视。

第三节　乳脂和乳脂产品的微观结构

一、乳脂肪的微观结构

乳中脂肪与小球的形式存在，直径 0.2 ~ 15μm。这些脂肪滴是在乳腺的泌乳细胞中形成的，在分泌过程中它们被包裹在脂肪球膜中，这对乳脂相的高稳定性起到重要作用。牛乳脂肪球几乎全部由甘油三酯（TAG）组成，而乳脂肪膜由磷脂蛋白复合体组成。牛乳的营养成分可以通过多种形式的乳制品来摄入，如奶油、稀奶油、干酪、牛乳、酸牛乳等。

---

① BDI 测试：测定牛乳中的挥发性脂肪酸的酸度。BDI 为乳品工业局（Bureau of Dairy Industries）。

（一）乳脂肪球

新鲜全乳中的乳脂肪球（MFG）粒径为 0.2~15μm（平均为 4μm），具有多样性的甘油三酯被乳脂肪球膜（MFGM）完全包裹，因此乳脂肪球的结构相当的复杂。季节、膳食、繁殖期及泌乳期等因素均会影响乳脂肪的三酸甘油酯的组成，而且乳脂肪球从泌乳到挤乳的过程也不断发生变化。环境因素及加工过程均会影响乳脂肪球膜的成分及排列，图 3-9 给出的扫描电镜图片仅仅是脂肪球的一种情况，但是足见其复杂性。因此，化学成分及脂肪球的变化对结构性的影响是不容忽视的。

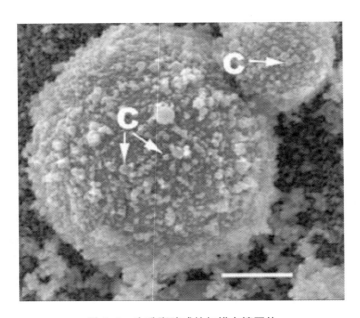

图 3-9　生乳脂肪球的扫描电镜图片

注：乳脂肪球膜包含酪蛋白（C）和乳清蛋白，图中标尺为 2μm。

（二）乳脂肪

乳脂肪球中脂质的主要成分是甘油三酯（98%），还有大量的短链脂肪酸（$C_{4:0}$~$C_{10:0}$）和少量的长链多不饱和脂肪酸。甘油三酯有 200 多种异构体，其种类及含量决定了脂肪球的热力学及结构学特性。挤乳前脂肪均以液相状态存在，当温度降至-40℃以下时完全结晶。根据乳脂肪熔化温度的不同可以将其分为低、中、高熔化温度组分。例如，-40℃完全呈现固态，40℃完全呈现液态，其间的温度范围则是结晶态和液态共存的状态。固态与液态的比例取决于甘油三酯的成分、加温历程及分散状态。按照稳定性和熔点增加的顺序给出的主要晶体形式为 α、β′ 或 β。

Lopez 等采用小角与广角时间分辨 X 射线衍射（XRDT）技术，并结合差示量热扫描法（DSC）研究了稀奶油中脂肪甘油三酯的结晶特性。乳脂以 3、1℃/min 的速率从 60℃冷却至-10℃，产生三种 α 薄片状结构，即 4.7、4.2nm 的两种多链长多层叠加和 7.1nm 的三链长多层叠加。然后以 2℃/min 加热时，晶型明显不稳定，而小角 XRDT 可观察到 6 种薄片状多层叠加。脂肪球的尺寸和尺寸分布影响着不同脂肪晶体形态的形成，并且对加温历程敏感。例如，如果冷却速度快，脂肪晶体通常多而小；反之，冷却速度慢，脂肪晶体往往少而大。

采用偏光显微镜 MFG 的结晶过程，结果显示在一定的温度条件下脂肪的冷却速率决定了双折射晶体的特性（大小、形状及位置）。慢速冷却（0.5℃/min）时，大脂肪球可能形成 10μm 的针状晶体或者层状和针状的混合晶体，而小乳脂肪球形成球状晶体或者双折射晶体。当乳脂肪球快速降温（5s 内从 60℃冷到到−80℃）时，自由定向晶体不呈现明显的"球状核壳结构"，平均直径可达 1μm。因此，冷却速率对晶体形态的影响是不容置疑的。

脂肪晶体经过冰冻断裂复型技术或者碳固定技术能够在透射电镜（TEM）下获得高分辨率的图像。传统的固定、包埋等低温处理技术都能够有效地提取脂肪，因此冷冻技术是电镜样品制备过程中不可或缺的方法。Heerjte 比较了清洗剂和纯碳支撑膜两种方法制备脂肪晶体，认为它们对脂肪晶体形态学及大小的测定提供成像是同样有效的，但是碳膜技术更适用于单个结晶簇的制备。

冷冻置换与低温包埋处理搅打稀奶油的脂肪球也能够在透射电镜（TEM）下获得清晰的图片。冷冻状态下的固定、包埋，随即室温下的切片保护了脂肪结构，是获得脂肪结构高分辨率的有效方法，如图 3-10 所示，脂肪晶体清晰可见。

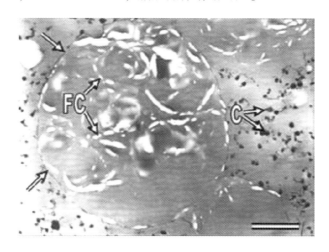

图 3-10　搅打稀奶油的透射电镜图片

注：采用冷冻置换与低温包埋保护脂肪晶体（FC）的完整性，
脂肪球膜蛋白（箭头），酪蛋白（C）清晰可见。图中标尺为 1.5μm。

（三）乳脂肪球膜

乳脂以乳脂肪球（MFG）的形式存在，乳脂肪球膜（MFGM）的存在限制了絮凝、聚集及分层甚至脂肪降解等不稳定现象的发生。之所以称之为"膜"，这是因为乳脂肪球在泌乳过程中需要一层质膜层，而并不是生物学意义上磷脂双层那样的生物膜。乳脂肪球膜的强度、弹性及表面张力的降低能力等特性使其具有保护乳浊液稳定性的作用。乳脂肪球膜包裹着中性的乳脂肪球形成了三层结构，膜内的分界线并不清晰，有报道称膜厚 10nm，主要由蛋白质、酶、磷脂、中性甘油酯、水、脑苷脂和胆固醇组成。

乳脂肪球膜的蛋白质含量约为 1g/100g 乳蛋白，这些蛋白质的特性、特征及序列已经被广泛研究，其中不乏生物化学方法，如分子克隆及计算机序列分析等。乳脂肪球膜厚度的不同反映了表面活性的差异性。牛乳生产通常要用到均质和热处理（巴氏杀菌或者 UHT 灭菌）等处理，这能够稳定牛乳乳浊液系统，并且降低微生物污染风险。激光散射结果显示均质能将乳脂肪球的总面积增加 4~8 倍，这些变小的脂肪球由天然的乳脂肪球膜（10%）、酪蛋白（70%）及乳清蛋白（主要是 β-乳球蛋白）所构成的复合层所包裹。它的实际组成及结构与加工方法、分离方法等有关。

Waninge 用低温透射电镜研究了天然乳脂肪球膜的极性脂质结构，其中极性脂质、胆固醇、脑苷脂和磷脂在乳脂肪球表面形成单层结构。含有各种蛋白质的水层将其与外面的脂质双层结构分开。冷却加工过程使脂肪球膜遭到破坏，初期极性脂质损失 20%，并随进一步处理而继续损失，进而三层膜结构损失，形成脂蛋白囊泡及脂肪液滴。无需反差增强（染色）过程，乳脂肪球膜囊泡就能够在低温透射电镜下清晰可见。虽然 β-乳球蛋白及酪蛋白也可见，但是由于与囊泡的对比度不足而难以观察其间的相互作用。Skalko 等采用免疫金标记技术实现了囊泡表面和蛋白质的相互作用的观察。低温透射电镜证实，外部双层膜的损失或者聚集现象形成了稀奶油的囊泡结构，但是囊泡结构本身呈现非聚集的状态。

二、干酪中脂肪的微观结构

多数情况下，脂肪的存在对干酪是必要的。对干酪的特征性风味和口感都起到促进作用。乳脂肪球通过破坏酪蛋白网络基质来软化质构。切达干酪的脂肪降低 1/3，则导致风味不佳（产生非特异性风味或者苦味），质地过硬。Jameson 报道，与其他干酪不同，低脂马苏里拉干酪的品质也较佳，这可能是因为马苏里拉干酪的质构比风味更重要的缘故。

乳脂肪球与酪蛋白基质的结合决定了干酪的微观结构，还是脂肪破坏了酪蛋白基质起到惰性填充物的作用决定了干酪的微观结构，二者之间一直存在争议。但毫无疑问的是，在某种程度上两种机制是同时存在的，大脂肪球更容易发生形变，更容易破坏蛋白质基质，而小脂肪球对酪蛋白基质的孔洞起着填充作用。Green 等通过模型体型的研究也认为，疏水相互作用对切达干酪的乳脂肪球在酪蛋白基质中保持原来的位置是至关重要的。酸性基质中，乳脂肪球与酪蛋白相互作用更强。

切达干酪成熟过程中，乳脂肪球与脂肪-水界面的发酵剂相互结合。扫描电镜已经观察了低脂马苏里拉干酪脂肪球的聚集作用，但是马苏里拉干酪成熟过程中，乳脂肪球仍是分散的，这可能是因为马苏里拉干酪的高温蒸煮及热烫拉伸过程中对乳脂肪球挤压，并促进了其间的聚合作用。

低脂切达干酪的蛋白质相较大，乳脂肪球的聚合减少，因此黏度增加，融化性降低，离心作用除去的游离水增加。得到的这部分游离水成为液相。与全脂切达干酪相比，低脂切达干酪的乳脂肪球更加均一分散。乳脂肪球的聚集是干酪加工过程中的剪切作用促使的，但必须是在较高脂肪含量的条件下。

三、稀奶油的微观结构

稀奶油为非均质乳易聚集在表面的淡黄色脂肪成分。稀奶油是生产奶油的原料，是由牛奶脱脂而来，所以稀奶油与原乳的脂肪除了浓度外，没有什么差异性。稀奶油的脂肪含量各不相同，还可能由于饲养条件不同导致牛乳的脂肪组成略有不同。

奶油或搅打稀奶油由稀奶油制得，在成熟阶段，乳脂肪的结晶取决于温度。不同的温度，乳脂肪球晶体结构不同，乳脂肪球膜不同程度地被破坏，体系变得不稳定。乳脂肪球的晶体形式可对奶油的稠度或搅打奶油的物理性质（如稳定性）产生很大影响。

Pecht 的电镜研究表明，在乳和奶油的冷却过程中高熔点脂肪组分的结晶常始于乳脂肪球的边缘。过冷现象的确在不同脂肪球中对脂肪结晶的变化起到重要作用。在奶油的乳状液中，1mg 脂肪分散成大约 10^8 个乳脂肪球。因此，为实现完全结晶，每个乳脂肪球中必须形成至少一个核。它遵循这样的规律：即奶油脂肪球中脂肪的过冷温度要比纯的非乳化脂肪的过冷温度低。而且，过冷温度与乳脂肪球的大小有很大关系：尺寸越小，过冷温度越低。另外，有研究者认为单甘油酯分子在脂肪结晶过程中是起催化作用的杂质。

四、搅打稀奶油

众所周知，向稀奶油中搅打空气可以产生稳定的泡沫，起初形成的是较大的气泡，经过长时间的搅打后则是气泡数量的大幅增多。很多较大的气泡很快破裂，另一些大气泡则分裂成较小的气泡并聚集在一起。Schmidt 和 Van Hooydonk 的电镜研究证明，巴氏杀菌的奶油在搅打过程中，起初形成的较大气泡的平均直径迅速减小。这项技术还表明泡沫是由释放出来的液体脂肪与乳脂肪球部分联合并相互交织，从而密集地嵌在气泡表面，形成稳定的泡沫。图 3-11 为搅打奶油的结构示意图。乳脂肪球层的厚度主要与存在的脂肪球直径或脂肪簇相关。然而，在这种情况下，很少能观察到游离的乳脂肪球，实际上几乎全部的乳脂肪球都参与了稳定作用。每一个乳脂肪球都含有结晶脂肪，并且都与气泡接触，它

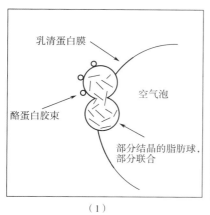
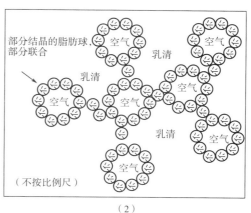

图 3-11　搅打奶油结构示意图
（1）在空气表面部分结晶的脂肪球；（2）部分聚集的脂肪球在气泡周围形成的结构

们被不可逆的吸附到气泡的表面。然而，乳脂肪球迅速散布到界面张力限定的平衡位置。

五、奶油的微观结构

Precht 用冷冻断裂复型电子显微图描述了奶油晶体的亚微观结构（图 3-12），他指出许多乳脂肪球仍较完整，它们与单个的奶油脂肪晶体、血小板样的结晶脂肪簇混在一起，在一起的还有些破损的乳脂肪球碎片。他还描述了连续式奶油生产机器的影响：与传统的加工相比，这种设备的强剪切力会导致乳脂肪球更大程度的破坏。

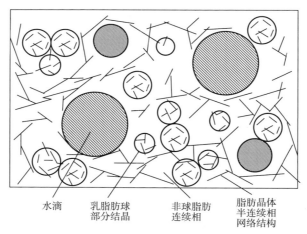

水滴　乳脂肪球　非球脂肪　脂肪晶体
　　　部分结晶　连续相　半连续相
　　　　　　　　　　　　网络结构

图 3-12　奶油的结构示意图

奶油中所有乳脂肪球都具有一个外部晶壳（由高熔点甘油三酯与聚集在球体内的大量结晶脂肪结合而组成），厚度约为 $0.1 \sim 0.5 \mu m$，由厚度约为 $4 \sim 5 nm$ 的、同轴的、变形的并且相互重叠的单分子甘油三酯层组成。将奶油样品加热到大约 25℃，晶壳的大部分仍保持不变，而内部的脂肪全部以液体的形式存在。晶壳的形成引起内部的坚实度显著增加，从而使得这些球体在搅拌过程中能够经受很强的剪切力。

表 3-10 表示了奶油的结构元素。

表 3-10		奶油的结构元素	
结构元素	浓度/（个/mL）	体积分数/%	大小/μm
脂肪球①	10^{10}	$5 \sim 30$③	$1 \sim 5$
脂肪晶体②	10^{13}	$10 \sim 40$④	$0.01 \sim 2$
水滴	10^{10}	15	$1 \sim 25$③
空气泡	10^{6}	≈ 2	>20

注：①多数带有完整膜；

②高温下主要在乳脂肪球内部，低温下形成固态结构；

③明显与压炼强度有关；

④明显与温度有关。

奶油的连续相是液态脂肪。有时连续相是压炼不足的奶油。这种液相穿过了乳脂肪球的表面层。穿过奶油置换水可能有另外一种缘由：可以溶解在液态脂肪中的水的体积分数约为 0.2%，这意味着水可以扩散穿过连续的油相。

原则上，水滴是由（酸性）酪乳组成，但是它们的组成并不总是相似。差别在于水的添加、清洗和发酵剂、盐或盐水的压炼。渗透压的差别引起缓慢的水分转移，趋向于更浓缩的水滴。因此，盐晶体附近的水滴多数会消失，食盐晶体会变成大液滴；而奶油会变"湿"。

脂肪晶体的数字和大小很大程度上与温度和温度史有关。因为在搅拌期间液态脂肪从脂肪球中抽出，主要是平铺在气泡上；结晶脂肪的主要部分存在于乳脂肪球中。但是也有一些晶体存在于乳脂肪球外部，这些晶体聚集形成连续的网络，可能生长到一起形成固态结构，这与奶油的硬度有关。乳脂肪球内部的晶体不会参与到网络形成，因此它几乎不会使奶油变得更坚实。因为这个原因，在同等坚实程度下，奶油比人造奶油含有更多的脂肪；这也会引起奶油在口中感觉更冷（因为存在更大的溶解热）。

乳脂肪球外部的晶体可以形成一个连续的网络，部分水滴（经常伴随着晶体的吸附）和受损的乳脂肪球可能参与。这种网络将液态脂肪作为"海绵"。当温度升高的时候，许多晶体融化，网络变得欠密实和更粗糙。因此，可能出现不稳定；也就是说奶油会分离出油。如果晶体更加粗糙，在同等固态脂肪存在的情况下，可能出现油析。

如果压炼没有在真空条件下进行（可能出现在某些连续式奶油制造机中），奶油中会出现气泡。另外，奶油中的溶解气体体积分数约为 4%。

六、无水奶油的微观结构

无水乳脂肪可以根据理化性质（如熔点）不同分成不同的组分，这些组分以不同比例组合也会影响体系的微观结构。图 3-13 所示为中熔点组分、高熔点组分混合在 21℃ 保持24h 后的结晶微观结构图。不添加高熔点组分时［图 3-13（1）］，中熔点组分结晶形成大的边界清晰的结晶簇，这些结晶簇排成球粒状微晶，同时针状结晶呈放射排列。同时，可以观察到这些单元非常明亮，这表明有较大量的物质形成结晶。仅加入 10g/100g 高熔点组分时，球粒状微晶变小，密实度也减小；高熔点组分增加时，晶体的微观结构改变，结晶簇不再清晰，针状结晶更为清楚；当只有高熔点组分结晶时［图 3-13（11）］，则形成清晰的针状结晶网络。并且在不同的搅拌和冷却速率条件下分析时，25℃ 结晶的高熔点组分—低熔点组分混合物的微观结构图有显著差异。

为了在糖果中使用乳脂肪，乳脂肪组分还可以和可可脂混合。图 3-14 所示为可可脂中添加高熔点乳脂肪的效果。可可脂结晶时，如果其中不添加高熔点组分，可获得非常小的结晶，形成紧密网状结构［图 3-14（1）］；当加入高熔点组分时，网状结构的精密性降低，并观察到小的针状结晶；当 100% 高熔点组分结晶时，可以很清楚地看到针状结晶怎样变大并自行排列成簇［图 3-14（11）］。

无水乳脂肪与不同比例的菜籽油混合，在 5℃ 结晶，可观察到微观结构有显著变化（图 3-15）。无水乳脂肪结晶形成大球粒状结晶簇，当加入菜籽油后，这些结晶簇的尺寸会更均一。此外，图 3-15 表明加入 30g/100g 的菜籽油时其存在的固体更少，因为结晶簇变暗且很不稠密。晶体大小的差异是这些体系结晶动力学作用的结果。当把菜籽油加到无

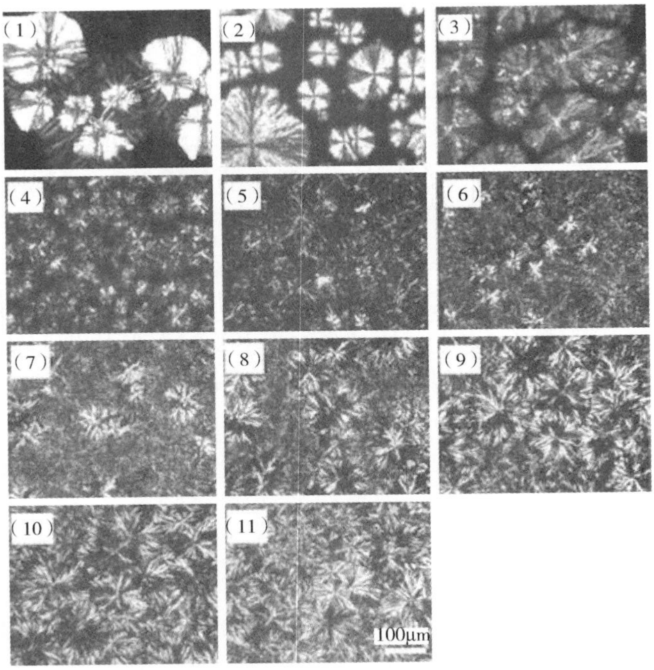

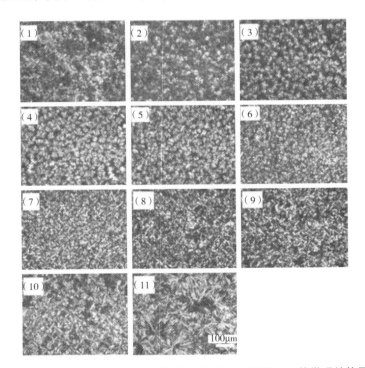

图 3-13　不同比例的熔点组分、高熔点组分混合物在 21℃经 24h 结晶的微观结构图

（1）纯高熔点组分；（2）10%高熔点组分；（3）～（11）在中熔点组分中连续以 10%增加高熔点组分

图 3-14　高熔点组分——可可脂混合油在 21℃结晶 24h 的微观结构图

（1）纯高熔点组分；（2）10%高熔点组分；（3）～（11）在可可脂中连续以 10%增加高熔点组分

水乳脂肪中时，所得混合油的熔点由于甘油三酯中不饱和脂肪酸增加而降低。由于所有的样品在相同条件下结晶，以及在菜籽油的混合油中过冷作用较小，因此结晶的原料较少。此外，形态的差异可归因于添加菜籽油产生多态性。

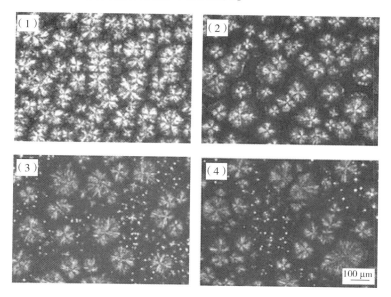

图 3-15　不同的菜籽油添加量对乳脂肪结晶微观结构图的影响

（1）0；（2）10%；（3）20%；（4）40%

注：结晶条件：5℃，速率 0.1℃/min。

七、冰淇淋的微观结构

生产冰淇淋的要素之一是调节空气的含量，以膨胀体积计算，即混入的空气相对于初始混合物的体积分数。在搅打过程中混入空气和保持空气的能力显然是一个重要的经济考虑，其稳定性质是至关重要的。一般来说，越贵的冰淇淋膨胀体积越小。空气通常是在冷冻阶段于冷冻仓内利用搅打器混入到冰淇淋中。

冰晶的生长和冰晶的稳定性是冰淇淋口感的关键因素。通常，较快的冷却速率产生较小的结晶，通过刮板冷却表面的物理破坏作用将进一步减小冰晶的大小，因此提高了产品的细腻程度。在冰淇淋的初始冷冻阶段，冰晶没有完全形成，需要在较低温度下硬化一段时间，使其最大程度地生长。任何溶质的冷却过程都产生了两相：晶体冰相和"无定形"共晶相。冰和共晶之间的平衡随溶液中溶质的浓度和贮藏温度的变化而变化。当冰晶发生时，共晶相浓度增加，共晶相的黏度增加，结晶的形成速率减小。正是这个原因，在初始冷冻阶段的形成是不完全的，需要经过硬化阶段以达到冰相和共晶相两相的平衡。

一般来说，冰淇淋应贮藏在-18℃或更低的温度下，以使冰相和共晶相达到最佳的平衡状态。冰淇淋中可溶性总固形物应在 24~27g/100g，这类固形物通常来自糖、非脂乳固形物（包括蛋白质、乳糖以及矿物质和维生素）和其他的功能性配料（如稳定剂、乳化剂和冷冻改良剂），它们决定了冰淇淋配方的平衡性。在测定混合物中非脂乳固形物与糖的比例时，需要考虑乳糖结晶的问题，乳糖比多数糖更易结晶，会引起最终冰淇淋产品的"起砂"问题。冰淇淋既要求溶质的平衡，也要求糖和脂肪的平衡。

冰淇淋生产中关键结构是冰晶、气泡、脂肪滴和酪蛋白微粒。一般来说，观察样品冰晶时需要处于冷冻状态。Berger 和 White 报道了用于研究冰晶大小的一种在−14.4℃戊醇和煤油混合物中制作的冰淇淋软标本［图 3−16（1）］。光学显微镜利用偏振光可以区分冰晶和糖的结晶，如乳糖晶体。Chang 和 Hartel 在研究中也使用了该技术，使标本升温至−6℃，从而允许气泡上升到载玻片的顶部，通过调焦可以辨别出来。冰淇淋可在低温箱内切片，在显微镜上用低温镜台观察，这种方法在一定程度上比简单的软标本更易控制，但是在切片时冰晶可能会破裂。图 3−16（2）为冰淇淋在低温下的剖面图。

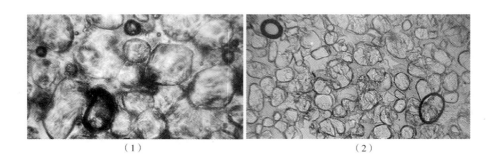

（1）　　　　　　　　　　　　　　　　　（2）

图 3−16　低温镜台光学显微镜显示的冰淇淋中的冰晶

（1）戊醇−煤油中的软标本；（2）冰淇淋的低温剖面图

注：切片的冰淇淋使单个结晶更分散，在冰晶中也有一些破裂的痕迹。

扫描电镜（SEM）或低温扫描电镜（cryo−SEM）也可以用于冰淇淋的分析，并已成为一种最通用的研究冰淇淋微观结构的方法。图 3−17 为低温扫描电镜制作的一个典型显微镜图；可以分辨出气泡和冰晶，让冰晶在包埋和分析前升华，能得到冰晶基质的其他信息。脂肪滴的分布可以在生产过程中用光学显微镜研究，这样可以研究不同均质压力、乳化剂和稳定剂的影响。图 3−18 所示为冰淇淋乳化液的一个典型光学显微镜图。

图 3−17　低温扫描电镜分析得到的冰淇淋全视图

注：i 代表冰晶间的桥接区域；白色箭头指示冰晶间的一个桥接；黑色箭头指示较小的冰晶。

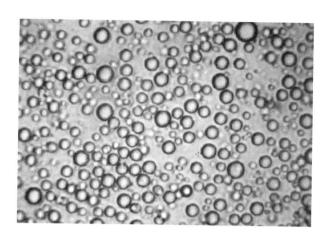

图 3-18　冰淇淋乳化液的光学显微镜图

　　然而，Berger 和 White 指出冰淇淋中有一部分脂肪滴比在光学显微镜下看到的要小，他们用电镜研究了这种分布的细节。在这种情况下，利用冷冻蚀刻制备透射电镜分析用的标本，这种方法可以显现较小的脂肪滴和酪蛋白微粒，图 3-19 为一个典型的冷冻蚀刻透射电镜图。

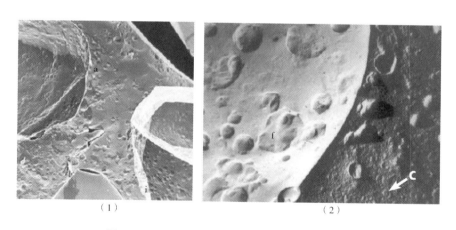

（1）　　　　　　　　　　　　　　（2）

图 3-19　冰淇淋的冷冻蚀刻标本的透射电镜图

（1）冰晶 i 和气泡 a 的全视图；（2）气泡与脂肪滴被膜脂肪 f 和共晶相中的酪蛋白微粒 c 的详细视图

　　另一种制备透射电镜样品的方法是薄切片。就冰淇淋来说，这要求用冷冻置换法使标本缓慢地脱水和维持低温深入树脂（图 3-20）。一般来说，这个过程需要几天时间使样品缓慢地从 -20℃ 升温至 0℃。这项技术是由 Goff 提出的，也被 Garcia-Nevarez 等用于研究使用超滤乳生产的冰淇淋，这项技术特别适用于观察酪蛋白微粒和空气-共晶界面的性质。

　　冷冻置换技术也可被用于制备光学显微镜切片（图 3-21），Lewis 阐述了在冷冻置换过程中如何用荧光染料浸润标本和用共焦光学显微镜分析树脂包埋的样品提供冰淇淋的三维视图，这在测定冰淇淋熟化时冰晶间的连接非常有用。另外，Smith 等报道了冰淇淋显微镜技术的详细内容。

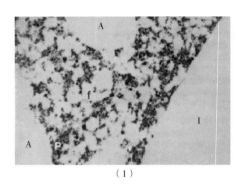 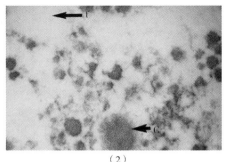

图 3-20　薄切片冷冻置换冰淇淋的透射电镜图

（1）气泡 A、冰晶 I 和蛋白质内含物 P 的全视图；（2）酪蛋白微粒 c 和乳脂肪球 f 的局部视图

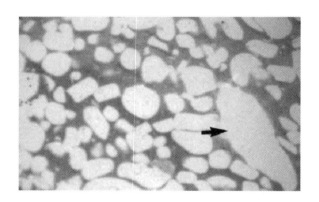

图 3-21　冷冻置换冰淇淋切片的光学显微镜图

注：可见长大冰晶（箭头所示）和冰晶的总体分布。

利用上述技术，已经吸引了大量投资进入冰淇淋技术的开发中，冰淇淋结构和功能的相关内容可在 Marshall 和 Arbuckle 以及 Marshall 的综述中找到。

一般来说，食品显微镜方法在 20 世纪早期就已经建立起来，冰淇淋的早期研究探索了冰晶生长和冰淇淋感官评价之间的关系。概括来说，在冰淇淋贮藏过程中温度波动致使冰晶生长，如果长成较大的冰晶，那么产品的"冰冻性"增加。通过观察冰晶的生长已经研究了稳定剂对这个过程的影响，Barford 报道了此种方法的一个实例。低温扫描电镜更详细的观测表明，冰晶生长的中间过程更复杂，可能包括冰晶在冰淇淋中通过"点熔接"连接单个冰晶形成的网状结构中的一种"黏结"结构的形成。图 3-22 为这些特征。冰晶的生长最终致使气泡结构的收缩和塌陷，图 3-23 为塌陷冰淇淋的低温扫描电镜图。

气泡稳定性是显微镜方法协助控制冰淇淋功能性的另一个方面。总体上，吸附到空气界面上的蛋白质促进和维持泡沫的形成。Zhang 和 Goff 用免疫金标记技术追踪 β-酪蛋白和 β-乳球蛋白在空气界面上的存留时间，分析 EDTA 在酪蛋白微粒解聚中的影响；两位作者还研究了稳定剂在空气界面上对蛋白质的竞争性取代。众所周知，低含量的脂肪是蛋白质

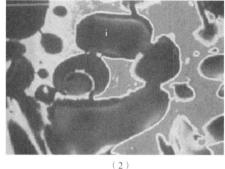

（1）　　　　　　　　　　　　　　　　　（2）

图 3-22　冰淇淋的低温扫描电镜图

（1）和共聚视图表示出冰晶 i 间的桥接，a 是一个气泡；（2）整体共聚成像可得到单色
二维图像不能实现的三维绘图，在三维图像中可以看到连接冰晶的三维基质

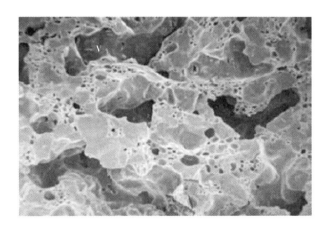

图 3-23　塌陷冰淇淋的低温扫描电镜图

注：可见大而不规则的空隙 V。

泡沫的消除剂，所以冰淇淋中的气泡稳定性取决于混合物脂肪的乳化程度。冷冻蚀刻样品研究表明了游离脂肪的重要性。图 3-19 所示为在气泡表面的脂肪液滴和游离区域，该研究者提出少量脂肪导致的不稳定性可一定程度上改善冰淇淋风味的释放，但过多时会产生油腻的口感。

在肥胖症和龋齿方面，冰淇淋不是一种健康食品，因此开发了低脂的冰淇淋，并可使用一些代糖（Tharp，2004）。冷冻置换制备样品的共聚显微镜方法被用于研究海藻糖代替蔗糖的效果（Bannatyne，2001），图 3-24 是一组蔗糖替代率为 50% 和 100% 的冰淇淋的结构变化。这些图表明海藻糖取代后产生一种共晶相被冰晶破坏程度更高的结构，包括-20~-2℃的温度下进行加载/渗透试验，表明蔗糖冰淇淋比海藻糖取代的样品在升温时软化得更快。

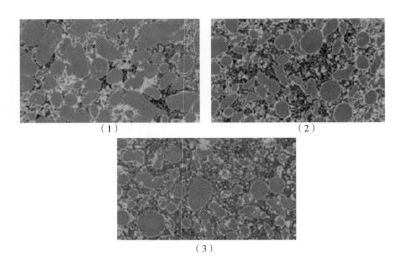

（1）　　　　　　　　　　　　（2）

（3）

图 3-24　用海藻糖、50∶50 海藻糖和蔗糖混合物和蔗糖制作的冷冻置换冰淇淋的共聚焦显微镜视图

（1）海藻糖；（2）50∶50 海藻糖和蔗糖混合物；（3）蔗糖

注：随着海藻糖含量的增加其对共晶相有更强的破坏。

第四节　乳脂和乳脂产品的质构

一、稀奶油的质构

稀奶油是以乳为原料，分离加工制成的脂肪含量为 10.0%~80.0% 的产品。稀奶油常作为蛋糕裱花或乳化剂等应用在面包、蛋糕等焙烤食品行业。稀奶油在搅打前主要表现是流体特性，搅打后成了半固体，表现为流变特性或者质构特性。食品流变特性是食品在力的作用下表现出来的弹性力学和黏性等流体力学的性质，对食品运输、传送、加工、货架期以及食品口感都起着非常重要的作用，特别是食品在加工过程中，通过对食品流变学特性的研究，不仅可以了解其结构的变化规律，还可以间接的监控食品质量的稳定性。近年来，很多研究者对搅打稀奶油流变学特性进行了研究，Camacho 等研究了角豆胶和 γ-卡拉胶对奶油流变学特性的影响，发现当胶质量分数为 0~0.1% 时对奶油冻融过程具有良好的保护性。Kristensen 和 Ihara K K 发现乳制品的搅打特性和流变学特性随温度、浓度等物理状态变化而变化，如温度可影响稀奶油脂肪聚集率和气泡的大小。市场上常用的稀奶油中脂肪的质量分数为 35%~40%，属于非牛顿流体中假塑性流体，其在 15℃下的表观黏度随剪切速率增大而减小，且越来越趋于平缓（图 3-25）。

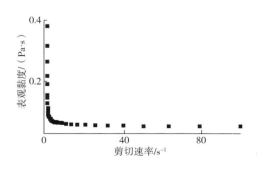

图 3-25　稀奶油表观黏度随剪切速率的变化图

刘洁研究了剪切速率、温度以及盐离子浓度对稀奶油黏度的影响。如表 3-11 所示，盐离子的添加提高了稀奶油的黏度，其中钠离子添加量对稀奶油黏度的改变不显著，而钙离子加入使稀奶油黏度增大，且非牛顿流体系数明显增加（表 3-12），原因可能是稀奶油中有大量酪蛋白，由于酪蛋白含有大量的脯氨酸，并且脯氨酸通常不发生化学反应而且酪蛋白也没有双硫键，因此它没有明显的二级结构，脯氨酸疏水性较弱，形成酪蛋白胶束。钙离子被束缚在酪蛋白胶束中，因此酪蛋白中对钙离子比较敏感，钙离子加入增大了奶油黏度，使其非牛顿流体特性增强。由表 3-13 可看出稀奶油添加盐离子，其活化能 E_a 也随之增大，这说明奶油盐离子浓度的增加，其稀奶油流动时所需的能量也相应增加，也就是增加了稀奶油流动的困难程度。同时由于稀奶油黏度随温度升高而降低，因此在工业生产中为了增加稀奶油的流动性，可以采取适当升温的方法。

表 3-11　　　　　添加不同浓度盐离子（Na^+、Ca^{2+}）的稀奶油黏度

钠离子浓度/（mmol/L）	黏度/（Pa·s）	钙离子浓度/（mmol/L）	黏度/（Pa·s）
0	20.1	0	20.1
34	20.9	4.5	24.5
68	21.4	9	27.9
137	22.6	13.5	32.6

表 3-12　　　　添加不同浓度盐离子（Na^+、Ca^{2+}）稀奶油的 Herschel-Bulkley 模型参数（n、K、R^2）及其拟合情况

盐离子浓度/（mmol/L）		n	K/（Pa·s）	R^2
Na^+	0	0.833	0.033	0.9125
	34	0.827	0.036	0.9312
	68	0.817	0.033	0.9026
	137	0.601	0.045	0.9113
Ca^{2+}	4.5	0.541	0.065	0.9278
	9	0.311	0.072	0.9645
	13.5	0.271	0.069	0.954

表 3-13　　　　　添加不同浓度盐离子（Na^+、Ca^{2+}）稀奶油的 Arrhenius 模型参数（E_a、K、R^2）及其拟合情况

盐离子浓度/（mmol/L）		E_a/（kJ/mol）	K/（Pa·s）	R^2
Na^+	0	24.87	8.20E-07	0.99294
	34	25.17	7.80E-07	0.99296
	68	25.02	7.80E-07	0.99172
	137	26.01	6.80E-07	0.98734
Ca^{2+}	4.5	26.46	6.80E-07	0.98688
	9	26.48	7.50E-07	0.99078
	13.5	25.96	7.70E-07	0.99661

邝婉湄研究了搅打稀奶油的流变及结构。搅打过程中搅打奶油黏度曲线如图 3-26 所示。随着剪切速率的增加，所有样品的表观黏度均呈下降趋势。当剪切速率大于 40s⁻¹ 时，表观黏度趋于定值。由图 3-26 可知，搅打奶油是典型的假塑性流体，即剪切稀化。这是由于剪切作用使搅打奶油内部的网络结构被破坏或发生重组，导致表观黏度降低。随着剪切进行，搅打奶油内部的液滴逐渐形成最佳定向取向，表观黏度趋于平稳，之后即使继续提高剪切速率也不会继续发生剪切变稀。此外，在同一剪切速率作用下，随着搅打时间延长，搅打奶油的表观黏度急剧升高。

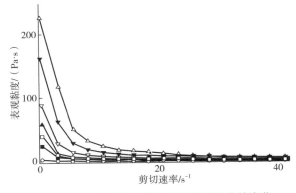

图 3-26　搅打过程中搅打奶油表观黏度的变化

—○— 0min　—■— 1min　—□— 2min　—▲— 3min　—▽— 4min　—▼— 5min　—△— 6min

在低剪切速率范围内，与搅打前乳浊液的表观黏度相比，搅打开始后搅打奶油的表观黏度迅速升高。按搅打过程中搅打奶油表观黏度的变化将大致其分成三个阶段。第一阶段为搅打初期（0~1min）。当剪切速率为 0.5 s⁻¹ 时，搅打 1min 后表观黏度比搅打前升高了近 10 倍，在此阶段气泡开始充入乳浊液体系中，但此时泡沫结构十分不稳定，泡沫易破裂或消泡。第二阶段为搅打中期（2~4min）。当剪切速率为 0.5s⁻¹ 时，搅打 2~4min 后的表观黏度从 39.5Pa·s 升至 87.9Pa·s，此阶段搅打奶油逐渐从 O/W 型乳浊液转变成 W/O 型泡沫结构。第三阶段为搅打后期（5~6min）。相同剪切速率下，搅打 5min 和 6min 后的表观黏度均比前 1min 升高近 1 倍。此阶段开始进入过度搅打阶段，搅打奶油组织从细腻紧致变得粗糙，光泽逐渐变暗。

搅打过程中搅打奶油屈服应力的变化趋势如图 3-27 所示。值得注意的是，此处测得的屈服应力为动态屈服应力。对于搅打奶油而言，屈服应力是决定其涂抹性和稳定性的重要指标，反映的是挤压裱花所需用到的最小的力。屈服应力应该控制在一个适当的范围内，既方便从裱花袋中挤出造型不至于费时费力，也要达到一定的硬挺度使裱花造型稳定。由图 3-27 可知，搅打奶油的屈服应力随着搅打过程的进行而上升，如同表观黏度一样，按屈服应力的变化也能将搅打过程大致其分成三个阶段。第一阶段为搅打初期（0~1min）。搅打奶油的屈服应力由搅打前的（0.66±0.53）Pa 增大至（5.40±0.12）Pa。第二阶段为搅打中期（2~4min）。搅打 2~4min 后的屈服应力从（26.38±0.85）Pa 迅速增大至（97.3±3.07）Pa。第三阶段为搅打后期（5~6min）。屈服应力的增长速度放慢，从

（102.40±0.50）Pa 增至（128.25±2.15）Pa。影响屈服应力的因素有颗粒体积分数、颗粒大小和粒子间相互作用力的强度。一般来说，屈服应力能反映内部网络结构的强度，在搅打奶油体系中，与由部分聚结脂肪形成的三维网络结构的强度相关。搅打奶油的硬挺度和可塑性由其泡沫结构决定。搅打过程中亚微观结构的变化可以反映搅打奶油内部泡沫结构的组织状态：搅打初期体系内气泡分布十分不均匀，相互之间的距离较远，并以大气泡为主；搅打中期体系内则以小气泡为主，气泡之间通过以脂肪部分聚结体为主的吸附层进行交联，在此阶段搅打奶油的半固态状的泡沫结构基本形成；搅打后期小气泡均匀分布，排列紧密，泡沫结构完全形成。随着搅打进行，搅打奶油的泡沫结构从无到有，从不稳定到稳定，其对应的部分聚结脂肪网络结构的强度也逐渐增大，因此搅打奶油的屈服应力随之上升。此外，屈服应力与表观黏度之间显著性相关（$p<0.05$）。

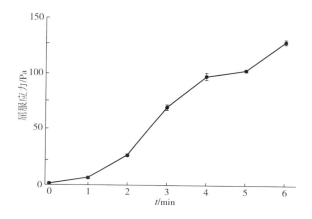

图 3-27　搅打过程中搅打奶油屈服应力的变化

由图 3-28 可知，初始状态的 G' 随搅打的进行而增大；随后进入的剪切阶段以恒定的

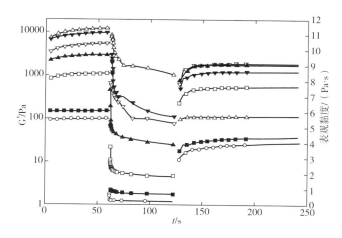

图 3-28　搅打过程中搅打奶油触变性的时间变化曲线

—○— 0min　—■— 1min　—□— 2min　—▲— 3min　—▽— 4min　—▼— 5min　—△— 6min

注：黑色图标及线条为 G'，灰色图标及线条为 η。

剪切速率（60s⁻¹）模拟人口腔咀嚼剪切的过程，所有样品均表现出剪切变稀的趋势，且表观黏度随搅打的进行而升高；最后的动态振荡时间扫描阶段实际上是恢复阶段，G′随搅打进行呈先增大后减小的趋势。在恢复阶段中，经过20~30s的恢复时间，G′已恢复至平稳状态，之后即使延长恢复时间，G′的增量也是微乎其微的。

搅打过程中搅打奶油蠕变-恢复行为的变化如图3-29所示。蠕变阶段考察样品对恒定加载的应力产生相应的形变-时间变化，而恢复阶段则是考察样品在撤去加载应力后的形变-时间变化。由图3-29可知，在瞬间施加一个恒定应力后，随着搅打进行，搅打奶油样品瞬间响应产生的瞬间弹性应变呈总体下降趋势。所有样品的应变都随着施加应力时间延长而增大。由于平衡弹性形变（γ）是指在一定的应力作用下蠕变过程达到平衡状态（即形变的斜率不再发生变化）时的弹性形变，可以反映内部结构的强度。随着搅打进行，γ逐渐减小，且在搅打前期搅打前后γ的减小幅度较大。此外，搅打中期后样品的γ与初期相比剧烈下降。蠕变柔量（J）是弹性模量的倒数，一般与样品的柔性相关。高柔量的样品内部结构较弱，而低柔量的样品内部结构较强或者较僵硬。

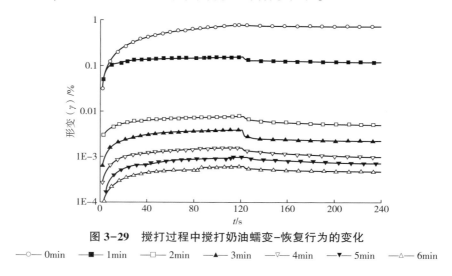

图 3-29　搅打过程中搅打奶油蠕变-恢复行为的变化

—○— 0min　—■— 1min　—□— 2min　—▲— 3min　—▽— 4min　—▼— 5min　—△— 6min

时间扫描结果反映了搅打奶油在贮藏过程中的黏弹性响应。G*可以表征样品反抗施加应变的总阻力，同时反映样品弹性和黏性组分对其刚性的贡献。搅打过程中搅打奶油的振荡时间扫描结果如图3-30所示。在30min测试过程中，G*缓慢增大，且变化幅度较小。搅打开始前3min内，G*的上升幅度较大，搅打3min以后G*的上升幅度减小，说明搅打使搅打奶油的刚性增强，稳定性也相应提高。

频率扫描结果反映了搅打奶油对频率的黏弹性响应。搅打过程中搅打奶油动态振荡频率扫描结果如图3-31所示。随着振荡频率的增大，搅打奶油的G′普遍增加，其中搅打初期的G′增加幅度较大。搅打0~2min后，频率扫描结果反映了搅打奶油对频率的黏弹性响应，且随频率增大而减小，搅打3~6min后的G″的变化趋势则与之相反。随着搅打进行，搅打奶油的G′逐渐增大，其中搅打2min前后的G′的变化幅度剧烈，说明搅打2min是其泡沫结构开始形成关键点。而搅打初期G″则相差不大，搅打中期和后期的G″则随搅打时间延长而增大。

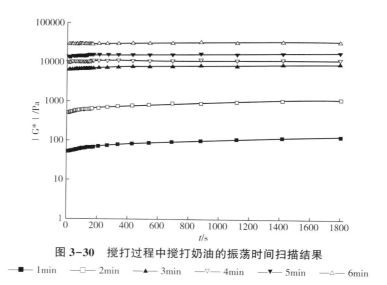

图 3-30　搅打过程中搅打奶油的振荡时间扫描结果

—■— 1min　—□— 2min　—▲— 3min　—▽— 4min　—▼— 5min　—△— 6min

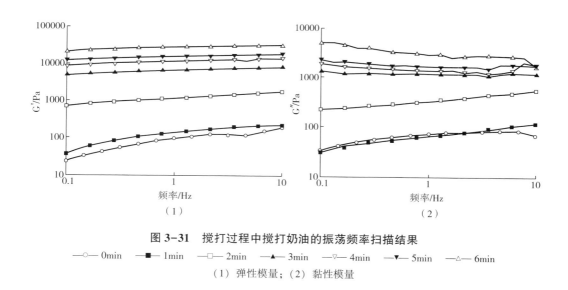

图 3-31　搅打过程中搅打奶油的振荡频率扫描结果

—○— 0min　—■— 1min　—□— 2min　—▲— 3min　—▼— 4min　—▼— 5min　—△— 6min

（1）弹性模量；（2）黏性模量

　　邝婉湄研究了搅打稀奶油的质构特性，质构特性是评价搅打奶油品质的重要指标，搅打过程中搅打奶油质构特性的变化如表 3-14 所示。搅打的 0~2min 时，搅打奶油处于较黏稠的液体状，泡沫结构尚未基本形成，其硬度达不到质构仪的可测量范围；搅打 3min 后，搅打奶油的硬度、稠度、内聚性和黏度均随着搅打时间的延长而显著性增加（$p<0.05$）；在搅打至 6min 时，搅打奶油泡沫结构开始变粗糙，体系硬度达到最大值。搅打奶油的硬度、稠度、内聚性和黏度与其脂肪部分聚结率和界面蛋白浓度有关。邝婉湄研究了 Span 60 用量对搅打奶油的质构特性的影响如表 3-15 所示。测定搅打 4min 后的搅打奶油的硬度、稠度、内聚性、黏度四个指标，发现四个指标均随着 Span 60 用量的增大而呈现先减小后增大的趋势，最小值出现在 Span 60 用量为 0.6% 时。影响食品

可口性的因素有很多，质构特性却是其中的重要因素之一。对于搅打奶油而言，Span 60用量对质构特性有显著性影响。这主要有如下两个方面的原因：①脂肪部分聚结；②界面蛋白吸附层。脂肪部分聚结越快且程度越高，界面蛋白吸附层的含量越高，上述四个指标参数越大。

表 3-14 搅打过程中搅打奶油的质构特性

搅打时间/min	硬度/g	稠度/（g·s）	内聚性/g	黏度/（g·s）
3	60.8±1.8[a]	583.0±10.2[a]	−47.3±2.3[a]	−464.9±14.7[a]
4	172.4±1.4[b]	1647.2±12.8[b]	−1263±4.1[b]	−994.3±27.2[b]
5	258.3±3.2[c]	2613.7±23.6[c]	−228.5±6.9[c]	−1285.4±58.1[c]
6	316.6±3.8[d]	3311.4±38.5[d]	−312.3±11.6[d]	−2386.0±43.8[d]

注：同一列数值后面不同的字母表示差异显著（$p<0.05$）。

表 3-15 Span60用量对搅打奶油的质构特性的影响

Span60用量/%	硬度/g	稠度/（g·s）	内聚性/g	黏度/（g·s）
0	228.1±10.6[d]	4559.6±92.7[e]	−193.3±8.6[d]	−729.9±6.5[d]
0.2	213.3±3.3[c]	4221.1±114.6[d]	−178.4±7.5[c]	−708.3±7.5[c]
0.4	171.0±3.6[b]	3398.0±107.3[c]	−136.0±5.2[b]	−556.9±14.1[b]
0.6	149.2±2.5[a]	2863.0±58.8[a]	−124.6±1.4[a]	−484.0±10.8[a]
0.8	162.5±1.9[b]	3170.5±37.9[b]	−141.3±2.0[b]	−547.9±10.2[b]

注：同一列数值后面不同的字母表示差异显著（$p<0.05$）。

二、奶油的质构

奶油在冷藏条件下呈固态，它的质构与乳脂肪来源、化学组成（如甘油三酯组成、固体脂肪含量）、温度、脂肪多晶体形式、加工条件等有关。J. Fanni研究了热处理对奶油质构的影响，奶油结晶主要有 α、β' 和 β 三种形式，加热条件影响多晶体形式、化学组成以及晶体大小，这些与奶油的质构有关。冬季和夏季生产的奶油化学组成并不相同，其 2-不饱和甘油三酯（TG_2）含量与奶油的硬度呈线性关系（图3-34）。乳脂肪是由多种甘油三酯组成，不同甘油三酯的熔点不同，所以奶油的融化曲线是随着温度升高，固体含量逐渐降低，最后约40℃完全融化［图3-32（1）］。研究表明，黄油在小压力下表现出黏弹性，可以通过压力、应变以及时间之间的关系来表示。黏弹性需在线性形变区域进行测试，这时样本结构保持完整。线性形变一般非常小，通常临界形变小于1.0%。图3-33显示了黄油的压力扫描流变图。最初的曲线的平坦部分为线性形变区域，其中储能模量与施加的压力是独立的。奶油的硬度和其固体含量呈线性关系［图3-32（2）］，所以硬度与温度成负相关关系，G. Bobe的研究也印证了这点，他研究了饲养同样饲料的奶牛，但奶牛产奶的脂肪酸组成并不相同，不饱和脂肪酸含量高的奶油涂抹性更好，更柔软，黏度

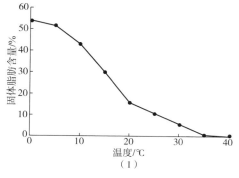

（1）　　　　　　　　　　　　　　（2）

图 3-32　奶油固体脂肪与温度及硬度的关系

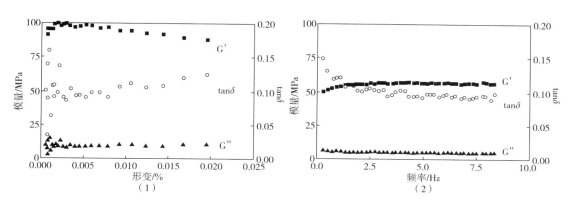

（1）　　　　　　　　　　　　　　（2）

图 3-33　黄油压力扫描流变图

（1）扫描频率为 1Hz 的奶油其贮能模量及损耗模量与形变关系图；

（2）形变为 $8.0×10^{-3}$％时贮能模量及损耗模量与扫描频率关系图

注：G′贮能模量；G″损耗模量。

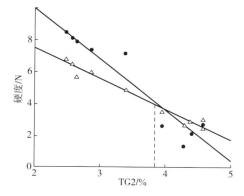

图 3-34　奶油硬度与 TG2 含量关系

——●—— 对照组　——△—— 处理组

注：TG2 代表 MYOO，其中 TG 为甘油三酯，MY 为肉豆蔻酸，O 为油酸。

小。同时他比较了 5℃和 23℃条件下的植物奶油和奶油的硬度、黏度以及涂抹性（表 3-16），同样得到类似的结论。

表 3-16　　　　　　　　人造奶油与奶油在 5℃和 23℃条件下的质构

样品	硬度/g		黏度/（g·s）		涂抹性/（g·s）
	5℃	23℃	5℃	23℃	5℃
植物奶油					
品牌 1 大规格	44	9.1	190	79.7	0.57
品牌 1 小规格	138	21.5	481	173.2	1.52
品牌 2 大规格	61	8.6	222	64.5	0.69
品牌 2 小规格	227	27.6	840	214.4	2.39
奶油					
小规格	600	18.5	1330	125.1	8.62
大规格	1052	13.4	1617	89.3	10.59

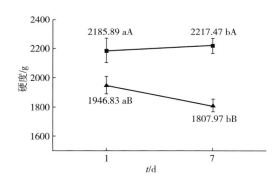

图 3-35　奶油硬度变化图

—■— 普通奶油　—▲— 加了橄榄油的奶油

注：A、B 针对货架期而言，不同的字母
表示差异显著（$p<0.05$）；
a、b 针对不同处理方式而言，不同的字
母表示差异显著（$p<0.05$）。

Mayara S. Queirós 为了改善低温条件下奶油的涂抹性，加入了 50% 的橄榄油。结果显示经过 15℃、120min 冷藏后，添加橄榄油的奶油结晶时间更长，需要 16min，总固体脂肪含量更低（16.14%），而对比组奶油的结晶时间为 12min，固体脂肪含量为 19.56%。而且经过 1~7 周货架期后，对比组奶油硬度保持稳定，而含橄榄油的奶油硬度下降（图 3-35）。可能是不稳定的晶体发生融化，导致结晶介质中液态脂肪含量增加，而且甘油三酯成分的变化也增加了液态脂肪的含量。

梁钻好研究了超高压技术对奶油质构的影响（表 3-17）。100、200、300MPa 处理的 25℃ 奶油硬度显著降低（$p<0.01$），涂抹性显著增强（$p<0.01$），黏度和稠度也降低了，质构发生了明显变化，这可能与固体脂肪含量的减少有关。15℃时奶油所有处理组的硬度均显著降低（$p<0.01$），涂抹性提高，其中 200MPa 处理的奶油硬度最小，其次为 100MPa，二者的涂抹性都较好。Messens 等研究也发现超高压处理可降低奶油硬度，但他们认为黏弹性会增加。

表 3-17 　　　　　　　　　　　　　　超高压对奶油质构的影响

保压时间：30min				测定温度：25℃
压力/MPa	硬度/N	涂抹性/×10⁻²J	黏度/N	稠度/×10⁻²J
0.1（对照）	7.46±0.68	2.21±0.16	−5.51±0.64	−1.46±0.06
100	6.59±0.49**	1.89±0.11**	−4.92+0.46*	−1.31±0.07**
200	6.56±0.21**	1.73±0.10**	−4.86±0.19*	−1.25±0.07**
300	6.58±0.17**	1.88±0.07**	−5.01±0.10	−1.40±0.07
400	7.56±0.22	2.22±0.05	−5.65±0.20	−1.53±0.06
500	7.36±0.19	2.14±0.05	−5.45±0.15	−1.47±0.02

保压时间：30min				测定温度：15℃
压力/MPa	硬度/N	涂抹性/×10⁻²J	黏度/N	稠度/×10⁻²J
0.1（对照）	94.13±2.40	35.61±0.34	−38.31±2.68	−2.78±0.06
100	72.40±1.19**	30.55±0.74**	−37.75±0.93	−3.40±0.41
200	72.91±1.71**	31.29±0.84**	−32.97±3.11*	−3.03±0.26
300	76.43+3.27**	32.86±1.28**	−36.90±3.62	−3.25±0.59
400	77.29±3.94**	32.81±1.30**	−31.53±3.33*	−3.98±0.86
500	76.36±1.67**	33.03±0.84**	−39.07±1.05	−3.34±0.07

注：＊表示与对照组相比差异有统计学意义，$p<0.05$；

＊＊表示与对照组相比差异有统计学意义，$p<0.01$。

三、冰淇淋的质构

冰淇淋是由水、脂类物质、乳制品、糖、乳化剂、稳定剂等按照一定比例经混合、杀菌、均质、老化、凝冻等工艺制成的冷冻饮品。根据硬度可分为软质冰淇淋和硬质冰淇淋，硬质冰淇淋脂肪含量一般为8%~16%，在凝冻后需要经过硬化；软质冰淇淋的脂肪含量一般为3%~8%，新鲜现制，空气含量可高达60%，使得口感更为柔滑、松软。冰淇淋的硬度受到许多因素的影响，如固形物含量、冰淇淋浆料的黏度、膨胀率、气泡大小以及分布情况等，但是主要的影响因素还是冰淇淋的持气量，一般情况下，冰淇淋的持气量越大表现出的硬度就越小。含较多大冰晶的冰淇淋其硬度较大，乳化剂用量增加、脂肪增加时冰淇淋的硬度也会增大。

油脂是冰淇淋不可缺少的重要组分，是决定冰淇淋结构、口感及膨胀率、抗融性、硬度等指标的关键。软质冰淇淋中油脂含量不高，要实现油脂在冰淇淋中的功能，油脂的选择显得尤重要。常用的油脂包括乳脂肪、植物油、人造奶油和脂肪替代品。乳脂肪风味好，但来源有限、价格昂贵；人造奶油可能含有人体有害的反式脂肪酸，安全性有待考究；蛋白质类脂肪替代品性质与口感和真正的脂肪相近，热量低，近年来国内外开始将脂肪替代品用于生产保健冰淇淋，但市场造价较高；部分天然植物油脂的熔点类似于乳脂肪，价格也低于乳脂肪，目前许多国家在冰淇淋生产中使用了相当量的天然植物油来取代

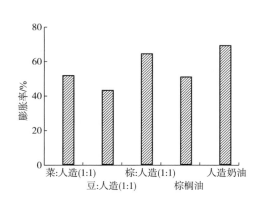

图 3-36　油脂对冰淇淋膨胀率的影响

乳脂肪，主要包括棕榈油、棕榈仁油和椰子油等。王小英等研究了棕榈油、菜籽油、大豆油等植物油脂对冰淇淋质构的影响结果表明，三种植物油脂均使冰淇淋的组织结构变得更加细腻柔软，尤以棕榈油的效果最为明显。在膨胀率方面，三种油脂均对其有不同程度的下降作用（图3-36）。段静静等研究棕榈油分提副产物的棕榈油中间分提物（PMF）对软质冰淇淋质构的影响，通过对比分析棕榈油分提副产物中6种不同熔点30~40℃的PMF与4种代表性市售软质冰淇淋预拌粉中油脂的理化性质、脂肪酸组成及固体脂肪含量（SFC）发现，熔点为37.2℃的PMF（PMF-3）在0~10℃和26.7~33.3℃时SFC变化比较缓慢，而在10~26.7℃时SFC迅速下降，最适宜应用于软质冰淇淋的生产，且其所含饱和脂肪酸与不饱和脂肪酸比例接近1:1，主要脂肪酸为棕榈酸和油酸，这种脂肪酸组成使PMF-3较其他食用油具有更好的热稳定性。

梅芳等研究了小麦麸脂肪替代品对冰淇淋质构的影响。结果表明，随着脂肪替代度的增加，冰淇淋的硬度、凝聚性降低；黏附性、弹性、胶性增大，但总体上没有对冰淇淋的质构造成太大的不利影响。冰淇淋的硬度降低，一方面是因为小麦麸脂肪替代品改善了冰淇淋浆料的黏度，从而提高了冰淇淋的膨胀率；另一方面，小麦麸脂肪替代品本身具有良好的起泡性，也是其中的一个重要的因素（图3-37）。黏附性增大是因

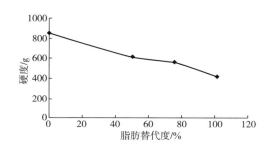

**图 3-37　不同小麦麸脂肪替代度对
冰淇淋硬度的影响**

为小麦麸脂肪替代品的主要成分是糊精、水溶性多糖，有较强的持水性，从而使浆料表现出较大的黏度（图3-38）。一般情况下，随着脂肪含量的降低，冰淇淋的凝聚性呈现明显的降低趋势，而在添加有小麦麸脂肪替代品的低脂冰淇淋中，这种现象却得到了较好的抑制，凝聚性只有比较微弱的降低，很大程度地维持了常规冰淇淋应有的凝聚性。这可能是因为小麦麸脂肪替代品中的糊精和多糖在一定程度上是冰淇淋表现出比较弱的凝胶性。小麦麸皮中有少量的抗冻蛋白，这部分蛋白质能够抑制冰晶的生长，从而维持了冰淇淋的细腻的口感（图3-39）。

杨玉玲等研究了籼米为基质脂肪替代品替代冰淇淋中不同脂肪含量对冰淇淋质构的影响。发现随着冰淇淋配方中脂肪替代品含量增加或脂肪含量减少，冰淇淋浆料的黏度逐渐降低、冰淇淋的硬度逐渐降低、冰淇淋的黏性和弹性均逐渐下降。感官评定获得的冰淇淋的质构变化趋势与流变仪测定的冰淇淋黏弹性变化趋势一致，质构仪测定的冰淇淋硬度在8000g时感官评定结果最好。

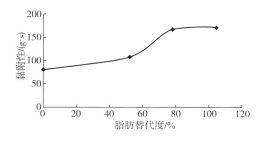

图3-38　不同小麦麸脂肪替代度
对冰淇淋黏附性的影响

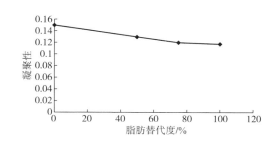

图3-39　不同小麦麸脂肪替代度
对冰淇淋凝聚性的影响

陈龙研究了纳米微晶纤维素作为脂肪替代品对冰淇淋质构的影响。图3-40（1）明显可以看出不同纳米微晶纤维素替代量的冰淇淋硬度差异较为明显。通常情况下，传统冰淇淋的硬度随着脂肪含量的增加而增大，无脂冰淇淋对于硬度的敏感性通常大于普通冰淇淋，当纳米微晶纤维素添加量为0.7%时，可以很好的起到完全替代脂肪的作用，排除由于膨胀率引起的影响，硬度大的原因是由于浆料的水乳结构更加稳定，形成的冰淇淋中冰晶较为密集，探针感受的力比较大，硬度小的冰淇淋冰晶少而不均匀，同时不适宜储存运输，因此应选取纳米微晶纤维素添加量为0.7%。咀嚼性是模拟人体口腔牙齿的咀嚼对于冰淇淋感受程度，其客观现实的反映是冰淇淋的咬劲，咬劲越好，可咀嚼程度越高，也越容易被接受。咀嚼性高是由于配方中冰淇淋浆料结构更加紧密，均质后形成的水乳三维网状结构更加致密而均匀。乳化剂、脂肪替代品颗粒、蛋白质分子之间形成的球状包裹结构更加稳定。图3-40（4）可以看出纳米微晶纤维素添加量为0.7%时黏附性最大，黏附性体现在探针回程时所感受的阻力，黏附性越大表明在此替代量下，持水性越大。

程金菊等研究了乳蛋白质组成对冰淇淋质构的影响。通过调整蛋白质来源的脱脂粉和乳清浓缩蛋白的比例，研究了不同酪蛋白和乳清蛋白组成对冰淇淋浆料流变学特性、脂肪稳定性和冰淇淋品质的影响。结果表明，不同蛋白质组成对冰淇淋膨胀的影响如图3-41（1）所示。由图3-41（1）可以看出，随着乳清蛋白含量的增加，冰淇淋的膨胀度呈先减小后增加的趋势。膨胀度的增加与脂肪失稳程度呈一定的正相关。而在此研究中，SMP7WPC3中脂肪失稳程度最高，膨胀率却最低，这可能是由于在SMP7WPC3中，相邻气泡间酪蛋白和乳清蛋白作用增强，使得凝冻搅拌过程中混入的气泡破裂所致。冰淇淋在储藏过程中，冰晶逐渐生长伴随着硬度的增加。不同蛋白质组成对冰淇淋硬度的影响，如图3-41（2）所示。由图3-41（2）可以看出，随着乳清蛋白含量的增加，冰淇淋硬度整体上呈减小的趋势，但当脱脂粉中蛋白质和乳清浓缩蛋白比例为7∶3时，硬度最低，这可能与较高的脂肪失稳程度有关。

乳化剂是冰淇淋的重要添加剂，对冰淇淋的质构产生多种效果，对提高冰淇淋质量起着重要作用。王兴国等综述了乳化剂对冰淇淋质构的影响。冰淇淋乳化剂与蛋白质及脂肪相互作用，起到控制脂肪粒子附聚的破乳作用，脂肪粒子发生附聚，形成三维网络组织结构，成为冰淇淋的骨架，使气泡保持稳定，形成保型性及口融性均好的质地。通过测量冰

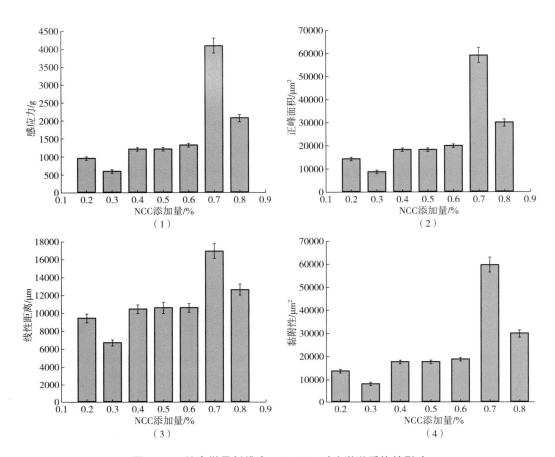

图3-40 纳米微晶纤维素（NCC）对冰淇淋质构的影响

（1）硬度；（2）咀嚼性；（3）冰淇淋密度；（4）黏附性

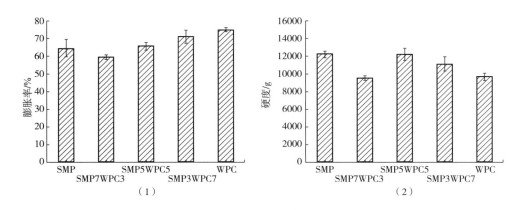

图3-41 蛋白质来源对冰淇淋膨胀率和硬度的影响

SMP：脱脂乳粉；WPC：乳清浓缩蛋白；SMPxWPCy表示SMP与WPC比例为 x：y

淇淋混合类的浊度以及冰淇淋的融化性,可以得出乳化剂对脂肪附聚的影响,如图3-42。含0.2%单双甘油酯的混合料,在冻结机中凝冻5min后所形成的冰淇淋,在保型性和融化性方面就可以与不含乳化剂的混合料在冻结机中凝冻15min后所形成的冰淇淋媲美,这与图中脂肪附聚一致。在融化时,0.2%单双甘油酯和凝冻处理15min以及20min的冰淇淋也完全保持其形体,这归因于脂肪粒子附聚所形成的网络结构。一般来讲,HLB越高,混合料在凝冻时越容易破乳。脂肪的附聚作用就越大。图3-43为HLB为2~6的失水山梨醇脂肪酸酯或聚氯乙烯无水山梨醇脂肪酸醋混合型乳化剂在0.05%浓度时对脂肪附聚的不同影响。HLB为4时不影响脂肪附聚,HLB为4~12脂肪附聚几乎呈直线上升,当HLB为15~16时,脂肪附聚达最大值,在这当中,冰淇淋的熔化率随混合型乳化剂HLB的增加而下降。

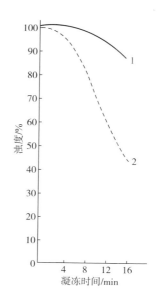

图3-42 甘油单、二酸酯对脂肪附聚的影响
1—不加乳化剂 2—0.2%乳化剂

合适的膨胀率是冰淇淋质量的重要指标,膨胀率与乳化剂有着很大关系。乳化剂在脂肪粒子表面发生作用以及在混合料/空气界面上产生活性,从而影响起泡性和膨胀率。图3-44为不同乳化剂类型和膨胀率的关系。

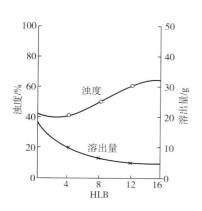

图3-43 乳化剂HLB对脂肪附聚的影响

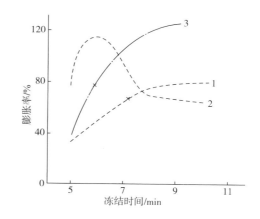

图3-44 甘油单酸酯种类对膨胀率的影响
1—硬脂酸单甘油酯 2—油酸单甘油酯 3—混合单甘油酯

乳化剂既能促进起泡性和膨胀率,又能抑制起泡性和膨胀率,这取决于乳化剂的类型和加工时间。引起过附聚作用(乳脂析出)的乳化剂抑制起泡性和膨胀率。表3-18为乳化剂类型对冰淇淋膨胀率的影响。

表 3-18　　　　　　　　　乳化剂类型对冰淇淋膨胀率的影响　　　　　　　单位：%

乳化剂	不同时间的膨胀率					
	5min	10min	15min	20min	25min	30min
不含乳化剂的对照样	75	52	50	47	41	38
甘油单癸酸酯	50	48	38	33	33	32
甘油单月桂酸酯	58	50	48	40	38	36
甘油单肉豆蔻酸酯	72	60	57	57	53	44
甘油单棕榈酸酯	74	61	53	56	51	46
甘油单硬脂酸酯	72	60	58	56	51	43
甘油单油酸酯	69	56	53	50	44	41
甘油二棉籽油酸酯	73	52	49	51	41	39
氢化甘油二棉籽油酸酯	76	53	51	50	44	40
失水山梨醇单月桂酸酯（span 20）	73	50	51	46	41	39
失水山梨醇单棕榈酸酯（span 40）	72	50	50	49	43	38
失水山梨醇单硬脂酸酯（span 60）	53	51	49	40	40	—
失水山梨醇油酸酯（span 80）	55	14	94	74	23	8
聚乙烯失水山梨醇单棕榈酸酯（Tween 40）	93	68	66	52	49	47
聚乙烯失水山梨醇单硬脂酸酯（Tween 60）	92	69	60	51	49	46
聚乙烯失水山梨醇三硬脂酸酯（Tween 65）	76	64	61	55	50	44
聚乙烯失水山梨醇单油酸酯（Tween 80）	70	55	40	39	37	32

参考文献

［1］ Kanes K. Rajah. Fats in Food Technology ［M］. UK：John Wiley & Sons，Inc.，2014：1-39.

［2］ PF Fox. Developments in Dairy Chemistry-2 ［M］. Springer Netherlands，1983：159-194.

［3］ D. H. Hettinga，in Y. H. Hui，ed.，Encyclopedia of Food Technology ［M］. vol1. New York：John Wiley & Sons，Inc.，1993：231-237.

［4］ A. Huyghebaert，H. DeMoor，and J. Decatelle，in K. K. Rajah and K. J. Burgess，eds. Milk fat，society of dairy technology ［M］. U. K.：Huntingdon，1991：44-61.

［5］ Berger，K. G. EU Chocolate Directive discussed in May ［R］. Inform，2003，14（8）：511.

［6］ Dijkstra，A. J. Modification processes and food uses in *The Lipid Handbook* ［M］. 3rd edition（eds. F. D. Gunstone， J. L. Harwood， and A. J. Dijkstra）. Taylor & Francis Group，LLC，Boca Raton，FL，FLpp. 2007：263-353.

［7］ Timms，R. E. Crystallisation of fats ［M］. Chem Ind.，1991：342-345.

［8］ Timms，R. E. Fractionation in Lipid Technologies and Applications（eds. F. D. Gunstone and F. B. Padley）［M］. New York：Marcel Dekker，1997：199-222.

［9］ Timms, R. E. Fractionation crystallization: the fat modification process for 21st century ［J］. Eur. J. Lipid Sci. Technol. , 2005: 48−57.

［10］ De Greyt, W. and Dijkstra, A. J. Fractionation and interesterificationin Trans Fatty Acids, (eds. A. J. Dijkstra, R. J. Hamilton, W. Hamn) ［M］. Oxford: Blackwell Publishing, 2008: 181−198.

［11］ R. Wood, K. Kubena, B. O'Brien, S. Tseng, and G. Martin, J. Effect of butter, mono−and polyunsaturated fatty acid−enriched butter, trans fatty acid margarine, and zero trans fatty acid margarine on serum lipids and lipoproteins in healthy men ［J］. Lipid Res. , 1993, 34 (1): 1−11.

［12］ Smith, P. R. The effects of phospholipids on crystallization and crystal habit in triglycerides ［J］. Eur. J. Lipid Sci. Technol. , 2000, 1 (2): 122−127.

［13］ Sampling and analysis of commercial fats and oils ［J］. AOCS Official Method Cc4−25, revised 1999.

［14］ Miura S. , Konishi H. Effect of crystallization behavior of 1, 3−dipalmitoyl−2−oleoyl−glycerol and 1−palmitoyl−2, 3−dioleoyl−glycerol on the formation of granular crystals in margarine ［J］. Eur. J. Lipid Sci. Technol. , 2001 (103): 804−809.

［15］ Michael Bockisch. Fats and oils handbook ［J］. Champaign (Illinois): AOCS Press, 1993 (70): 151−156.

［16］ Y. H. Hui. 贝雷: 油脂化学与工艺学 (第三卷) ［M］. 徐生庚, 裘爱泳, 译. 第 5 版. 北京: 中国轻工出版社, 2001: 145−156.

［17］ Hamm, W. Trends in edible oil fractionation ［J］. Trends in Food Science & Technology, 1995, 6 (4): 121−126.

［18］ Marangoni A. G. , Narine S. S. Physical properties of lipids ［M］. New York: Marcel Dekker, Inc. , 2002.

［19］ Bailey's industrial oils and fat products ［M］. 5th ed. New York: Wiley, 1995.

［20］ Fox P F, Mcsweeney P. Advanced dairy chemistry ［M］. New York: Springer, 2009, 43−585.

［21］ Abdou A M. Purification and partial characterization of psychrotrophic serratia marcescens, Lipase ［J］. Journal of Dairy Science, 2003, 86 (1): 127−132.

［22］ Bak M, Sorensen M D, Sorensen E S, et al. The structure of the membrane−binding 38 C−terminal residues from bovine PP3 determined by liquid−and solid−state NMR spectroscopy ［J］. European Journal of Biochemistry, 2000, 267 (1): 188−199.

［23］ Bendicho S, Estela C, Giner J, et al. Effects of high intensity pulsed electric field and thermal treatments on a lipase from pseudomonas fluorescens ［J］. Journal of Dairy Science, 2002, 85 (1): 19−27.

［24］ Brand E, Liaudat M, Olt R, et al. Rapid determination of lipase in raw, pasteurised and UHT−milk. ［J］. Milchwissenschaft−milk Science International, 2000, 55 (10): 573−576.

［25］ Buermeyer, J. , Lamprecht, S. , Rudzik, L. Application of infrared spectroscopy to the detection of free fatty acids in raw milk ［J］. Deutsch. Milchwirtsch, 2001 (52) 1020−1023.

［26］ Buffa M, Guamis B, Pavia M, et al. Lipolysis in cheese made from raw, pasteurized or high−pressure−treated goats' milk ［J］. International Dairy Journal, 2001, 11 (3): 175−179.

［27］ Chen L, Daniel RM, Coolbear T. Detection and impact of protease and lipase activities in milk and milk powders ［J］. International Dairy Journal, 2003, 13 (4): 255−275.

［28］ Danthine S, Blecker C, Paquot M, et al. Progress in milk fat globule membrane research: a review ［J］. Lait, 2000, 80 (2): 209−222.

［29］ Deeth, H. C. , Touch, V. Methods for detecting lipase activity in milk and milk products ［J］. Aust. J. Dairy Technol, 2000 (55): 153−168.

［30］ Dogan B, Boor K J. Genetic diversity and spoilage potentials among *Pseudomonas* spp. isolated from fluid milk products and dairy processing plants ［J］. Applied & Environmental Microbiology, 2003, 69 (1): 130−138.

［31］ Evers J M, Palfreyman K R. Free fatty acid levels in New Zealand raw milk ［J］. Australian Journal of Dairy Technology, 2001, 56 (3): 198-201.

[32] Pedersen, D. K. Determination of casein and free fatty acids in milk by means of FT-IR techniques [C]. Brussels: International Dairy Federation, 2003: 48-51.

[33] Ro H S, Hong H P, Kho B H, et al. Genome-wide cloning and characterization of microbial esterases [J]. Fens Microbiology Letters, 2004, 233 (1): 97-105.

[34] Adhikari A K, Singhal O P. Effect of dissolved oxygen content on the flavour profile of UHT milk during storage [J]. Australian Journal of Dairy Technology, 1992 (1): 1-6.

[35] Bugaud C, Buchin S, Coulon J B, et al. Influence of the nature of alpine pastures on plasmin activity, fatty acid and volatile compound composition of milk [J]. Dairy Science & Technology, 2001, 81 (3): 401-414.

[36] Christensen T C, Holmer G. GC/MS analysis of volatile aroma components in butter during storage in different catering packaging [J]. Milchwissenschaft-milk Science International, 1996, 51 (3): 134-138.

[37] Granelli K, Barrefors P, Björck L, et al. Further studies on lipid composition of bovine milk in relation to spontaneous oxidized flavor [J]. Journal of the Science of Food & Agriculture, 1998, 77 (2): 161-171.

[38] Hansen E, Skibsted LH. Light-induced oxidative changes in a model dairy spread. Wavelength dependence of quantum yields [J]. Journal of Agricultural and Food Chemistry, 2000, 48 (8): 3090-3094.

[39] Kristensen D, Skibsted L H. Comparison of three methods based on electron spin resonance spectrometry for evaluation of oxidative stability of processed cheese [J]. Journal of Agricultural & Food Chemistry, 1999, 47 (8): 3099-3104.

[40] Kristensen D, Hansen E, Arndal A, et al. Influence of light and temperature on the colour and oxidative stability of processed cheese [J]. International Dairy Journal, 2001, 11 (10): 837-843.

[41] Kristensen D, Hedegaard R V, Nielsen J H, et al. Oxidative stability of buttermilk as influenced by the fatty acid composition of cows' milk manipulated by diet [J]. Journal of Dairy Research, 2004, 71 (1): 46-50.

[42] Ulberth F, Roubicek D. Monitoring of oxidative deterioration of milk powder by headspace gas chromatography [J]. International Dairy Journal, 1995, 5 (6): 523-531.

[43] Wold J P, Jorgensen K, Lundby F. Nondestructive measurement of light-induced oxidation in dairy products by fluorescence spectroscopy and imaging [J]. Journal of Dairy Science, 2002, 85 (7): 1693-1704.

[44] Wold J P, Veberg A, Nilsen A, et al. The role of naturally occurring chlorophyll and porphyrins in light-induced oxidation of dairy products. A study based on fluorescence spectroscopy and sensory analysis [J]. International Dairy Journal, 2005, 15 (4): 343-353.

[45] Yang T., Xu X., He C., et al. Lipase-catalyzed modification of lard to produce human milk fat substitutes [J]. Food Chemistry, 2003 (80): 473-481.

[46] 塔米梅, A. Y. 乳制品的结构 [M]. 北京: 中国轻工业出版社, 2010.

[47] Tamime A. Structure of dairy products [M]. Oxford, UK: Blackwell Publishing Ltd, 2007.

[48] G. A. van Aken, E. ten Grotenhuis, A. J. van Langevelde, et al. Composition and crystallization of milk fat fractions [J]. Journal of the American Oil Chemists' Society, 1999, 76 (11): 1323-1331.

[49] Awad T, Hamada Y, Sato K. Effects of addition of diacylglycerols on fat crystallization in oil-in-water emulsion [J]. European Journal of Lipid Science & Technology, 2015, 103 (11): 735-741.

[50] Bhaskar A R, Rizvi S S H, Bertoli C, et al. A comparison of physical and chemical properties of milk fat fractions obtained by two processing technologies [J]. Journal of the American Oil Chemists Society, 1998, 75 (10): 1249-1264.

[51] Campos R, Narine S S, Marangoni A G. Effect of cooling rate on the structure and mechanical properties of milk fat and lard. [J]. Food Research International, 2002, 35 (10): 971-981.

[52] Cerdeira M, Martini S, Hartel R W, et al. Effect of sucrose ester addition on nucleation and growth

behavior of milk fat-sunflower oil blends [J]. Journal of Agricultural & Food Chemistry, 2003, 51 (22): 6550-6557.

[53] Goff H D. Instability and Partial Coalescence in Whippable Dairy Emulsions [J]. Journal of Dairy Science, 1997, 80 (10): 2620-2630.

[54] Goff H D, Widlak N, Hartel R, et al. Emulsion partial coalescence and structure formation in dairy systems [J]. Crystallization & Solidification Properties of Lipids, 2001: 200-214.

[55] Goff H D, Verespej E, Smith A K. A study of fat and air structures in ice cream [J]. International Dairy Journal, 1999, 9 (11): 817-829.

[56] Herrera M L, Hartel R W. Effect of processing conditions on physical properties of a milk fat model system: microstructure [J]. Journal of the American Oil Chemists Society, 2000, 77 (11): 1189-1196.

[57] Herrera M L, Hartel R W. Effect of processing conditions on crystallization kinetics of a milk fat model system [J]. Journal of the American Oil Chemists Society, 2000, 77 (11): 1177-1188.

[58] Herrera M L, Hartel R W. Effect of processing conditions on physical properties of a milk fat model system: microstructure [J]. Journal of the American Oil Chemists Society, 2000, 77 (11): 1189-1196.

[59] Herrera M L, Marquez Rocha F J. Effects of sucrose ester on the kinetics of polymorphic transition in hydrogenated sunflower oil [J]. Journal of the American Oil Chemists' Society, 1996, 73 (3): 321-326.

[60] Herrera M L, De L G M, Hartel R W. A kinetic analysis of crystallization of a milk fat model system [J]. Food Research International, 1999, 32 (4): 289-298.

[61] Illingworth D, Marangoni A G, Narine S S. Fractionation of fats [M]. New York: Marcel Dekker, 2002: 411-447.

[62] Kaylegian K E. The production of specialty milk fat ingredients [J]. Journal of Dairy Science, 1999, 82 (7): 1433-1439.

[63] Litwinenko J W, And A P S, Marangoni A G. Effects of glycerol and tween 60 on the crystallization behavior, mechanical properties, and microstructure of a plastic fat [J]. Crystal Growth & Design, 2004, 4 (1): 161-168.

[64] Lopez C, Lesieur P, Keller G, et al. Crystallization in emulsion: application to thermal and structural behavior of milk fat [J]. 2001: 190-199.

[65] Marangoni A G. The nature of fractality in fat crystal networks [J]. Trends in Food Science & Technology, 2002, 13 (2): 37-47.

[66] Marangoni A G, Marangoni A G. Fat crystal networks [M] Viscoelasticity, 2005: 349-439.

[67] Marangoni A G, Narine S S. Identifying key structural indicators of mechanical strength in networks of fat crystals [J]. Food Research International, 2002, 35 (10): 957-969.

[68] Marangoni AG, Rousseau D. The influence of chemical interesterification on physicochemical properties of complex fat systems. 1. Melting and crystallization [J]. Journal of the American Oil Chemists' Society, 1998, 75 (10): 1265-1271.

[69] Marangoni A G, Rousseau D. Chemical and enzymatic modification of butterfat and butterfat-canola oil blends [J]. Food Research International, 1998, 31 (8): 595-599.

[70] Martini S, Herrera M L, Hartel R W. Effect of cooling rate on nucleation behavior of milk fat--sunflower oil blends [J]. Journal of Agricultural & Food Chemistry, 2001, 49 (7): 3223-3229.

[71] Martini S, Herrera M L, Hartel R W. Effect of processing conditions on microstructure of milk fat fraction/sunflower oil blends [J]. Journal of the American Oil Chemists Society, 2002, 79 (11): 1063-1068.

[72] Mazzanti G, Guthrie S, Sirota E B, et al. Orientation and phase transitions of fat crystals under shear [J]. Crystal Growth & Design, 2003, 3 (5): 721-725.

[73] Narine S S, Marangoni A G. Relating structure of fat crystal networks to mechanical properties: a review [J]. Food Research International, 1999, 32 (4): 227-248.

[74] Narine S S, Marangoni A G. Mechanical and structural model of fractal networks of fat crystals at low

deformations［J］. Physical Review E Statistical Physics Plasmas Fluids & Related Interdisciplinary Topics, 1999, 60 (6 Pt B): 6991.

［75］Narine S S, Marangoni A G. Elastic Modulus as an Indicator of Macroscopic Hardness of Fat Crystal Networks［J］. LWT-Food Science and Technology, 2001, 34 (1): 33-40.

［76］Noda M, Shiinoki Y. Microstructure and rheological behavior of whipping cream［J］. Journal of Texture Studies, 1986, 17 (2): 189-204.

［77］Nor Aini I, Widlak N, Hartel R, et al. Effects of tempering on physical properties of shortenings based on binary blends of palm oil and anhydrous milk fat during storage［M］. 2001.

［78］Puppo M C, Martini S, Hartel R W, et al. Effects of sucrose esters on isothermal crystallization and rheological behavior of blends of milk-fat fraction sunflower oil［J］. Journal of Food Science, 2002, 67 (9): 3419-3426.

［79］Rosenberg M. Applications for fractionated milkfat in modulating rheological properties of milk and whey composite gels［J］. Australian Journal of Dairy Technology, 2000, 55 (2): 56-60.

［80］Rousseau D. Fat crystals and emulsion stability-a review［J］. Food Research International, 2000, 33 (1): 3-14.

［81］Dérick Rousseau, Alejandro G Marangoni. The effects of interesterification on physical and sensory attributes of butterfat and butterfat - canola oil spreads［J］. Food Research International, 1998, 31 (5): 381-388.

［82］Rousseau D, Marangoni A G, Widlak N. On deciphering the fat structure-functionality mystery: the case of butter fat［M］. Champaign: AOCS Press, 2000: 96-111.

［83］Gerald G. The effects of processing conditions and storage time on the physical properties of anhydrous milk fat［microform］［J］. 2001: 10-30.

［84］AK Smith, HD Goff, Y Kakuda. Whipped cream structure measured by quantitative stereology［J］. Journal of Dairy Science, 1999, 82 (8): 1635-1642.

［85］Smith A K, Goff H D, Kakuda Y. Microstructure and rheological properties of whipped cream as affected by heat treatment and addition of stabilizer［J］. International Dairy Journal, 2000, 10 (4): 295-301.

［86］Smith A K, Kakuda Y, Goff H D. Changes in protein and fat structure in whipped cream caused by heat treatment and addition of stabilizer to the cream［J］. Food Research International, 2000, 33 (8): 697-706.

［87］Tietz R A, Hartel R W. Effects of minor lipids on crystallization of milk fat cocoa butter blends and bloom formation in chocolate［J］. Journal of the American Oil Chemists Society, 2000, 77 (7): 763-771.

［88］Wright A J, Marangoni A G. Effect of DAG on milk fat TAG crystallization［J］. Journal of the American Oil Chemists Society, 2002, 79 (4): 395-402.

［89］Wright, A. J. & Marangoni, A. G. The effect of minor components on milk fat microstructure and mechanical properties［J］. Journal of Food Science, 2003 (68): 182-186.

［90］Wright A J, Mcgauley S E, Narine S S, et al. Solvent effects on the crystallization behavior of milk fat fractions［J］. Journal of Agricultural & Food Chemistry, 2000, 48 (4): 1033-1040.

［91］Wright A J, Scanlon M G, Hartel R W, et al. Rheological properties of milkfat and butter［J］. Journal of Food Science, 2010, 66 (8): 1056-1071.

［92］Wright A J, Batte H D, Marangoni A G. Effects of canola oil dilution on anhydrous milk fat crystallization and fractionation behavior［J］. Journal of Dairy Science, 2005, 88 (6): 1955-1965.

［93］Barfod N M, Tharp B. The influence of emulsifiers on heat-shock stability of ice cream［C］//Ice cream II. Proceedings of the Second IDF International Symposium on Ice Cream, Thessaloniki, Greece, 14-16 May 2003. 2004.

［94］Chang Y, Hartel R W. Measurement of air cell distributions in dairy foams［J］. International Dairy Journal, 2002, 12 (5): 463-472.

［95］Goff H D，Verespej E，Smith A K. A study of fat and air structures in ice cream［J］. International Dairy Journal，1999，9（11）：817-829.

［96］Guinard J X，Zoumas-Morse C，Mori L，et al. Effect of sugar and fat on the acceptability of vanilla ice cream［J］. Journal of Dairy Science，1996，79（11）：1922-1927.

［97］James D，Jackson E B. Sugar confectionery manufacture. Sugar Confectionery Manufacture［M］. 2nd edn. Glasgow：Black Academic & Professional，1995：312-333.

［98］Kashaninejad M，Razavi S M A，Mazaheri Tehrani M，et al. Effect of extrusion conditions and storage temperature on texture，color and acidity of butter［J］. International Journal of Dairy Technology，2017.

［99］Wright A J，Scanlon M G，Hartel R W，et al. Rheological properties of milkfat and butter［J］. Journal of Food Science，2010，66（8）：1056-1071.

［100］Vithanage C R，Grimson M J，Smith B G. The effect of temperature on rheology of butter，a spreadable blend and spreads［J］. Journal of Texture Studies，2010，40（3）：346-369.

［101］Bobe G，Hammond E G，Freeman A E，et al. Texture of butter from cows with different milk fatty acid compositions［J］. Journal of Dairy Science，2003，86（10）：3122-3127.

［102］Krause A J，Miracle R E，Sanders T H，et al. The effect of refrigerated and frozen storage on butter flavor and texture［J］. Journal of Dairy Science，2008，91（2）：455-465.

［103］Jinjarak S，Olabi A，Jiménez-Flores R，et al. Sensory，functional，and analytical comparisons of whey butter with other butters［J］. Journal of Dairy Science，2006，89（7）：2428-2440.

［104］Lin M P，Sims C A，Staples C R，et al. Flavor quality and texture of modified fatty acid high monoene，low saturate butter［J］. Food Research International，1996，29（3-4）：367-371.

［105］Samet-Bali O，Ayadi M A，Attia H. Traditional Tunisian butter：Physicochemical and microbial characteristics and storage stability of the oil fraction［J］. LWT-Food Science and Technology，2009，42（4）：899-905.

［106］Queirós M S，Grimaldi R，Gigante M L. Addition of olein from milk fat positively affects the firmness of butter［J］. Food Research International，2016（84）：69-75.

［107］Méndezvelasco C，Goff H D. Fat structures as affected by unsaturated or saturated monoglyceride and their effect on ice cream structure，texture and stability［J］. International Dairy Journal，2012，24（1）：33-39.

［108］Prindiville E A，Marshall R T，Heymann H. Effect of milk fat，cocoa butter，and whey protein fat replacers on the sensory properties of lowfat and nonfat chocolate ice cream［J］. Journal of Dairy Science，2000，83（10）：2216.

［109］Ohmes RL，Marshall RT，Heymann H. Sensory and physical properties of ice creams containing milk fat or fat replacers［J］. Journal of Dairy Science，1998，81（5）：1222-1228.

［110］Guinard J X，Zoumas-Morse C，Mori L，et al. Sugar and fat effects on sensory properties of ice cream［J］. Journal of Food Science，2010，62（5）：1087-1094.

［111］Karaca O B，Güven M，Yasar K，et al. The functional，rheological and sensory characteristics of ice creams with various fat replacers［J］. International Journal of Dairy Technology，2010，62（1）：93-99.

［112］Roland A M，Phillips L G，Boor K J. Effects of fat content on the sensory properties，melting，color，and hardness of ice cream 1［J］. Journal of Dairy Science，1999，82（1）：2094-2100.

［113］Yilsay T Ö，Yilmaz L，Bayizit A A. The effect of using a whey protein fat replacer on textural and sensory characteristics of low-fat vanilla ice cream［J］. European Food Research & Technology，2006，222（1-2）：171-175.

［114］Crs K，Piccinali P，Sigrist S. The influence of fat，sugar and non-fat milk solids on selected taste，flavor and texture parameters of a vanilla ice-cream［J］. Food Quality & Preference，1996，7（2）：69-79.

［115］Baer R J，M. D. Wolkow，Kasperson K M. Effect of emulsifiers on the body and texture of low fat ice cream 1［J］. Journal of Dairy Science，1997，80（12）：3123-3132.

[116] Prindiville E A, Marshall R T, Heymann H. Effect of milk fat on the sensory properties of chocolate ice cream 1 [J]. Journal of Dairy Science, 1999, 82 (7): 1425-1432.

[117] Soukoulis C, Lyroni E, Tzia C. Sensory profiling and hedonic judgment of probiotic ice cream as a function of hydrocolloids, yogurt and milk fat content [J]. LWT-Food Science and Technology, 2010, 43 (9): 1351-1358.

[118] Aykan V, Sezgin E, Guzel-Seydim Z B. Use of fat replacers in the production of reduced-calorie vanilla ice cream [J]. European Journal of Lipid Science & Technology, 2010, 110 (6): 516-520.

[119] Gelin J L, Poyen L, Rizzotti R, et al. Interactions between food components in ice cream ii: structure-texture relationships [J]. Journal of Texture Studies, 2010, 27 (2): 199-215.

[120] Faydi E, Andrieu J, Laurent P, et al. Experimental study and modelling of the ice crystal morphology of model standard ice cream. Part II: Heat transfer data and texture modelling [J]. Journal of Food Engineering, 2001, 48 (4): 293-300.

[121] Hayes M G, Lefrancois A C, Waldron D S, et al. Influence of high pressure homogenisation on some characteristics of ice cream [J]. Milchwissenschaft-milk Science International, 2003, 58 (9): 519-523.

[122] 范允实. 冰淇淋的质构 [J]. 食品工业, 2005 (1): 3-5.

[123] 屠用利. 冰淇淋结构对融化速率、硬度的影响 [J]. 食品工业, 2005 (1): 15-17.

[124] 杨湘庆, 沈悦玉, 徐仲莉, 等. 冰淇淋结构物质的流变性及应用机理 [J]. 冷饮与速冻食品工业, 2001, 7 (2): 15-17.

[125] 贺红军, 张雪婷, 邹慧, 等. 低脂冰淇淋质构与感官评价的相关性研究 [J]. 食品科技, 2015 (2): 338-343.

[126] 张雪婷, 蒋辉, 邹慧, 等. 低脂冰淇淋质构与色差相关性分析 [J]. 烟台大学学报: 自然科学与工程版, 2015, 28 (2): 130-134.

[127] 张玉军, 牛跃庭, 刘彩丽, 等. 复配油脂在冰淇淋配方中的应用 [J]. 河南工业大学学报: 自然科学版, 2012, 33 (4): 21-24.

[128] 陈龙. 纳米微晶纤维素作为脂肪替代品在冰淇淋中的应用 [D]. 天津: 天津商业大学, 2015.

[129] 程金菊, 马莺, 王立枫. 乳蛋白质组成对脂肪失稳和冰淇淋品质的影响 [J]. 中国乳品工业, 2016, 44 (09): 28-30.

[130] 王兴国, 林志勇. 乳化剂类型对冰淇淋质构的影响 [J]. 冷饮与速冻食品工业, 1996 (1): 3-4.

[131] 袁博, 许时婴, 冯忆梅. 稳定剂和乳化剂对低脂冰淇淋品质的影响 [J]. 食品与生物技术学报, 2003, 22 (2): 79-82.

[132] 梅芳, 乔成亚, 李向东, 等. 小麦麸脂肪替代品对冰淇淋质构的影响 [J]. 食品工业科技, 2010 (2): 67-69.

[133] 王小英, 顾虹, 林婉君. 植物油脂在冰淇淋中的应用 [J]. 食品工业科技, 2003, 24 (3): 36-37.

[134] 段静静, 李冰, 李琳, 等. 棕榈油中间分提物 PMF 在软质冰淇淋中的应用 [J]. 食品科技, 2017 (3): 204-211.

[135] 邝婉湄. 流变学分析在搅打奶油品质评价中的应用 [D]. 广州: 华南理工大学, 2014.

[136] 王良君, 赵强忠. 3 种市售搅打奶油的流变特性比较研究 [J/OL]. 现代食品科技, 2016, 32 (12): 234-240.

[137] 刘洁. 稀奶油搅打流变学特性及奶油分馏组分加工特性研究 [D]. 北京: 中国农业科学院, 2015.

[138] 刘洁, 张书文, 逄晓阳, 等. 剪切速率、温度及盐离子浓度对稀奶油流变学特性的影响 [J]. 中国乳品工业, 2015, 43 (6): 4-6.

[139] 王良君, 赵强忠. 10 种市售搅打奶油稳定性的多元分析 [J/OL]. 现代食品科技, 2016, 32

（8）：302-308.

［140］邢慧敏，刘红霞，桂仕林，等．胶体对稀奶油打发及其流变学特性的影响［J］．中国乳品工业，2009，37（8）：18-22.

［141］赵强忠，邝婉湄，赵谋明．搅打充气对搅打奶油流变特性的影响［J］．中国粮油学报，2015，30（11）：81-85，91.

［142］赵谋明，龙肇，赵强忠，等．蛋白质用量和比例对淡奶油理化性质的影响［J/OL］．吉林大学学报：工学版，2014，44（5）：1531-1536.

第四章 脂质与健康

人们到 20 世纪 50 年代发现膳食脂质与心脏动脉粥样硬化的起因有关的时候，才开始关注脂质对健康的影响。美国化学家 A. Keys（1953）的流行病学研究首次建立了膳食脂质水平与心血管事件死亡率之间的关系。美国的 JM Shikany 于 2010 年对 1976 年至 2005 年间完成的 13 项关于超重和肥胖的研究中发现，对于维持正常饮食的患者，其饮食中脂肪比例的增加不一定会导致肥胖症的增加，甚至可能伴随着体重的减轻。相反，在低能量摄入的条件下，脂质比例的降低反而引起体重的增加。因此，在美国，按照营养学家的建议，居民脂肪摄入量在减少，但肥胖却愈加常见。显然，体重的增加与过量的能量摄入之间的相关性比与过度的脂肪摄取之间的相关性更明显。脂质可能会明显促进肥胖，但它们只是一个复杂的多因素过程中的一个影响因素。由此，我们就很容易理解为什么不能将对抗肥胖简单化为减少脂肪摄入，而必须首先要做的是限制饮食中的能量来源，并结合适当的体力活动来增加能量消耗。

众所周知，肥胖症和糖尿病经常是相伴相随的，是现如今被归类到代谢综合征的两种疾病。根据法国的 C. Magnan 在 1999 年开展的工作，高脂饮食具有诱导胰岛素功能和体重控制失调的脂毒作用。高脂饮食的有害作用，也被发现是起因于从肠吸收的微生物内毒素所诱导的持续性炎症反应。这些内毒素出现在血液循环中会引起胰岛素抵抗，也会引发心血管疾病，进而导致动脉粥样硬化和高血压。在摄入高脂膳食（50g 黄油）后不久，人体就可以显现这些效应。由此增加了一种新的概念，扩大了脂质过载与心血管疾病伴生的肥胖之间关系的范围。虽然这种复杂现象的临床意义尚未得到广泛的探究，但有助于解释尚未找到解决方案的特殊情况。

从心脏病理学的结果来看，逐渐明晰的是，应该考虑所摄取脂肪的"质"而非"量"。因此，即使是在高脂饮食（占总能量摄入量的40%左右）摄入量相当的地区，如芬兰和希腊，其人口中心脏疾病（心脏病发作）的发生率也是不同的。在流行病学领域，临床医生通过结合一系列独立研究的结果（即荟萃分析），无法发现脂肪摄入和心脏疾病之间的任何显著关系。此外，如 2009 年新西兰的 C. M. Skeaff 的研究所示，脂肪摄入量增加 5%，并没有改变这些疾病的发病率。该研究也表明，起决定作用是"质"而非"量"。因为将饮食中一部分饱和脂肪替换成不饱和脂肪才降低了心血管疾病的风险，而替换为糖类则无此效应。一项针对美国护士健康的研究（对约 83000 名女性追踪研究了 20 年），可以很好地解释膳食脂肪和心脏病发作之间可能的关联。这项调查显示，低糖饮食（高脂和高蛋白）不会引起任何额外的心血管疾病风险。相较而言，饱和脂肪比不饱和脂肪的风险大。许多其他研究已经证实，将脂质的摄入降到总摄入能量的35%以下并没有获得更多有益的作用，摄取的脂肪质量才是心脏病发作的主要决定因素。

在癌症方面，饮食可能起到的作用已经被讨论了很长时间。比如对于乳腺癌，2003 年进行的最大的荟萃分析（45 项研究，近 60 万人）得出的结论是，高脂类消费人群有比低脂类消费人群高 11% 的患病风险。而也有许多其他研究发现，脂肪摄入和乳腺癌患病率之间没有或只有弱相关性。美国癌症研究所报告（WCRF/AICR，2007 年）得出的结论是，"仅有非常有限的证据表明，脂肪消耗量是乳腺癌的病因"。妇女激素状态也很重要，饮食也有多样性，而准确的膳食数据又难以获取，这些都是给结果评估带来诸多困难的根源。又如结直肠癌，和乳腺癌一样，脂质摄入与癌症患病率之间的关系仍有待证明，报告的数据也仍然各有不同。如果摄入脂质的量对结直肠癌的风险有影响，则只有通过对总能量摄入的贡献才能证明。2007 年 WCRF/AICR 的报告"认识到，虽然存在提示，但表明高脂饮食增加结直肠癌风险的证据在减少"。西方饮食中增加的能量主要是由于其高脂肪含量而引起的，这也可能是为了确保许多国家的卫生部门宣布的各种预防措施的有效性而要控制的最重要的因素。通过测试减少 10% 的膳食脂质来改变结直肠癌风险的尝试，在一组绝经后妇女的试验中没有提供任何积极的结论。因而要建立脂质摄入与结直肠癌发病之间的明确联系还为时尚早。再如前列腺癌，许多研究报道指出其通常与超重或肥胖有关。已有明确证据证实，低脂肪饮食对这种类型的癌症的发展进程具有抑制作用。但由于流行病学调查的可变性和饮食中包含的脂肪酸种类的多样性，不能得出摄入的脂质可能对这种类型的癌症有影响的结论。这就是为什么近年来的研究试图回答前列腺癌是否更确切地依赖于某种特定脂肪酸的原因。

在智力健康方面，脂质也有着密切关系。德国莱比锡城马普学会进化人类学研究中心计算生物学家 Kasai Bozek 团队曾于 2015 年在《神经元》期刊发表的一项研究成果表明，大脑脂质或有助人类智慧进化。自从人类和黑猩猩从共同的祖先分道扬镳走上各自的进化征程以来，人类大脑皮质积累的油脂是黑猩猩大脑皮质的 3 倍左右。当人类认知能力进化时，大脑关键区域的脂质种类和含量在迅速转变和增长——这种增长对于人类各种复杂能力的发展至关重要。

第一节　脂肪酸与健康

随着人类饮食和身体活动的进化，许多与脂肪酸质量的关系越来越明显的疾病（代谢综合征、肥胖症、糖尿病、动脉粥样硬化和癌症）也逐渐显现。在几乎所有食品都存在的脂肪酸中，饱和脂肪酸、不饱和脂肪酸（$n-6$ 和 $n-3$ 系列）和反式脂肪酸（包括共轭脂肪酸）受到重点关注。

一、饱和脂肪酸

人体生物合成的加上通常膳食摄入的脂质中，饱和脂肪酸占据了能量摄入量的 1/3 左右。它们富含在许多动物性来源的食物（肉类、腌肉、乳制品和工业化制品）中，可能牵涉到心血管疾病的发生，这些使它们迅速处于研究的前沿。逐渐地，它们的营养地位变得更为复杂；动物实验和人类流行病学的研究表明，除了这些脂肪酸的化学多样性外，还有各种生理反应，是过去未曾想到的。这些反应实际上仅取决于碳链长度。这种结构参数调节着脂肪酸在肠和肝脏中早期阶段的代谢。调节各种脂肪酸对心血管系统的不同作用的机制正在开始得到更好的分析，但是与它们参与代谢综合征或癌症发生过程不尽相同。

（一）长链饱和脂肪酸

1. 心血管疾病

在 20 世纪 50 年代，人们联想到摄入饱和脂肪酸的量与血浆胆固醇水平之间的因果关系。胆固醇升高，后来被证实特指其中的低密度脂蛋白（LDL）胆固醇的升高，已很快地被与心血管疾病联系起来。因此，首先在动物动脉粥样硬化病理学试验中发现，添加饱和脂肪酸引发的作用等同于添加胆固醇。这些观察结果与那些倾向于证明血浆胆固醇更多地取决于膳食脂肪酸的性质而非胆固醇摄取量的观点一致。美国的 A. Keys 被称为 "胆固醇先生"，他于 1965 年完成的研究清楚地表明，饱和脂肪酸诱导血浆胆固醇升高，而多不饱和脂肪酸引起血浆胆固醇减少。这些发现被视为针对关注降低血浆胆固醇的人群对象的饮食建议的依据。这些建议主要考虑了在实验饮食或低热量饮食中用碳水化合物代替饱和脂肪酸所获得的结果。虽然已报道的心血管疾病指标的变化很少，但是通过用单或多不饱和脂肪酸代替饱和脂肪酸，一直观察到有益效果。这些观察结果致使调查人员在颁布具体和预测规则之前需要考虑到膳食脂质组的平衡。

完成对 7 个不同国家近 13 万人进行的为期 15 年的七大国研究之后，1980 年 A. Keys 建立了方程，来量化膳食脂肪酸组成的变化所引起的胆固醇血症的变化。

A. Keys 建立的方程之一如下：

$$\Delta TC = 49.6 \times \Delta SFA - 23.3 \times \Delta PUFA + 0.6 \times \Delta C$$

式中：SFA——饱和脂肪酸占总热量的百分比；

$PUFA$——多不饱和脂肪酸占总热量的百分比；

TC——血浆总胆固醇（以 $\mu mol/L$ 计）；

C——每天以毫克计的膳食胆固醇的量。

从这个方程式，营养学家得出结论，多不饱和脂肪酸与饱和脂肪酸的比例是在预测胆固醇血症中考虑的关键点。

后来，经过于 1970 年至 1998 年间在 11 个国家进行的大量临床试验分析后，此方程建立得更加清晰。各种脂肪酸的摄入量和总胆固醇之间的关系如下：

$$\Delta TC = 32 \times \Delta SFA - 6 \times \Delta MUFA - 21 \times \Delta PUFA + 31 \times \Delta TFA$$

式中：$MUFA$——单不饱和脂肪酸占总热量的百分比；

TFA——反式脂肪酸占总热量的百分比。

研究者还确定了控制甘油三酯膳食脂肪、低密度脂蛋白胆固醇（LDL-胆固醇）和高密度脂蛋白胆固醇（HDL-胆固醇）之间的关系。这些方程是预测性和理论性的，但是它们的价值通过许多干预研究的结果得到了加强。实际上因此可以计算出，将葵花籽油在膳食日粮中等量代替约 20 g 黄油（约 10 g 饱和脂肪酸）可能引起总胆固醇和 LDL-胆固醇下降 5%。这些变化可能会使测试人群心血管疾病发病率降低 5%。考虑到这些疾病对死亡率的总体影响，饱和脂肪酸摄入量的这个较小的实验性的降低，每年可以预防世界上约 50 万人口的死亡。这项研究清楚地显示了餐盘内容物的改变对人体健康的益处。

约 400 项实验研究的荟萃分析清楚地表明，复合碳水化合物作为饱和脂肪的等热量替代物（占 10% 热量摄入量）会导致胆固醇血症水平减少 0.52 mmol/L（或 200 mg/L），LDL-胆固醇降低 0.36 mmol/L（或 140 mg/L）。尽管 2010 年美国农业部/美国卫生与人类服务部（USDA/HHS）和欧洲食品安全局（EFSA）分别在其官方报告（http：//

www. cnpp. usda. gov/DGAs2010 – DGACReport. htm；http：//www. efsa. europa. eu/en/efsa-journal/doc/1461. pdf）中公布了营养建议，但是对于这些结果的解释和重要参数的使用仍然存在分歧。

在临床领域，流行病学研究的饱和脂肪酸与心血管疾病之间的关联，有时表现出正相关，但往往又无法得出可靠的结论。于是，其中有一项最大的研究之一，是对近 6 万名日本人长达 14 年的研究，表明总体上心血管疾病与消费的饱和脂肪量呈负相关。由此，饱和脂肪摄食比例最高的消费者群体（平均 20.3g/d）与中等消费者群体（平均 9.2g/d）相比，心血管疾病风险降低了 31%。相对地，在 1981 年至 2007 年期间对 21 项流行病学研究进行的大规模荟萃分析中，包括对 347747 人为期 23 年的随访，共计 11000 例心血管疾病事件，这些事件与膳食饱和脂肪含量之间没有显著相关性。更近一点的时间（R. Chowdhury，英国，2014），32 项观察性研究（512420 名参与者）的荟萃分析结果显示不支持心血管疾病预防指南中鼓励饱和脂肪低摄入的建议。

在芬兰进行的一项大规模的国家层面的研究评估了饱和脂肪摄入量减少对心血管疾病发病率产生的潜在影响。芬兰于 1972 年建立国家预防计划之后，先从北卡累利阿省开始，最终推广至全芬兰，历经 30 年，观察到脂肪摄入量下降了 16%，饱和脂肪酸的比例下降了 40%。与此同时，胆固醇血症降低了 14%，最显著的结果是心血管疾病死亡率下降了 14%。即使调整摄入脂质的量不能成为公共健康的唯一影响因素，在芬兰采取的该干预举措仍然是膳食脂质在预防死亡主要起因中体现其重要性的一个主要实例（详见 http：//www. thl. fi/thl-client/pdfs/731beafd-b544-42b2-b853-baa87db6a046）。

对各种饱和脂肪酸影响的详细分析表明，12 到 18 碳脂肪酸，主要来自肉类，与主要来自乳制品的较短碳链的脂肪酸（4~10 个碳原子）相比，与更高水平的心血管疾病风险相关。在长链脂肪酸中，现在确定硬脂酸（18：0）比棕榈酸（16：0）的危害小，因为用硬脂酸替代后，导致总胆固醇显著降低，同时不改变甘油三酯和 HDL-胆固醇的含量。甚至有可能认定以硬脂酸替代相当于 1% 能量摄入量的碳水化合物，不会改变 LDL 和 HDL 的血浆浓度，而是升高了总胆固醇与 HDL-胆固醇的比例。用月桂酸（12：0）替代可以升高 LDL-胆固醇和 HDL-胆固醇，同时降低总胆固醇与 HDL-胆固醇的比例。以 14：0 或 16：0 替代也会提高 LDL-胆固醇和 HDL-胆固醇，但不影响总胆固醇与 HDL-胆固醇的比例。

因此，与流行的观点相反，摄食人造黄油和植物油似乎比摄食黄油、猪油或肥牛肉（含有近 1/4 棕榈酸的脂质）的危害更小，且远比摄食棕榈油（含几乎一半的棕榈酸）的危害小。对于胆固醇血症，月桂酸（12：0）和肉豆蔻酸（14：0）的情况通过营养实验得不到很好的了解，因为食品还提供其他具有较长链的脂肪酸。然而，与月桂酸相反，由黄油提供的肉豆蔻酸似乎与棕榈酸一样有害。在动物中，与脂肪酸 6：0、8：0、10：0 和 18：0 的中立性不同，脂肪酸 12：0、14：0 和 16：0 的脂肪酸具有致高胆固醇血症作用。继肉豆蔻酸被证实致动物动脉粥样硬化之后，和棕榈酸一样，它也可能与人类心脏病发作风险增加有关。

从几项关于饱和脂肪酸和心血管疾病之间关系的研究得出的建议，虽然完全适用，现在可以将饱和脂肪酸的量限制在总能量摄入量的 10% 以内。但有必要强调，如果可能的话，应该通过用单或多不饱和脂肪酸而非碳水化合物代替来减少饱和脂肪酸的摄入量，因为用碳水化合物替代对于心血管系统是有不利风险。对美国和欧洲 12 个队列涉及近 344700 人的为期 4 至 10 年的跟踪研究的荟萃分析已经清楚地表明了这种不利关系。这些研究记录了 7404 例心脏病事件（包括 2155 例死亡）。主要结论是，以相同量的多不饱和脂肪酸（主要是亚油酸）替代相当于 5% 能量摄入量的饱和脂肪酸，使冠心病的发病率下降了 13%，心脏病发作死亡率下降了 26%。相比之下，用等能量的碳水化合物替代，则伴有 7% 的心脏病事件增加率，死亡总数保持不变。这些现象的一个可能的解释是，碳水化合物是肝脏的偏好底物，其过量摄取和脂肪组织的生成，引起血液中饱和脂肪酸的升高。近期的 8 项临床对照试验的荟萃分析支持了植物性多不饱和脂肪酸替代饱和脂肪酸的益处，其中涉及随访 8 年的近 13600 名参与者，观察到 1042 例心血管疾病事件。这项研究表明，将饮食摄入的植物性脂肪酸（主要是亚油酸）增加 5%～15%，来代替饱和脂肪酸，可将心血管疾病事件的风险降低 19%。这些结果可能与观察到的血浆总胆固醇降低 0.76mmol/L（0.29 g/L）直接相关。

因此，建议减少饱和脂肪摄入量似乎是非常重要的，但任何以减少心脏和血管疾病风险为目的的代偿都需要仔细考虑。

2. 代谢性疾病

含有太多饱和脂肪酸的膳食脂质会逐渐导致出现与胰岛素抵抗综合征相当的代谢综合征，这是 2 型糖尿病（过去被称为非胰岛素依赖性糖尿病）的一个主要特征。2001 年瑞典的 B. Vessby 表示，除非摄食大量脂肪（占总能量摄入量的 37% 以上），用富含油酸的油替代黄油和人造奶油可能会显著降低胰岛素抵抗。

不管肥胖症是什么起因，胰岛素敏感性与饱和脂肪之间的关系已经在冠状动脉疾病患者中得到了明确的证实。与此不同的是，受试者携带的 FTO 基因[①]已经被证实了与肥胖症的关系，被认为是常见形式的肥胖症最重要的因素之一。2009 年英国的 D. Gao 表示，棕榈酸涉及磷脂酰肌醇 3-激酶的水平，是由胰岛素激活的酶链中的重要步骤。与 12：0 和 14：0 对胰岛素刺激的改变没有影响不同，胰岛素刺激的改变是棕榈酸（饮食中最丰富的饱和脂肪酸）、18：0、20：0 和 24：0 等脂肪酸所共有的一种特性。

当饱和脂肪酸被单不饱和脂肪酸如油酸代替时，体重增加、胰岛素抵抗、血脂异常和代谢综合征等症状消失。确认棕榈酸和油酸在神经酰胺细胞合成水平上的拮抗作用开启了肌肉细胞胰岛素抵抗的重要机制。从饱和脂肪酸脂肪组织和肌肉中炎症活性增加之间的关系中可以发现这些影响。因此，已经证明过量的饱和脂肪酸导致能量平衡方面的功能障碍，这种能量平衡是由白细胞介素 IL-6、肿瘤坏死因子 TNF-α、转化生长因子 TGF-β 和脂肪因子［脂联素（Adiponectin）、瘦蛋白（Leptin）、抵抗素（Resistin）］所自然控制的。饱和脂肪酸过量也导致细胞死亡（细胞凋亡），随后造成脂肪细胞肥大。先前也已经在摄食过多饱和脂质患者的血管系统水平获得过类似的结果，这是已知的一种致使心血管疾病的情况。

应当注意的是，与从估计膳食脂质中的量观察到的结果相比，从血液循环的饱和脂肪酸（血浆磷脂或红细胞脂质）中观察到的结果发现，饱和脂肪酸和 2 型糖尿病之间的紧密联系更加明显。该研究最显著的一点是观察到高棕榈酸含量对 2 型糖尿病发病率的预测价

---

① FTO 基因：一种与肥胖相关的基因，也称肥胖基因。

值。这些发现与以前针对心血管病变的生化标志物的发现相似。

近年来，几项营养基因研究表明，高饱和脂肪酸的饮食习惯深深地影响了脂肪细胞中许多基因（约 1500）的表达。其中涉及到免疫反应的基因转录大大增强。由于缺乏 PPAR-γ 受体对饱和脂肪酸的亲和作用，可能导致炎症进一步增强，通常这些受体的活性降低与炎症的增加过程相关。

营养学家考虑到最新的观察结果，建议减少摄食富含饱和脂肪酸（特别是棕榈酸）的食物，以防止胰岛素的细胞抵抗及代谢综合征的出现。

3. 癌症

人们早前怀疑过饱和脂肪酸与各种癌症相关。几位研究者已经证明了饱和脂肪酸的消耗与乳腺癌或结直肠癌的发生率之间存在相关性，但是由于偏见或分析困难等原因，许多研究者对这些结果提出质疑。事实上，主要的困难仍然是如何在复杂饮食中归因于饱和脂肪酸，复杂饮食中其他脂质和碳水化合物的影响是难以评估的。此外，与所有类似研究一样，显著的相关性并不一定意味着测量参数之间的因果关系。

（1）乳腺癌　乳腺癌是女性最易罹患的癌症，也是美国妇女中最常见的第二大新发癌症，而在中国国家癌症中心发布的《2017 年中国肿瘤的现状和趋势》报告中显示，乳腺癌发病率位列中国女性恶性肿瘤之首。

关于脂肪酸对乳腺癌作用的大多数知识源于动物实验。其中一个被认定的事实是摄食饱和脂肪酸引发乳腺癌还需要 $n-6$ 脂肪酸促发。

为揭示膳食脂肪酸组成与乳腺癌发病率之间的关系，已经进行了许多流行病学研究，这些研究通过适当的统计学方法孤立饱和脂肪酸的作用，而不考虑受试者的饮食习惯。因此，在日本进行的一项包含 26000 多名妇女、长达约 8 年的大型前瞻性研究中，未能证明任何膳食脂肪酸对乳腺癌发病率的促进作用。据研究者说，这种观察到的相关性的缺乏可能与被调查群体对饱和脂肪酸的低消耗有关（占能量摄入量的 13%）。

涉及 20 个国家、45 项研究、580000 名妇女和 25000 例癌症的最大荟萃分析之一显示，乳腺癌的发病率与摄入的饱和脂肪酸的量以及脂质的总量有关。然而，该风险水平较一般，摄食高饱和脂肪（主要来自肉类）的消费者群体患癌症风险比摄食饱和脂肪较低群体平均高 19%。研究者强调，与脂肪消费相关的癌症风险在亚洲是最高的，欧洲是较低的，北美地区则更低。

就我们目前了解的知识，脂肪摄入量以及饱和脂肪酸含量的减少似乎可以被推荐为预防乳腺癌的措施。但还需要经过更详细的调查，妇女才有可能选择适当的营养以预防乳腺癌。

（2）结直肠癌　结直肠癌在男性发生率方面排在第二位，排在肺癌之后；在女性发生率方面排在第三位，排在肺癌和乳腺癌之后。中国大肠癌的发病率居恶性肿瘤发病谱的第三位，仅次于肺癌和胃癌；死亡率居第五位。在美国，这是癌症相关的导致死亡的第二大原因，2013 年估计有新发结直肠癌病例 143000 例，其中有 50800 人死亡。2008 年，在欧洲这种癌症杀死了 149000 人。2011 年，法国有 17500 人死于结直肠癌。

几个实验室已经表明，在啮齿动物中饱和脂肪酸加速了先前由致癌物引起的结直肠癌的发展。这类脂肪酸会具有"启动子"效应。这些实验表明，饱和脂肪酸的来源很重要，因为动物脂肪比植物饱和脂肪（来自椰子）具有更强的促进作用。尽管有这些观察结果，对于乳腺癌，过度摄入这种能量来源将是造成结直肠癌的原因。这些结果表明在解释对人类的临床调查时要谨慎。

有意思的是，1997 年由美国 G. R. Howe 进行的对来自北美洲、南美洲、欧洲、亚洲和澳大利亚的 13 项流行病学研究中的 5200 多例结直肠癌的大型荟萃分析显示，在调整总能量摄入量之后，此类型癌症的风险和饱和脂肪酸的摄取之间没有关联。相比之下，在这 13 项研究中有 11 项观察到与能量摄入呈正相关，几项后续研究证实了该结论。此外，荟萃分析结果显示，由于尚未解释的原因，与最低能量摄入组相比，最高能量摄入组患结直肠癌的风险更高（男性为+49%，女性为+94%）的现象，但该现象并没有在其他研究中被广泛观察到。

总之，如法国食品安全局（AFSSA）在其 2003 年关于癌症和膳食脂肪酸的研究中所报道的，似乎摄食饱和脂肪酸与其他类型的脂肪酸一样，可能不直接与结直肠癌的风险相关，但大多数研究显示了一种增加的风险，这与它们对总能量摄入贡献相关。因此，从水果和蔬菜、鱼和家禽等食物中强化不饱和脂肪酸的摄入可能会有益于预防这种类型的癌症。

（3）前列腺癌　在死亡率方面，前列腺癌是在 50 岁以上男性中排在肺癌和结直肠癌之后第三大最常见的癌症。

已有一些研究调查了饱和脂肪摄取与前列腺癌发生风险之间的关系。这些研究通常证实了这一假设，并且认为富含饱和脂肪的饮食会增加发展为前列腺癌的风险。与此讨论的其他癌症一样，在校正由此类脂肪提供的能量后，前列腺癌风险与饱和脂肪的相关性消失。一些研究表明仅在疾病晚期的情况下才与饱和脂肪酸密切相关。2012 年美国 M. M. Epstein 通过对瑞典 500 名前列腺癌患者的研究显示，该病的死亡率与摄入的脂肪含量密切相关，也与饱和脂肪酸的类型密切相关，特别是肉豆蔻酸（14∶0）和短链脂肪酸（4∶0~10∶0）。

（二）短链和中链脂肪酸

根据生理学家对脂肪酸的分类，短链脂肪酸有 2~4 个碳原子，而中链脂肪酸含有 6~12 个碳原子，长链脂肪酸具有 14~24 个碳原子。短链脂肪酸主要以丁酸（4∶0）为代表，存在于乳脂及其相关产品（黄油和奶酪）中。中链脂肪酸由牛奶、一些植物油（椰子和棕榈仁）和化学合成膳食补充剂提供。

在短链脂肪酸中，只有丁酸酯（4∶0）受到了特别关注。它在牛奶中被发现，也可以通过细菌发酵在人类和其他杂食动物，特别是在反刍动物的结肠中产生。在食草动物中已经开始进行的许多调查显示，它通过刺激消化分泌物和改变肠道菌群，在能量来源和身体生长中发挥着重要作用。对于人群对象，研究主要是针对丁酸酯的抗癌性质，其次是其生长因子性质。丁酸盐被清楚地证明是结肠癌细胞凋亡的诱导剂。许多研究表明，结肠癌发生的风险与细菌发酵和丁酸产生的减少有关。这种脂肪酸现被公认为是结肠上皮细胞的主要能量来源，也是保护肠黏膜抵抗炎症和细胞增殖的作用因子。这种有益的作用强调了富含纤维素的饮食在其被结肠中的细菌菌群水解的过程中产生丁酸的重要性。

除了宣传纤维素和益生菌营养益处的广告活动外，重要的是要在人群中发起涉及肠癌发生风险标志物的长期研究。结直肠癌仍然是非吸烟者癌症死亡率的第二大原因，这些研究无疑将有助于明确膳食建议，从而来限制结直肠癌的患病率。荷兰的 SA Vanhoutvin 在 2009 年已经报道了在人类结肠黏膜中的丁酸盐的几种代谢途径（脂肪酸氧化、电子传递链和氧化应激）在转录调控水平的结果，暗示了具有新发展前景的研究领域。

含短链 [短链三酰甘油（SCT）] 或中链 [中链三酰甘油（MCT）] 脂肪酸的三酰甘油（甘油三酯）的代谢途径是不同的。与长链脂肪酸相反，它们直接被肠黏膜吸收，并被门静脉运输到肝脏，而不参与乳糜微粒的形成。这种特殊的途径主要是由于它们在肠水相中的溶解度，这有利于其水解和随后在血液中的转运以及最后在线粒体中的氧化。体外实验证实，MCT 可增加线粒体的呼吸，同时降低会导致氧化损伤的活性氧的产生。这种氧化也受到促进，因为与其他脂肪不同，MCT 通过线粒体膜的转运过程不需要肉碱来作用。进一步研究表明，辛酸（8：0）抑制了肝载脂蛋白 B 的合成，这是将极低密度脂蛋白（Very-Low-Density Lipoproteins，VLDLs）分泌到脂肪组织所需的蛋白质。所有这些代谢特征都清楚地解释了为什么 SCTs 和 MCTs（尤其是 MCTs）比长链三酰甘油（LCTs）更不可能在脂肪组织中沉积，而因此有助于其在临床营养中应用的往往是通过胃肠外途径。

20 世纪 50 年代，MCT 的特异性代谢促使研究者探索其在治疗肠道吸收不良中的有益作用，并在之后将其用于预防超重和肥胖。最初的研究表明 MCT 在预防人体肥胖方面的一些功效，之后超重人群的实验又已经清楚地表明 MCT 的摄取增加了脂质氧化和产热。这些生理作用导致体重减轻的效果大于摄食等量的橄榄油。通过最近对超重人群的研究表明，将 MCTs 添加在减肥饮食之内，可以更多的减少脂肪量，加速体重减轻。MCT 有时混合使用在糊状糊糊或糊状粉末中，如可以添加到食品或饮料中。它们也可以用作食用油，但优选与植物性甘油三酯混合使用。该混合物通过 MCT 与菜籽油的酯交换得到。

MCT 用于治疗成人、新生儿甚至早产儿中特征为吸收不良综合征（乳糜泻、肝脏疾病、消化道癌和肠切除术）的许多疾病。在这些治疗中，如在恶病质中一样，通常通过肠胃外输入 MCT。进一步观察到，具有强化 MCT 的食物使新生儿胃排空缓慢，并且可能改善胃对这些甘油三酯的消化。

另一方面，一项研究发现富含 MCT（主要是乳及其相关制品）的食物摄取与端粒长度的减少有关，表明这些脂肪酸对细胞衰老过程的影响。

考虑到 MCT 可能增加能量水平，提高甚至恢复运动能力和耐力，椰子油中的 MCT 作为食品补充剂近年受到使用过它们的运动员的欢迎。这种尝试，虽然有时对消化有害，只会节省肌肉的能量储备，而不会改善身体的表现，有时甚至会降低肌肉的表现。负面影响已经在自行车手身上得到证实了。然而，日本的 N. Nosaka 于 2009 年发表的一项精心控制的研究表明，与摄食长链脂肪酸相比，6g 的 MCT（8：0 占 74%，10：0 占 26%）摄入两周能够停止血液中乳酸的增加，同时允许更长时的高强度运动。因此，在向运动员推荐富含 MCT 的饮食之前，需要进一步地比较研究来优化实验条件（持续时间、频率、数量和质量）。在等待这些研究时，需要小心，特别是对于这些不同种甘油三酯的长期高剂量摄食，而相关产品中又通常组成不明确。

中链脂肪酸降低胆固醇的有利作用是通过与长链饱和脂肪酸进行比较而明确的。然而，尚没有提出特别使用这些油来抵御高胆固醇血症的建议。摄入大量的 MCT 引起的副作用很小，只有在胆固醇水平已经较高且血浆脂质增加的个体中胆固醇血症会轻微增加。儿童临床剂量为 15 至 30mL/d，成人为 100mL/d。富含植物来源的 n-6 脂肪酸和富含动物来源（来自 Fresenius Kabi 的 SMOF 脂肪）的 $n-3$ 脂肪酸的甘油三酯和 MCT 的脂质乳剂在临床上常用于胃肠外营养。长链不饱和脂肪酸的添加提供足够的必需脂肪酸摄入量，在用于肝功能和免疫和网状内皮系统方面，多种来源混合脂肪酸被认为比纯 MCT 的危害更小。

富含 MCT 的几种商业化脂质乳剂在许多国家用于临床。用于肠外营养（静脉输注）的这些产品是来自不同比例的大豆油和椰子油中 MCT 的混合物（Fresenius Kabi 的 Structolipid 和 Lipovenous，Braun 的 Lipofundin 和 Baxter 的 Critilip）、橄榄油和鱼油以及 MCT（Fresenius Kabi 的 SMOFlipid）的混合物，抑或鱼油和 MCT 混合（Braun 的 Lipoplus）。

（三）支链脂肪酸

支链脂肪酸是碳链具有一个或多个甲基的饱和脂肪酸。这种脂质类别中的许多分子物种存在于人类摄食的牛奶和反刍动物组织（牛肉、绵羊肉和山羊肉）中。如比利时的 B. Vlaeminck 于 2006 年所述，这些化合物由这些动物瘤胃中的细菌用亮氨酸、异亮氨酸或缬氨酸等氨基酸合成。

鉴于正常饮食中的这些脂肪酸的平均摄取量是 400 mg 和这些化合物在细菌中的重要性，加拿大的 T. Kaneda 于 1991 年有所猜测，它们是否可能对包括消化器官在内的几个系统存在影响。更合理的假设是从出生开始对共生细菌发育的积极影响，这些支链脂肪酸高度集中在许多细菌特别是许多益生菌的细胞壁上。美国的 R. R. Ran-Ressler 于 2008 年对患有坏死性小肠结肠炎的早产儿进行的调查发现，这些婴儿发病的主要原因与此有关。

2000 年，美国的 Z. Yang 认为，在中国用于预防和治疗各种类型癌症的传统治疗补充剂的发酵大豆制剂中发挥抗癌作用的是 iso-15：0（或 13-甲基十四烷酸）。体外试验表明，这种支链脂肪酸通过诱导凋亡作用来抑制几种癌细胞系的生长，但对健康细胞没有毒性。这些性质表明这种脂质可能应用于化疗。

二、不饱和脂肪酸

（一）$n-9$ 脂肪酸

在人类饮食的 $n-9$ 脂肪酸中主要以一种单不饱和脂肪酸——油酸 [18：1（$n-9$）] 为代表。它主要包含在橄榄油中（高达 80%）。橄榄油自古以来一直被认为是对人体有好处的膳食来源，传统上用于治疗许多疾病（疝痛、风湿病和高血压）。

1. 心血管疾病

在 6 项主要研究中有 3 项发现心血管疾病与 $n-9$ 脂肪酸摄入量之间无相关性，有 2 项发现二者呈正相关，还有 1 项研究发现二者呈负相关。这些不一致的结果，也是在肥胖发生率研究中获得的结果，可能是实验方案中的许多差异造成的，包括能量摄入、各种脂质来源的组成以及受试者的性别和年龄。

与饱和脂肪酸相比，偏好摄食油酸的有益效果也可能与其更易被代谢有关。它可能倾向于能量分解代谢，而不是以脂肪形式储备储备。油酸也可能刺激交感神经系统和产热。

另一种单烯脂肪酸，但属于 $n-7$ 系列的棕榈油酸 [16：1（$n-7$）]，主要存在于植物中，最常见的来源是澳洲坚果油，含有近 20% 的这种脂质。这种油对 LDL-胆固醇的影响已经吸引了生理学家们的关注，与由棕榈酸引起的那些影响相比，与油酸引起的效果更接近。在更近的控制更好的动物模型实验和人群试验中已经显示，摄食棕榈油酸（以澳大利亚坚果的形式，40 g/d）可能会很快改善轻度高胆固醇血症患者的总胆固醇和低密度脂蛋白胆固醇的状态，尽管仍难以将这些影响仅仅只归结于棕榈油酸，但这项研究表明，澳洲坚果可能纳入有助于限制心血管疾病发展的膳食中。

2. 癌症

癌症和油酸之间的联系一直是众多研究和荟萃分析的主题。因此，在北欧国家，如在美国和加拿大，发现油酸摄入量与乳腺癌风险之间的关系与饱和脂肪酸类似。在这些国家，油酸主要来自肉类。相比之下，当主要来自橄榄油时，如在地中海国家，其摄入与风险降低有关。这些各种影响可能来自橄榄油中含有的抗氧化物质（角鲨烯和酚醛）和来自地中海国家特殊饮食的性质。

3. 代谢性疾病

导致糖尿病和心血管疾病的细胞的胰岛素抵抗，已知与脂质过载广泛相关，更具体地说，是与过多的饱和脂肪酸摄入相关，棕榈酸是这些疾病的主要诱因。如前所述，体外实验证明油酸能够抵消棕榈酸对由胰岛素产生的炎症和细胞信号传导途径的不利影响。2011年，美国的 Vassiliou 通过体外和体内模型表明，即使在与 2 型糖尿病发展有关的细胞因子 TNF-α 的存在下，油酸都可能增加胰岛素分泌。

（二）n-6 脂肪酸

这类脂肪酸的主要代表是亚油酸［18：2（n-6）］，广泛存在于植物油（葵花籽油、玉米油、花生油或大豆油）、乳制品和肉类饮食中。因为含有约 65% 亚油酸的葵花籽油在许多研究中经常用作参考油，故而亚油酸的生理效应仍然难以评估。其在动物实验方面的积极性结果引发了集中在心血管疾病和癌症这两个主要领域的许多临床研究。

在关键酶 Δ6 去饱和酶的作用下，亚油酸天然产生 γ-亚麻酸［18：3（n-6）］。该酶促步骤的效率受营养（饱和或反式脂肪酸消耗）、行为（年龄、吸烟和酒精中毒）或病理（感染、糖尿病、特应性综合征、多发性硬化和关节炎）因素的限制。治疗首选之一就是富含 γ-亚麻酸的油（琉璃苣、月见草和黑醋栗），它可以跳过合成花生四烯酸的步骤。这种脂肪酸也可以直接代谢到特定的氧化衍生物，例如 1 系前列腺素、4 系白三烯和 15-脂肪氧合酶作用的羟基化衍生物。已知这些衍生物对血管、血小板聚集和炎症具有有益作用。

在许多国家，含有 γ-亚麻酸（如 Efamol®）的药物可用于治疗皮炎、特应性湿疹和糖尿病性神经病。有建议膳食补充 γ-亚麻酸，以提高皮肤屏障效能，降低干性皮肤和特应性皮炎受试者的表皮过度增生。琉璃苣油和鱼油的组合也被用作类风湿性关节炎的治疗。所有这些油也被提议治疗某些乳房疼痛（乳腺痛）、经前期综合征、更年期症状和雷诺氏病。

1. 心血管疾病

人类关于 n-6 脂肪酸的绝大多数研究集中于其在心血管疾病中的可能作用。

亚油酸是食物和人体中主要的脂肪酸。长期以来，它被认为是一种降低胆固醇的化合物，这一点后来通过关于使用植物油的许多研究得到证实。A. Keys 的调查已用于量化给定亚油酸摄入所引起的胆固醇降低，后一参数包括在削减饱和脂肪酸的不良影响的公式中。更详细的研究表明，亚油酸对 LDL-胆固醇的影响特别明显。

与饱和脂肪酸相比，具有高含量 n-6 脂肪酸的饮食可以预防心血管事件，几项干预研究加强印证了这一点。许多研究表明，增加饮食中亚油酸的比例能够显著降低胆固醇血症、猝死、心脏病和中风的发生率。几项流行病学研究已经通过亚油酸与心脏保护的关联性，证实了这些初步结果。一项针对 11 个群体、涉及近 34.5 万人进行的荟萃分析，清楚地表明，$n-6$ 脂肪酸的摄入与心血管事件的风险成反比。尽管如此，但也必须注意的是，明确表明由于亚油酸摄入升高带来益处的干预研究尚未实现。

$n-6$ 脂肪酸对血管损伤中通常增加的炎症标记物的直接有益作用已经引起争议。摄取非常不同量的亚油酸对花生四烯酸的代谢影响很小，这种来自亚油酸的脂肪酸内源性产生受到非常严格的控制。与这些生物化学数据可以预期的相反，希腊的 Papageorgiou 在 2011 年观察到富含亚油酸的饮食导致循环中常规炎症标志物的减少，并且导致通常参与动脉粥样化形成的细胞间黏附分子（ICAM-1）的显著减少。

2. 癌症

早期的动物模型能够证明富含 $n-6$ 脂肪酸的脂质可以影响几种类型癌症（乳腺癌、胃肠道癌症和前列腺癌）的发展。因此，40 多年前，据描述含有高达 62% 的 ［18：2（$n-6$）］ 的玉米油比椰子油（富含饱和脂肪酸）更易诱导乳房肿瘤的发展。这项研究已经在动物上开展多年，所有研究者或多或少得出了相同的结论，即亚油酸对各种器官（乳腺、结肠、前列腺和胃）的癌症发生具有促进作用（或启动效应）。被征引最多的机制可能是将亚油酸细胞内转化为 13-羟基十八碳二烯酸，一种高度氧化的衍生物和促分裂原，可以增加磷酸化、胸苷掺入和细胞生长。除了亚油酸外，还有双高-γ-亚麻酸 ［20：3（$n-6$）］，它是花生四烯酸 ［20：4（$n-6$）］ 的直接前体，已知是也肿瘤生长抑制剂的具有抗炎作用的氧化衍生物（主要是前列腺素 PGE1）的来源。虽然这种脂肪酸对培养的细胞是有活性的，但目前没有迹象表明它在抗癌方面是有帮助的。［20：3（$n-6$）］ 脂肪酸和花生四烯酸之间的代谢联系预示着用前者进行任何治疗性补充时应谨慎。

在所有这些研究表明过度摄入亚油酸与心血管疾病或癌症之间的联系之后，各国的卫生服务部门建议，摄入 $n-6$ 脂肪酸应占总能量摄入量的 5%～10%（约 14～28g/d，共计 10465kJ/d），远高于法国人口平均摄入量（约 4.2%，如 12g/d）。

3. $n-6$：$n-3$ 脂肪酸比例

20 世纪下半叶，按照营养学家和临床医生的意见，西方饮食中脂质的组成逐渐发生变化。这种趋势是通过用富含亚油酸、但亚麻酸含量较低的植物油替代过去人们制备食物时偏好使用的饱和脂肪（黄油、奶油、猪油和背膘）。在几乎所有的西方饮食中，亚油酸是最具代表性的 $n-3$ 脂肪酸，其每日摄入量约为 1.5g，而亚麻酸的日摄入量则为亚油酸的 10～20 倍。

因此，食物中亚油酸的过度丰富可能仅仅有助于增加细胞花生四烯酸水平和花生酸类的生成，例如能够聚集血小板的促炎前列腺素和白三烯。此外，这些衍生物也是细胞间通讯以及防止感染所需。花生四烯酸也是脂肪细胞转化的刺激剂，因此也是肥胖的诱导剂。据证实，年轻肥胖儿童的血液和脂肪细胞中 $n-6$ 脂肪酸含量高于对照组。在美国进行的一项大型研究甚至表明，孕妇血液中测定的 $n-6$ 脂肪酸与 $n-3$ 脂肪酸比例对出生后 3 年儿童肥胖的影响。因此，必须优化食品中的 $n-6$ 脂肪酸至 $n-3$ 脂肪酸比例，以促进亚麻酸向 EPA 和 DHA 的转化及其衍生物（类二十烷酸和二十二烷酸）的形成。

只有减少亚麻酸的每日摄入量方能将 $n-6$ 脂肪酸与 $n-3$ 脂肪酸比率重新调整为接近先

辈实践的值（比例为 4 : 5）。遵循这些建议可能会避免以西方饮食类型相关的发达国家人口为代表的心血管疾病、癌症和炎性疾病的波动。为了保持足够的脂质摄入量，需要补充有益的亚麻酸摄入，加上 EPA 和 DHA 的强化，这种方法已经在成年男性和儿童中得到验证。

（三）$n-3$ 脂肪酸

在第二次世界大战结束时，我们的饮食已经发展成为一种基于世界各地文化的集约化生产模式，其中少数作物提供大量亚油酸但含量很少的亚麻酸。这些作物在食品工业中取得了巨大的发展，促进了高热量和低分化脂质的廉价食品的生产和销售。以富含 $n-6$ 脂肪酸的农作物饲养家畜和海鲜的低摄入都导致了所有西方饮食在 $n-3$ 脂肪酸方面的匮乏。因此，西方国家的脂质摄入的 $n-6$ 脂肪酸至 $n-3$ 脂肪酸比例在一个世纪以来从最多 5 倍增加到 20 多倍。必需脂肪酸的摄取中亚麻酸的含量越来越少，这种 $n-3$ 脂肪酸的缺乏导致了不利影响。在 1978 年针对格陵兰爱斯基摩人的著名研究之后，多不饱和脂肪酸 EPA 被发现的第一个主要作用是预防心脏病。从那时起，在动物和人类中展开的关于摄食 $n-3$ 脂肪酸对预防心脏、脑部或全身的血管疾病的影响进行了数千项研究。这些疾病通常与经常由氧化应激引起的炎症现象的发生有关。血管和毛细血管壁的改变与引发血小板聚集和血栓形成的病变的出现也与这种营养状况有关。在循环系统之外，这些疾病也是影响关节、免疫系统、脂肪组织以及癌症发生机制甚至更高级的脑功能的许多疾病的起源。

人类在饮食中发现的主要的 $n-3$ 脂肪酸是亚麻酸 ［18 : 3 $(n-3)$ ］。所有绿色植物以及一些种子和油类作物（如核桃、油菜籽和大豆）中所含的这种化合物在体内被代谢成具有较长和更多不饱和链（EPA 和 DHA）的衍生物。这种更大的不饱和度是由现在已知的多态性基因（$FADS1$ 和 $FADS2$）编码的酶——去饱和酶的作用产生的。关于 $n-6$ 脂肪酸，近来发现编码去饱和酶的基因的两个主要变体，单倍型 AA 和 DD，为 $n-3$ 脂肪酸临床研究的解释以及以其作为预防性或治愈性补充的可能性提供了新的线索。因此，具有变体 DD 的个体将比那些具有变体 AA 的个体更有效地将亚麻酸转化成 EPA 和 DHA。这一点从前者血液循环中 DHA 的平均水平比后者高出约 24% 可以得到验证，而且前者的花生四烯酸水平甚至高出后者 43%。可以推测，变异 DD 的人与其他人相比，不容易患心血管疾病和其他炎性疾病。相比之下，饮食过量的 $n-6$ 脂肪酸（$n-6$: $n-3$ 脂肪酸比例偏高）可能不利于促进花生四烯酸的生物合成，花生四烯酸是对炎症具有高度活性的许多化合物的前体。同时，具有变异 AA 的素食主义者应尽量利用 EPA 或 DHA（鱼和贝类）和富含亚麻酸的植物产品（核桃、油菜籽和大豆）来丰富其饮食，以促进其转化为更不饱和的 $n-3$ 脂肪酸。

$n-3$ 脂肪酸摄入量不足的确定通常是通过膳食调查来进行的，但其准确性和有效性通常需通过血液或脂肪组织的生物化学分析来长期地逐渐改善。因此，美国的哈里斯提出了一种称为"omega-3 指数"的生物化学标记，作为轻度心脏事件或甚至心跳骤停的可靠的风险指标。该指数通过计算红细胞膜中 EPA + DHA 总和占总脂肪酸的百分比得到。研究者证实，该指标与各种心血管疾病的风险密切相关，比其他传统参数（C-反应蛋白、低密度脂蛋白胆固醇、总胆固醇与高密度脂蛋白胆固醇的比值）更为有效。甚至有人建议，该指数可能对识别应该接受 $n-3$ 脂肪酸补充的受试者的辨识是有用的。

1. 心血管疾病

科学界对海洋起源的 $n-3$ 脂肪酸的兴趣始于 1969 年在格陵兰由丹麦医生 H. O. Bang 和 J. Dyerberg 进行的一项调查。他们注意到爱斯基摩人的心脏病死亡率远低于丹麦同种人群（5.3%而不是 25%），这项调查结果将这一特征与爱斯基摩人对鱼类和海洋哺乳动物的高摄入量关联在一起。

J. Dyerberg 发现，与丹麦的同种人群对照组相比，格陵兰的爱斯基摩人摄入脂肪量相同（占能量摄入量的 40%），但也有较高的胆固醇血症。还确定其血液含有更多的饱和脂肪酸和较少的多不饱和脂肪酸，但是其 EPA 水平高 16 倍。这些结果使他得出结论："如果饮食差异是爱斯基摩人心脏病发作死亡率差异的主要原因，那么这些结果更有利于表明是在于膳食脂肪酸的定性差异而不是定量差异。"随后，研究者假设，格陵兰的爱斯基摩人心脏病发病率低可能与高摄入 $n-3$ 脂肪酸造成 EPA 在其组织中积累有关。

自这些早期研究以来，越来越多的临床和生化研究为海洋油脂中的特殊脂肪酸、EPA 和 DHA 在心血管病变中的作用提供了越来越多的引人注目的证据。这些脂肪酸诱导的作用可能与炎症和血小板活化等多种机制有关。有关 $n-3$ 脂肪酸摄入量不当与心血管疾病风险（包括猝死）有关的调查结果已经推动了许多科学机构为人群提出膳食建议。因此，在许多其他研究中，美国心脏协会（American Heart Association）、欧洲心脏病学会（European Society for Cardiology）、英国营养科学顾问委员会（Scientific Advisory Committee on Nutrition，United Kingdom）和澳大利亚国立健康与医学研究理事会（Australian Health and Medical Research Council）都在 10 年前宣布增加膳食 $n-3$ 脂肪酸摄入量。

法国食品安全局（AFSSA）发表了关于 $n-3$ 脂肪酸和心血管疾病的重要报告（http：//www. afssa. fr/Documents/NUT-Ra-omega3. pdf）。

2. 冠心病和动脉粥样硬化

根据世界卫生组织（WHO）的数据，缺血性心脏病是全世界人口死亡的首要原因（720 万例死亡）。在美国，每年约有 60 万例死于心脏病，冠心病是最常见的心脏病，每年造成超过 38.5 万例死亡。在欧盟，心血管疾病每年造成超过 180 万例死亡。在法国冠心病突发事件仍居高不下，每年有 12 万例。虽然在过去十年中心肌梗死致死率显著降低（约 30%），但仍占全年成人死亡率的 10%~12%，因此这种预后是严重的。与心血管疾病管理相关的经济负担仍然很大。事实上，每年约有 10%的住院病人是因为该疾病，法国社会为此付出的直接和间接成本约为 280 亿欧元。虽然相关风险因素众多，但所有临床医生和营养学家都认为饮食起着重要作用。

1980 年在日本进行的流行病学研究提供了一些指引，但 $n-3$ 脂肪酸有益效果的第一个证据却是来自于荷兰一项历时 20 多年的著名的 Zutphen 研究。这项广为人知的研究表明，每周定期摄取一至两餐鱼肉足以预防冠心病，与不摄食鱼类的受试者相比，平均每天摄入至少 30g 鱼肉的受试者其冠心病死亡发生率减半。EPA 和 DHA 的大多数观察性研究评估的是主观报告的饮食摄入量，而不是客观的生物标志物，这可能导致测量误差或偏差。循环脂肪酸的测量难以操作，但在临床上更可靠，可能更准确地反映了饮食摄入和器官水平的生物化学过程。D. Mozaffarian 考察了作为生物标志物的血浆脂肪酸［EPA、DHA 和 22：5（$n-3$）］与心血管疾病风险之间的可能关系。在一项持续 11 年的对 2692 名无流行心脏病的成人群体的队列研究中，作者观察到较高的血浆磷脂 $n-3$ 脂肪酸水平与较低的心血管疾病死亡率相关。更准确地说，据估计，摄食 n-3 脂肪酸含量最高的 1/5 的群体在 65 岁后其平均寿命比摄食 n-3 脂肪酸含量最低的 1/5 的群体多出了 2.22 年。使用经验证明的半定量食物频率问卷调查法，研究者可以评估出每天 EPA + DHA 的平均目标膳食范围是 250~400mg。

摄取 n-3 脂肪酸对于降低心脏病发作和死亡率的有利影响与西方社会最常见的血管疾病——动脉粥样硬化症较少有关。这种疾病的主要特征在于由动脉中的钙化脂质斑块（动脉粥样硬化）积聚，引起损伤（硬化），然后逐渐形成血栓。这些沉积物可能会逐渐阻塞冠状动脉，绝大多数心肌梗死病例由此产生，其特征常见于被称作心绞痛的综合征。其他部位可能因各种严重疾病如中风、主动脉瘤、外周动脉闭塞性疾病和肾动脉高压而受伤。虽然动脉粥样硬化是一种多因素疾病，但所有专家现在都认为其发病是基于两个重要的危险因素，即高胆固醇水平和血液中过量的甘油三酯。正是在这两个生理参数上，n-3 脂肪酸是有效的，至少其中一些是有效的。

因此，在健康受试者中，每天摄取 2.5g EPA+DHA 可显著降低血液甘油三酯的水平，而不改变总胆固醇或脂蛋白胆固醇的量。相比之下，亚麻酸 ［18：3（n-3）］ 不产生以上效果。而 2009 年美国 D. K. Banel 又表明，摄食含有约 9% 亚麻酸的核桃（30~108g/d）被证明可以显著降低总胆固醇和 HDL-胆固醇的量。尽管没有其他研究者证实，这个例子再次提出的问题是：对于受不平衡饮食危害的生理系统，人类需要什么样的 n-3 脂肪酸来最大程度地发挥功效。然而，尽管动物实验倾向于证明这些脂肪酸抑制肝脂肪生成，但是在人体中 EPA 和 DHA 对甘油三酯血症的降低作用仍然很少得到解释。类似地，它们在不同实验中对血清脂蛋白的影响是不同的，个中原因仍然不清楚，这可能解释了临床医生使用不同组成的鱼油或脂肪酸制剂所遇到的困难。

动脉粥样硬化斑块会逐渐减缓血液流动或在血管内表面产生微小的裂缝或破裂，这可能会在动脉粥样硬化过程中触发血栓形成，而这可能完全阻止血液流动。血栓也可能从血管壁剥落下来进入血液循环，导致在较小尺寸的其他血管中形成局部缺血。而 n-3 脂肪酸的抗炎作用有助于动脉粥样硬化斑块的稳定化。

已有证据清楚地表明 EPA 和 DHA 会减少炎性细胞因子如 IL-1 和 TNF-α 的内皮生成，并且抑制由这些细胞因子激活的血管内皮的单核细胞黏附。很多人体研究验证鱼油有益于血管内皮细胞活性，甚至在冠状动脉手术后仍能改善血管的健康状况。与 EPA 和 DHA 抑制血小板聚集作用相结合，所有这些作用有助于限制动脉粥样硬化斑块的发展，从而防止其破裂，这是与严重心肌缺血死亡有关的事件。尽管临床上没有太多的研究，但 55 岁以上受试者的鱼消耗量（超过 130g/周）与冠状动脉钙化较少有关，这一现象也受维生素 K_2 控制。通过比较日本男性和美国白人男性的钙化发生率，验证了这种效应。

经过多次研究，来自多个国家的专家建议，作为一种预防措施，应摄入至少 450mg/d 的 EPA+DHA 混合物，而在危险人群或者已经发生心脏病的人群中增加至每天 1g。在美国，2010 年首次由美国农业部发布的官方健康指南（《美国居民膳食指南》）建议，必须增加摄食的海洋动物的数量和种类，以取代其他肉类和家禽。该指南建议每个公民每周摄食 230~340g 海鲜（http：//www. cnpp. usda. gov/DGAs2010-PolicyDocument. htm）。

通过提供 n-3 脂肪酸来预防心血管疾病的未来研究应考虑到人类遗传学关于脂肪酸去饱和酶（FADS A 或 D）的特定单倍体在受试者中分布的进展。因此，具有单倍型 D 的受试者可以比具有单倍型 A 的受试者更有效地将摄入的亚麻酸转化为 EPA 和 DHA，这代表着对预防与炎症相关的心血管疾病具有显著的有益效果。这些遗传差异也可能是大量人群调查结果多样性的原因。

尽管存在一些不确定性，但所有结果都促使国家组织和许多国家的科学和医学界发布了预防心血管疾病的建议。因此，美国心脏协会建议健康人每周吃两次鱼，同时摄食富含亚麻酸的植物。患有冠状动脉疾病的患者应以高油脂鱼类或营养补充剂的形式摄入 EPA 和 DHA 混合物 1 g/d。根据近年来在北美发布的建议表明，每天需要摄入 250~500mg EPA+DHA。许多国家已经采纳了这些建议。到目前为止，尚未考虑这些脂肪酸每一种的组成比例。亚麻酸的参与仍然存在争议，因为除了可能在幼儿和孕妇中之外，在正常情况下其转化为 EPA 和 DHA 的量非常低，然而仍然受到同时摄取 n-6 脂肪酸的影响。

3. 卒中/中风（脑血管意外）

据世界卫生组织（WHO）统计，世界上每年有 1500 万人患脑卒中，这种疾病是各地长期严重残疾的主要原因。在这 1500 万人中，500 万人会死亡，另有 500 万人是永久性残疾。中风死亡是美国第三大死因，每年造成 14 万人死亡；欧洲每年平均也约有 65 万死于脑卒中；而在中国每年的脑卒中死亡人数达 160 万以上。

早期动物研究证实了摄食鱼油可以预防实验性脑缺血不良影响的假说。因此，2008 年土耳其的 O. A. Ozen 发现，与对照大鼠相比，喂养富含鱼油饮食的大鼠，前额叶皮质缺血再灌注手术的氧化应激减少，损伤区凋亡神经元数量减少。n-3 脂肪酸对模型动物的功能恢复有益的效果得到证明，从而反复证实和支持了这些结果。

格陵兰和日本的一项生态学研究突出表明，摄食鱼类的人群缺血性卒中风险较低。这个问题上已有大量研究，但是综合结果来看并没有提供一个明确具有预防可能性的建议。其原因可能在于评估 n-3 脂肪酸摄入的方法（问询调研和检测生物标志物）、观察周期的多样以及特别是卒中类型之间的差异。

这些动物和人群研究突出了通过营养调节预防卒中的方法的可能性，该方法主要是基于采用富含亚麻酸的植物油或富含此类脂质的纯膳食补充剂。根据获得的数据，建议每周摄食鱼类 2~4 次，这一建议最初适用于治疗心脏病，但还可以有效预防缺血性卒中。

4. 心律失常

心律失常是最常见的心脏疾病。除了心跳过快等相对良性表现，还有心脏不规则跳动，例如有时脉搏频率小于每分钟 60 次（心动过缓），更多时候频率大于每分钟 100 次（心动过速）。老年人和那些已经有另一种重要的心脏或肺部疾病的人可能经常有节律紊乱的问题。心律失常的最严重形式之一是心脏纤维性颤动，其严格对应心脏心律失常的不同形式，发生于心房（心房颤动）或心室（心室颤动）的最常见的形式。后者是心脏骤停和猝死的主要原因。来自欧洲的调查显示，临床探查的受试者中有 2.5% 在过去一年中表现出异常心律，约 5% 的受试者在其一生中的某些时期会出现这种异常。

在证实 n-3 脂肪酸对心脏功能的有益作用后不久，研究者也对其对心律失常，特别是对心室纤维性颤动的可能影响感兴趣。由此，通过大鼠实验证明，富含鱼油的饮食减少了先前由心脏局部缺血实验诱导的心律失常的发生率和严重程度。这些令人鼓舞的结果随后在狗以及各种细胞或动物模型中得到了证实。近来，以狗为模型的动物实验证实，补充 EPA + DHA 降低了心房颤动的易感性，弱化了心房纤维化的形成，而心房纤维化是引起心肌收缩功能障碍的电生理障碍的起因。

生物学家关于 $n-3$ 脂肪酸对心律失常的影响的解释是，该效应可能是通过增加较少致心律异常的类花生酸衍生物的生物合成以及通过降低调节心肌细胞中的离子通道的游离脂肪酸的含量来产生的。

尽管对于增加鱼类消费或补充 $n-3$ 脂肪酸在抗心律失常作用方面的益处尚无定论，我们目前也无法完全排除营养方法的优势。遵循主管医疗机构提出的关于从海洋动物或富含 DHA 的膳食补充剂中定期摄取 $n-3$ 脂肪酸的建议仍然很重要。

5. 炎症和免疫疾病

主要来自饮食的长链 $n-3$ 脂肪酸和 $n-6$ 脂肪酸被整合到身体几乎每个细胞的膜中。当需要时，它们被代谢为许多羟基化或氧化衍生物，发挥参与通常与免疫应答相结合的炎性反应的脂质介质的作用。炎症反应可能是组织对损伤或细菌或病毒感染的反应，例如激活血流以及对大分子和细胞（特别是白细胞）的毛细血管通透性。免疫反应旨在消除毒性分子或感染因子。这些反应是在起源于骨髓的特定细胞系统中产生的，并且稍后迁移到免疫系统。所有这些反应都是由来源于花生四烯酸 ［20：4（$n-6$）］ 和二高-γ-亚麻酸［20：3（$n-6$）］ 的类花生酸类物质引发或抑制的。相反，这些反应可能受到来自 EPA 和 DHA 的非常相似的衍生物所抑制。自从 20 世纪 70 年代发现这些现象以来，研究工作突出强调了这些影响的几个生物学机制。最重要的是必须记住 EPA 和 DHA 的许多衍生物（白三烯、解冻素和神经保护素 D1）是抗炎性的，而从花生四烯酸衍生的前列腺素是促炎性的。此外，这些衍生物可以增加或减少细胞因子如 TNF-α、干扰素-γ（INF-γ）和几种白介素的表达或产生。

在由炎性反应引起的疾病中，哮喘、炎症性肠病（克罗恩病）和类风湿性关节炎是最常被研究的。

许多研究报道了哮喘患者用鱼油治疗后的抗炎作用。一个专家委员会 2004 年根据美国卫生部的要求，撰写了一份主要报告（证据报告/技术评估第 91 号），在对 31 份出版物进行了分析后，指出了无法明确补充 $n-3$ 脂肪酸治疗哮喘的价值（http：//archive. ahrq. gov/clinic/epcarch. htm）。但该报告发表后一项更新的前瞻性调查研究结果表明，20 年随访期间 $n-3$ 脂肪酸摄入与受试青年（18~30 岁）哮喘发病率呈显著负相关。DHA 显示出比 EPA 更大的负相关。

慢性炎症性肠病包括克罗恩病和溃疡性结肠炎，其特征在于消化道壁的炎症（与消化系统的过度活跃相关），因此是溃疡的根源。除了许多其他因素外，食物质量常常被认为是促使疾病发病的原因。消费工业食品的发达国家发病率较高可能与 $n-6$：$n-3$ 脂肪酸比例的不平衡有关。从对这些炎性疾病和 $n-3$ 脂肪酸之间可能关系的早期研究可以看出，$n-3$ 脂肪酸在患者血浆和脂肪细胞磷脂中的浓度低于对照组。丰富的 $n-6$ 脂肪酸的相对过剩可能增加了促炎性的花生酸类的生物合成。临床上，补充鱼油后肠道炎症患者获得了一些有益效果。其他研究结果不那么确切，这使人们对这种临床方法在人体中的有效性产生怀疑。

类风湿性关节炎是一种具有自身免疫原性的慢性炎症性疾病，但对其了解还不够。骨关节炎是老年人中最常见的疾病种类，它是最致失能的关节疾病。这种疾病是一种伴有骨端炎症性病变的关节炎。其主要特征是关节软骨丢失，引起疼痛和运动受限。Goldberg 和

Katz 的一项荟萃分析研究了 $n-3$ 脂肪酸对关节炎的抗炎效应。对 17 项 $n-3$ 脂肪酸治疗类风湿关节炎的可靠研究的分析显示出无可争议的止痛效果，有助于缓解关节疼痛并缩短晨僵。总体来说，所有实施良好的临床试验表现了一个净效益，即能够改善患者的生活质量，并且允许减少抗炎产品的剂量。特别是在照顾具有肌肉骨骼疼痛的被称为 $n-3$ 脂肪酸缺乏症的老年人那里，这些影响应该更受医生重视。虽然这些研究中使用的剂量差别很大，但要在几个月的治疗后获得可检测的效果，则每天以鱼油形式摄取 $3\sim4$ g 的 EPA + DHA 似乎是必需的。

由于鱼类或 EPA 和 DHA 的摄入，降低免疫系统的细胞膜中花生四烯酸的浓度，这也会降低这种 $n-6$ 脂肪酸生物转化为衍生的花生酸类。此外，EPA 竞争性地抑制环氧合酶步骤中花生四烯酸衍生物的生物合成，同时通过相同的酶将其本身转化为活性较低的氧化衍生物。在细胞或动物模型中观察到的所有这些效应自然导致 $n-3$ 脂肪酸可增强免疫功能的假说。据报道，孕妇的饮食中补充这些脂肪酸会使新生儿免疫系统成熟加速，这可能会降低各种过敏原的致敏现象以及潜在的特应性皮炎的严重程度。通过减少哮喘、湿疹和花粉过敏的发病率，这些作用甚至可能在婴儿期间持续存在。

尽管可能由于遗传差异产生一些相互矛盾的结果，但许多临床研究已经证实 $n-3$ 脂肪酸有助于保护或缓解所有涉及炎症过程的疾病。目前，关节炎问题似乎更有赖于用 $n-3$ 脂肪酸如 EPA 和 DHA 以浓缩制剂的形式进行长期治疗。

6. 代谢性疾病

代谢综合征可以定义为以存在心血管疾病和 2 型糖尿病等多重危险因素为特征的复杂病症。这可能包括许多症状或失调，如高血糖、胰岛素抵抗、肥胖、高血压、高甘油三酯血症和血液 HDL 胆固醇偏低。临床医师通过在以下五种病症中存在至少三种来对其进行判定：高甘油三酯血症（$\geqslant1.17$mmol/L）、低 HDL-胆固醇症（男性$\leqslant1$mmol/L，女性$\leqslant$ 1.3mmol/L）、高血压（$\geqslant130$mm Hg）、高血糖（$\geqslant5.6$mmol/L）、高腰围现象（男性$\geqslant$ 94cm，女性$\geqslant80$cm）。

已经证明，代谢综合征与常伴随死亡的心血管疾病的风险直接相关。在美国，代谢综合征患病率约为 1/3。因为肥胖是代谢综合征发展的主要驱动因素，必须注意的是，目前大约有 30% 的美国成年人超重，其中约 32% 肥胖。在欧洲，不同人群之间的代谢综合征发病率差异很大。在非糖尿病患者中，$40\sim55$ 岁男性的发病率在 $7\%\sim36\%$，同龄妇女的发病率在 $5\%\sim22\%$。在法国，据估计，$35\sim64$ 岁间有 23.5% 的男性和 17.9% 的女性患有代谢综合征（http://www.agropolis.fr/pdf/sm/Dallongeville.pdf）。而在中国，据 2016 年上海交通大学医学院附属瑞金医院、上海市内分泌代谢病研究所与中国疾病预防控制中心报告，中国 18 岁以上成人中代谢综合征患病率已达 33.9%（女性 36.8%，男性 31.0%；$p<$ 0.0001），估计中国（13 亿人口）有 4.5 亿人患有代谢综合征。

$n-3$ 脂肪酸对代谢综合征各个方面的作用机制可能不同于有助于降低心血管疾病风险的机制。因此，亚麻酸似乎从调节脂蛋白合成角度，而 EPA 和 DHA 是作用于甘油三酯合成，从而来控制肥胖。与动物实验相反，对于人体葡萄糖的体内平衡和胰岛素抵抗的结果令人非常失望。在肥胖受试者中，没有观察到鱼类摄食或鱼油摄入对血糖或胰岛素水平的影响。同样，这种营养方法也不能改变胰岛素敏感性。有可能在这些短期干预上，组织 $n-3$ 脂肪酸的水平未达到足以影响生理和分子系统的治疗水平。这种解释似乎是合理的，因为持续 6 个月每天补充 3g EPA + DHA，被证明是能够改善脂质过载后的脂质特征和胰岛素抵抗的所有指标。需要进行其他长期实验来明确任何预防和治疗性措施的性质和持续时间。

生活方式和饮食的多样性可能是评估特定生理效应困难的原因。如同许多其他遗传多态性，这些影响可能受到食品中脂肪酸系列之间的平衡以及与其他领域一样在本领域所发现的遗传多态性的进一步影响。当比较在不同国家进行的相似研究时，可以检测到这些影响。因此，摄食鱼类与降低 2 型糖尿病风险之间的关联在美国似乎比在世界其他地区更为显著，而在亚洲或澳大利亚则没有发现相关性。摄取长链 $n-3$ 脂肪酸得到的结论也是如此。

7. 癌症

致癌作用与 $n-3$ 脂肪酸之间的关系一直是模式动物研究的主题，并且有助于对这些化合物在培养细胞和各种器官的癌化过程中的积极影响达成一致认识。

补充 DHA 的大鼠乳腺癌发病率显著降低，并且喂养富含鱼油饮食的小鼠显示移植的肿瘤前列腺细胞的生长减少或结肠癌的发病率降低。这些动物实验结果证明前列腺素的产生和肿瘤发生之间存在着密切联系。$n-3$ 脂肪酸衍生物的抗炎作用通常被认为是其抗肿瘤作用的主要原因之一。尽管涉及这些脂肪酸在预防癌症中作用的所有机制尚未阐明，但是已经有研究提出，如在心脏细胞中一样，其主要靶标可能是细胞表面的离子通道。

在一般水平上，许多实验模型已经表明补充鱼油增强化疗对肿瘤细胞的毒性作用。类似地，几项动物实验已经证实了更高水平的组织 DHA 在增强化疗和放疗疗效以及减缓恶病质的作用。

此外，一些临床研究还表明，在治疗或未治疗的癌症患者中，$n-3$ 脂肪酸的状况发生了改变，表明补充这些脂肪酸可以通过加强传统疗法的疗效并减少通常情况下被观察到的副作用来改善患者的健康状况。法国 P. Bougnoux 的一项临床研究证实，使用 DHA（1.8g/d）进行预处理改善了乳腺癌并发内脏转移的女性患者的化疗结果。正如法国 N. Hajjaji 在 2012 年强调的那样，这几项结果应该鼓励临床医生在化疗前或化疗期间探讨富含 EPA 和 DHA 的饮食的有益作用的假设，而且这种方法不会改变身体正常细胞。

过去近 50 年的广泛研究已经表明，有四种癌症（乳腺癌、前列腺癌、胰腺癌和结直肠癌）可能受到膳食脂质中包含的 $n-3$ 脂肪酸的影响。

（1）乳腺癌　在 32 个国家进行的的大型流行病学调查显示，乳腺癌发病率与鱼类摄食量呈强负相关。在欧洲的首批重大研究中，挪威的一项大型调查发现，与每周摄食鱼类不超过两次的女性相比，每周至少摄食五次水煮鱼类的妇女其癌症风险降低了 30%。这些结果已经在西班牙进行的一项研究得到证实。美国的 M. Gago-Dominguez 在 2003 年进行的超过 35000 名妇女的大规模前瞻性研究中得出结论，认为来自海洋动物的 $n-3$ 脂肪酸的摄入量与乳腺癌风险呈负相关。

分析血液中的脂肪酸（血清和红细胞）可以更好的评估，并能够验证 $n-3$ 脂肪酸显著的保护作用。这些标志物在脂肪细胞中的分析显示，只有亚麻酸与乳腺癌风险降低有关。P. Bougnoux 教授的研究团队不包括任何营养调查的工作表明，与 88 例对照组相比，在 241 例浸润性乳腺癌患者中，癌症风险与乳腺脂肪组织中亚麻酸和 DHA 含量呈负相关。进一步的研究强调了 $n-6$ 脂肪酸水平对 $n-3$ 脂肪酸保护作用的重要性。必须认真考虑两种必需脂肪酸系列之间的平衡。分析 2009 年法国 AC Thiebaut 的研究时，来源不同的亚麻酸与乳腺癌的关系有很大不同，凸显了脂肪酸食物来源在评估消费者疾病风险方面的重要性。遗憾的是，与其他癌症一样，对于乳腺癌的研究，由于忽略了这个问题，或者更多时候由于研究者获得的是不完整的食物成分表，从而很少有研究考虑到这个方面。

乳腺癌患者的长期预后仍难以确定，但在某些特定情况下仍然可以进行推测。挪威的 E. Lund 在 1993 年进行的一项研究表明，频繁食用鱼类的患乳腺癌的挪威水手的妻子与摄食少量鱼类的女性相比，死亡率降低了 30%。相反，被追踪 18 年的美国护士研究没有发现含有 $n-3$ 脂肪酸的饮食对癌症发生后的存活性有任何影响。另一项由 R. E. Pattersom 发表的美国大型调查报告表明，被诊断患有乳腺癌并且平均每天服用 365mg EPA+DHA 混合物的女性，7 年后的死亡风险相比平均每日摄入 18mg EPA+DHA 混合物的女性降低了 40%。当摄入差异较大时，统计结果会更清晰。这种营养和实验效应可能是在这一领域的各种调查之间发现分歧的起源。

虽然补充 $n-3$ 脂肪酸没有为预防乳腺癌提供预期的效果，但是基于流行病学调查的结果并按照国际医疗机构建议，妇女必须保持肉类和蔬菜之间的饮食平衡。多不饱和脂肪酸 $n-6 : n-3$ 的脂肪酸摄入比率要接近 5。

（2）前列腺癌　动物或培养细胞中的几项研究表明，通过在食物或培养基中添加 EPA 或 DHA 可以抑制前列腺肿瘤的发展。

考虑到从摄食海鱼而摄入的 $n-3$ 脂肪酸的量，大多数已发表的调查显示 $n-3$ 脂肪酸摄入量与前列腺癌发病率呈负相关。

将全血中的 $n-3$ 脂肪酸作为生物标志物分析可以更准确地估计鱼类的摄食量。通过对近 15000 名男性的 13 年随访，可证实长链 $n-3$ 脂肪酸的含量越高，前列腺癌的风险越低。相比之下，亚麻酸水平似乎与癌症风险无关。然而，一些调查发现血浆磷脂中的 DHA 水平与高级别前列腺癌的患病率呈正相关。这些发现表明 $n-3$ 脂肪酸对前列腺癌风险的影响更为复杂。

$n-3$ 脂肪酸对前列腺癌发生的抑制作用的机制之一是其通过已知在前列腺肿瘤中过表达的关键酶——环氧合酶-2（COX-2）来抑制由花生四烯酸（前列腺素和白三烯）衍生的类花生酸的生物合成的能力。COX-2 基因的单核苷酸多态性形式（变异 SNP）的发现有助于改善 $n-3$ 脂肪酸与前列腺癌风险之间的关系。因此，瑞典一项包括 1500 名前列腺肿瘤患者的详细调查显示，只有在携带 COX-2 多态性形式之一的个体中表现出增加海鱼摄入量与前列腺癌风险之间存在显著的负相关。这种关系于 2009 年在美国被 V. Fradet 证实，当时研究了近 1000 名受试者，其中 466 名患有侵袭性前列腺癌。

（3）结直肠癌　法国是结直肠癌风险很高的发达国家之一，但也是世界上生存率最高的八个国家之一。生活方式在结直肠癌发展中的作用很重要。

1975 年，对不同国家疾病发病率和饮食习惯进行的比较研究表明脂肪来自过量的肉类摄入。研究者建议用鱼类或选择性地用禽肉来逐渐替代饮食中的大部分红肉（牛肉和羊肉）。许多研究已经致力于增加鱼类消费来降低结直肠癌的发病率。尽管大多数结果已经显示出有益的效果，但它们的异质性导致了 2007 年美国癌症研究所得出的结论是，"仅有有限的证据表明吃鱼能预防结直肠癌"（WCFR/AICR，2007 年）。根据该报告，造成解释困难的主要原因是受试者菜单中鱼类食物的多样性以及鱼类和红肉之间可能的平衡。此外，一项荟萃分析显示，摄食鱼类适度降低了结直肠癌的风险，结果在每天吃鱼的人中似乎更为明显。据计算，每周额外摄入一餐鱼类食物使结直肠癌风险降低 4%。

血液脂肪酸作为鱼类摄食标志物的分析已被允许用在日本受试者中，以更好地确证血液中总 n-3 脂肪酸、亚麻酸和 DHA 水平最高的人其结直肠癌风险最低（相关系数分别为 -76%、-61% 和 -77%）。这种相关性再次在美国被发现，但仅在未用阿司匹林治疗的受试者中发现。最后的结果强调了肿瘤中 COX-2 产生的促炎性类花生酸的影响，而该合成会被阿司匹林阻断。

8. 神经疾病

在 21 世纪初期，营养素可以影响人类心理功能的想法起初似乎令人惊讶，即使对于生理学家或医生也是如此。人们很难意识到学习和记忆等智力能力可能会依赖于脂质饮食。20 多年前，J. M. Bourre 在其书中总结了营养学的各方面，随着研究进展表现出与智力和思想（《大脑、智力和快乐的营养学》）日益密不可分的关系。

有关成年哺乳动物大脑的脂肪酸组成及其自出生开始的发育，促使早期研究者建立了脂质与脑功能之间的联系。事实上，自 20 世纪 60 年代初以来，我们知道脑膜中 DHA 的相对丰度，这种脂肪酸约占脑中不饱和脂肪酸的 1/3。1967 年加拿大的 B. L. Walker 揭示大鼠脑中的 DHA 含量依赖于其膳食亚麻酸［18：3（n-3）］的含量。许多研究探讨了 n-3 脂肪酸的影响，特别是 n-6 脂肪酸与 n-3 脂肪酸比值对动物学习能力的最优值。关于人体的研究主要是针对 n-3 脂肪酸摄入与行为、认知功能及其在衰老或精神疾病期间的改变之间的可能关系。值得注意的是，近期发现从补充 EPA + DHA 的受试者收集到的白细胞中端粒相对延长，揭示了 n-3 脂肪酸直接影响衰老过程的可能性。

应该强调的是，精神疾病是世界上最常见的疾病之一，并且处于致残主要原因的最前沿（WHO，2001 年，http：//who. int/whr/2001/chapter2/en/index3. html）。已发表的研究报告指出，除了物质使用障碍之外，在成年人中任何精神疾病的 12 个月流行率为 24.8%（在青少年中为 42.6%），近 50% 在其一生中将发生至少一种精神疾病（美国全国合并症调查，2014 年，http：//fas. org/sgp/crs/misc/R43047. pdf）。美国精神病的经济负担很重，2002 年约 3000 亿美元。在欧洲，有 1/4 的人口受到影响，2010 年的费用估计接近 8000 亿欧元。在法国，1/5 的人口为此遭受损失，每年的费用超过 1000 亿欧元。而中国已成全球首位精神疾病负担大国。由此，可以了解研究者对饮食习惯的微小变化可能带来的改变的兴趣了。

（1）神经系统的发育　n-3 脂肪酸，特别是 DHA，早已被证明是神经系统生长和发育所需的分子，这与其在脑细胞膜中的丰度有关。20 多年来，哺乳动物的研究表明 n-3 长链脂肪酸参与神经功能以及神经生理和行为表现。现在已经证明，在发育的关键阶段，n-3 脂肪酸的缺乏在不同程度上显著改变了所有有经验的动物的认知功能。在人体中，DHA 在大脑中的积累主要在妊娠的最后三个月，但在出生后的头两年继续积累，因此定期摄取这种脂肪酸对孕妇和幼儿很重要。最后，在成年人中，DHA 在一些脑脂质中将达到 30%，且在视网膜脂质中将达到近 40%。

①古人类学研究：四十多年前，通过伦敦帝国学院的 M. A. Crawford 的研究，已知需要摄入 n-3 多不饱和脂肪酸，特别是 DHA，以确保大脑正常发育。他的论文促使古人类学家研究在促进人类大脑皮层发育的过程中所需的饮食条件，特别是在过去的 100 万年

中，以人脑原始大脑皮层的发育为特征。关于其进化最公认的假设提出，非洲大草原上原本是猎人和采集者的直立人从东非大裂谷迁移到湖泊和沿海地区，在那里可以逐渐演变成双足站立的直立形态。在这种地理演化过程中，我们祖先的饮食很可能变得越来越多样化，趋于富含 $n-3$ 多不饱和脂肪酸（EPA 和 DHA）的动物猎物（植物资源中缺乏此类分子）。

在 2010 年由南非 D. Braun 在发现早期智人的东非大湖附近的史前遗址中发现鱼骨和贝类，为 M. A. Crawford 假说提供了印证。各种各样的水生食物（鱼和贝类），即使来自淡水，与其他陆地猎物混在一起，可能会在人类的整个进化过程中提供必需量的 DHA 和花生四烯酸。

猿人大脑的大小与富含 $n-3$ 脂肪酸的水生动物摄食之间密切关系的假设也与促进亚麻酸转化为 EPA 和 DHA 的遗传修饰（单倍型 D）的发现相符，这种变化可能出现在 40 多万年前的猿人大量迁移出非洲之时。

②产妇和脑发育——婴儿食品：发现 DHA 在视网膜功能中的作用后不久，加拿大的 M. S. Lamptey 于 1976 年在幼年大鼠身上首次证实富含亚麻酸的饮食对学习能力的积极影响。这些初步结果随后在更精细的大鼠实验中得到证实。在动物实验中已经对认知能力与以 DHA 为主的 $n-3$ 脂肪酸之间的关系进行了大量研究。多项实验还表明，特别是当缺陷发生在关键发育期如神经发生、突触发生和髓鞘形成时，$n-3$ 脂肪酸缺乏会引起脑功能障碍。恢复正常大脑功能的条件可能与年龄和缺陷后喂养的持续时间有关。

在人体中，20 世纪 80 年代初期美国的 R. T. Holman 仅基于独特的临床病例的研究显示亚麻酸对于神经功能是至关重要的，跟在动物中是一样的。现在众所周知，在妊娠的最后三个月，和出生后的头两年，DHA 是个体运动、感觉和认知能力正常发育中最重要的脂肪酸。但与 DHA 相比，EPA 在这些现象中的重要性尚不清楚。自 1996 年美国的 S. E. Carlson 对婴儿进行的研究之后，认为过量摄取 EPA（如鱼油）会降低磷脂花生四烯酸的含量，这种脂肪酸对于细胞信号传导至关重要。此外，由于子宫内摄取量过低，早产儿 DHA 缺乏风险较高。由于亚麻酸补充效率不高，母体补充 DHA 似乎是确保通过母乳喂养给孩子补充 DHA 的唯一途径。因此，现在认识到所有的足月和早产新生儿都需要摄食 DHA；有证据表明它确保了正常的视觉功能。虽然在很小的孩子中认知表现很难评估，但对已发表的主要研究结果的综述表明，DHA 与认知功能之间存在正相关关系，显然不能保证两个变量之间具有准确的因果关系。一个令人惊讶的方法是在 28 个国家进行的一项大型调查，通过国际学生评估计划的数学成绩估算母乳中 DHA 水平与儿童认知表现之间可能的相关性。该研究显示 DHA 对数学成绩有积极且非常显著的贡献。

虽然这些调查结果不是明确的，但是这些调查有利于母乳喂养，而母乳提供的 DHA 量符合已知的婴儿需求。虽然经常被质疑，但这种自然实践被认为是对儿童认知发展最有利的，即使在成年时也能感知到优势。这些研究工作有助于鼓励父母和儿童食品制造商选择补充 DHA。2008 年，一些国际专家认为，向食物中添加 DHA（和花生四烯酸）对儿童而言其益处是显而易见的。这种做法已经得到了各国科学界和医学界的肯定。

基于此，需要进一步的研究来更好地评估补充 $n-3$ 脂肪酸对孕妇或新生儿的益处、所需剂量和补充的最有利时期。需要在改善未来儿童认知能力的背景下，探讨母体中 $n-3$ 脂肪酸的补充。在丹麦进行的一项流行病学调查发现，对于其母亲在怀孕期间每天摄入 500g 鱼的婴儿，母亲增加的鱼类摄食与婴儿 6 个月和 10 个月大时的运动和智力发育相关。同时也强调了母乳喂养持续时间与发育之间的类似关系。通过观察膳食 n-6 脂肪酸与 n-3 脂肪酸比率与儿童神经发育之间的负相关性，以上母婴相互作用的积极方面也得到了支持。此外，结果表明，母体饮食在胎儿期而非在哺乳期或通过母乳喂养来影响孩子的大脑。正如研究者所强调的那样，这些数据主张在孕期提倡母乳喂养并限制 n-6 脂肪酸的摄取量。

　　欧盟批准了关于 DHA 对胎儿和母乳喂养婴儿的眼睛和脑部发育的声称。法国食品安全局（AFSSA）于 2010 年 3 月同意，DHA 是脑和眼睛的构成和功能中起作用的重要脂肪酸，并将其最低摄入量设定为总脂肪酸摄入量的 0.32%。因此，尽管不同研究的结果有所不同，但专家们建议配方奶粉中必须含有如 DHA 等接近 0.2%~0.3% 的脂肪酸，以接近母乳中观察到的水平。

　　（2）心理健康——认知和感官表现　n-3 脂肪酸对认知功能的影响经常通过动物实验来讨论。一般来说，这些化合物的缺乏导致了学习能力的下降，而 DHA 会增强学习能力。人体试验中，由于对食物摄取的控制不易和神经生物学机制的复杂性，情况则更为复杂。在营养水平上，临床医生基于膳食调查的准确结论很少，有时基于血浆和红细胞中的 n-3 脂肪酸含量具有更可靠的结果。

　　① 儿童和成人的认知表现：考虑到众所周知的神经元可塑性，n-3 脂肪酸在非常年幼的儿童大脑发育过程中表现出的作用也可能在成年人身上起作用。后一种特性是基于突触膜的快速更新和神经发生，这是目前所有神经生物学家都认可的机制。大鼠实验证明 n-3 脂肪酸（亚麻酸和 DHA）的摄入与神经和行为可塑性改善之间的密切联系凸显了一些所涉及的机制。

　　对于各种行为或学习困难的儿童，已经多次报道了其血液中较低的 n-3 脂肪酸浓度。对 493 名 7~9 岁的健康学生通过英国能力量表（Ⅱ）测量研究证实，血液中较低的 DHA 浓度与较弱的阅读能力和工作记忆表现显著相关。这些研究结果表明，通过膳食补充 DHA 和/或 EPA 不仅对于患有重度学习困难的儿童有益，而且对普通的在校学生也是有益的。

　　众所周知，在围产期长链 n-3 脂肪酸会迅速在人脑中积累，在婴儿末期和幼儿期这种积累仍然延续。因此，临床医生假设补充 DHA 和/或 EPA 可能在这些时期对脑发育有影响。主要困难在于常见的心理测试（Bayley Scales of Infant Development，贝利婴幼儿发展量表）仅提供认知功能的全球指标，但并未揭示幼儿间的细微差异。一项对 9 个月龄婴儿补充鱼油的研究，使用了一种非标准化的实验室测量（自由玩乐模式）来了解玩具游戏场景下的特定认知过程，该过程已知在大脑发育中发生显著改变。这项研究发现，补充鱼油的婴儿其在自由玩乐测试中注意力评分的积极变化（增加的注视次数）与红细胞中 EPA 含量增加和血压降低相关。

　　一项针对 3~13 岁澳大利亚本土儿童的补充鱼油的干预研究通过 Draw-APerson 测试（画像测试）观察到其非语言认知发展的显著改善，但阅读或拼写没有受到影响。

　　需要进一步的研究，结合使用几种方法来更清楚地了解各种 n-3 脂肪酸补充剂在婴儿中引起的可能变化的重要性。此外，一些临床医生认为，从长远来看，这些补充对认知发育的影响应该在更长的阶段进行研究，而不仅仅是在婴儿期，因为一些认知能力是在幼儿稍晚阶段才表现出来。

　　一些研究甚至探索了补充 EPA 和 DHA 给健康成年人带来的益处。因此，2005 年意大利的 G. Fontani 发现，持续一个月每天摄取大约 4g 的鱼油，可改善情绪状况，增加活力和认知表现，如注意力和反应能力。2012 年瑞典的 A. Nilsson 表明，持续 5 周每天摄入 3g 的 EPA+DHA 可以显著改善平均年龄为 63 岁的无记忆障碍者的工作记忆的表现；然而，治疗并不改变对空间的感知状况。

DHA 对皮质功能的有益作用已经基于神经生理学测量得到确定。同样，在认知测试中，年轻受试者持续 3 个月每天摄入 1g 鱼油，其大脑皮层血流更好，但未发生反应评分的明显改善。美国的 R. Narandran 的调查已经证实了这些结果，甚至提供了对于已经具有优良工作记忆的年轻成年人在摄入 EPA+DHA（2g/d）之后可能改善记忆表现的前景。

通过功能磁共振成像（MRI）已经发现，在年轻成年人中，与补充 DHA 相比，持续 30d 补充 EPA 在增强神经认知功能方面更为有效。此外，荟萃分析表明在应用 R. Haier 建立的神经效率原则（"智慧大脑使工作更省力"）时，在减少与认知表现相关的"脑力工作"方面，增加 EPA 摄入量比增加 DHA 摄入量更有优势。

最近的研究证实，补充 EPA 和/或 DHA 可能至少在生理基础上调节脑功能。需要更长期的进一步的工作以特殊的和不断进步的技术来精确检查其生理效应，特别是每种 $n-3$ 脂肪酸的认知效应。

②与年龄有关的衰退：许多研究表明随着年龄增长，脑中多不饱和脂肪酸的浓度降低。这种减少的原因是它们从血液中转运的效率和它们在大脑中的自身代谢的效率较低。更糟糕的是，随着年龄增长可能还会加上一些纯营养步骤（如营养摄入肠吸收）的逐渐减缓。这些变化可能导致大脑 DHA 水平的显著下降。最重要的是，至少在动物实验中，在海马体这个已知的在记忆和空间定向中起核心作用的区域观察到脂质组成最重要的变化。

针对许多受试者的一些流行病学和心理学研究表明，摄食鱼类及由此摄入的 $n-3$ 长链脂肪酸与认知功能丧失（记忆力、理解力和精神运动速度）风险的降低有关，但其他一些研究没有完全确证这个关联。瑞典研究小组采取了一种原创方法，该方法将 EPA 和 DHA 的营养摄入与总体认知能力，尤其是通过 MRI 测量的脑灰质体积相关联。

对这一领域进行的许多研究的分析得出的结论是，在衰老过程中 $n-3$ 脂肪酸对认知活动有着或多或少的重要益处。在法国，一项随访 4 年包含 246 位年龄在 63～74 岁之间的受试者的研究，通过评估定向能力、注意力、计算能力、记忆力、语言能力和视觉建构能力等，表明红细胞膜中 DHA（但不是 EPA）较高比例与认知功能下降的较低风险显著相关。美国的一项研究显示出类似的结果，当通过影响言语领域的测量来判定认知衰退时，这种相关性更强。除了这些观察结果外，EPA 和 DHA 摄入对认知衰退的影响是什么？必须认识到，这些干预措施远远没有使问题明朗，可能是因为各种方案的多样性和评估神经精神症状的困难造成的。例如，一些研究者能够检测到学习功能的改进，而另外一些研究者则无法显示任何变化。循证医学中心的荟萃分析发现了 $n-3$ 脂肪酸的补充对精神健康老年人的认知功能没有什么益处，但没有研究对痴呆发病率的影响。报告的结论是需要长期的工作来确定衰老过程中更重要的变化。必须注意的是，在被分析的研究中，有以鱼油形式进行补充的，也有以各种纯化的 $n-3$ 脂肪酸形式进行补充的。

认知衰退与阿尔茨海默症风险以及载脂蛋白 $\varepsilon-4$（APOE 同种型）等位基因的存在之间的紧密联系的发现改变了这些复杂关系的方法。正如 2000 年英国的 A. M. Minihane 表示，这个等位基因确实可与 $n-3$ 脂肪酸相互作用，从而促发心血管疾病和继发性脑功能障碍。该解释的有效性是基于观察到红细胞膜中的 $n-3$ 脂肪酸浓度与 APOE $\varepsilon-4$ 等位基因的老年携带者中认知表现的保持之间更密切的关联。涉及这种基因–食物相互作用和认知表现的所有机制仍然知之甚少，非脂质化合物的参与仍然是可能的。未来的研究不仅要考虑摄取的脂肪酸的性质和数量，还要考虑 APOE 在受试对象中的遗传状况。如果这些方法得到证实，任何试图预防与年龄相关的认知能力丧失之前都必须进行遗传学研究，以提高效率。

联合研究计划 COGINUT 于 2007 年在法国由国家卫生研究院（INSERM）发起，研究"多不饱和脂肪酸和抗氧化剂营养状况对老年人脑衰老（痴呆、认知衰退、情绪障碍）的影响"。该项目将有助于通过特定的营养建议、适宜的食品或营养补充剂来延缓病理性大脑老化。该项目嵌入在三个城市的研究中，其中包括 9000 多名 65 岁及以上的居住在波尔多、第戎和蒙彼利埃的志愿者，7 年中每两年跟踪一次。据证明，每周至少吃一次鱼类、每天食用水果和蔬菜的老年人，在接下来的 4 年中，发生严重认知恶化的风险降低了30%。作为地中海饮食的基本组成部分，橄榄油的日常食用也与更佳的认知表现有关。

$n-3$ 脂肪酸摄入与记忆巩固之间的生物学联系是什么？在基因领域之外，$n-3$ 脂肪酸对降低与衰老相关的脑紊乱的积极影响可能在于减少与年龄有关的氧化改变，并且还可以减少与记忆丧失相关的炎症。有人提出 $n-3$ 脂肪酸的神经保护作用（如心脏保护作用），在于抑制 TNF-α 和白细胞介素的合成以及增加乙酰胆碱的合成。在缺乏 $n-3$ 脂肪酸的动物被证明其大脑葡萄糖代谢发生改变，由此提出了一个假设：DHA 通过增加神经元葡萄糖代谢来发挥抵抗脑衰老甚至阿尔茨海默病的有益作用。

过去 5 年发表的绝大多数工作都倾向于通过摄食富含 EPA 和/或 DHA 的鱼类或膳食补充剂来维持和改善老年人适度的认知表现。鉴于这些脂肪酸的低成本和安全性，目前的数据允许鼓励居民采取富含 $n-3$ 脂肪酸或至少富含 DHA 的饮食，正如卫生部门所推荐的摄入水平，至少每天 500 mg 的 DHA。

③痴呆、阿尔茨海默病：脑衰老的一些后果是最具破坏性的。因此，这种衰老通常以痴呆症为特征，最常见的是由阿尔茨海默病所引起。它影响全球超过 2500 万人，其中 520万美国人和约 700 万欧洲人（欧盟 27 国）受其影响。在法国，目前约有 86 万人患有这种疾病，每年新发病例为 22.5 万例。未来几年的演变并不乐观，考虑到目前的发展趋势，到 2040 年法国可能会有超过 200 万人患有此病（占法国人口的 3%）。而中国目前超过1000 万患者，到 2050 年将达到 3000 万患者。阿尔茨海默病在直接医疗费用、直接社会成本和非正式护理成本方面具有重大的社会和经济影响。据 WHO 估计，2010 年阿尔茨海默病在全球的社会总费用高达 6040 亿美元。在美国，2013 年阿尔茨海默病的总费用为 2030亿美元。到 2050 年，这个数字预计将上升到 1.2 万亿美元（http：// www. alzdiscovery. org）。在法国，总费用估计为 260 亿美元，占其 GDP 的 0.6%。

阿尔茨海默病是老年患者中最常见的痴呆症（大约占神经变性疾病的 70%），65 岁以后每 5 年其发病的统计学风险就加倍。这种慢性疾病的特征在于包括记忆力、判断、决策、语言和定向等认知功能的逐渐恶化。神经病理学家增加了其他症状，如神经元可塑性改变（神经元和突触的选择性丧失）、不溶性原纤维蛋白的细胞内沉积和细胞外老年斑的形成。这些被称为淀粉样蛋白斑的斑块主要由 β–淀粉样肽（Aβ）的同源异构体（isoform）形成，最多的是 Aβ40 和 Aβ42，后者表征疾病的高级形式。在大多数情况下以及对于认知衰退，具有 APOE 基因的 epsilon 4 等位基因（15%的人群）是一种遗传易感因子，其使发生该疾病的风险增加 4 倍左右。

在没有药理学治疗的情况下，与认知衰退一样，脂质摄入被认为有可能调节阿尔茨海默病中该遗传因子的表达。随着动物模型和转基因细胞培养的发展，越来越清楚的是补充 EPA 和 DHA 似乎能够减少 β-淀粉样蛋白（一种对神经系统的有害的肽）的沉积。许多研究还表明，除了其抗炎作用，DHA 可以增强神经元的存活。这些积极的发展使临床医生自然决定探索 n-3 脂肪酸膳食摄入与阿尔茨海默病发病率之间的关系。鉴于这种持续的流行病学进展，似乎迫切需要尽早地确定简单廉价的方法，以便尽早优先在遗传易感受试者中安全应用。

尸体解剖检查显示，该病患者脑组织中 DHA 的浓度降低。值得注意的是，这些患者经常表现出脑容积减少和海马体萎缩，这些变化本身与红细胞中 n-3 指标的下降有关。使用 MRI 的研究特别证实了这些关系。

在十几个国家进行的 9 项大型流行病学和令人信服的研究，已经证实 n-3 脂肪酸的摄入（通过 n-3 脂肪酸在血液中的含量进行验证和评估），降低了认知衰退、痴呆或阿尔茨海默病的风险。值得注意的是，在老年人中，n-3 脂肪酸的最高血液浓度与 Aβ42 肽的较低的血浆浓度相关，Aβ42 是具有认知衰退风险包括阿尔茨海默病的无可争议的标志物。遗憾的是，补充 EPA 和 DHA 的实验并未提出令人信服的结果，关于实验方案和结果分析存在一些问题。研究表明，n-3 脂肪酸的作用与疾病发展状态密切相关，这些脂肪酸在早期阶段更为有效。从美国在该领域有史以来最伟大的专家之一 G. Cole 的立场上看，DHA 可以在疾病开始时（前驱阶段）减缓神经系统中的几种有害的分子机制。该临床医生公开地促进早期营养干预，特别是对于有风险的患者中，包括给予 DHA 和抗氧化剂。为了改善今后在这个复杂领域的研究，在 2013 年，纽约阿尔茨海默病药物发现基金会的 PA. Dacks 提供了 n-3 脂肪酸预防痴呆症的实用概述。他认为补充实验没有针对缺乏 EPA 和 DHA 的人群，而这才是痴呆症或认知衰退高风险的人群。他还强调，积极的结果可能仅限于 APOE4 的非携带者，并且补充必须应用于早期衰退阶段或衰退前的预防。事实上，DHA 的有益作用已经在对淀粉样蛋白斑沉积的抑制机制和仅在没有携带 APOE4 的阿尔茨海默病患者中才具有减缓认知衰退的作用方面得到了清楚的证实。所有新的前瞻性研究必须考虑到这种 APOE 多态性。

在"法国阿尔茨海默病计划 2008—2012"的授权下，由图卢兹大学医院领导了一项 70 岁及以上老年人记忆障碍的大型预防研究（MAPT 研究，多区域阿尔茨海默病预防性试验）。其目的是评估额外的 n-3 脂肪酸的保护作用和关于主要记忆的若干建议（http：//www . chu-toulouse. fr/IMG/pdf/cp_ etude_ mapt_ 28_ fev_ 2011. pdf）。在另一个国家级多学科研究计划——由法国农科院（INRA）领导的 COGINUT 计划中，其目的是分析饮食与脑衰老之间的关系，强调 n-3 脂肪酸和抗氧化剂的作用。2012 年，E. J. Johnson 揭示了类胡萝卜素（叶黄素和玉米黄质）可能在维持老年人的认知能力方面发挥作用。未来的研究肯定有助于确定各种形式的与年龄相关的痴呆症的新的预防和治疗策略，详细说明各疾病阶段的生物机制和治疗方式。

在缺少对初级预防进行调查的情况下，在考虑 DHA 或 EPA 处方以预防或特别是治疗阿尔茨海默病之前，需要进行许多基础和临床研究。这些进展肯定会受益于疾病分子诊断研究的相关进展，从而能够及早识别带有风险的受试者。

④视觉功能：人们早就知道 DHA 是哺乳动物视网膜中含量最丰富的脂肪酸，因为其占视网膜磷脂中所有脂肪酸的 30%。对于整个神经系统，DHA 优先积聚在膜中，尤其是在视网膜感光细胞中（高达总脂肪酸的 60%）发挥着关键作用。对于神经系统而言，视网膜只对 $n-3$ 脂肪酸的长期缺乏敏感，这使营养实验的实现变得复杂。

DHA 参与视网膜视觉信号转导的机制似乎与富含这种脂肪酸的膜的生物物理特性有关。1973 年，据报道，大鼠视网膜光感受器的电响应受 DHA 损耗的影响。之后，发现严重的 DHA 缺乏会导致视网膜功能障碍和视力下降。

尽管人类临床研究有困难，但 2001 年由加拿大的 S. M. Innis 完成的研究表明，母乳DHA 含量与 2 个月至 1 岁幼儿视力之间存在显著的相关性。相比之下，在接受 DHA 治疗 4 个月的母乳喂养的婴儿中，未检测到视觉功能的改善。这种缺乏效果的现象可能是由于治疗时间太短或这些幼儿的母亲其过去的 DHA 状态造成的。此外，在这些实验中，由婴儿摄取的脂肪酸量和组织的变化仍然是未知的。2008 年由澳大利亚的 L. G. Smithers 进行的一项医学实验研究表明，用富含 DHA 的母乳或婴幼儿配方奶粉（总脂肪酸的 1%，而不是 0.3%）喂养早产儿 4 个月后，改善了其视力。这项研究还得出结论，早产儿对 DHA 需求量很高，但常规牛奶中 DHA 量不足。

年龄相关性黄斑变性（AMD 或 ARMD）是视网膜疾病，是 50 多年来西方社会视力损害的主要原因。75 岁以上人群中 1/4 的人以及 80 岁以上人群中 1/2 的人会受到 AMD 的影响。

虽然地理和生活方式上存在重大差异，但是在美国、澳大利亚和欧洲国家的高加索人群中的 AMD 患病率表现相似。

AMD 在美国影响了 200 多万人，在法国则超过 100 万人，每年报告 3000 例新发失明病例。已经有两种形式的 AMD，即萎缩型（或干型）和渗出型（或湿型或新生血管型），其对视力具有相同的影响，但是发展不同。

许多研究表明，$n-3$ 脂肪酸可能有利于抗视网膜新生血管形成，这是一种糖尿病视网膜病变，尤其是 AMD 的常见疾病。2005 年，美国卫生保健研究和质量机构的专家选择了 16 项研究，以建立 $n-3$ 脂肪酸对眼部健康影响的清单。他们的分析没有提出任何一级或二级预防的建议（证据报告/技术评估，第 117 号，美国卫生健康研究与质量机构（AHRQ）出版号 05-E008-2，2005 年）。源于严格方案的十多项研究尽管不尽相同，但可以得出结论，EPA 和 DHA 明显参与了 AMD 的预防，而这些脂肪酸的摄入量过低会促发这种疾病。另外，似乎亚油酸高摄入与 $n-3$ 脂肪酸保护作用的显著降低有关。因此，我们再次发现膳食脂质摄入中 $n-6$ 脂肪酸与 $n-3$ 脂肪酸比例的重要性。最相关的研究之一是美国与年龄相关的大型眼病研究（AREDS，报告编号 20），明确表明长链 $n-3$ 脂肪酸在 AMD 发病率和进展中的保护作用，$n-3$ 脂肪酸的补充能够将新血管形成的风险降低达 40%。法国一项研究（营性养 AMD 治疗 2 研究组）评估了持续 3 年摄入 DHA（840mg/d）和 EPA（270mg/d）混合物预防渗出型 AMD 的疗效。研究者认为红细胞膜中 $n-3$ 脂肪酸含量最高的受试者其风险降低了 68%。2013 年，B. M. Merle 在对法国波尔多人口 5 年内采集的结果进行分析［普通老年人的队列研究（ALIENOR）］之后报道了类似的观察结果。

继许多种规模的其他研究证实这些效应之后，建议摄食 $n-3$ 脂肪酸作为预防 AMD 的

2006 年启动的法国 ALIENOR 研究的一部分（老年人口队列研究），已经表明，n-3 脂肪酸的高摄入量与 AMD 风险的显著降低有关，其相关性在早期以及新生血管形式体现得更为明显。

对这种保护作用机制的研究表明，EPA 和 DHA 及其代谢物（类花生酸）通过激活转录因子或通过炎症介质在细胞内信号传导水平上发挥其抗血管生成的特性。天然 DHA 衍生物神经保护素 D1 也可以保护视网膜细胞来直接抵御氧化应激和细胞凋亡。

⑤听觉功能：一直以来，很少有人对 n-3 脂肪酸对听力损失（老年性失聪）及其发生的可能影响进行研究，这是一个通常与年龄有关的健康问题，65 岁以上的人中大约有 1/3 存在听力障碍。

在对膳食摄入量和听觉能力进行调查的基础上，一项研究对 50 岁以上的近 3000 人进行了为期 5 年的监测，发现鱼类（也即 n-3 脂肪酸）摄入量和降低的听力损失风险之间存在明显的相关性。这个优点在于，与每周食用鱼类少于一次的受试者相比，每周至少摄食两次鱼类的受试者其听力损失风险降低了 42%。需要进一步的研究来确认这些初步结果，并确定可有效预防与年龄相关的听力损失的 n-3 脂肪酸的剂量和性质。

（3）心理健康："情绪障碍"一词已正式用于国际疾病的分类（ICD-10）；它汇集了一组精神障碍，最重要的是抑郁症，被分类为抑郁症（或重度抑郁障碍）和双相情感障碍（或躁郁症）。欧洲流行病学研究表明，近 10% 的人患有抑郁症，近 1/4 的人在其一生中会出现精神障碍。2011 年，欧洲大脑委员会的一份报告显示，情绪障碍导致的直接费用约为总费用（1130 亿欧元）的 23%，另一部分（77%）主要涉及病假福利和偶尔的自杀企图。许多流行病学和临床研究支持了这样的假设：西方饮食中 n-6 脂肪酸的偏高与 n-3 脂肪酸的降低相关，是各种精神障碍的起源。

简单的抑郁症（情绪抑郁症），通常称为抑郁，其特征在于以下三种症状中至少一种症状的长期存在：抑郁、快感缺失和精力下降。当有其中两种症状出现至少两周时，称为重度抑郁症。另外两种形式的抑郁症，即产后抑郁症和季节性抑郁症也有所研究。情绪障碍的一种特殊形式是躁郁症。其特征是交替出现抑郁症期和躁狂发作期，后者是表现出欣快和过度兴奋的时期。

①抑郁症：抑郁症的特征是无明显原因的持续时间超过两周的深度悲伤状态。这种情况导致悲伤，通常伴随着轻微的失调，例如睡眠和食欲的下降以及记忆力和注意力的受损。有时，这些障碍可能会导致产生自杀的念头。女性患抑郁症的几率是男性的两倍。据 WHO 估计，约有 3 亿人患有抑郁症，这被认为是世界范围内失能的主要原因。据估计，美国成人中符合抑郁症标准的约占总人口的 6.7%。一项研究显示，欧洲的抑郁症患病率在 8.6% 左右。在中国，抑郁症发病率高达 7%。

1996 年，澳大利亚的 P. B. Adams 第一次证实了抑郁症临床症状的严重程度与血液中 EPA 浓度之间存在负相关。这得到许多其他研究的支持。对血液和脂肪组织中脂肪酸的分析已经将高浓度的 EPA 和 DHA 与抑郁症发生率低联系在一起。对平均年龄 74.6 岁的波尔多人口的研究显示，在血浆脂肪酸中，只有低水平 EPA 的受试者才表现为抑郁症状。基于红细胞脂肪酸的研究得出了类似的结论。尽管对 n-3 脂肪酸（特别是 EPA）可能性作用达成共识，但导致这种关系的原因是内在起源如细胞脂肪酸代谢的偏差还是营养来源尚不清楚。

在围产期抑郁症（或产后抑郁症）的情况下，大多数研究工作表明，低水平摄食 $n-3$ 脂肪酸与紊乱频率之间的联系存在显著趋势。由 C. M. Rocha 发表于 2012 年的一项包括 100 名巴西女性的研究表明，当饮食中 $n-6$ 脂肪酸与 $n-3$ 脂肪酸比例超过 9 时，这些疾病的患病率会增加 24%。

②双相情感障碍：双相情感障碍（或躁郁症）是一种精神病学的诊断，定义了一类情绪障碍，其特征在于显著兴奋（躁狂）期和悲伤期（抑郁）之间的重复性波动。更严重的情况可能导致危险甚至自杀行为。因此，这种精神疾病与自杀率相关，可以达到正常人群中自杀率的 60 倍。有两种主要类型的双相情感障碍：他们的特征是躁狂发作（躁狂症，Ⅰ型）或减弱性躁狂发作（轻度躁狂症，Ⅱ型）。许多双相情感障碍患者有经常与精神分裂症相混淆的精神病症状，这可能导致临床试验结果的离散。在世界范围内，该疾病影响超过 1% 的成人，并且是十大最费钱和最虚弱的疾病之一。WHO 已经发现，世界各国的双相情感障碍患病率和发病率非常相似。其每 10 万人的流行率南亚约是 421 人，非洲和欧洲 490 人不等。在美国，这种疾病的患病率在成人中增加，从 1995 年每 10 万居民中 905 例升至 2003 年的 1679 例。20 岁以下青少年的增幅更高。虽然症状随时间的推移可能减轻，但一般来说，这种疾病持续很长时间。研究估计，法国为此支付的住院年费约为 13 亿欧元。如果这种情况是部分遗传的，则可能涉及环境因素。其中，膳食脂肪的质量需要反复提及。

美国精神病学协会推荐精神障碍患者，尤其是单极性和双相性精神障碍患者摄食至少 1g/d 的 EPA + DHA 混合物，或者每星期至少吃 3 次鱼类。

③自闭症：自闭症是一种复杂的精神障碍，主要基于遗传因素，其次是环境影响。世界范围内在新生儿中的发病率约为 1/68。它主要发生在 5~8 岁的儿童中，其特点是社交不畅、沟通存在问题以及对环境缺乏兴趣。原因尚不清楚，但近年来有研究指向该类病患者神经组织中膜脂质组成的变化。

与其他精神疾病一样，自闭症儿童中 $n-3$ 脂肪酸，特别是 DHA 的浓度通常低于对照组儿童甚至智力迟钝的儿童。在血浆或红细胞磷脂中，仅有花生四烯酸与 EPA 的比例发生变化。通过提供鱼油可以修复自闭症儿童中 $n-6$ 脂肪酸过量带来的不平衡。在血浆的游离脂肪酸中也观察到类似的变化，主要是 DHA，还有花生四烯酸和其他几种脂肪酸的变化。在所有情况下，饮食和其他代谢内在因素一起发挥的作用尚未得到评估。一些研究者假设，在 $n-3$ 脂肪酸中经常发现的缺陷可能与太晚怀孕或多次妊娠时母亲的代谢减慢有关。考虑到胎儿对多不饱和脂肪酸的吸收迟缓，早产也被认为是自闭症的一个可能诱因。

2007 年奥地利的 G. P. Amminger 的研究观察到，在一些自闭症男孩中持续 6 周每天补充 0.7 g 的 DHA 和 0.8 g 的 EPA，其刻板行为和多动症有所改善。一些研究者也观察到类似的治疗方法显著改善了自闭症儿童的与疾病相关的一些行为。

④多动症：儿童和青少年精神障碍专家将多动症称为"注意力缺陷多动障碍（ADHD）"（或多动症），作为一种行为障碍，主要表现为难以集中注意力，而缺乏需要认知参与的活动的一致性。ADHD 通常与其他疾病相关，如不治疗可能会导致许多心理并发症。70% 的 ADHD 儿童在成年后仍然受影响。这是儿童精神病理学中最常见的疾病。尽管生物和环境因素无疑是这种疾病的起源，但其具体病因尚不清楚。

很早就有研究表明，多动症儿童比健康儿童更易渴，且经常患有多饮、湿疹、哮喘和其他过敏症状。这些症状与必需脂肪酸缺乏症之间的关系已被几位研究者证实，他们也发现，其伴随着血液中花生四烯酸和 DHA 水平的降低。给这些患者补充富含 γ-亚麻酸（一种花生四烯酸的前体）的月见草油，没有改变症状。在不预先判断所涉及的机制的情况下，一些调查显示，一些年轻人和成人症状的严重程度伴随着必需脂肪酸的更大缺陷。

在这些研究的基础上，几种临床试验结合摄取各种形式的 $n-3$ 脂肪酸，并使用适当的和公认的心理学方案来评估症状。虽然显示出一个趋势，但公布的结果变化很大，可能是因为施用产品、治疗时间和使用的测试以及可能严格限定的疾病形式的多样性。因此，富含 EPA 和/或 DHA 产品的生物化学组分似乎是重要的，因为大多数临床试验报告仅在 EPA 给药后才获得阳性结果。此外，以色列的 N. Vaisman 在 2008 年发现，与类似的 $n-3$ 脂肪酸组成的鱼油相比，富含 EPA 和 DHA 的磷脂酰丝氨酸将改善视觉注意力的效果提高了两倍。一项干预研究表明，与 EPA 不同，DHA 的给药只能在 4 个月治疗后能够改善 $7\sim12$ 岁的 ADHD 组患儿的阅读和拼写知识困难的症状。大多数关于这个话题的评论都清楚地强调了患有 ADHD 相关症状的儿童特别是那些表现出注意力和学习困难的儿童可以从补充 $n-3$ 脂肪酸中获益。新发现能够提供一种不同的方法来进行辩论，以证明 ADHD 受试者中较低的血浆 $n-3$ 脂肪酸和 $n-6$ 脂肪酸比例水平与异常情绪处理相关。研究者通过脑电图测试了描述四种情绪（恐惧、悲伤、幸福和愤怒）的面部刺激的神经元反应。

各种 $n-3$ 脂肪酸的相对重要性以及 $n-6$ 脂肪酸可能的协同作用仍然不清楚。这些众多研究工作提供的结果的多样性可能部分可以由许多 ADHD 患者的营养不良和功能缺陷所解释。尽管这些营养失调与疾病之间没有因果关系，但所有专家都认同其具有加强的作用。必需脂肪酸缺乏可能是调节患者疾病症状的因素，而不具有决定性。因此，有足够的数据表明有必要结合神经活动测量和新的神经成像技术进行更大的 $n-3$ 脂肪酸的临床干预试验。

三、反式脂肪酸和共轭脂肪酸

除了大多数具有顺式双键的不饱和脂肪酸之外，还存在非常少的含有至少一个反式双键的不饱和脂肪酸。这些脂肪酸有天然来源，也有通过工业或家用食品原料制备的。在单烯脂肪酸中，异油酸是反刍动物中生物氢化最丰富的天然产物，而其异构体反油酸来源于膳食脂质的工业加工。

（一）反式脂肪酸

食物中反式脂肪酸的问题出现在 1984 年左右，随着时间的推移不断增长。已经在生物化学和生理学的各个领域发表了数以千计的文章，许多流行病学和干预研究已经被用于由于它们的使用所引起的潜在危害。反式脂肪酸主要来自乳制品，尤其是其中一些源于工业脂肪的加工产品。在具有反式构象的油酸类似物中，反式脂肪酸（或 $9t-18:1$）主要存在于含有工业脂肪的食品中，其异构体、异烯酸（或 $11t-18:1$）主要存在于反刍动物含脂肪的产品中。

人体高反式脂肪酸摄入可能与动脉粥样硬化、糖尿病或癌症等疾病的发生相关。每天摄入 $5\sim6g$ 的反式脂肪酸可能存在长期毒性。

1. 心血管疾病

七个西方国家进行的调查（七国研究）显示，反式脂肪酸与冠心病的死亡率呈正相关。法国食品安全局（AFSSA）结论称（2005年4月）：流行病学研究表明，反式脂肪酸的过量消耗（超过总能量摄入量的2%，或5g/d）与心血管危险增加有关。这些不良反应主要是由于"不良"胆固醇升高和"好"胆固醇降低造成的。

2. 炎症性疾病

流行病学研究表明，反式脂肪酸可能是炎症标志物增加的原因。因此，根据美国大型护士健康的调查研究，反式脂肪酸的消耗可能与更多量的 TNF-α 受体、C-反应蛋白和白细胞介素 IL-6 含量的升高有关。同时，营养实验证实了炎症标志物与工业来源的反式脂肪酸摄入之间的密切联系。通过不同反式脂肪酸对培养的人内皮细胞影响的研究表明，氢化脂肪中存在的反油酸和亚油酸可诱导细胞性炎症，产生自由基及减少血管舒张介质的生成。

3. 代谢疾病

美国关于护士健康的大型研究发现，反式脂肪酸的摄取与 2 型糖尿病的发展呈正相关。2010 年美国的 D. Mozaffarian 证明血浆反式棕榈油酸水平（$7t-16：1$）与低胰岛素抵抗和血脂异常降低有关。

4. 癌症

考虑到流行病学和临床研究的结果，许多专家小组建议限制反式脂肪酸的摄食。几个科学团体和国家组织赞同将反式脂肪酸的摄入量限制到能量摄入的 1%（FAO/WHO 报告、国际脂肪酸和脂质研究学会、荷兰卫生理事会和美国心脏协会），而其他组织则建议将反式脂肪酸的摄入量保持在 2% 以下（英国农业部，EURODIET 2000）。

（二）共轭脂肪酸（Conjugated Linolenic Acid，CLA）

共轭亚油酸具有与至少一个顺式双键相邻（共轭）的反式双键。因此，在来自反刍动物胃的植物中的亚油酸的生物氢化过程中，C12 处的双键顺式反式异构化伴随着 C11 的迁移，而 C9 的双键保持不变。这种天然的 CLA 在牛奶和乳制品中存在，也在反刍动物的肉中少量存在，还可以通过加热植物油（精炼和油炸）来产生瘤胃酸。

2005 年法国食品安全局（AFSSA）的报告显示，在法国，男性平均共轭亚油酸摄入量为 0.2g/d，女性为 0.17g/d，低于总能量摄入量的 0.1%。

1. 炎症性疾病

从不同条件的实验来看，CLA 对炎症的影响似乎根据患者的病情和各种实验而变化。在健康受试者中，它们可能导致 C-反应蛋白升高，而对 TNF-α 及其受体没有影响；而在糖尿病受试者中，它们对 C-反应蛋白和 IL-6 的血液水平没有影响。尽管结果显示，小鼠中 CLA 诱导基因表达导致炎症指标增加，但作用机制仍然不明确。

2. 免疫调节作用

少数的在人体中进行的研究工作并不令人信服。一项针对接种流感疫苗的研究没有产生预期效果，而另一项研究针对乙型肝炎疫苗接种的研究则显示，保护水平有所提高。

3. 对身体组成的影响

在共轭亚油酸的抗癌作用发现后的 10 年里，其对小鼠身体成分的影响激发了生理学家对这些脂肪酸的兴趣。该领域的早期结果来自于饲喂补充有共轭亚油酸饮食的小鼠，并且观察到约 60% 的脂肪储备的损失。这种作用是沉积物减少以及脂肪分解增加的结果。然后证明只有 $10t$，$12c$-$18：2$ 异构体具有减肥效果，这可能是由于其具有抑制脂肪细胞脂蛋白脂肪酶和增加甘油流出的能力。

关于骨骼生理学，必须指出的是，在由共轭亚油酸引起的体重减轻期间，在骨量上没有发现任何净效应。

4. 癌症

抗肿瘤作用是 1987 年在抑制小鼠诱导的皮肤肿瘤发展中证明的共轭亚油酸的第一生理特性。从那时起，许多研究已经清楚地表明，共轭亚油酸混合物或甚至纯的瘤胃酸对体外培养的肿瘤细胞或动物中各种诱导的肿瘤细胞产生细胞毒性和抗增殖作用。在探讨模型的过程中，当检测出两种瘤胃酸异构体和 $10t$，$12c$-$18：2$ 的作用方式时，情况似乎更为复杂。此外，如果这两种化合物有效地抑制了诱导性肿瘤的发展，在自发性肿瘤的生长过程中也观察到无效或部分激活效果。另一方面，在培养基中的癌细胞系中发现了异构体的可变活性。使用这些结果的困难可能源于异构体作用方式的多样性；$10t$，$12c$-$18：2$ 可以诱导凋亡并抑制脂氧合酶途径，瘤胃酸对凋亡没有影响，但同时也抑制环氧合酶途径。还会产生对活性氧的生成、脂肪酸的代谢和某些基因的表达的其他不同影响。

四、甘油三酯结构的影响

自生物化学家能够分析出甘油三酯（三酰基甘油）的分子结构，营养学家就得出：动物中脂肪酸的吸收取决于它们在甘油分子上的分布。

脂肪酸在摄取的甘油三酯分子中的位置，使其以游离脂肪酸或以 2-单酰基甘油的形式吸收。随后，这些途径将决定其在肠黏膜中生物合成后血液中乳糜微粒的组成。因此，在动物中已经确定 sn-2 位置中的月桂酸，肉豆蔻酸和棕榈酸引起肠道吸收增加。这解释了与其他脂质来源相比，婴儿或早产儿母乳中脂质的被更好地吸收的原因。已在早产儿中探讨了这一假设，证实采用 sn-1，3 位置的棕榈酸结构化甘油三酯对饱和脂肪酸的吸收具有负面影响。在成人中，已经证实棕榈酸中 sn-2 位置富集有助于减少餐后血脂的脂肪酸，这是已知与动脉粥样硬化直接相关的参数。在相同的营养条件下，观察到胰岛素血症和血浆凝血因子 FVIIa 的降低。这种情况与 DHA 非常相似，DHA 主要位于鱼油中甘油三酯分子的 sn-2 位置，并且更快地掺入脂蛋白中，而 EPA 主要在 sn-1 和 sn-3 位置中酰化。

营养研究的最新进展显示，脂肪酸的生物利用度取决于脂肪酸在甘油骨架上的位置，也取决于食品中脂质分子的超分子排列。在影响脂质消化的复杂参数中，最重要的是脂肪滴的类型或尺寸、界面组成及其是天然形式还是人工制备。

第二节　固醇与健康

人类从食物中获得两种类型的固醇，一种以胆固醇为代表，是一类动物特征的类固醇，另一种是植物固醇，是以与胆固醇相关的而却具有植物特征的化合物为代表。如果人类摄入大约相同量的这两个类固醇（200~500mg/d），它们在体内的代谢是不同的。

一、胆 固 醇

（一）心血管疾病

在人体动脉粥样硬化病变中胆固醇沉积物的观察很快引发了降低血液胆固醇水平的建议。近半个世纪后，这一发现使得摄取的胆固醇和胆固醇血症之间呈现出并行性的表现。这些结果推动了 A. Keys 试图根据饮食预测胆固醇血症的变化。在发现家族性高胆固醇血症后的 20 世纪 50 年代进行的大量调查已经永久地证明了高血清胆固醇与动脉粥样硬化发展之间的紧密联系。

虽然仍然意识到人类饮食的复杂性和多样性，但许多流行病学研究试图验证动脉粥样硬化的脂质假说。其中几项研究倾向于表明，降低饮食胆固醇可能会降低心血管疾病的发病率。在这些调查中，涉及 8000 名日本人的檀香山心脏计划（Honolulu Heart Program）被追踪了 10 年，其中确定摄取胆固醇明显与心血管疾病的风险相关。在伊利诺伊州芝加哥进行的西电研究也是一样。著名的生理学家 Irvine H. Page（1901—1991）——美国血管紧张素和 5-羟色胺的发现者——强调，摄入脂肪的量是影响胆固醇血症的主要因素，远远超过胆固醇的量。

历史上，一些流行病学研究报道了饮食胆固醇、胆固醇血症和心血管疾病发病率之间存在正相关的关系。例如，著名的七国研究显示，5 年随访后胆固醇摄入量与死亡率密切相关。但随后对结果的分析表明，这些发现应该通过饮食饱和脂肪的量来平衡。考虑到这一参数，饮食胆固醇与心脏病之间的任何关系都消失了。这种来自其他营养物质的干扰已经于 1988 年在 D. M. Hegsted 的二十国研究中被发现。在仔细分析 13 项流行病学研究后，这个问题可能似乎得到解决，其表明心血管疾病患者和健康个体之间的胆固醇摄入量差异仅约为 16 mg/d。但与身体每日合成的 1000mg 相比，归功于每天多摄入 16mg 是不足信的。各国许多流行病学家都提出了这个问题，但由于生活方式的多样性（吸烟、饮酒、身体活动、高血压等），他们无法建立胆固醇摄入与梗死或致命心血管疾病事件风险之间的关联。

2010 年，安大略省伦敦动脉粥样硬化研究中心的 J. D. Spence 指出，胆固醇对动脉有许多有害影响，包括诱导低密度脂蛋白氧化和增加餐后脂肪血症。

西医预防心脏病所采取的两项主要建议是维持营养胆固醇摄入低于 300mg/d，血液胆固醇低于约 5mmol/L（2g/L）。应该指出，一套饮食措施，如降低饱和脂肪摄入量和增加不饱和油的消耗，应必须自然伴随着消除其他众所周知的危险因素（吸烟、酒精、不运动、高血压等）。

（二）神经疾病

除了心血管疾病，痴呆症、阿尔茨海默病以及抑郁症的发病率也与循环或细胞胆固醇状态有关。1994 年第一次在兔子营养研究中讨论了胆固醇和阿尔茨海默病之间的可能联系。饲喂富含胆固醇饮食的动物在海马体中具有疾病标志物 β-淀粉样蛋白肽的显著发展。使用营养或药理学方法的许多动物实验研究已经证实并阐明了胆固醇与这种肽的累积之间的关系。

生物化学研究表明，淀粉样蛋白前体蛋白的代谢对胆固醇敏感。这一现象在 2003 年由 K. Rockwood 证实，他在摄入大量胆固醇后观察到 β-淀粉样蛋白过量产生，而他汀类药物治疗降低了风险。尽管他汀类药物的作用机制不同，但可能远远超出了胆固醇代谢的经典抑制作用，这些抑制剂的一些临床实验表明，在预防认知衰退方面有积极的作用。

二、植物固醇

根据植物产品的消费量，天然日常固醇摄入量在 150~400mg 之间，固烷醇（饱和固醇）不超过 25mg。在大多数情况下，人造黄油已被用作商业载体，固醇类以脂肪酸酯的形式提供。由 SS Abumweis 于 2008 年进行的 59 项涉及 4500 多名受试者的研究的荟萃分析表明，每天摄取约 2 g 植物固醇可使 LDL-胆固醇降低约 0.3 mmol/L（0.12g/L），这一分析也表明，这种影响取决于强化食品的性质、数量和膳食时间。2010 年美国的 R. Talati 发表的 14 项研究的荟萃分析表明，固醇和固醇类也有效降低总胆固醇、低密度脂蛋白胆固醇以及高密度脂蛋白胆固醇。C. Weidner 2008 年在法国进行的关于补充大豆植物固醇的牛奶消费的影响研究中清楚地表明，摄入 1.6g/d 的植物固醇在 8 周后降低了 7% 的低密度脂蛋白胆固醇，和近 5% 的总胆固醇。这些富含固醇（营养保健品）和各种补品的食品在市场上普及，但应注意的是，摄入量可能主要适用于中度升高的胆固醇水平（5.2~6.2 mmol/L 或 2~2.4 g/L），但必须同时控制脂肪摄取。

许多研究已经导致欧洲食品安全局（EFSA）决定植物固醇的每日摄入量不应超过 3 g，因为较高剂量会产生不良反应（如胡萝卜素和维生素 E 缺乏）。实际上，消耗 4 g 的固烷醇酯可能会诱导血清胡萝卜素和维生素 E 降低，其他脂溶性维生素保持不变。植物固醇的摄入也可与他汀类药物联合治疗以达到更高的效率。

此外，一些流行病学研究表明，植物固醇对一些癌症（肺癌、乳腺癌和胃癌）具有保护作用，β-谷固醇已被用于治疗良性前列腺肥大。

第三节 脂溶性维生素与健康

一、维生素 A 和类胡萝卜素

维生素 A 是由威斯康星大学的著名生物化学家 E. V. MacCollum（1879—1967）首先确定为营养领域的"脂溶性因子 A"的"维生素"因子。

维生素 A 自发现以来已经逐渐成为许多生物过程如繁殖和发育的调节剂。核维甲酸受体的知识源于法国斯特拉斯堡的 Pierre Chambon 教授的工作。视黄酸因此表现为能够改变基因表达并主要指导细胞分化的激素，这解释了其在免疫系统和癌症发生中的多种作用。与生物体功能必不可少的其他因素一样，我们的知识并不完整，但主要是由于对疾病的研究是在自然条件或有缺陷的实验条件下进行观察的。这种方法快速更新了大量的临床体征，从视觉机制到生长控制和防御感染。最近，许多流行病学研究和少量干预研究已经使得调查维生素 A 在癌症过程中的作用成为可能。

类胡萝卜素的一些成员可以作为维生素 A 的前体，更多的则是作为抗氧化剂，同维生素 E 一起发挥抗氧化的主要功能。

（一）视觉

1. 维生素 A

美国生物化学家 G. Wald（1906—1997）于 1967 年获得诺贝尔奖，主要从事"视觉激发的分子基础"工作。他发现维生素 A 是视网膜的一个组成部分。1935 年，他发现视紫红质（一种蛋白质色素）在光照下被分解成一种蛋白质即视蛋白，和一种视黄醇的醛衍生物即视黄醛（cis-11-retinal），视黄醛是视觉必需的生色团。

眼部疾病中的干眼症（结膜和角膜干燥）和夜盲症（夜视降低），与营养状况不佳相关。自 20 世纪初以来，许多研究已经明确了维生素 A 在视力过程中的作用。

在第三世界，维生素 A 缺乏是导致儿童失明的主要原因。这种缺陷的第一个症状是夜视丧失，其次是角膜损伤，导致干眼症、溃疡形成和所有视力丧失。WHO 估计，2.5 亿以上的 5 岁以下儿童患有维生素 A 缺乏症，全球有 300 万人患有干眼症，而由于维生素 A 缺乏症而导致近 50 万例失明。对 43 项大型试验（总共 215633 名 5 岁以下儿童）进行的大量荟萃分析显示，补充维生素 A 的治疗降低了视力问题的流行率，主要是夜盲症和干眼症。这种补充措施应适用于所有处于危险中的儿童，特别是在发展中国家。发生视网膜色素变性导致年轻人失明的遗传性疾病，可以在维生素 A 给药后减慢。

2. 类胡萝卜素

黄斑变性（AMD）影响了视网膜感光细胞非常丰富的区域，导致中心视力严重恶化，甚至可能导致失明。WHO 估计，全世界 8.7% 的盲人患有 AMD。黄斑变性影响了 1500 万美国人。据估计，65~74 岁的美国人口中有 14%~24%，75 岁以上的人口中有 35% 患有这种疾病。在欧洲，AMD 的人数估计约为 2000 万。在法国，包括大量盲人在内的一百多万人患有 AMD。

美国眼科病例对照研究小组的研究于 1993 年出版，并在近千个受试者中探讨了叶黄素与 AMD 风险之间的潜在关系。这些研究工作首次表现出叶黄素和玉米黄质的血浆浓度与 AMD 风险之间存在负相关关系。他们还认为，摄入的叶黄素的量与降低的 AMD 风险密切相关，受试者消耗的风险比消费最少的患者风险低 60%。Cohen 认为，通过直接测量光密度评估的黄斑本身中叶黄素的浓度与食物摄取量有很好的相关性。

在法国进行的第一次流行病学调查是由 INSERM（调查与年龄相关的眼部疾病）进行的，针对 2600 名受试者，研究了叶黄素和玉米黄质的血浆水平与年龄相关的眼睛疾病（AMD 和白内障）的风险之间的密切关系。因此，与具有最低水平的受试者相比，在具有最高水平的玉米黄质的受试者中，AMD 风险降低了 93%，核白内障风险降低了 75%。同时，对于高水平的叶黄素，AMD 的风险降低了 69%，高叶绿素和玉米黄质的 AMD 风险降低了 79%。研究表明，这些叶黄素对 AMD 和白内障发挥重要的保护作用。关于干预研究，目前有一些直接证据表明补充叶黄素和玉米黄质对 AMD 的保护作用。2009 年加拿大的 F. Carpentier 的研究表明，补充类胡萝卜素 30mg/d，增加了黄斑中的色素密度，这些变化能够保护视网膜免受过量阳光的伤害。美国芝加哥医疗中心眼科诊所的 S. Richer 在干性 AMD 的受试者中补充 10mg 叶黄素后，测量了黄斑色素的密度增加了 50%。同时，他观察到改善的视觉表现，如眩光恢复和改善的对比度视力和视敏度。

在目前关于这个问题的知识状态下，与针对 6 项研究的大型荟萃分析的研究者保持一致似乎是明智的，这些研究对 1700~710000 人的大型队列随访了 5~18 年。该分析显示叶黄素和玉米黄质摄入最高的人其晚期 AMD 患病率显著降低（下降 26%）；相比之下，早期 AMD 没有观察到关联。虽然缺少令人信服的结果，仍然建议至少有一个其他危险因素（吸烟、遗传和强烈照明）的 50 岁以上的人每天至少吃 3 种水果。任何补充的叶黄素和玉米黄质都应在医疗咨询后才能使用。

（二）免疫系统和感染

1. 维生素 A

1925 年，维生素 A 被认为参与淋巴器官发育。大约 3 年后，被认为是一种抗感染因子。1933 年，已经是美国领先的美国维生素 C 和维生素 D 专家的 A. F. Hess 表示，750mL 牛奶中的维生素 A 就足以满足婴儿生长需要。

在艾滋病病毒阳性患者中观察到维生素 A 缺乏症，在这一结果的基础上，有研究者给感染艾滋病病毒的母亲做了补充试验，提出了补充维生素 A 可能降低艾滋病病毒向其子代传播几率的建议。现已经确定维生素 A 参与受损的黏膜感染的再生，刺激白细胞，如 T 细胞、NK 淋巴细胞和吞噬细胞，并增加抗体活性。日本的 Y. Nozaki 于 2006 年对动物进行的研究表明，视黄酸有助于减少炎性细胞因子、趋化因子和免疫球蛋白的形成，这些功能与感染防御和感染组织的愈合有关。

2. 类胡萝卜素

动物实验表明，类胡萝卜素，包括那些没有维生素 A 活性的类胡萝卜素可能会加强免疫系统。它们的抗氧化性可能参与这些性质。除了在啮齿动物或细胞培养实验，一项人体研究证实了这些最初令人鼓舞的结果。研究表明，持续摄入 2~8mg 的虾青素两个月后能够调节免疫反应，减少炎症。2012 年，韩国的 S. H. Jang 表示，另外一种类胡萝卜素——番茄红素是非常有效的抑制胃幽门螺旋杆菌对胃上皮细胞的侵袭反应，幽门螺旋杆菌是胃炎、溃疡和胃癌发病的主要因素。这些影响可能来自番茄红素强大的抗氧化性质，抑制凋亡和过量自由基对 DNA 的损伤。这些在细胞培养物中获得的结果必将会在未来的临床研究中得到利用。

（三）皮肤

长期以来，维生素 A 与表皮的体内平衡有关，其特征在于维持细胞增殖与分化之间的平衡。此外，早期似乎是维生素 A 缺乏导致过度角质化。对人而言，这种缺陷伴有干燥的皮肤（干燥症），出现鳞片（鱼鳞病）的区域，其次是角膜角质化，这是失明的根源。

视黄醇和视黄酸以及许多活性衍生物已被用于治疗一些皮肤病理学，如痤疮、痤疮性红斑痤疮、角化病、湿疹和牛皮癣。相反地，过量的维生素 A 抑制角质化甚至可能诱发局部刺激。使用新的天然或合成衍生物有助于减少这些副作用。形成维生素 A 复合物的几种化合物被应用于抗紫外线（UV）和防止皮肤过早老化的化妆品中。

（四）癌症

1. 维生素 A 和 β-胡萝卜素

1925 年，首先提出了癌症疾病与维生素 A 缺乏之间的联系。自从第一次发布了 β-胡萝卜素的保护作用以来，几项流行病学研究已经显示食用大量水果和绿色或黄色蔬菜的一些益处。这些自然引发了对这些食品中所富含的类胡萝卜素和维生素 A 的保护作用的许多研究。

由瑞典的 SC Larsson 于 2009 年进行的广泛调查的荟萃分析涉及超过 100 万人，最长跟踪调查长达 26 年，结果显示了胡萝卜素对雌激素依赖性乳腺癌发病率的有益作用。

2. 其他类胡萝卜素

对于不是维生素 A 的番茄红素，许多研究表明其摄入的增加伴随着前列腺癌的较低风险。这些观察结果可能与 DNA 对抗自由基的保护作用有关，胡萝卜素是人类可以在食物中发现的最强的抗氧化剂之一。1995 年在美国由 E. Giovannucci 进行了一项针对近 48000 名受试者的前列腺癌和类胡萝卜素之间关系的研究，这是有关这类关系的最大的流行病学研究之一。研究发现，在饮食类胡萝卜素中，只有大量的番茄红素才能导致前列腺癌发生率降低 21%。

鉴于许多结果证实了这种保护作用，全球抗癌研究基金会建议 2007 年番茄红素作为前列腺癌的保护剂。

虽然体外实验已经表明，在三种类胡萝卜素（虾青素、角黄素和 β-胡萝卜素虾）中虾青素具有小鼠或人类癌细胞中最有效的抗肿瘤活性，但临床研究尚未侧重于这种类胡萝卜素。这个例子表明，植物世界中存在的每种类胡萝卜素的潜在抗癌活性都具有广泛的研究领域。

2001 年由土耳其的 O. Kucuk 进行的一项研究中，36 名患有临床诊断的前列腺癌的男性，每天摄入 30mg 番茄红素显著降低了 3 周后的肿瘤生长。

（五）心血管系统

1. 维生素 A

许多研究表明，维生素 A 参与血液凝固、炎症和血管钙化的机制，证明这种维生素是了解血管病变的重要因素。

2. 类胡萝卜素

当发现与动脉粥样硬化相关的冠状动脉心脏病主要是由脂蛋白氧化所引起，临床医生便将精力集中在详细检查富含脂溶性抗氧化剂，特别是类胡萝卜素和维生素 E 的食物的有益作用。1995 年，JM Gaziano 对居住在马萨诸塞州波士顿的大约 1300 名老年人的为期 5 年的随访表明，与摄入最少量类胡萝卜素的受试者相比，摄入类胡萝卜素量最多的受试者其心血管疾病死亡风险降低了 46%，心肌梗死的风险降低了 75%，改变更为明显。考虑到 α-胡萝卜素和 β-胡萝卜素的血浆水平、摄入这些化合物的标志物以及近 1200 名老年人心血管疾病的死亡率，10 年后欧洲研究（SENECA 研究）再次发现了这一效应。最近的结果显示，这些血液参数与内皮功能的标志物和炎症和氧化应激的减少呈正相关。

很少有研究者关注除胡萝卜素以外的类胡萝卜素对心血管系统的潜在作用。其中一项动物研究表明，虾青素对氧化应激和炎症具有有益效果。临床医生能够验证这些发现在人体中的有效性，但迄今为止尚未进行相关对心血管疾病患者的相关影响的研究。

目前，各国国家机构建议每天吃 5 种水果和蔬菜，这一建议符合科学和临床工作中关于类胡萝卜素与心血管系统之间可能存在关系的所有结论。

（六）阿尔茨海默病

实验室研究已经显示维生素 A 的形式之一——视黄酸在神经系统的发育中起关键作

用。法国波尔多大学的 F. Mingaud 在 2008 年研究表明，维生素 A 参与突触可塑性的调节，突触可塑性是记忆的基本参数，主要是通过靶基因的表达。

许多数据表明，机体通过大脑中维生素 A 的调节功能来维持记忆功能。一些研究证明维生素 A 的神经元运输失调与阿尔茨海默病的发病有关。此外，阿尔茨海默病患者的血清视黄醇含量和视黄酸生物合成的效率都很低；这似乎主要涉及这种疾病的"迟发型"形式的病因。这个假设似乎已经被英国的 JP Corcoran 确认，2004 年，当研究者用维生素 A 缺乏来抑制视黄酸信号通路时，会形成 β-淀粉样蛋白肽沉积（老年斑的细胞外组分）。

许多研究表明，老年斑的形成与局部氧化应激相关，后者会促使阿尔茨海默病发病机制的发展。在这些潜在的氧化反应中，使用抗氧化剂分子也尝试了几种治疗方法，但没有太大的成功。西班牙的 F. J. Jiménez-Jiménez 在 1999 年实现的流行病学研究已经证实，阿尔茨海默病患者的几种抗氧化剂如 β-胡萝卜素、维生素 A 和维生素 E 的血清浓度低于对照受试者。另一些研究，如 E. J. Johnson 于 2012 年的研究倾向于证明叶黄素和玉米黄质可能确实在保持老年人认知功能方面发挥作用。

在阿尔茨海默病动物模型中，美国的 Y. Ding 于 2008 年证实视黄酸本身具有抗氧化性质，用其治疗能够减少 β-淀粉样蛋白肽的积累和神经元的损失，提高动物的记忆力。

二、维生素 D

维生素 D，特别是维生素 D_3 被认为是在不同领域发挥重要作用的化合物。除了控制钙代谢之外，它涉及代谢紊乱、糖尿病、心血管疾病、癌症、脑功能和免疫。最近，从健康成人中收集的白细胞基因表达谱数据显示，66 个基因的表达在缺陷受试者中发生了改变。

为了明确维生素 D 的重要性，EFSA 于 2010 年正式认可维生素 D 不仅有助于磷酸钙代谢，而且可以保证肌肉、免疫和炎症反应以及心血管系统的正常运作，并促成细胞分裂。

内源性物质的存在及其作用方式使得维生素 D 被认为是一种激素而不是维生素。它甚至被昵称为"太阳激素"。

受维生素 D 缺乏影响的主要生理系统，如图 4-1 所示。

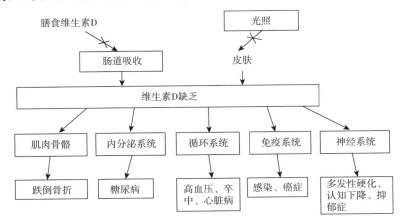

图4-1　受维生素 D 缺乏影响的生理系统

注：×表示维生素 D 缺乏症的起因。

（一）磷酸钙代谢

通过增加磷酸钙和钙的肠道吸收来调节磷酸钙和钙内稳态是维生素 D 的首要作用。在缺少维生素 D 的情况下，与正常相比，人体吸收最多 15% 的钙和 60% 的磷。在生理上，这种吸收的增加通常是在某些生理（生长和妊娠）和病理（甲状旁腺功能亢进）条件下对体液中的磷酸钙缺乏的反应。维生素 D 的任何缺陷可能导致骨骼疾病，从矿化障碍开始，可能恶化为佝偻病（发育不良）。如果不进行治疗，可能会发展为骨软化（进行性软骨化）。当伴随肠道吸收不良（乳糜泻、克罗恩病等）时，膳食维生素 D 缺乏的后果更为严重。在这种情况下，维生素 D 作为所有的脂溶性维生素摄取的减少而减少，因此必须通过大量的营养补充来补偿。

钙和维生素 D 的补充剂通常用于老年或骨质疏松症患者，以强化其骨骼。几项流行病学研究表明，每天摄入 20μg 维生素 D 会降低摔倒和骨折的风险。

（二）代谢性疾病

糖尿病是所有人群中最常见的慢性疾病之一，并引起严重和致命的并发症（占世界死亡率的 8%）。在全球范围内，2013 年有将近 3.8 亿人患有糖尿病，到 2035 年将上升到 5.92 亿。估计 2013 年糖尿病患病人数北美达 3700 万人，欧洲达 5600 万人，东南亚达 7200 万人。据估计，法国 350 多万人患有糖尿病（患病率正稳步上升），其中大多数患有 2 型糖尿病（约占总数的 90%）。

多年来，1 型糖尿病的发病率与地理位置、季节和阳光暴露有关，所有这些观察表明维生素 D 是参与疾病的病因。基于这些发现，许多流行病学研究已经显示维生素 D 的血液水平与糖尿病风险之间存在负相关关系。最近对八项调查的综述显示，吸收超过 500IU/d（12μg/d）的维生素 D，与最低摄入量相比，将 2 型糖尿病的风险降低了 13%，当维生素 D 的血液水平高于 25μg/L 时，与最低水平相比，该风险降低了 43%。

2 型糖尿病的特征在于细胞胰岛素敏感性丧失，但可能导致有希望的临床应用。Farouhi 在医学研究委员会前瞻性研究中证实，早期的流行病学证据表明维生素 D 缺乏与高血糖和胰岛素抵抗的发展有关。

（三）心血管疾病

维生素 D 循环水平与心血管疾病死亡率密切相关，各国广泛的研究显示，将下限定为约 15μg/L，较低浓度的心脏病发作风险约为浓度大于或等于 30μg/L 时的两倍。对芬兰接近 6200 人进行随访（芬兰小型健康调查）26 年后，A. Kilkkinen 在 2009 年表明，维生素 D 的水平与中风的发生率比其与心脏水平的血管事件更直接相关。这些对芬兰人口的调查应该在其他各国的人口中也同样进行，以消除受试者年龄、特定生活方式和食物偏好引起的可能偏差。

维生素 D 缺乏症也与高血压现象有关，因为发现阳光暴露可能会导致血压下降。维生素 D 对心血管系统保护作用的机制可能是什么？已经提出了许多假设；最有可能的一个假设是维生素 D 水平过低导致肾素-血管紧张素-醛固酮系统的激活。美国高血压专家 J. P. Forman 的研究结果证实了这一假设。2010 年，这名研究者首次在人体中证明维生素 D 缺乏症，血管紧张素 Ⅱ 水平升高与肾脏灌注减少之间的联系。该实验室近期的遗传研究证实血浆肾素的调节还停留于维生素 D 受体的水平。奇怪的是，西班牙的 J. L. Perez－

Castrillon 在 2010 年观察到，高水平的维生素 D 促进了他汀类药物的作用，它们是强力降胆固醇的化学药物。

（四）癌症

在对美国和加拿大的官方数据进行详细分析后，阳光暴露与癌症死亡率之间的逆向关系的假设。1980 年发表的美国 C. Garland 的流行病学研究已经明确了阳光照射对结直肠癌发病率降低的有益作用。这位研究者指出，在南方的城市（阳光明媚），结直肠癌比在美国北方（阳光明媚的城市）更不常见。这项研究的突破在于这些城市居民中发病率与维生素 D 生物合成强度之间的反比关系。同一研究者随后证实了维生素 D 摄入和相同类型癌症的类似关系。在欧洲，世界卫生组织国际癌症研究机构（IARC-WHO）2008 年出版的《维生素 D 与癌症》报告得出结论，流行病学研究为血浆中维生素 D 与结肠直肠腺瘤和散发性结直肠癌的发病率之间的负相关提供了令人信服的证据。但因果关系尚未明确。关于结直肠癌的结果，已由法国的 Jenab 于 2010 年在 10 个欧洲国家进行的有 52 万人参加的欧洲癌症和营养的前瞻研究（EPIC）调查中公布。调查显示，血浆维生素 D 水平高的具有显著优势，最高水平组（$>40\mu g/L$）的患癌风险比最低水平组（$<10\mu g/L$）低 40%。

到目前为止，应该注意到的是，补充维生素 D 不能降低这种癌症的风险。即使存在转移，抗癌化疗或放疗的患者也可以利用维生素 D 的益处。这些益处可能是由维生素 D 引起的细胞毒性抗癌剂的增强所致。

目前唯一可能与维生素 D 相关的癌症为结直肠癌。越来越清楚的是，维生素 D 的高血浆水平有效地抑制了结直肠癌的发展。

（五）神经疾病

越来越多的人体和动物实验证实，维生素 D 可以参与神经递质的合成、神经营养因子的表达、神经发生、产生细胞因子的脑功能和对氧化应激的抵御等。维生素 D 通过其核受体调节 500~1000 个基因的转录，而这些受体存在于人脑海马体和皮层中，因而研究兴趣自然地集中在维生素 D 和脑功能障碍之间的可能联系。因此，维生素 D 逐渐被认为具有神经激素的作用，类似于某些类固醇（孕烯醇酮、孕激素和脱氢表雄酮）。

1. 认知下降

根据 D. M. Lee 进行的一项欧洲前瞻性研究，维生素 D 缺乏症经常与老年人认知衰退相关。结果确实表明，血浆中维生素 D 水平最低的男性更可能受到严重认知障碍的影响，反之则具有较好的智力表现。K. M. Seamans 于 2010 年指导并发表的一项多中心研究报告（爱尔兰、法国和意大利）证实了上述结果。该研究针对 55~87 岁的受试者进行，用剑桥神经心理自动化成套测试（CANTAB）进行心理生理学测试。该领域的研究发现，缺乏维生素 D（血浆水平$<10\mu g/L$）的个体，MMSE 评分变差的风险增加，可能达到约 60%。这项综合测试探索了各种记忆能力，如时空定位、学习、记忆、注意力、计算、推理、语言和建设性的实践。C. Balion 在 2012 年进行的一项针对 37 个研究的荟萃分析证实，血液中维生素 D 水平（$<20\mu g/L$）最低的受试者与最低的认知能力相关联，并且具有进一步发展为阿尔茨海默病的较高风险。

综合了许多研究者的观点，英国的 D. J. Llewellyn 在 2009 年提出了一项指导意见，即

"维生素 D 缺乏是预防痴呆症非常有希望的治疗靶点"。此外，这种补充维生素 D 的方法是经济安全的，已经显示出其降低跌倒、骨折和死亡风险的益处。最近的研究为阿尔茨海默病的治疗或预防提供了新的见解，结果表明维生素 D 和 N-甲基-天冬氨酸受体的抑制剂（美金刚）的联合使用是保护皮层神经元免于退化的最有效的方法。

由于缺乏临床试验，补充维生素 D 能够"预防健康人体出现认知功能障碍"或者"改善患者认知水平"的结论还为时过早。考虑到阿尔茨海默病的发展趋势，推进这项研究具有紧迫性。未来的研究需要密切关注以下问题，如维生素 D 治疗法的有效性、预防或治疗疾病的有效剂量以及减少副作用等。同时还需要关注维生素 D 受体在认知功能衰退和痴呆症发病机制中的作用，及其与血浆中维生素 D 和 $n-3$ 脂肪酸水平的密切关系。

无论如何，即使缺乏有关维生素 D 与智力能力之间因果关系的强有力的证据，还是应当持续观察按照权威医疗机构的建议每日摄入足量维生素 D 带来的效果。尤其是老年人和深色皮肤人群，更应该严格遵守这项建议。如果在血液中检测到维生素 D 缺乏，应按照医生建议口服摄入维生素 D 进行补充。

2. 精神分裂症

1999 年，英国 J. McGrath 提出了维生素 D 缺乏症与精神分裂症之间可能存在联系。基于 9114 例芬兰受试者的研究数据显示，出生一年内维生素 D 的补充能够有效降低 30 年后罹患精神分裂症的风险。尽管对于精神分裂症的发病机制尚未探明，然而很可能是由于怀孕期间和婴儿时期的维生素 D 缺乏影响了大脑发育和脑的未来功能，从而导致精神分裂症甚至自闭症等精神失常。

2010 年，意大利的 R. Amato 证实了地理区域和基因之间的密切关系，以及伴随而来的神经精神疾病，如精神分裂症与维生素 D 有关的疾病。这项工作在分子水平上证实了精神病与维生素 D 之间的关系。研究者进一步提出，精神分裂症可能是源于维生素 D 代谢问题，而这又是由地理纬度引起的。然而所有专家都强调一旦检测到包括精神分裂症在内的精神失常患者出现维生素 D 缺乏，需要立即进行补充。

3. 帕金森病

自 1997 年以来，日本的 Y. Sato 已经报道了在帕金森病患者中观察到维生素 D 缺乏的现象，随后被多次证实。当然，还无法得出明确结论，这种慢性衰弱性疾病是否是维生素 D 缺乏的原因；或者相反，后者是疾病的原因。另一方面，帕金森病患者往往伴有骨质疏松症，导致频繁骨折。

在新近的研究中，必须提及的是，美国的 E. Evatt 2011 年提出帕金森病和轻度阿尔茨海默病可能与维生素 D 缺乏有关。此外，他还提出维生素缺乏症与生活方式似乎不相关。芬兰的 P. Knekt 在 2010 年进行的一项大型研究表明，日照减少及维生素 D 缺乏的地区，似乎更容易观察到帕金森病与维生素 D 缺乏之间的相关性。的确，考虑到 30 年间的所有其他因素，帕金森病患者中血浆维生素 D 最低水平的人数是最高水平的 3 倍。

虽然尚未确定能够起到神经系统保护作用的最佳摄入量，仍然建议诊断为患有帕金森病的人增加阳光照射并采取一切对策来对抗骨质疏松症，包括维生素 D 和钙的补充。对于帕金森病的一种假设性预防措施，建议所有的老年人每天摄入的维生素 D 为 $25 \sim 50\mu g$（$1000 \sim 2000 IU$）。

4. 抑郁症

除了对认知障碍的影响，维生素 D 似乎越来越与抑郁症的发展和严重性有关。

目前，已经很好地建立了抑郁症与神经递质（血清素、去甲肾上腺素和多巴胺）活性之间的相关性。这些神经递质参与调节情绪变化、压力反应、睡眠周期、食欲和许多其他功能。因此，维生素 D 能够作为抗抑郁药，控制与抑郁症相关的神经递质平衡的调节似乎是合乎逻辑的。正如 1991 年 W. E. Stumpf 假设的那样，维生素 D 这种"太阳激素"可能是皮肤-大脑之间的一个很好的连接。直到 1984 年，临床精神病专家才首次使用光照疗法治疗季节性情感障碍（SAD），也称为冬季抑郁症。这一发现是 1984 年由美国的 N. E. Rosenthal 于 1984 年发表的。维生素 D 低血清水平与抑郁症相关的观点，最初来自于在秋冬季阳光照射减少时 SAD 高发的现象。而 1999 年美国的 F. M. Gloth 进行的一项实验，进一步证实了维生素 D（100000IU）的摄入比光照治疗 SAD 更有效。然而，维生素 D 和褪黑素（松果体产生的激素）之间的关系仍然是相当模糊的，仍需要更多的研究来探索光、神经激素和维生素 D 之间的复杂关系。

许多临床医生研究维生素 D 和抑郁症之间的关系，是由于这种疾病在居住在疗养院的缺少日照的人群中高发（高达 45%）。想了解这种疾病的严重程度，只需要看一下法国老年人研究（PAQUID）的报告结果，该研究是自 1989 年以来针对生活在阿基坦地区 65 岁以上的约 2800 位老人的队列研究。该研究表明，从适应问卷（CESD）的答复中判断的抑郁症状的患病率约为 16%，结果与其他几个国家（美国、英国、北欧和南非）的报告类似。此外，专家们认为，筛查和治疗抑郁症是预防老年人自杀风险的最佳措施。美国的 ER Bertone-Johnson 于 2011 年发表的研究报告显示，维生素 D 摄入量超过 800IU/d（20μg/d）的受试者患有抑郁症的风险比仅摄取 100IU/d（2.5μg/d）的受试者低 21%。

如果考虑到维生素 D 血液水平而不是维生素摄入量，许多研究仍然能够发现年轻人中抑郁症与维生素 D 之间的密切关系。这项改进的意义在于强调了监测收集血液维生素 D 水平以建立可靠的维生素状态的重要性。2010 年由美国的 V. Ganji 在第三次国家健康和营养调查中的发现给出了很好的例证。调查对 7970 名 15～39 岁的人进行调查，发现血清维生素 D 水平大于 30μg/L（75nmol/L）的受试者的抑郁症发作率明显低于 20μg/L（50nmol/L）。一项针对 45～50 岁的大约 6000 名受试者进行的横断面研究和前瞻性研究，为维生素 D 低水平与中年痴呆风险密切相关提供了有力支持。在不同国家进行的针对老年人的许多其他流行病学调查，都显示出相同的结果，总是观察到抑郁症与血清维生素 D 不足之间存在联系。

这些描述性流行病学研究的资料是相当丰富的；但是仍然无法确定抑郁症是否是维生素 D 缺乏症的直接后果，或者维生素 D 缺乏是否继发于抑郁症，原因有很多，如受试者饮食不平衡、维生素 D 代谢减慢或阳光照射受限等。显然，只有干预研究可以证明高水平的维生素 D 是否具有抗抑郁作用，并有助于建立维生素疗法。加拿大的 R. Vieth 于 2004 年发表的一篇报道，研究了连续 6 个月摄入维生素 D 后，对血清维生素 D 的影响，并考察了对心理和行为的影响。结果显示，600IU/d（15μg/d）的摄入量即可达到显著且有益的效果，而摄入 4000IU/d（100μg/d）的效果则更为明显。可见，持续摄入维生素 D 的效果要好于偶尔的高剂量摄入。

（六）免疫系统和感染

1. 细菌和病毒感染

自 1840 年以来，已知阳光和鳕鱼肝油可以预防佝偻病和结核病，但直到 20 世纪 80 年代才发现这种疾病与维生素 D（大量存在于鱼油中）之间可能存在的联系和机制。1985 年，结核病的发展与维生素 D 缺乏症之间的关系最终得到了英国专家 P. D. Davies 的认真论证。丹麦医师 Niels Ryberg Finsen（1860—1904）在 1903 年被授予诺贝尔奖"以表彰他在用光照辐射治疗传染病方面的贡献，为医学开辟了新的途径"。随后 J. Saidman 于 1920 年在法国大力发展"日光浴室"（或疗养院），用于治疗佝偻病和结核病。一个多世纪以后，这种观点被最近的研究结果证实。2011 年，英国的 A. Martineau 发现南非结核病的发病率与血清维生素 D 呈负相关。体外实验显示，维生素 D 能够增强产抗菌肽白细胞抑制结核杆菌增殖的效果。2012 年，英国的 A. K. Coussens 证实，在传统治疗结核病期间补充维生素 D 能有效抑制炎症反应，即与死亡相关的重大风险的反应。因此，阳光、维生素 D 和免疫系统之间的因果关系似乎终于确立了。

除了对抗结核病外，维生素 D 的研究还拓展到许多其他领域，如流感和艾滋病。死亡率不断提高的流感及其他呼吸道感染，似乎也与维生素 D 缺乏直接相关。许多流行病学研究支持了这一假设，包括 2009 年 W. B. Grant 发表的一项重要研究，他发现了 1918 年美国流感大爆发期间光照与减少死亡之间的相关性。另外，也有许多关于维生素 D 和流感病因的研究。日本的 M. Urashima 于 2010 年发表了一项针对 430 名 6~15 岁儿童、为期 4 个月的临床试验报告，结果显示持续补充维生素 D（30μg/d 或 1200IU/d），能够显著降低甲型流感发病率（-42%）。2010 年，美国的 J. R. Sabetta 进行的流行病学研究发现，血清维生素 D 浓度大于或等于 38μg/L，能够减少 50% 急性病毒性呼吸道感染发生的风险。除了流感，其他病毒性呼吸道感染也可能与患者体内的维生素 D 水平有关，J. R. Sabetta 于 2010 年发表的研究结果证实了这一点。

2011 年，荷兰的 M. E. Belderbos 通过强调在孕妇中补充维生素 D 来预防婴幼儿呼吸道合胞病毒引起的细支气管炎，从而确认了维生素 D 对抗呼吸道感染的作用。结果表明，出生时维生素 D 水平最低的婴儿在第一年就比那些具有最高维生素 D 水平的婴儿患细支气管炎的风险高 6 倍。一些类似的研究清楚地表明了在恢复母亲正常维生素 D 水平方面采取预防措施的重要性。这项治疗方案使得超过 46 万名法国儿童（30% 的婴儿）在每年冬天与肺部感染的斗争中获益，并且数量逐年稳步增加。希望更大的临床研究能够尽快进行，以提供简单而廉价的预防措施。

艾滋病引起的疾病症状恶化，主要表现为感染、贫血和死亡，也似乎与维生素 D 水平有关。来自 20 个欧洲国家的大型泛欧洲观察研究（EuroSIDA）研究结果（http://ec. europa. eu/research/success/fr/med/0349f. html）证实，83% 的感染者具有维生素 D 缺乏症，而且具有较高的并发症和死亡率。一种新兴的观点是，母婴传播艾滋病毒及儿童死亡率与维生素 D 缺乏症之间存在可能的联系。

如果这些流行病学研究结果能够被临床试验证实，那么摄入维生素 D 可以成为一种简单且廉价的方法，用于推迟或缓解抗逆转录病毒疗法，从而可以降低艾滋病治疗引起细菌并发症的严重程度。维生素 D 缺乏可能是由于抗逆转录病毒药物对其代谢的直接作用。

EuroSIDA 研究人员目前正在观察维生素 D 补充剂对艾滋病毒阳性人群的影响。

1939 年，美国 24 个州建立了幼儿龋齿发生率（94000 名 12~14 岁儿童）与日照频率之间的相关性。这个关系后来很快被 H. Kaiser 在 50 万名年轻的美国孩子身上得到验证。这些研究在 20 世纪 50 年代随着氟化物治疗的推广之后逐渐被遗忘。然而当人们发现暴露于含有 UV-B 的光照能够减少儿童龋齿发生时，这些研究重新得到认识。同样，2001 年美国 E. A. Krall 发现，老年人摄入维生素 D 和钙可以有效地防止牙齿脱落。

2. 自身免疫性疾病

维生素 D 的免疫调节作用已经讨论了 25 年以上，但直到 2012 年，Y. Schoindre 强调了其生理作用。这种变化是由于我们知道许多流行病学研究的认识的发展，包括建立维生素 D 与各种自身免疫疾病之间的相关性，特别是鉴定出免疫细胞中维生素 D 的合成。因此，流行病学研究表明，维生素 D 缺乏症通常伴随着自身免疫性疾病（如 1 型糖尿病和多发性硬化）以及炎性疾病（如类风湿性关节炎、克罗恩病或系统性红斑狼疮）。

2010 年，法国的 C. Pierrot-Deseilligny 发现，维生素 D 缺乏症似乎是多发性硬化症发展的风险因素。与其他疾病一样，其特征之一是其地理分布，光照少的地区维生素 D 皮肤合成少，因而发病率增加。多发性硬化症的流行性与光照之间的关系在各个国家都有记录，包括北美和法国。在法国，S. Vukusic 在 2007 年观察到，与生活在南方的农民相比，北方农民的多发性硬化症发病率要高两倍。在北欧国家也观察到类似的结果。更令人惊讶的是，2012 年英国的 R. Robson 指出，他观察到孕期经历过秋冬季（太阳照射时间较短）的胎儿，成年期发生多发性硬化症的风险更大。尽管维生素 D 和多发性硬化症之间的联系仍然没有解释清楚，值得注意的是，维生素 D 不足是长期多发性硬化症发生和发展的一项重要风险因素。

尽管有这些证据，维生素 D 对多发性硬化症的治疗作用仍然无法完全令人信服。进一步的研究应该确定维生素 D 在减少炎症和脱髓鞘（严重神经病理学期间发生的现象）方面的明确作用和所需的剂量。正如 C. Pierrot-Deseilligny 在 2011 年指出的那样，"明智的方法是采取预防性的措施，为患者补充维生素 D，特别是那些缺乏维生素 D 及有病况加重趋势的患者，而不是等待尚需数年时间的Ⅲ期临床试验结果"。

维生素 D 受体内在形式（在巨噬细胞和树突状细胞中）以及诱导形式（细胞内）的鉴定，明确了这种维生素在调节免疫和炎症反应中的重要作用。这些发现开辟了治疗自身免疫性疾病及对抗移植排斥反应的新方法。尽管目前只在动物试验中得到证实，但是相信在不久的将来，人们将在临床上看到这种新的预防和治疗方法。

3. 牛皮癣

牛皮癣（自身免疫性疾病的一种），属于皮肤和关节部位的慢性炎性疾病，也可能与维生素 D 水平有关。事实上，皮肤科医生已经越来越多的使用维生素 D（骨化三醇）或类似物（卡泊三醇）进行牛皮癣局部治疗，有时还采用光疗法（紫外线或光疗法）。虽然这些疗法能够诱导维生素 D 的循环水平增加，但维生素 D 作用于牛皮癣的因果关系尚未得到确定。尽管机制不明，但是使用维生素 D 来治疗牛皮癣仍然是一种廉价而有效的方法，并且目前正在进行的研究和临床试验将解开其中的谜团。

4. 哮喘

当确定哮喘发病涉及免疫防御机制时，哮喘与维生素 D 之间的关系就成为许多研究的对象。2007 年发表的几项研究，包括英国 G. Devereux 的研究，清楚地指出了维生素 D 缺乏与成人肺部疾病发生率之间的关系，以及幼儿母体缺乏维生素 D 与哮喘发病率的关系。美国和澳大利亚的一项大型调查，为哮喘及其他过敏性疾病的流行性和不同光照程度人群中的维生素 D 水平之间存在密切联系提供了更多的论据。因此，G. Krstic 在 2011 年提出，在两国范围内纬度向北提高 10 度，将导致哮喘发病率显著增加 2%。与其他流行病学研究结果一致，这项调查表明维生素 D 在过敏和哮喘等与免疫力下降相关疾病的发展中起着重要的作用。随着各国发病率的不断上升，早期补充维生素 D 可能是预防这种呼吸系统疾病的一种措施。在法国，近 300 万人（15 岁以下占 1/3）受这种疾病影响，治疗费用近 10 亿欧元。再次重申，通过控制维生素 D 水平和长期补充进行的预防措施，能够有助于减少这些健康支出。

三、维生素 E

维生素 E 是我们身体中最丰富的亲脂抗氧化剂。这可能解释了其对富含 $n-3$ 多不饱和脂肪酸和 $n-6$ 多不饱和脂肪酸的生物膜和脂蛋白的保护作用。在与自由基反应后失活的 α-生育酚再生维生素 C 的存在下，这些作用也被加强。一种适应性的维生素 E 消耗能够促进免疫激活并降低慢性退行性疾病（动脉粥样硬化、心肌梗死、癌症、神经变性疾病等）的发生，其中氧化应激起主要作用。

（一）心血管疾病

1999 年美国的 S. Kinlay 证实，通过补充维生素 E 来预防心血管疾病的方法是可行的，其作用与保护动脉粥样硬化患者冠状动脉血管舒缩功能是一致的。在 1 型糖尿病患者的视网膜血管中观察到类似的效果，因而可能需要补充维生素 E 来预防糖尿病性视网膜病变。维生素 E 疗法的额外作用还来自于其对血小板黏附的抑制作用，这是动脉血栓形成的第一步。最大和最知名的干预研究是在 1996 年针对近 2000 名冠心病患者进行的剑桥心脏抗氧化研究，受试者每天接受高达 800mg 的 α-生育酚。该测试最显著的结果是，补充维生素 E 的实验组中非致死性心肌梗死的风险显著降低 47%。

（二）胆固醇的生物合成

1986 年，动物实验研究表明，生育三烯酚具有与 α-生育酚不同的降胆固醇特性。很快，在人体试验中也证实了相同的效果。后来，研究发现 δ-生育三烯酚和 γ-生育三烯酚显示出最强的效果。它们的代谢目标物是 HMG-CoA 还原酶，胆固醇生物合成中的关键酶，可以被广泛用于治疗高胆固醇血症的他汀类药物所抑制。2001 年美国的 A. A. Qureshi 还观察到生育三烯酚和他汀类药物（洛伐他汀）之间的协同作用。在不久的将来，我们可以期待通过使用生育三烯酚能够减少他汀类药物的使用剂量，甚至完全替代。2011 年马来西亚的 K. H. Yuen 的实验显示，在高胆固醇血症患者中，实验组用生育三烯酚混合物治疗 4 个月后，血液胆固醇水平比对照组降低 9%，低密度脂蛋白胆固醇降低 13%。应该注意的是，这种作用伴随着生育三烯酚的血浆浓度增加了 20 倍。这种补充的长期安全性尚未得到证实。

（三）癌症

从流行病学的角度来看，维生素 E 对癌症影响的结果并不总是一致的，并且似乎根据研究的器官而异，并且仍然受其他营养因素的影响。然而，应注意的是，血液维生素 E 水平与各种器官的癌症（肺癌、结肠癌、胃癌、乳腺癌和子宫颈癌）风险之间往往存在负相关。这些结果表明维生素 E 摄入量可能需要比官方机构推荐的摄入量大。

从临床观点来看，近来的研究显示出维生素 E 和维生素 C 在各种肿瘤（食道癌、肠癌和肺癌）发生中的有益效果，但解释广泛分散的结果仍然很困难。在涉及近 30000 名受试者的不少于 3 种干预的研究中（林县营养干预试验、息肉预防研究和 ATBC 癌症预防研究），发现补充维生素 E 可显著降低某些癌症的风险，其效果受到用药剂量、受试器官和研究人群习惯的影响。

芬兰一项涉及 29000 多名吸烟者、随访 19 年的大型研究显示，血清生育酚水平非常低（<9.3mg/L）的受试者，其胰腺癌风险比血清生育酚水平高的人群（>14.2mg/L）提高两倍。然而，这一初步研究结果尚不能推荐给其他人群，如妇女或不吸烟男子。这些结果有助于理解和比较那些分析困难，特别是涉及具有多种行为受试者的实验，以及有时使用不同生物学标准的研究。

美国的 E. Wright 于 2007 年发表的另一项对吸烟者的研究结果则显示，补充维生素 E 对降低口腔、喉和食管癌的风险没有积极的影响。

（四）神经疾病

已经有许多研究报道了某些神经疾病（如阿尔茨海默病或抑郁症）与氧化应激和衰老之间的密切联系，并且尝试使用抗氧化剂来预防和治疗这些疾病。由于抗氧化剂已被证明对心血管系统有益，并且本身涉及认知障碍，因而它们也可能被用于对抗记忆丧失。

1. 认知下降

基于营养调查的大量研究，试图揭示抗氧化剂和记忆之间的可能关联。维生素 E 在饮食中的贡献很难估计，因为存在许多其他天然抗氧化剂，如维生素 A、维生素 C、类胡萝卜素和许多多酚类物质。

目前的流行病学研究结果，许多仍具争议。2002 年，美国的 M. C. Morris 对近 2900 名年龄在 65~102 岁之间的人进行了 3 年以上的跟踪研究。维生素 E 摄入量（一切形式）和 4 种心理测试的结果显示，高剂量的食物维生素摄入与减少认知下降相关联。

法国大型的补充抗氧化维生素和矿物质研究（SUVIMAX）持续了长达 8 年，包括每日补充维生素 E（30mg）、β-胡萝卜素（6mg）、维生素 C（120mg）和微量元素（Zn 和 Se）。2011 年由 E. Kesse-Guyot 发表的报告显示，这些维生素摄入对 45~60 岁的受试者的认知表现起到有益作用。

2011 年，法国的 N. Crouzin 在动物实验中发现了 α-生育酚与脑大麻素系统之间的相互作用，开创了维生素 E 作用于中枢系统的新观点，证明维生素 E 除了抗氧化作用之外，还具有明显的神经调节作用。

α-生育三烯酚在纳摩尔浓度下也显示出特异性的神经保护作用，其抗氧化活性却并不常见。虽然过去它们只是用于研究在培养的神经细胞中控制谷氨酸神经毒性，但是这些作用非常显著，因而成为许多研究的对象。例如，2004 年日本的 F. Hosakada 研究表明，在没有任何氧化应激的情况下，非常低浓度的 α-生育三烯酚就可以保护大鼠纹状体神经元免于凋亡。已经有许多分子机制来解释这些神奇的作用，其中最可能的机制来自于 2010

年美国的 S. Khanna 的研究，他认为主要原因可能是 α-生育三烯酚对磷脂酶 A 2（由谷氨酸盐激活）的抑制作用。

2. 抑郁症

许多研究表明，膜脂质氧化的主要作用在于产生自由基，这可能在神经精神障碍如抑郁症中发挥作用。这些自由基实际上可能在炎性发作、免疫反应和单胺分解代谢期间产生。因此，在重度抑郁症患者中往往观察到脂质氧化的增加，并伴随着高抗氧化酶活性。与健康受试者相比，重度抑郁症患者的血清维生素 E 水平较低，从而证实了抑郁症和脂质氧化之间的这种密切关系。

然而，澳大利亚的 A. J. Owen 在 2005 年观察到，即使摄入足够的维生素 E，抑郁症与低血清 α-生育酚水平之间的关系仍然存在。这种情况会导致维生素 E 的消耗增加以及可能由于抑郁症引起的氧化应激增加。

（五）免疫系统疾病

1997 年由美国的 S. N. Meydani 证实，补充高剂量维生素 E（每天 200 mg，持续 4 个月）可有效增强 T 淋巴细胞的临床功能指标。2011 年，马来西亚的 D. Mahalingam 研究了每日补充 400mg 生育三烯酚对由免疫接种破伤风引起的免疫反应的影响。结论是明确的：生育三烯酚能够增加白细胞中干扰素 γ 和白细胞介素（IL-4）的产生，特别是破伤风免疫球蛋白的产生。

（六）生育

不孕不育影响 15% 的夫妻，其中的 30% 又与男性伴侣有关，称为男性不育症。最近的研究表明，男性不育症来源于精子脂质的氧化攻击。由于精子缺乏抗氧化的机制，因而对自由基非常敏感。因此，自然考虑到通过膳食补充维生素 E 来对抗这种不育症。

1996 年由法国的 P. Therond 证实，正常精子中 α-生育酚的浓度与精子膜中的浓度密切相关。尤其是 2009 年科特迪瓦 F. Diafouka 的研究，似乎证实了受损的生育能力（弱精症和少精症）与精液中非常低的 α-生育酚浓度有关。

已经进行了一些临床试验来估计补充维生素 E 对生育力的潜在益处。英国的 Kesso-poulou 于 1995 年的调查报告中得出的结论是，维生素 E 补充（每天两次，每次 300mg，持续 3 个月）对人体有显著影响。因此，建议成人每日摄取至少 12mg 的 α-生育酚等同物，甚至推荐老年人的补充剂量增加至 50mg。

四、维生素 K

自 1935 年发现起的 40 年间，维生素 K 的功能仅限于通过肝脏合成几种凝血因子（凝血酶原和因子Ⅶ、Ⅸ、Ⅹ）来控制血液凝固。直至 1974 年，才发现维生素 K 在谷氨酸残基羧化合成凝血因子中的作用，这扩大了依赖于维生素 K（Gla-蛋白）、但无凝血作用的肝外蛋白质的范围。这些原先在骨基质（骨钙素）、随后在动脉壁（基质 Gla-蛋白）和神经系统中发现的蛋白质，大大增加了维生素 K 的生理重要性。

（一）凝血

维生素 K 缺乏症在人体中是极少发生的，原因在于饮食中的绿色蔬菜含有高浓度的维生素 K_1。也可以通过肠道菌群来增加维生素 K_2（甲萘醌）的产生。然而，肠道吸收不良或与抗生素治疗相结合的营养不良症状仍可能导致维生素 K 缺陷。

与成年人不同，新生儿患维生素 K 缺乏症的风险较高，原因是维生素 K 在肝脏库存及乳中浓度低。并且，由于出生时缺少肠道菌群，这种情况会更加恶化。这种缺乏状态可能导致新生儿的出血性疾病，通常在出生时系统地给予维生素 K 能够避免这种疾病。尽管 WHO 并不建议对所有身体健康的婴儿进行日常管理，但许多国家（美国、加拿大、英国、比利时、瑞士和德国）依旧采取注射 1mg（或者每次 2mg）维生素 K_1，用于预防出血性疾病。在法国，这种做法似乎也很普遍。

（二）钙化

1978 年，P. V. Hauschka 在鸡骨骼中发现了含谷氨酸残基的骨钙素，同时发现该蛋白质依赖于维生素 K。自那时起，大量的研究报道了维生素 K 在钙稳态中起着重要作用。

基础和临床研究的两个主要领域是骨代谢和动脉钙化。后者的研究尚不明朗，此处主要讨论与骨钙化有关的内容。

在许多与骨骼形成相关的蛋白质中，一些含谷氨酸羧基化的基团是依赖于维生素 K 的。其中，骨钙素在骨中合成并通过与羟磷灰石结合直接参与骨组织钙化，其与矿物质的结合非常强并且依赖于蛋白质羧化水平。骨钙素在骨代谢平衡中的确切作用尚不清楚，但是越来越多的研究表明，维生素 K 特别是维生素 K_2 对其的激活作用，对于维持骨骼健康具有重要意义（除了维生素 D 以外）。因此，尽管骨密度似乎不与维生素 K 吸收直接相关，但是髋部骨折的发生率已被描述为与维生素 K_1 和维生素 K_2 的循环水平降低或维生素 K_1 摄入量不足有关。因此，美国的 L. J. Sokoll 在 1997 年的研究中，通过测量未羧化骨钙素的循环水平，评估了髋骨骨折的风险。2007 年，荷兰的 M. H. Knapen 在绝经妇女中进行了为期 3 年的研究，结果显示日常摄入维生素 K_2（甲萘醌-4）能够通过增加其钙含量，维持股骨颈部的骨强度。日本的 J. Iwamoto 于 2006 年获得的结果，同样显示出使用双膦酸盐或雷洛昔芬和甲萘醌-4 的组合进行骨质疏松症治疗的效果。另外，日本的 Y. Ikeda 在 2006 年，通过比较两组妇女（一组在国家东部，有食用富含甲萘醌-7 的纳豆的传统，另一组在国家西部，很少食用纳豆），建立了股骨颈骨折和甲萘醌-7 摄入之间的密切关系。随后，该研究者还证实，食用更多纳豆的女性，其骨矿物质密度更高。持续的试验表明，在长期（2~3 年）摄入甲萘醌-7 之后，可以获得类似的效果。甲萘醌-7 似乎比甲萘醌-4 具有更高的生物利用度，并且在循环中比维生素 K_1 半衰期更长。

在动物中的临床和实验观察，倾向于直接研究维生素 K_2 对骨质量的积极作用，以及可能应用于易患骨折的 2 型糖尿病患者。美国的 M. Ferroon 在 2008 年观察到，骨钙素可以影响外周胰岛素敏感性及其在胰腺细胞中的产生。

第四节 磷脂与健康

随着中枢神经系统中某些高浓度磷脂（磷脂酰胆碱和磷脂酰丝氨酸）及其参与细胞功能的发现，研究人员开始考虑将其作为食品添加剂。另外，还可以考虑摄入这些磷脂的某些成分（胆碱和脂肪酸）。这些脂质的肠吸收（即使非常少的量），可以补偿或改善之前确定的脂质缺乏，有助于膜和新细胞介质的形成。对细胞培养物、动物和某些人体的测试表明，食用富含磷脂的饮食可以带来一些益处。

一、磷脂酰胆碱（卵磷脂）

从肉类或蔬菜中摄取磷脂酰胆碱或服用卵磷脂补充剂是人类获取胆碱（一种有助于细胞膜生物合成的必需化合物）的良好来源。胆碱还需要甲基化反应和合成乙酰胆碱（一种基本的神经递质）。除胆碱外，磷脂酰胆碱可能是特定脂肪酸的载体，主要是来自海洋的长链 n-3 脂肪酸（磷虾油）。该产品已被用于治疗炎症和癌症。

（一）心血管疾病

塞尔维亚的 D. Ristic Medic 在 2006 年报道，每天补充 15g 大豆卵磷脂能够起到降脂作用，伴随着低密度脂蛋白胆固醇降低和高密度脂蛋白胆固醇升高。卵磷脂的一个有趣的属性是其对血清脂蛋白（主要是 LDL）的抗氧化能力，从而有助于降低形成动脉粥样硬化的风险。动物实验仍然是卵磷脂作用机制的良好数据来源，并且应当被用于未来在心血管疾病领域的临床研究。

（二）神经疾病

磷脂酰胆碱在 1979 年被认为是胆碱的潜在供体，以改善痴呆症患者的病情。在这项开创性的研究中，使用磷脂酰胆碱在改善阿尔茨海默病患者记忆力方面已经取得了令人鼓舞的结果。随后，许多临床医生重点研究了这种磷脂对记忆和其他认知功能的可能影响。

日本的 T. Nagata 最近完成的一些工作可能会开辟一种新的方法。2011 年，在对大鼠脑海马体中的乙酰胆碱受体进行基础研究之后，研究者获得了通过口服两种分子种类的磷脂酰胆碱（一种含有棕榈酸和油酸，另一种含有两个亚油酸分子），治疗人体中度记忆衰退和痴呆的积极效果。

尽管有许多结果存在不确定性，但市面上含有大量磷脂酰胆碱（大豆卵磷脂）的膳食补充剂都声称对记忆、注意力和睡眠有益。

（三）肝脏疾病

最近研究发现，磷脂酰胆碱与肝脏的保护有关，可以防止有害物质，如药物分子、酒精或由细菌、病毒产生的损害。因此，卵磷脂最有趣的应用之一可能是临床治疗肝脏脂肪变性（肝细胞脂肪蓄积）。1992 年美国的 A. L. Buchman 进行的一项人体测试表明，在进行全胃肠外营养的患者中，补充卵磷脂能够改善脂肪变性。这些有益的效果可能与胆碱血液水平的大幅度快速上升有关，因而强调了磷脂酰胆碱的重要作用以及在胆碱缺乏症中的贡献。

在一些欧洲国家，经过研究发现，磷脂酰胆碱能够辅助干扰素治疗肝炎。在德国，磷脂酰胆碱广泛应用于对抗肝病（慢性肝炎、肝硬化和肝中毒）。

（四）体能表现

由于胆碱能神经能够诱导肌肉收缩，因而可以想象，游离胆碱能够通过调控乙酰胆碱（肌肉收缩的神经递质）合成，影响上述机制。因此，在剧烈运动期间胆碱浓度的降低，可能会影响肌肉的表现，从而影响运动表现。研究发现，血浆胆碱的减少可以通过事先食用卵磷脂（比氯化胆碱更有效的化合物）来抵消。

二、磷脂酰丝氨酸

磷脂酰丝氨酸存在于所有动植物的细胞膜中，其特殊性在于它位于细胞膜的内层，发挥多种功能，包括受体、酶和离子通道的控制。通过这些功能，磷脂酰丝氨酸可以调节认知、内分泌和肌肉功能，从而调节运动表现。2003 年，美国的 M. A. McDaniel 指出，摄取大量的磷脂酰丝氨酸能够改善神经元膜的状态，增加受体和树突棘的数量，并刺激神经递质的释放。欧盟委员会 2011 年决定，大豆磷脂制备的磷脂酰丝氨酸可用于特殊医疗用途的食品。

（一）神经疾病

在大脑中，许多对于分离细胞甚至小型哺乳动物的实验表明，磷脂酰丝氨酸参与维持神经元膜的结构、树突状分枝的发育和受体的增殖。其干预神经递质（乙酰胆碱和儿茶酚胺）的凋亡和分泌是众所周知的。磷脂酰丝氨酸的脑功能与其丰富的 DHA（一种被认为是强力神经保护剂的脂肪酸）有关。1990 年，意大利的 M. Maggioni 进行了首次试验，发现通过口服从牛脑分离的磷脂酰丝氨酸，能够改善老年人的抑郁症状以及许多行为和认知能力。1991 年，美国的 T. Crook 在可能患有阿尔茨海默病的患者中进行的实验表明，每天给予 100mg 牛来源的磷脂酰丝氨酸，可以明显改善认知表现。2002 年，B. L. Jorissen 的研究显示，在老年患者中补充 600mg/d 的大豆磷脂酰丝氨酸（持续 12 周），并未引起任何生化或生理变化，说明人体对于这种磷脂似乎具有很好的耐受性。

（二）体能表现

运动员希望在长时间运动后增加肌肉量并减少疲劳的影响，因而磷脂酰丝氨酸补充剂在运动员中越来越受欢迎。这种补充剂最常见的宣称是对肌肉的保护作用，改善运动表现和肌肉恢复，以及提高注意力和准确性。

第五节　鞘脂与健康

鞘脂，是主要以鞘磷脂和鞘糖脂形式存在的复合脂质，也是重要的生物活性分子。它们的水解产物（神经酰胺和鞘氨醇）或衍生物（神经酰胺磷酸酯和磷酸鞘氨醇）被肠吸收后，同样在细胞信号传导过程中具有重要的功能。基本上，这些鞘脂发挥多重作用，最重要的是调节 G 蛋白偶联受体，产生细胞内信号（特别是糖基化时），以及参与形成聚集许多受体的复杂膜结构。

在婴儿中，膳食性神经酰胺摄入量约为 50mg/d，在成年人中约为 100~300mg/d。

一、神经疾病

1942 年，德国的 E. Klenk 在神经组织中发现了神经节苷脂，促使他们迅速研究了神经节苷脂与脑部发育和功能的可能关系。这些复合糖脂以葡萄糖神经酰胺为核心，其中葡萄糖分子与不同结构的复合糖链（含有至少一个特征性氨基糖——唾液酸，或称为 N-乙酰神经氨酸，NeuAc）结合。GM3 是母乳中形式最简单、最具代表性的神经节苷脂之一（图 4-2）。另一种与其类似的 GD3，在末端半乳糖基上连接了两分子的 NeuAc，是牛乳脂中最丰富的神经节苷脂。在脑中，神经节苷脂现在被认为参与发育过程（神经营养）、修复机制和神经元信号传导，并且能够提高髓磷脂的稳定性。

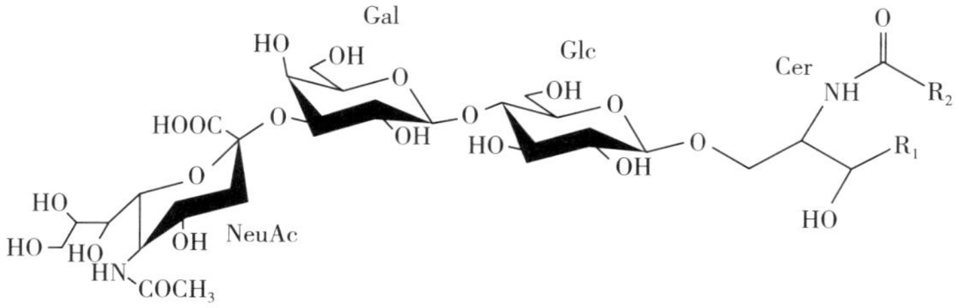

图 4-2　GM3 神经节苷脂（NeuAcα2-3Gal β 1-4 Glc-Cer）
R₁—氨基醇碳链；R₂—脂肪酸碳链

1998 年，美国的 J. S. Schneider 研究了在帕金森病患者中通过食用神经节苷脂 GM1 改善运动功能的可能性。通过每日两次分别注射 200mg（持续 16 周）的实验，研究者发现了运动能力（手、脚和步行）的显著改善。2010 年，该研究者还证实长期使用（5 年）该方法治疗是安全的，并且整个治疗期间运动能力持续得到改善和稳定。

二、肠道疾病

细菌及其毒素和病毒，通常经由鞘脂黏附于细胞。2005 年，日本的 K. Hanada 发现，富含鞘脂的微团结构可能与这种黏附作用相关。因此，膳食中的鞘脂可能对于消除肠腔内的致病微生物起到重要作用。1997 年，法国的 J. Fantini 证实了这种可能性，该研究发现合成的鞘脂能够有效的抑制艾滋病病毒与膜受体的结合。

牛奶中的鞘脂可能对于儿童的肠黏膜中起重要作用，因为这些脂质对于细菌、病毒甚至毒素来说相当于膜受体。膳食中的鞘脂可以与细菌竞争附着位点，使其难以迁移到血液中。1998 年，西班牙的 R. Rueda 在人体试验中首次观察到，向婴儿配方粉中添加神经节苷脂诱发了婴儿肠道中大肠杆菌的大量减少，从而有利于其他有益细菌（双歧杆菌）的定殖。上述结果体现出这些糖脂的潜在益生功能，其在于鞘脂（神经酰胺和鞘氨醇）的消化产物可以抑制多种致病菌的生长。

三、癌　　症

1998 年，美国的 E. M. Schmelz 发现，神经酰胺和鞘氨醇能够诱导培养的癌细胞凋亡。2004 年，美国的 H. Symolon 证明，大豆葡萄糖神经酰胺在抑制小鼠结肠肿瘤发生中具有相同的效果。这些结果，为那些富含鞘脂的食物（如大豆）具有抗癌作用提供了证据。

2001 年，芬兰的 R. Jarvinen 通过流行病学研究发现，乳制品的消费与结肠癌风险降低有关。这种作用可能部分归功于鞘磷脂及其代谢物在细胞信号传导和细胞凋亡中所起的作用。2003 年，意大利的 A. Moschetta 指出，食物中摄入的鞘磷脂在与胆盐混合后，同样能够抵御肠道癌症的发生，证实了鞘磷脂能够减少脱氧胆酸盐诱导的结肠细胞过度增殖。因此，这项结果意味着仅仅通过改变饮食（鸡蛋、牛肝和鱼）就可以预防结肠癌的发生。

参考文献

［1］ Shikany J M, Vaughan L K, Baskin M L, et al. Is Dietary Fat "Fattening"? A Comprehensive Research Synthesis ［J］. Crit Rev Food Sci Nutr, 2010, 50 (8): 699-715.

［2］ Leray C. Lipids: Nutrition and Health ［M］. Boca Raton: CRC Press, Taylor & Francis Group, LLC, 2015.

［3］ Erridge C, Attina T, Spickett C M, et al. A high-fat meal induces low-grade endotoxemia: evidence of a novel mechanism of postprandial inflammation ［J］. Am J Clin Nutr, 2007, 86 (5): 1286-1292.

［4］ Halton T L, Willett W C, Liu S M, et al. Low-carbohydrate-diet score and the risk of coronary heart disease in women ［J］. N Engl J Med, 2006, 355 (19): 1991-2002.

［5］ Boyd N F, Stone J, Vogt K N, et al. Dietary fat and breast cancer risk revisited: a meta-analysis of the published literature ［J］. Br J Cancer, 2003, 89 (9): 1672-1685.

［6］ Lophatananon A, Archer J, Easton D, et al. Dietary fat and early-onset prostate cancer risk ［J］. Br J Nutr, 2010, 103 (9): 1375-1380.

［7］ Bozek K, Wei Y, Yan Z, et al. Organization and evolution of brain lipidome revealed by large-scale analysis of human, chimpanzee, macaque, and mouse tissues ［J］. Neuron, 2015, 85 (4): 695-702.

［8］ Clarke R, Frost C, Collins R, et al. Dietary lipids and blood cholesterol: Quantitative meta-analysis of metabolic ward studies ［J］. Br Med J, 1997, 314 (7074): 112-117.

［9］ Hoenselaar R. Saturated fat and cardiovascular disease: The discrepancy between the scientific literature and dietary advice ［J］. Nutrition, 2012, 28 (2): 118-123.

［10］ Yamagishi K, Iso H, Yatsuya H, et al. Dietary intake of saturated fatty acids and mortality from cardiovascular disease in Japanese: The Japan Collaborative Cohort Study for Evaluation of Cancer Risk (JACC) Study ［J］. Am J Clin Nutr, 2010, 92 (4): 759-765.

［11］ Siri-Tarino P W, Sun Q, Hu F B, et al. Meta-analysis of prospective cohort studies evaluating the association of saturated fat with cardiovascular disease ［J］. Am J Clin Nutr, 2010, 91 (3): 535-546.

［12］ Puska P. Fat and heart disease: Yes we can make a change-the case of north karelia (Finland) ［J］. Ann Nutr Metab, 2009, 54: 33-38.

［13］ Bonanome A, Grundy S M. Effect of dietary stearic acid on plasma cholesterol and lipoprotein levels ［J］. The New England Journal of Medicine, 1988, 318 (19): 1244-1248.

［14］ Micha R, Mozaffarian D. Saturated fat and cardiometabolic risk factors, coronary heart disease, stroke, and diabetes: A fresh look at the evidence ［J］. Lipids, 2010, 45 (10): 893-905.

［15］ Jakobsen M U, O'reilly E J, Heitmann B L, et al. Major types of dietary fat and risk of coronary heart disease: A pooled analysis of 11 cohort studies ［J］. Am J Clin Nutr, 2009, 89 (5): 1425-1432.

［16］ Mozaffarian D, Micha R, Wallace S. Effects on coronary heart disease of increasing polyunsaturated fat in place of saturated fat: A systematic review and meta-analysis of randomized controlled trials ［J］. PLos Med, 2010, 7 (3): 10.

［17］ Hu W, Ross J, Geng T Y, et al. Differential regulation of dihydroceramide desaturase by palmitate versus monounsaturated fatty acids implications for insulin resistance ［J］. J Biol Chem, 2011, 286 (19): 16596-16605.

［18］ Kennedy A, Martinez K, Chuang C C, et al. Saturated fatty acid-mediated inflammation and insulin resistance in adipose tissue: Mechanisms of action and implications ［J］. J Nutr, 2009, 139 (1): 1-4.

［19］ Patel P S, Sharp S J, Jansen E, et al. Fatty acids measured in plasma and erythrocyte-membrane phospholipids and derived by food-frequency questionnaire and the risk of new-onset type 2 diabetes a pilot study in the European Prospective Investigation into Cancer and Nutrition (EPIC) -Norfolk cohort ［J］. Am J Clin Nutr, 2010, 92 (5): 1214-1222.

［20］ Wakai K, Tamakoshi K, Date C, et al. Dietary intakes of fat and fatty acids and risk of breast cancer:

A prospective study in Japan [J] . Cancer Sci, 2005, 96 (9): 590-599.

[21] Epstein M M, Edgren G, Rider J R, et al. Temporal trends in cause of death among swedish and US men with prostate cancer [J] . JNCI-J Natl Cancer Inst, 2012, 104 (17): 1335-1342.

[22] Greer J B, O'keefe S J. Microbial induction of immunity, inflammation, and cancer [J] . Front Physiol, 2011, 1: 8.

[23] St-Onge M P, Bosarge A. Weight-loss diet that includes consumption of medium-chain triacylglycerol oil leads to a greater rate of weight and fat mass loss than does olive oil [J] . Am J Clin Nutr, 2008, 87 (3): 621-626.

[24] Song Y, You N C Y, Song Y Q, et al. Intake of small-to-medium-chain saturated fatty acids is associated with peripheral leukocyte telomere length in postmenopausal women [J] . J Nutr, 2013, 143 (6): 907-914.

[25] Ran-Ressler R R, Sim D, O'donnell-Megaro A M, et al. Branched chain fatty acid content of United States retail cow's milk and implications for dietary intake [J] . Lipids, 2011, 46 (7): 569-576.

[26] Yang Z H, Liu S P, Chen X D, et al. Induction of apoptotic cell death and in vivo growth inhibition of human cancer cells by a saturated branched-chain fatty acid, 13-methyltetradecanoic acid [J] . Cancer Res, 2000, 60 (3): 505-509.

[27] Griel A E, Cao Y M, Bagshaw D D, et al. A macadamia nut-rich diet reduces total and LDL-Cholesterol in mildly hypercholesterolemic men and women [J] . J Nutr, 2008, 138 (4): 761-767.

[28] Gerber M. Background review paper on total fat, fatty acid intake and cancers [J] . Ann Nutr Metab, 2009, 55 (1-3): 140-161.

[29] Donahue S M A, Rifas-Shiman S L, Gold D R, et al. Prenatal fatty acid status and child adiposity at age 3 y: Results from a US pregnancy cohort [J] . Am J Clin Nutr, 2011, 93 (4): 780-788.

[30] Brenna J T, Salem N, Sinclair A J, et al. alpha-Linolenic acid supplementation and conversion to n-3 long-chain polyunsaturated fatty acids in humans [J] . Prostaglandins Leukot Essent Fatty Acids, 2009, 80 (2-3): 85-91.

[31] Simopoulos A P. Genetic variants in the metabolism of omega-6 and omega-3 fatty acids: Their role in the determination of nutritional requirements and chronic disease risk [J] . Exp Biol Med, 2010, 235 (7): 785-795.

[32] Ameur A, Enroth S, Johansson A, et al. Genetic adaptation of fatty-acid metabolism: A human-specific haplotype increasing the biosynthesis of long-chain omega-3 and omega-6 fatty acids [J] . Am J Hum Genet, 2012, 90 (5): 809-820.

[33] Harris W S, Von Schacky C. The omega-3 index: A new risk factor for death from coronary heart disease? [J] . Prev Med, 2004, 39 (1): 212-220.

[34] Salisbury A C, Amin A P, Harris W S, et al. Predictors of omega-3 index in patients with acute myocardial infarction [J] . Mayo Clin Proc, 2011, 86 (7): 626-632.

[35] Bang H O, Dyerberg J, Hjoorne N. The composition of food consumed by Greenland Eskimos [J] . Acta medica Scandinavica, 1976, 200 (1-2): 69-73.

[36] Kromhout D, Bosschieter E B, De Lezenne Coulander C. The inverse relation between fish consumption and 20-year mortality from coronary heart disease [J] . The New England Journal of Medicine, 1985, 312 (19): 1205-1209.

[37] Mozaffarian D, Lemaitre R N, King I B, et al. Plasma phospholipid long-chain omega-3 fatty acids and total and cause-specific mortality in older adults a cohort study [J] . Ann Intern Med, 2013, 158 (7): 515.

[38] Heine-Broring R C, Brouwer I A, Proenca R V, et al. Intake of fish and marine n-3 fatty acids in relation to coronary calcification: The rotterdam study [J] . Am J Clin Nutr, 2010, 91 (5): 1317-1323.

[39] Sekikawa A, Miura K, Lee S, et al. Long chain n-3 polyunsaturated fatty acids and incidence rate of coronary artery calcification in Japanese men in Japan and white men in the USA: Population based prospective co-

hort study [J]. Heart, 2014, 100 (7): 569-573.

[40] Martinelli N, Consoli L, Olivieri O. A 'Desaturase Hypothesis' for Atherosclerosis: Janus-faced enzymes in omega-6 and omega-3 polyunsaturated fatty acid metabolism [J]. J Nutrigenet Nutrigenomics, 2009, 2 (3): 129-139.

[41] Laurent G, Moe G, Hu X, et al. Long chain n-3 polyunsaturated fatty acids reduce atrial vulnerability in a novel canine pacing model [J]. Cardiovasc Res, 2008, 77 (1): 89-97.

[42] Li J J, Xun P C, Zamora D, et al. Intakes of long-chain omega-3 (n-3) PUFAs and fish in relation to incidence of asthma among American young adults: The CARDIA study [J]. Am J Clin Nutr, 2013, 97 (1): 173-178.

[43] Goldberg R J, Katz J. A meta-analysis of the analgesic effects of omega-3 polyunsaturated fatty acid supplementation for inflammatory joint pain [J]. Pain, 2007, 129 (1-2): 210-223.

[44] Kremmyda L S, Vlachava M, Noakes P S, et al. Atopy risk in infants and children in relation to early exposure to fish, oily fish, or long-chain omega-3 fatty acids: A systematic review [J]. Clin Rev Allergy Immunol, 2011, 41 (1): 36-66.

[45] Poudyal H, Panchal S K, Diwan V, et al. Omega-3 fatty acids and metabolic syndrome: Effects and emerging mechanisms of action [J]. Prog Lipid Res, 2011, 50 (4): 372-387.

[46] Derosa G, Cicero A F G, Fogari E, et al. Effects of n-3 PUFA on insulin resistance after an oral fat load [J]. Eur J Lipid Sci Technol, 2011, 113 (8): 950-960.

[47] Baracos V E, Mazurak V C, Ma D W L. n-3 Polyunsaturated fatty acids throughout the cancer trajectory: Influence on disease incidence, progression, response to therapy and cancer-associated cachexia [J]. Nutr Res Rev, 2004, 17 (2): 177-192.

[48] Bougnoux P, Hajjaji N, Ferrasson M N, et al. Improving outcome of chemotherapy of metastatic breast cancer by docosahexaenoic acid: A phase II trial [J]. Br J Cancer, 2009, 101 (12): 1978-1985.

[49] Maillard V, Bougnoux P, Ferrari P, et al. N-3 and N-6 fatty acids in breast adipose tissue and relative risk of breast cancer in a case-control study in Tours, France [J]. Int J Cancer, 2002, 98 (1): 78-83.

[50] Chavarro J E, Stampfer M J, Li H, et al. A prospective study of polyunsaturated fatty acid levels in blood and prostate cancer risk [J]. Cancer Epidemiol Biomarkers Prev, 2007, 16 (7): 1364-1370.

[51] Brasky T M, Till C, White E, et al. Serum phospholipid fatty acids and prostate cancer risk: Results from the prostate cancer prevention trial [J]. Am J Epidemiol, 2011, 173 (12): 1429-1439.

[52] Hedelin M, Chang E T, Wiklund F, et al. Association of frequent consumption of fatty fish with prostate cancer risk is modified by COX-2 polymorphism [J]. Int J Cancer, 2007, 120 (2): 398-405.

[53] Geelen A, Schouten J M, Kamphuis C, et al. Fish consumption, n-3 fatty acids, and colorectal cancer: A meta-analysis of prospective cohort studies [J]. Am J Epidemiol, 2007, 166 (10): 1116-1125.

[54] Hall M N, Campos H, Li H J, et al. Blood levels of long-chain polyunsaturated fatty acids, aspirin, and the risk of colorectal cancer [J]. Cancer Epidemiol Biomarkers Prev, 2007, 16 (2): 314-321.

[55] Kiecolt-Glaser J K, Epel E S, Belury M A, et al. Omega-3 fatty acids, oxidative stress, and leukocyte telomere length: A randomized controlled trial [J]. Brain Behav Immun, 2013, 28: 16-24.

[56] Francois C A, Connor S L, Bolewicz L C, et al. Supplementing lactating women with flaxseed oil does not increase docosahexaenoic acid in their milk [J]. Am J Clin Nutr, 2003, 77 (1): 226-233.

[57] Lassek W D, Gaulin S J C. Maternal milk DHA content predicts cognitive performance in a sample of 28 nations [J]. Matern Child Nutr, 2015, 11 (4): 773-779.

[58] Koletzko B, Lien E, Agostoni C, et al. The roles of long-chain polyunsaturated fatty acids in pregnancy, lactation and infancy: Review of current knowledge and consensus recommendations [J]. J Perinat Med, 2008, 36 (1): 5-14.

[59] Bernard J Y, De Agostini M, Forhan A, et al. The dietary n6: n3 fatty acid ratio during pregnancy is inversely associated with child neurodevelopment in the EDEN mother-child cohort [J]. J Nutr, 2013, 143

（9）：1481-1488.

［60］Bhatia H S, Agrawal R, Sharma S, et al. Omega-3 fatty acid deficiency during brain maturation reduces neuronal and behavioral plasticity in adulthood ［J］. PLoS One, 2011, 6 （12）：9.

［61］Montgomery P, Burton J R, Sewell R P, et al. Low blood long chain omega-3 fatty acids in UK children are associated with poor cognitive performance and behavior: A cross-sectional analysis from the dolab study ［J］. PLoS One, 2013, 8 （6）：11.

［62］Harbild H L, Harslof L B S, Christensen J H, et al. Fish oil-supplementation from 9 to 12 months of age affects infant attention in a free-play test and is related to change in blood pressure ［J］. Prostaglandins Leukot Essent Fatty Acids, 2013, 89 （5）：327-333.

［63］Parletta N, Cooper P, Gent D N, et al. Effects of fish oil supplementation on learning and behaviour of children from Australian indigenous remote community schools: A randomised controlled trial ［J］. Prostaglandins Leukot Essent Fatty Acids, 2013, 89 （2-3）：71-79.

［64］Jackson P A, Reay J L, Scholey A B, et al. Docosahexaenoic acid-rich fish oil modulates the cerebral hemodynamic response to cognitive tasks in healthy young adults ［J］. Biol Psychol, 2012, 89 （1）：183-190.

［65］Narendran R, Frankle W G, Mason N S, et al. Improved working memory but no effect on striatal vesicular monoamine transporter type 2 after omega-3 polyunsaturated fatty acid supplementation ［J］. PLoS One, 2012, 7 （10）：7.

［66］Bauer I, Hughes M, Rowsell R, et al. Omega-3 supplementation improves cognition and modifies brain activation in young adults ［J］. Hum Psychopharmacol-Clin Exp, 2014, 29 （2）：133-144.

［67］Titova O E, Sjogren P, Brooks S J, et al. Dietary intake of eicosapentaenoic and docosahexaenoic acids is linked to gray matter volume and cognitive function in elderly ［J］. Age, 2013, 35 （4）：1495-1505.

［68］Heude B, Ducimetiere P, Berr C. Cognitive decline and fatty acid composition of erythrocyte membranes-The EVA study ［J］. Am J Clin Nutr, 2003, 77 （4）：803-808.

［69］Sydenham E, Dangour A D, Lim W S. Omega 3 fatty acid for the prevention of cognitive decline and dementia ［J］. Cochrane Database Syst Rev, 2012 （6）：42.

［70］Whalley L J, Deary I J, Starr J M, et al. n-3 Fatty acid erythrocyte membrane content, APOE epsilon 4, and cognitive variation: an observational follow-up study in late adulthood ［J］. Am J Clin Nutr, 2008, 87 （2）：449-454.

［71］Kelly L, Grehan B, Della Chiesa A, et al. The polyunsaturated fatty acids, EPA and DPA exert a protective effect in the hippocampus of the aged rat ［J］. Neurobiol Aging, 2011, 32 （12）：15.

［72］Cunnane S, Nugent S, Roy M, et al. Brain fuel metabolism, aging, and Alzheimer's disease ［J］. Nutrition, 2011, 27 （1）：3-20.

［73］Pottala J V, Yaffe K, Robinson J G, et al. Higher RBC EPA plus DHA corresponds with larger total brain and hippocampal volumes WHIMS-MRI study ［J］. Neurology, 2014, 82 （5）：435-442.

［74］Cunnane S C, Plourde M, Pifferi F, et al. Fish, docosahexaenoic acid and Alzheimer's disease ［J］. Prog Lipid Res, 2009, 48 （5）：239-256.

［75］Gu Y, Schupf N, Cosentino S A, et al. Nutrient intake and plasma beta-amyloid ［J］. Neurology, 2012, 78 （23）：1832-1840.

［76］Cole G M, Frautschy S A. DHA may prevent age-related dementia ［J］. J Nutr, 2010, 140 （4）：869-874.

［77］Quinn J F, Raman R, Thomas R G, et al. Docosahexaenoic acid supplementation and cognitive decline in Alzheimer disease a randomized trial ［J］. JAMA-J Am Med Assoc, 2010, 304 （17）：1903-1911.

［78］Souied E H, Delcourt C, Querques G, et al. Oral docosahexaenoic acid in the prevention of exudative age-related macular degeneration. The nutritional AMD treatment 2 study ［J］. Ophthalmology, 2013, 120 （8）：1619-1631.

［79］Merle B, Delyfer M N, Korobelnik J F, et al. Dietary omega-3 fatty acids and the risk for age-related maculopathy: The alienor study [J]. Invest Ophthalmol Vis Sci, 2011, 52 (8): 6004-6011.

[80] Gopinath B, Flood V M, Rochtchina E, et al. Consumption of omega-3 fatty acids and fish and risk of age-related hearing loss [J]. Am J Clin Nutr, 2010, 92 (2): 416-421.

[81] Feart C, Peuchant E, Letenneur L, et al. Plasma eicosapentaenoic acid is inversely associated with severity of depressive symptomatology in the elderly: data from the Bordeaux sample of the three-city study [J]. Am J Clin Nutr, 2008, 87 (5): 1156-1162.

[82] Gow R V, Hibbeln J R. Omega-3 and treatment implications in attention deficit hyperactivity disorder (ADHD) and associated behavioral symptoms [J]. Lipid Technol, 2014, 26 (1): 7-10.

[83] Milte C M, Parletta N, Buckley J D, et al. Eicosapentaenoic and docosahexaenoic acids, cognition, and behavior in children with attention – deficit/hyperactivity disorder: A randomized controlled trial [J]. Nutrition, 2012, 28 (6): 670-677.

[84] Gow R V, Sumich A, Vallee-Tourangeau F, et al. Omega-3 fatty acids are related to abnormal emotion processing in adolescent boys with attention deficit hyperactivity disorder [J]. Prostaglandins Leukot Essent Fatty Acids, 2013, 88 (6): 419-429.

[85] Iwata N G, Pham M, Rizzo N O, et al. Trans fatty acids induce vascular inflammation and reduce vascular nitric oxide production in endothelial cells [J]. PLoS One, 2011, 6 (12): 6.

[86] Pierre A S, Minville-Walz M, Fevre C, et al. Trans-10, cis-12 conjugated linoleic acid induced cell death in human colon cancer cells through reactive oxygen species-mediated ER stress [J]. Biochim Biophys Acta Mol Cell Biol Lipids, 2013, 1831 (4): 759-768.

[87] Sanders T a B, Filippou A, Berry S E, et al. Palmitic acid in the sn-2 position of triacylglycerols acutely influences postprandial lipid metabolism [J]. Am J Clin Nutr, 2011, 94 (6): 1433-1441.

[88] Michalski M C, Genot C, Gayet C, et al. Multiscale structures of lipids in foods as parameters affecting fatty acid bioavailability and lipid metabolism [J]. Prog Lipid Res, 2013, 52 (4): 354-373.

[89] Steinberg D. Atherogenesis in perspective: Hypercholesterolemia and inflammation as partners in crime [J]. Nat Med, 2002, 8 (11): 1211-1217.

[90] Ravnskov U. Quotation bias in reviews of the diet-heart idea [J]. Journal of Clinical Epidemiology, 1995, 48 (5): 713-719.

[91] Mayo-Wilson E, Imdad A, Herzer K, et al. Vitamin A supplements for preventing mortality, illness, and blindness in children aged under 5: Systematic review and meta-analysis [J]. BMJ-British Medical Journal, 2011, 343: 19.

[92] Ma L, Dou H L, Wu Y Q, et al. Lutein and zeaxanthin intake and the risk of age-related macular degeneration: A systematic review and meta-analysis [J]. Br J Nutr, 2012, 107 (3): 350-359.

[93] Park J S, Chyun J H, Kim Y K, et al. Astaxanthin decreased oxidative stress and inflammation and enhanced immune response in humans [J]. Nutr Metab, 2010, 7: 10.

[94] Goodman A B, Pardee A B. Evidence for defective retinoid transport and function in late onset Alzheimer's disease [J]. Proc Natl Acad Sci U S A, 2003, 100 (5): 2901-2905.

[95] Cherniack E P, Florez H, Roos B A, et al. Hypovitaminosis D in the elderly: From bone to brain [J]. J Nutr Health Aging, 2008, 12 (6): 366-373.

[96] Mitri J, Muraru M D, Pittas A G. Vitamin D and type 2 diabetes: A systematic review [J]. Eur J Clin Nutr, 2011, 65 (9): 1005-1015.

[97] Mccann J C, Ames B N. Is there convincing biological or behavioral evidence linking vitamin D deficiency to brain dysfunction? [J]. Faseb J, 2008, 22 (4): 982-1001.

[98] Annweiler C, Brugg B, Peyrin J M, et al. Combination of memantine and vitamin D prevents axon degeneration induced by amyloid-beta and glutamate [J]. Neurobiol Aging, 2014, 35 (2): 331-335.

[99] Maddock J, Berry D J, Geoffroy M C, et al. Vitamin D and common mental disorders in mid-life: Cross-sectional and prospective findings [J]. Clin Nutr, 2013, 32 (5): 758-764.

［100］Fitchett J R. Placental HIV transmission and vitamin D：Nutritional and immunological implications［J］. Nutr Bull, 2013, 38（4）：410-413.

［101］Ascherio A, Munger K L, White R, et al. Vitamin D as an early predictor of multiple sclerosis activity and progression［J］. JAMA Neurol, 2014, 71（3）：306-314.

［102］Borges M C, Martini L A, Rogero M M. Current perspectives on vitamin D, immune system, and chronic diseases［J］. Nutrition, 2011, 27（4）：399-404.

［103］Stolzenberg-Solomon R Z, Sheffler-Collins S, Weinstein S, et al. Vitamin E intake, alpha-tocopherol status, and pancreatic cancer in a cohort of male smokers［J］. Am J Clin Nutr, 2009, 89（2）：584-591.

第五章 人乳脂和替代脂

第一节 人 乳 脂

一、人乳脂的分类和组成

人乳是人类提供给新生婴儿最理想的食物。人乳中含有丰富的营养素，有利于婴儿的生长发育。其中，人乳脂可以提供婴儿主要能量及必需营养物质，在婴儿营养方面占有重要地位。人乳中含有3%~5%的脂质，其中甘油三酯（TAG）占98%以上，称为人乳脂肪（HMF）。人乳脂肪与其他非极性脂质（约1%的磷脂和胆固醇及胆固醇酯）形成 $2~4\mu m$ 大小的脂肪球，脂肪球分散于水包油型乳状液中，被蛋白质及磷脂膜所包裹。人乳脂肪是人乳中主要营养物质之一，可提供给婴儿（0~6个月）40%~50%的能量和必需脂肪酸（亚油酸和亚麻酸）。此外，乳脂肪作为脂溶性维生素的载体，可协助脂溶性维生素（如维生素D和维生素E）在人体内的吸收。虽然目前市场上婴幼儿配方奶粉品种繁多，但大都以牛乳或羊乳为原料加工而成，其营养价值无法与人乳相媲美。因此了解人乳脂并以此为基础改进婴幼儿配方粉具有积极意义。

（一）甘油三酯

人乳脂可为婴儿提供45%~55%的能量，虽然人乳脂含量与牛乳大致相同，而且98%的脂类都是甘油三酯，但甘油三酯的类型有很大差异，如表5-1所示，人乳中三饱和脂肪酸甘油酯比例仅为牛乳的1/4。

表 5-1	人乳与牛乳甘油三酯类型比较		单位:%		
甘油三酯类型	人乳	牛乳	甘油三酯类型	人乳	牛乳
SSS 三饱和	9	35	SUU 双不饱和	46	29
SSU 单不饱和	40	36	UUU 三不饱和	8	0

人乳脂肪酸中，不饱和脂肪酸含量较高，约为66%，含量最高的是油酸，其次为亚油酸，二者约占不饱和脂肪酸的90%。人乳中存在的亚油酸和 α-亚麻酸是婴儿体内不能合成的两种必需脂肪酸，被婴儿吸收后在体内合成其他脂肪酸。牛乳中亚油酸含量很低，人乳中还有花生四烯酸和二十二碳六烯酸，而牛乳中基本没有，丰富的多不饱和脂肪酸对婴儿脑和视网膜发育有着重要作用。牛乳脂中饱和脂肪酸含量较高，约为75%，多为中长链脂肪酸，含量最高的饱和脂肪酸为棕榈酸（$C_{16:0}$），牛乳脂中还有一些短链脂肪酸，牛乳中不饱和脂肪酸含量较低，主要是油酸，约占不饱和脂肪酸的70%。

人乳脂脂肪酸组成及位置分布特点与婴儿自身的吸收特点密切相关，由于油脂中的甘油三酯结构组成决定其物理、化学性质及生理功能，且主要是由结构决定脂肪球流动性和在胃与随后在小肠中水解特点等。研究表明，人乳脂在婴儿体内首先通过具有一定的 $sn-1$，3 位特异性胃脂解酶的水解作用，然后由具有绝对 $sn-1$，3 位专一性的胰脂酶水解为游离脂肪酸与 2-甘油一酯，水解下来的脂肪酸在小肠消化吸收，2-甘油一酯经淋巴系统被吸收进入血液循环。但实验证明，并不是所有的脂肪酸均能被很好地吸收，如研究发现长链饱和脂肪酸（$\geqslant C_{12}$）不如中短链饱和脂肪酸（$C_{6:0} \sim C_{10:0}$）和不饱和酸的消化吸收效果好，主要原因是游离的长链饱和脂肪酸在小肠中易形成钙皂及其熔点高而影响金属离子（如钙离子、镁离子）和脂肪酸的吸收。特别是棕榈酸（人乳脂中主要的饱和脂肪酸）在小肠的吸收非常低，仅为 63%，相比之下，游离的不饱和脂肪酸（如油酸和亚油酸）的吸收高达 90% 以上。由于游离棕榈酸的熔点很高（63℃），在肠内的酸性环境下极易与金属离子发生皂化反应，形成不溶性的钙皂，从而导致钙离子和能量的双重损失，同时增加了粪便的硬度。众多研究表明，棕榈酸以 2-甘油一酯形式存在，就很容易在小肠中被消化吸收，从而提高人体脂肪酸的吸收率，同时促进胆固醇的代谢，如婴儿对 $sn-2$ 位富含棕榈酸的猪油的吸收是其经随机酯交换后的 1.2~1.4 倍。虽然人乳和牛乳中含量最高的脂肪酸都是棕榈酸，但是脂肪酸的吸收利用率差别很大，主要原因在于脂肪酸在甘油三酯中分布的位置不同，人乳脂中，超过 70% 棕榈酸分布在 $sn-2$ 位；多不饱和脂肪酸，主要分布在 $sn-1$，3 位。脂肪酶水解甘油三酯的 $sn-1$ 和 $sn-3$ 位，水解后形成棕榈酸甘油一酯，有利于棕榈酸通过肠道表皮细胞吸收，人乳肪脂中脂肪酸利用率高达 90%~95%。而牛乳中约 50% 的棕榈酸位于甘油三酯的 $sn-1$ 和 $sn-3$ 位，水解后的棕榈酸易在肠道内形成不能溶解的皂钙，不利于脂肪酸的吸收同时还会降低钙的吸收。

（二）磷脂

磷脂是构成人乳脂肪球膜的主要成分，约占总脂肪的 0.4%~1%。根据甘油骨架的不同，磷脂可以被分为磷酸甘油脂和鞘磷脂。二者均由极性部分（极性头）和非极性部分（非极性尾）组成。其中，甘油磷脂根据极性头部集团的不同分为磷脂酰胆碱（PC）、磷脂酰乙醇胺（PE）、磷脂酰丝氨酸（PS）、磷脂酰肌醇（PI）、磷脂酰甘油（PG）、甘油磷脂酸（PA）等。在人乳脂各种磷脂中 PC 含量最高，平均含量为 35%，其次为 PE 和神经鞘磷脂（SM），平均含量分别为 30% 和 25%，含量较低的为 PI 和 PS，平均含量仅为 5% 和 3%。但这些磷脂在人乳脂肪球膜的分布并不对称。Deeth 等通过磷脂酶水解乳脂肪球膜上的磷脂，发现 PC 和 SM 主要分布在双层膜的外层，而 PE，PS 以及 PI 主要分布在双层膜的内层。磷脂脂肪酸组成与甘油三酯的脂肪酸组成不同。Sala-Vila 等报道了磷脂脂肪酸中饱和脂肪酸、单不饱和脂肪酸、LC-PUFA $n-3$ 和 LC-PUFA $n-6$ 的含量分别为 57.9%、17.9%、5.1% 和 2.7%。而不同种类的磷脂，其脂肪酸组成也不一样。如 SM 中含有大量的长碳链饱和脂肪酸如 $C_{20:0}$、$C_{22:0}$、$C_{23:0}$ 和 $C_{24:0}$，在 PC，PE，PS 和 PI 中含有相对较高的 LC-PUFA 如 C_{22}、$C_{20:4}$、$C_{22:4}$、$C_{22:5}$ 以及 $C_{22:6}$ 等。

除了磷脂，人乳中还含有糖脂等其他复杂脂质。糖脂是糖类通过其还原末端以糖苷键的形式与脂类结合在一起形成的化合物的总称。糖脂的种类比较多，根据不同类型，糖脂结构不同，其中研究得较为深入和广泛的是鞘糖脂。鞘糖脂主要分为两类：中性鞘糖脂（如脑苷脂）和酸性鞘糖脂（如神经节苷脂），都具有重要的生理功能。

（三）人乳中的脂溶性维生素

人乳脂中的脂溶性维生素主要包括维生素 A、维生素 D、维生素 E、维生素 K。维生素 A 以视黄醇、视黄醇酯以及 β-胡萝卜素的形式在人乳中存在，具有维持正常视觉功能、维护上皮组织细胞健康、促进免疫球蛋白合成、维持骨骼正常生长发育、促进细胞生长与生殖、抑制肿瘤生长等生理功能。维生素 E（生育酚）在人乳中除了 α-生育酚外，还包括 β-生育酚、γ-生育酚和 δ-生育酚。维生素 E 可有效对抗自由基，抑制过氧化脂质生成，对于儿童发育中的神经系统有重要作用。维生素 D 具有抗佝偻病作用，能促进钙磷的吸收，又可将钙磷从骨中动员出来，使血浆钙、磷达到正常值，促使骨的矿物质化，并不断更新。而人体需要量少、新生儿却极易缺乏的维生素 K，是促进血液正常凝固及骨骼生长的重要维生素。一般人初乳中含有 $2\sim5\mu g/L$ 维生素 K，成熟乳中含有 $0.33\mu g/L$ 维生素 D。

人乳中脂溶性维生素的分析表明：我国内蒙古地区人乳（初乳、成熟乳）中脂溶性维生素（维生素 A、维生素 E）和舟山地区人乳中维生素 A 的含量并不随泌乳期的变化而产生显著差异。张立军等把人乳分为 4 个时期：初乳（$0\sim5d$）、过渡乳（$6\sim14d$）、成熟乳 A（$15\sim90d$）及成熟乳 B（$90\sim180d$）。对不同时期人乳中维生素 A 的含量进行分析的结果为：初乳 $0.145\mu g/mL$，过渡乳 $0.158\mu g/mL$，成熟乳 A $0.152\mu g/mL$，成熟乳 B $0.166\mu g/mL$，不同时期人乳中维生素 A 含量并无显著性差异。说明维生素 A 的含量并不随泌乳期的变化而产生巨大的差异。但也有研究者证明随着泌乳期的延长人乳中脂溶性维生素的含量会显著降低，如方芳等对呼和浩特地区人乳中脂溶性维生素的分析表明，人乳中脂溶性维生素 A 和维生素 E 的含量都随泌乳期的延长而逐渐减少。初乳中维生素 A 和维生素 E 含量分别为 0.11 和 $0.93mg/100mL$，而人乳成熟乳中维生素 A 和维生素 E 含量则分别降低为 0.05 和 $0.29mg/d$。脂溶性维生素 D 和维生素 K 的研究显示，随着泌乳期的延长人乳内二者的含量快速降低，如在初乳、过渡乳和成熟乳中维生素 D 的含量分别为 159.7、97.6 和 $0.2IU/100g$，维生素 K 的含量分别为 22.4、22.7 和 $0.8\mu g/100\ g$。

二、人乳脂肪酸的组成

人乳脂的脂肪酸种类繁多，来自不同国家的人乳脂样品，其脂肪酸种类差异较大，文献报道的脂肪酸种类一般为 20 种左右。Jensen 综述了采用 DB-wax 毛细管柱气相色谱测得日本授乳母亲的乳脂脂肪酸种类约 50 种，但大多数的脂肪酸含量属于半微量级以下而无营养学上的意义。依据脂肪酸的饱和程度，可将人乳脂脂肪酸分为饱和脂肪酸（SFA）、单不饱和脂肪酸（MUFA）和多不饱和脂肪酸（PUFA）。人乳脂中饱和脂肪酸包括辛酸（$C_{8:0}$）、癸酸（$C_{10:0}$）、月桂酸（$C_{12:0}$）、肉豆蔻酸（$C_{14:0}$）、棕榈酸（$C_{16:0}$）、硬脂酸（$C_{18:0}$）、花生酸（$C_{20:0}$）等，其中棕榈酸是含量最高的饱和脂肪酸。单不饱和脂肪酸包括棕榈油酸（$C_{16:1}$）、油酸 [$C_{18:1}$（$n-9$）] 和花生一烯酸 [$C_{20:1}$（$n-9$）] 等，其中油酸是主要的单不饱和脂肪酸。多不饱和脂肪酸包括亚油酸 [$C_{18:2}$（$n-6$）]、亚麻酸 [$C_{18:3}$（$n-3$）]、花生二烯酸 [$C_{20:2}$（$n-6$）]、花生四烯酸 [$C_{20:4}$（$n-6$），AA]、二十碳五烯酸 [$C_{20:5}$（$n-3$），EPA]、二十二碳五烯酸 [$C_{22:5}$（$n-3$）] 和二十二碳六烯酸 [$C_{22:6}$（$n-3$），DHA] 等，其中必需脂肪酸（亚油酸和亚麻酸）、AA 和 DHA 为重要的不饱和脂肪酸。依据脂肪酸碳链长度的不同，又可将人乳脂脂肪酸分为短链脂肪酸（C≤6）、中链脂肪酸（$C_8 \sim C_{12}$）和长链脂肪酸（C≥14）。人乳脂脂肪含有约7%的中链脂肪酸、约34%的长链饱和脂肪酸和大于50%的不饱和脂肪酸。

人乳脂的脂肪酸组成和含量随着地域、人种、哺乳期母亲的饮食、哺乳期的不同而存在显著差异。但其又具有一些共同的特征，如：①总脂肪酸组成上，油酸含量最大，是主要的单不饱和脂肪酸；棕榈酸则是主要的饱和脂肪酸。②脂肪酸分布情况上，不饱和脂肪酸［主要指 $C_{18:1}$（$n-9$）、$C_{18:2}$（$n-6$）及 $C_{18:3}$（$n-3$）］主要分布在甘油三酯的 $sn-1,3$ 位；有70%以上的棕榈酸分布在 $sn-2$ 位。可见，人乳脂的甘油三酯以 $sn-USU$ 型结构（U 指不饱和脂肪酸，S 指饱和脂肪酸）为主，这种分布特点

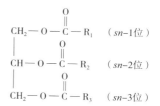

图 5-1　$sn-USU$ 型甘油三酯的分子结构简式图

R_1、R_3—不饱和脂肪酸；R_2—饱和脂肪酸

与普通植物油的（$sn-2$ 位主要为不饱和脂肪酸）明显不同。$sn-USU$ 型甘油三酯的分子结构简式如图 5-1 所示。人乳与牛乳中脂肪酸组成的比较见表 5-2。

表 5-2　　　　　　　　　　　人乳与牛乳主要脂肪酸组成比较　　　　　　　　　单位：%

脂肪酸组成	人乳	牛乳	脂肪酸组成	人乳	牛乳
$C_{4:0}$	—	3.3	$C_{14:1}$	—	1.4
$C_{6:0}$	痕量	1.6	$C_{16:1}$	3.1	2.5
$C_{8:0}$	痕量	1.3	$C_{18:1}$	46.4	16.7
$C_{10:0}$	1.3	3	$C_{20:1}$	0.96	痕量
$C_{12:0}$	3.1	3.1	$C_{18:2}$	13	1.6
$C_{14:0}$	5.1	14.2	$C_{18:3}$	1.4	1.8
$C_{16:0}$	20.2	42.9	$C_{20:4}$	0.72	痕量
$C_{18:0}$	4.8	5.7	$C_{22:6}$	0.6	—

三、不同泌乳期人乳脂的变化及影响因素

在所有的乳成分中，乳脂变化最大，乳脂受泌乳期、哺乳时间、个体差异、膳食习惯等因素的影响，不仅表现在脂肪含量，而且表现在脂肪酸的种类和含量。

（一）中国人乳脂及脂肪酸的组成特点

在中国不同时间和区域进行的调查结果表明，人乳中脂肪含量差异较大，而且同一地区不同泌乳期脂肪含量也变化较大。目前调查报道人乳脂肪最低含量为初乳 1.08g/100g、成熟乳 2.26g/100g，除内蒙地区调查结果显示初乳脂质含量高于成熟乳外，其他地区调查结果均是初乳脂质含量低于成熟乳脂质含量，分析可能与内蒙地区特殊膳食特点有关，见表 5-3。

表 5-3 人乳脂含量调查

调查时间	调查地区		调查数/例	脂肪含量/（g/100g）	
				初乳	成熟乳/常乳
20 世纪 80 年代	北京	城区	80	—	3.78
		郊区	52	3.16	3.31
		远郊	57	—	3.08
	湖北	城市	113	1.08	2.40~4.72
		农村	109	2.79	3.55~4.14
21 世纪初	上海	城区	90	—	2.88
		郊区	30	—	2.26
	南宁	城区	120	—	3.73~3.98
	内蒙古	—	7	3.45	—
		—	66	—	3.04

国内研究者自 20 世纪 80 年代开始研究人乳脂肪酸组成，自 20 世纪 90 年代到 21 世纪初，已对人乳脂肪酸组成进行了较多研究，不仅分析人乳脂肪酸组成，而且比较了不同膳食结构地区或不同泌乳阶段人乳脂肪酸的差异。

金桂真等对 221 例人乳脂中脂肪酸组成的分析结果指出，三个地区的人乳中所含的主要三种脂肪酸为：油酸、棕榈酸和亚油酸；含量较低的有硬脂酸、豆蔻酸、月桂酸和十六碳烯酸。亚麻酸和二十碳不饱和脂肪酸仅含少量。另外还含有少量芥酸。分析结果还指出同一地区的乳脂组成模式基本相同，即在不同哺乳期未见到脂肪酸组成有明显变化。

（二）人乳脂肪酸组成与膳食结构的关系

调查结果还显示，生活在不同地区的乳母由于饮食习惯和生活方式不同，对人乳脂肪酸组成即脂肪酸的质量分数有显著影响。

张伟利、吴圣楣等进行了上海市区、上海郊区和浙江舟山地区人乳中脂肪酸的含量比较，结果显示：①上海市区产妇成熟人乳中亚油酸的含量显著高于郊区崇明县产妇人乳中亚油酸的含量，也显著高于浙江舟山地区成熟人乳中亚油酸的含量；②人乳中二十二碳六烯酸的含量在浙江舟山地区显著高于上海市区和上海郊区人乳中 DHA 的含量，差异有非常显著性意义；③人乳中亚麻酸和花生四烯酸的含量在上海市区和郊县以及与浙江舟山地区之间差别无显著性意义。

结合膳食调查分析，浙江舟山群岛居民由于膳食中鱼和海产类食物较多，故人乳中 DHA 的含量明显高于上海地区，但亚油酸的含量却明显低于上海市区。不同地区由于饮食习惯不同，导致了人乳中 PUFA 含量有较大差别。

张伟利、陈爱菊等对中国东部的上海市区和西部的重庆市区人乳脂肪酸组成的分析比较进一步验证了这一点，重庆市成熟人乳中亚油酸的含量显著低于上海市；上海市成熟人乳中 DHA 显著高于重庆市。

Jing Li、Yawei Fan 等分析了我国 5 个城市（广州、上海、南昌、哈尔滨、呼和浩特）；高颐雄、张坚等分析了中国三个不同地理环境地区（江苏句容、山东日照和河北徐水）的人乳脂肪酸组成，与张伟利等的研究结论基本一致。

Jing Li、Yawei Fan 等的研究还表明，脂肪酸模式与饮食食品类型及加工方式有关，南部和中部地区的反式脂肪酸和共轭亚油酸水平显著高于北方两个城市，在中国几乎所有人乳样品都能检测出少量芥酸，与油炸菜籽油的食用有关。

（三）人乳脂肪酸组成与泌乳阶段的关系

人乳脂肪酸组成不仅受饮食习惯和膳食结构的影响，不同泌乳期组成也有差异。戚秋芬、吴圣楣等分析了人乳中脂肪酸含量的动态变化，发现初乳、过渡乳、成熟乳中各脂肪酸绝对含量从前段、中段至后段都是逐渐增高的。而在各泌乳期人乳中各脂肪酸的质量分数在一次喂奶时前、中、后段间没有差异，这点与金桂真等的研究一致。但人乳中各脂肪酸的质量分数随泌乳期延长而发生改变，中链脂肪酸百分含量在初乳中最低，以后逐渐升高。Shi Yu Dong 等的调查结果也说明了这一点。

这种变化与乳腺组织以乙酰辅酶 A 延长碳链合成脂肪酸功能的成熟有关，亚油酸（LA）和亚麻酸（LNA）的长链多价不饱和衍生物 AA 和 DHA 在初乳中含量很高（尤其第 1、第 2 天），以后逐渐下降。张伟利等的调查也表明，初乳中 AA 和 DHA 的含量，显著高于成熟乳中 AA 和 DHA 的含量。Jing Li、Yawei Fan 等对我国 5 个城市（广州、上海、南昌、哈尔滨、呼和浩特）的人乳分析也显示，初乳中 AA 和 DHA 含量均高于熟乳中 AA 和 DHA，与戚秋芬等的结论一致。随着人民生活水平提高，人乳中脂肪酸组成会发生一些变化，检测技术发展带来检测手段的提高，对人乳脂肪酸成分分析的会更精确，也能更深入。

四、人乳脂的营养和对婴儿发育的影响

人乳被认为是婴儿健康成长和发育的最理想食物。人乳脂的脂肪酸对婴儿的健康生长发育有着重要的意义。人乳脂可提供婴儿所需能量的 40%~50%（0~6 个月）、30%~40%（7~12 个月）和婴儿生长发育所需的必需脂肪酸，对婴儿最大限度地吸收钙质和脑等器官的发育成长具有非常重要意义；同时，人乳脂显著地降低了婴儿便秘、腹痛和肠梗阻的可能性。人乳脂中的中链脂肪酸是完全用来供能的脂肪酸，含中链脂肪酸的甘油三酯不依赖胆汁酸，可直接被小肠吸收并迅速被转运至肝脏，其代谢不需肉毒碱的参与，完全代谢为 CO_2 或酮类物质。$C_{12:0}$ 和 $C_{14:0}$ 含量分别为 3.5%~8.2% 和 3.0%~9.3%，加上含量较少的 $C_{10:0}$，可以提高脂肪和钙的吸收，并还具有抗菌作用，提高婴儿免受细菌病毒侵扰，如 HIV 病毒、衣原体病毒等。反式油酸是人乳脂中主要的反式脂肪酸，当人乳脂中反式脂肪酸含量超过 10% 时，婴儿体内亚油酸和亚麻酸含量会降低，会在一定程度上限制婴儿的成长，因为反式脂肪酸会影响其他不饱和酸代谢。由于人乳中反式脂肪酸与乳母饮食中反式脂肪酸含量有一定的相关性，因此哺乳期的母亲应尽量减少摄取含反式脂肪酸的食物（如面包、糕点），使人乳中反式脂肪酸含量不超过 6%（或贡献能量<3%）。油酸［顺-18∶1（n-9）］是人乳脂中主要的单不饱和酸，能降低甘油三酯的熔点从而提高脂肪球流动性及其代谢能力。亚油酸和亚麻酸是人体内不能合成且必须通过饮食供给的两种必需脂肪酸。当婴儿缺乏必需脂肪酸时，可出现一系列症状，如大便次数增多、易感染、生长迟

缓、皮肤损害、头发稀疏脱落等；红细胞膜的脆性和通透性增加，血小板聚集功能不良，肺表面活性物质成分有异常等。多不饱和酸的摄取对于婴儿健康成长也是非常重要的，在维持细胞膜正常功能及合成活性成分等方面也具有重要功能。人脑中脂类物质占 60%，主要为多不饱和脂肪酸（PUFA），如 DHA 含量占 25%。亚油酸与亚麻酸在婴儿体内分别合成 AA 与 DHA，而亚油酸及 AA 大量存在于脑组织、视觉和视神经系统中，可促进婴儿中枢神经成长发育。亚麻酸及 DHA 的缺乏会影响婴儿的智力、视力和正常发育。许多动物实验都证明了这一点，Neuringer 等综述了缺乏 DHA 的猕猴的视敏度低、网膜电流图异常、学习能力差；还有在大鼠的许多实验中也有同样报道，大脑的 $5'$-核苷酸酶的活性降低，行为异常等改变。在关于人的研究中曾报道，不含 DHA 的配方奶粉喂养的早产儿在有关视觉和发育测试方面的分数要比含 DHA 的母乳喂养的早产儿低，配方奶粉喂养的新生儿比母乳喂养的健康足月新生儿有较低的视觉诱发电位，其红细胞膜中有较低含量的 DHA，而且二者之间存在正相关的关系。由于亚油酸与亚麻酸在脱氢酶与碳链延长酶上具有竞争作用，保持二者之间比例平衡（通常在 5~15 之间）将决定 DHA 和 AA 含量，且在人乳中 $n-3$ 不饱和脂肪酸与 $n-6$ 不饱和脂肪酸比值与新生儿脑脂肪中比例非常接近，人乳脂中 $n-6$ 长碳链脂肪酸含量变化较大，$n-3$ 与 $n-6$ 长链不饱和脂肪酸平衡比例可提高视觉灵敏度、认知力，调整免疫力和胆固醇代谢。$n-3$ 与 $n-6$ 长链不饱和脂肪酸之间存在不平衡，会影响男性语言功能发育和体重较轻儿童的生长发育，甚至在婴儿期间 $n-3$ 与 $n-6$ 长链不饱和脂肪酸之间的不平衡可能影响成年后的健康，故保持亚油酸和亚麻酸的比例平衡非常重要。

第二节　人乳脂替代脂——婴幼儿配方食品用脂

一、婴幼儿配方食品用脂

（一）婴幼儿营养需求特点

婴幼儿时期的营养与健康状况是社会与家庭关注的焦点，也是衡量国家综合国力的重要指标之一。为了满足生长发育的需要，婴幼儿必须每天从膳食中获取多种营养物质。而婴幼儿的消化系统、神经系统和体格发育等方面并不完善，存在营养物质的消化吸收能力不足，但对营养物质的需求量大等问题。婴幼儿如果不能从膳食中获得足够的营养物质或营养比例失衡，都会影响婴幼儿的正常生长和发育。

1. 0~6 个月婴儿的营养需求特点

正常足月产婴儿的出生体重和身长分别约为 3kg 和 50cm，婴儿出生后体格发育即开始了高速生长。婴儿在出生后的第一年内生长得比以后的任何时期都快，因此儿科医生非常关注婴儿和儿童的生长，因为生长能够直接反映出他们的营养状态。婴儿的身高和体重在 4 个月时是出生时的 1 倍，在 1 岁时是出生时的 3 倍，1 岁以后生长速度明显减慢。婴儿的快速生长和代谢使得他们对各种营养素的需求增加，这段时间尤为重要的是含能量的营养素和对生长必需的维生素和矿物质，如维生素 A、维生素 D、钙和铁等。母乳是这个时期婴儿最佳的膳食营养来源。因为母乳具有很多优点，完全符合 0~6 个月龄婴儿对营养的需求及消化吸收特点，但母乳在某些营养素方面也小有缺陷，如维生素 D、维生素 K 和铁的含量稍低，在婴儿喂养的过程中需要加以注意。此时期婴儿常见的营养缺乏性疾病主要有维生素 D 缺乏引起的佝偻病和铁缺乏引起的缺铁性贫血。维生素 K 对于新生儿来说比较特殊。新生儿的消化道是无菌的，产生维生素 K 的菌群要在几周之后才能在肠道内建立起来。为了避免新生儿出血失控，美国儿科专家学会建议在婴儿出生后提供维生素 K。

因为婴儿体型小，因而他们对这些营养素的需求总量比成年人要少，但营养素所占体重比例，婴儿是成年人的两倍以上。婴儿每千克体重需要 418kJ 能量，而大多数成年人的需要量少于 167.2kJ，6 个月后婴儿的生长速度开始变缓，能量需求的增加就不那么迅速了，而一些节省下来的能量被用于增加的活动上。当生长变缓时，婴儿会自动地减少能量摄入。无论是对于成人还是幼儿，在所有营养素中最重要的也是最容易忽视的是水。孩子越小，身体中水的比例越大，水的消耗和更新很快。与成人相比，按比例婴儿体内细胞间和血管内的水相应较多，而这部分水很容易丢失。一些导致水分丢失的情况，如天热、呕吐、腹泻或出汗都能够引起婴儿脱水，甚至危及生命。对于幼婴，正常情况下母乳或其代用品中提供的水足以补偿婴儿通过皮肤、呼吸、粪便和尿液所丧失的水分。大一点的婴儿开始食用固体食物，需要补充水分。

2. 6~12 个月幼儿的营养需求特点

婴儿 6 月龄后，母乳仍然是婴儿的主要食物，因此也是商家的膳食营养来源，可以满足此时期婴儿的部分营养需求。但是此时的单纯靠母乳已经不能满足婴儿的全部营养需要了，在继续母乳喂养的基础上，需要逐渐小心的给婴儿提供更多母乳以外的食物（通常称为辅食），以满足其对营养的需要。辅食添加的意义并不仅在于单纯满足婴儿对营养物质的需要，还是婴儿学习进食、逐步适应母乳以外的食物、为断奶作准备的重要过程；通过接触不同性状的食物逐步训练婴儿的吞咽和咀嚼功能；还能调整婴儿消化系统状况使之逐步适应食物改变，调整婴儿对新食物适应能力的过程；添加辅食还可以训练儿童的动作协调性，有助于牙齿的萌出等，还有助于儿童早期良好饮食习惯的形成。

3. 1~3 岁幼儿的营养需求特点

1~3 岁的幼儿，生长发育仍然是该时期生命发展的主旋律。幼儿的生长发育速度虽然较婴儿时期有所下降，但在整个生命过程中仍然是处于高速发展的时期，对各种营养素的需求相对较高。此时，母乳中营养物质的含量下降更为明显，明显不能满足婴幼儿的营养素需要，需要由母乳以外的食物提供更多比例的营养物质。对于幼儿的膳食安排，不能完全与成人相同，因为幼儿对营养物质的需要量相对较高，胃容量相对较小，消化吸收能力相对较差，需要给予特别的关照。例如，由于幼儿对能量的密度需要相对较高，应相对多供应些富含脂肪的食物；幼儿对蛋白质的量和质均有较高要求，需要保障优质蛋白质的供给；幼儿对钙的需要较高，乳类产品的摄入量需要增加，以满足钙的需求。同时幼儿对维生素和矿物质的需求也逐步增加。这个阶段容易发生的营养素缺乏，包括维生素 A、维生素 D、钙和铁的缺乏。

将近 1 岁时，婴儿的食欲显著地降低，从这时开始，食欲产生波动。有时幼儿看上去好像总是吃不饱，有时却好像只依靠空气和水就可以活着。一般而言，父母不用为此担心，幼儿在迅速生长时期对营养的需求要比生长缓慢时期多一些。正常体重的幼儿对食欲可以自我调节得很好，能在不同的生长阶段保证获得准确的能量摄入量。但需要注意的是：有些幼儿可能由于身体外界的暗示而吃得过多，不顾内部饱腹感的信号，因而发生肥胖。对于任何年龄段，活跃的儿童需要的能量都要多一些，因为他们消耗得多，而不活跃的儿童即使饭量比平均量小，也容易发生肥胖。

身体的生长增加了幼儿对营养的需求。在青春期发育之前，儿童体内进行了营养物质的积累，为将来的生长作准备。然而，当开始青春期发育时，他们摄入的营养无法满足快速生长的需求，之前的储备就会起到作用，对于钙尤其如此。儿童时的骨密度越大，为青春期生长所做的储备就越好，还能经得起今后不可避免的骨流失。

幼儿时期营养不良的孩子会表现出生理和行为的症状：有病且举止异常。对于养育孩子并与孩子生活在一起的人来说，饮食和行为的相关性是非常有趣的。世界范围内，缺乏蛋白质、能量、维生素 A、铁和锌的孩子很多。在发展中国家，诸如此类的营养缺乏引起的死亡约占 4 岁以下儿童死亡率的一半，并引发大量儿童的失明、发育不良和免疫力下降等问题。即使是在美国和加拿大等发达国家，许多营养缺乏会产生轻微的甚至无法觉察的影响。有 40% 的孩子叶酸盐、维生素 D、钙、铁、镁、硒、锌以及许多其他的矿物质摄入量低于推荐摄入量的一半，研究人员给其中一部分孩子补充了相关营养素，然后对所有孩子进行了智力测试，补充营养素的孩子在测试中的成绩明显比其他孩子的成绩高，这一研究结果意味着尽管发达国家孩子的蛋白质和一些维生素的供应很好，但大脑功能对于一些其他营养物质的缺乏也很敏感，这个结论得到许多已有研究的支持。以上研究也反映出婴幼儿时期的营养对于人的一生都是非常重要的。

除了营养不良，儿童时期的肥胖对一个人成年甚至进入老年后的疾病也有很大影响。儿童平均体重的持续上升可能与运动量减少关系密切。因此专家建议增加儿童的活动量，同时对于 2 岁以上儿童建议通过食用多种食物获取充足营养，获得充足的能量以维持生长、发育和保持最佳体重。建议食物中饱和脂肪酸摄入量低于总能量的 10%，总脂肪低于总能量的 30%，且胆固醇的摄入量低于 300mg/d。

（二）人乳脂替代脂及研究进展

人乳脂中的脂肪酸具有高度特异性的位置分布，不仅含有大量的棕榈酸（$C_{16:0}$），而且棕榈酸大约 70% 酯化在三酰甘油的 sn-2 位（图 5-2）；同时，油酸和亚油酸优先酯化在 sn-1 和 sn-3 位。而目前常用于婴儿配方粉的油脂配料中，棕榈酸主要酯化在 sn-1 和 sn-3 位（图 5-3），在 sn-2 位上的则很少。已知三酰甘油在肠道内被脂肪酶水解时，位于 sn-1 和 sn-3 位上的棕榈酸被分解为游离脂肪酸，易与肠道内的矿物质，如钙相结合，形成不溶性的钙皂，会导致钙和能量的双重流失，同时会使婴儿的粪便变硬，引发便秘。

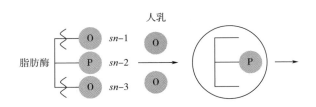

图 5-2 人乳脂肪成分分解示意图

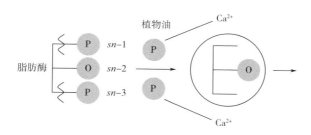

图 5-3　植物油脂成分分解示意图

人乳脂替代脂是一种模拟人乳脂中脂肪酸的组成及其位置分布的一种甘油三酯混合物，可添加到婴幼儿食品中使其与母乳更接近。目前，婴幼儿食品中使用的人乳脂替代脂多为混合植物油，但脂肪酸在甘油位置的分布上相差较远，其中对婴幼儿生长影响较大的 $sn-2$ 位棕榈酸含量却很低，棕榈酸主要分布在 $sn-1$，3 位，只有 40% 左右的棕榈酸位于 $sn-2$ 位上。现在市售婴幼儿产品中人乳脂替代脂主要通过以下几种方式生产：

① 以不同植物油为原料，直接调和后加入婴幼儿配方奶粉中。公告号 CN1973646 B 的发明专利公开了一种婴幼儿配方奶粉专用油，由多种植物油调配得到，虽然调配后的人乳脂质替代物中各脂肪酸含量与人乳相近，但脂肪酸在甘油三酯中的位置分布与人乳脂质具有极大的不同，其棕榈酸主要分布在 $sn-1$，3 位。

②直接使用牛乳中的脂质替代人乳脂质。牛乳中甘油三酯的脂肪酸组成和分布与人乳脂存在很大差异，牛乳脂肪中不饱和脂肪酸含量比人乳脂肪中低，且棕榈酸在 $sn-2$ 位的含量仅占总棕榈酸的 45% 左右，明显低于人乳脂肪中的 70%。

③将混合植物油进行内部随机酯交换，可以使脂肪酸组成及 $sn-2$ 位的组成相似，但是产品中结构为 $sn-1$，3 位不饱和脂肪酸且 $sn-2$ 位为饱和脂肪酸的甘油三酯含量很少，这与人乳中脂肪的结构也存在较大的差别。

④将猪油与其他动植物油混合调配或与不饱和脂肪酸在 $sn-1$，3 位专一性脂肪酶的作用下进行酯交换反应，获得与人乳脂肪组成及分布相似的人乳脂替代物。

目前国内对猪油制备人乳脂肪替代物的研究比较多，如 CN 102229866 A 的发明专利公开了一种以猪油为原料经过除胆固醇后，与油酸在 $sn-1$，3 位专一性脂肪酶作用下制备 1，3 二油酸-2-棕榈酸甘油三酯的生产方法。CN 101305752 B 的发明专利公开了一种以总棕榈酸含量大于 20% 且 70% 以上棕榈酸位于 $sn-2$ 位的油脂为原料，与中碳链脂肪酸含量大于 50%、$n-3$ 不饱和脂肪酸含量大于 5% 和或 $n-6$ 不饱和脂肪酸含量大于 20% 的油脂及其他动植物油脂按一定比例调和后，经过精炼制得脂肪酸组成及位置分布与人乳脂肪相似的人乳脂肪替代脂。虽然这些方法得到的产品成本较低，但受民族习惯、宗教信仰等影响，产品应用范围小。

目前，市售婴幼儿食品中的脂质与人乳脂相比，在总脂肪酸组成上与人乳脂已十分接近，但脂肪酸在甘油上的位置分布却存在极大的差别。人乳脂中 70% 以上的棕榈酸位于 $sn-2$ 位，$sn-1$，3 位主要分布的是油酸，而目前婴幼儿食品中脂肪酸的分布与此正好相反，这种差别也严重影响了婴幼儿的营养。

$sn-2$ 位棕榈酸甘油三酯在胰脂肪酶作用下水解为 $sn-2$ 位棕榈酸单甘酯和游离脂肪酸，

低熔点的游离脂肪酸会直接由小肠分解产生能量或转化为其他物质供人体需要，而 $sn-2$ 位棕榈酸单甘酯则通过淋巴循环被人体吸收。许多研究证明，人乳中的棕榈酸以 $sn-2$ 位单甘酯形式被吸收，对于所有哺乳动物的幼仔来说，在生长初期，乳脂质是其能量的主要来源，同时也是构成细胞膜的主要成分。Innis SM 等通过分析人乳喂养和配方奶粉喂养的婴儿血脂中 $sn-2$ 位脂肪酸组成，发现人乳喂养的婴儿血脂中 $sn-2$ 位棕榈酸含量明显比喂食配方奶粉的婴儿高，这说明人乳中的棕榈酸以 $sn-2$ 单甘油酯形式被吸收。Jensen C 等对此做了两组试验，A 组为甘油三酯中含大量长链脂肪酸的配方奶粉喂养婴儿，B 组为甘油三酯中含大量中长链脂肪酸的配方奶粉喂养婴儿，结果发现 B 组婴儿对脂肪吸收率较好，为 95.2%，A 组婴儿对脂肪吸收率较差，为 9.9%。Carnielli 等也研究了婴儿配方奶粉中棕榈酸的位置分布和含量对脂肪吸收的影响，分别用 $sn-2$ 位棕榈酸含量不同的配方奶粉喂养婴儿，结果发现当配方奶粉与人乳脂肪中 $sn-2$ 位棕榈酸的含量接近时，婴儿对脂肪的吸收率较高，其含量与脂肪吸收率成正相关，高含量 $sn-2$ 位棕榈酸配方奶粉喂养的婴幼儿，粪便中棕榈酸和其他脂肪酸含量低于食用普通配方奶粉的婴幼儿。因此，可以证明 $sn-2$ 位棕榈酸能够促进人体对脂肪的吸收。

$sn-2$ 位棕榈酸甘油三酯可以促进婴幼儿成长所必需的矿物质（Ca、Mg 等）和维生素的吸收，促进婴幼儿骨骼和大脑正常生长，维持神经肌肉的兴奋、神经冲动的传导、心脏的正常搏动。人乳脂肪中的 $sn-2$ 位棕榈酸不会被胰脂肪酶水解成游离态，因此不会与钙元素结合生成钙皂，这样减少了钙元素的流失，降低了婴儿大便的硬度。研究证明，给婴儿喂食 $sn-2$ 棕榈酸含量较高的奶粉后，其粪便中钙的含量都明显下降，硬度也明显降低。Virgillio P 等研究了三组新生婴儿粪便中的钙和镁等矿物质的组成，发现 12 周大的婴儿食用 $sn-2$ 位棕榈酸含量较高的婴儿配方奶粉后，身体骨骼的重量明显增加，代谢排出的棕榈酸和皂化钙的含量降低，研究认为饮食中高含量的 $sn-2$ 位棕榈酸能够增加矿物质的吸收，促进婴儿骨骼矿物质的沉积。所以，$sn-2$ 位棕榈酸对婴儿的骨骼发育是有益的。大多数的婴儿配方奶粉中，棕榈酸结合在 $sn-1$，3 位上，不易被吸收，容易形成不溶性的钙盐排泄出来，造成钙和能量的流失。棕榈酸在甘油三酯上的位置对婴儿的营养吸收有着生理学上的重要意义。

（三）婴幼儿配方食品用脂质的设计原则

婴幼儿时期是生长发育和智力发育的关键时期，快速的生长发育速度带来了特殊的营养需求，因此婴幼儿配方乳粉的设计需综合全面考虑婴儿营养需求。0~6 个月龄婴儿配方需提供全面营养，而且要充分考虑小婴儿营养需求高，但消化系统不成熟的特点。6 个月龄以上的婴儿生长发育仍然处于高速发展的时期，但婴儿的消化系统较 0~6 个月龄婴儿有较大改善，婴儿也开始逐渐添加辅食，婴儿配方乳粉不再是其唯一的食物，但也必须考虑这个阶段婴儿的生长特点，如活动水平增加、一定程度的生长速度减缓、母体获得的各种营养储备，尤其是铁储备已逐渐耗竭等；同时也要考虑到较小婴儿和较大婴儿的发育差别。

1. 能量需要量的计算

婴儿的能量需要量=总能量消耗量+体重增长的能量储存量。0~6 和 7~12 个月龄取各自月龄组的平均值，见表 5-4。

表 5-4 中国婴儿能量需要量

月龄/月	总能量消耗量/[kJ/(kg·d)]			能量储存量/[kJ/(kg·d)]	能量需要量/[kJ/(kg·d)]		
	母乳喂养	人工喂养	合计		母乳喂养	人工喂养	合计
男 0~6	286	311	298.5	73.5	357	386.4	372
7~12	353	378	365.5	10.5	361.2	388.5	375
女 0~6	286	311	298.5	67.2	352.8	378	365
7~12	353	378	365.5	10.5	361.2	388.5	375
合计 0~6	286	311	298.5	73.5	357	382.2	370
7~12	353	378	365.5	10.5	357	388.5	373

2. 脂肪占比的设计

脂肪以最小的渗透压、最小的肾脏负担提供高能量，是新生儿所需能量的主要来源，同时脂肪也是必需脂肪酸的主要来源和脂溶性维生素的载体。0~6 个月婴儿能量消耗量非常大，根据母乳摄入量 800mL 计算，即每天摄入脂肪 27.7g，脂肪占总能量的 47%，因而推荐脂肪推荐摄入量定为 45%~50%。另外根据美国小儿研究营养委员会和生命科学研究室的专家组（"LSRO"）的建议婴儿配方乳粉中脂肪含量应在 4.4~6.4g/100kcal（总能量的 40%~57%），而美国 FDA 的建议为 3.3~6.0g/100kcal（总能量的 35%~55%）。而 6 个月以后的婴儿虽然开始逐步添加辅助食品，但还是以奶类食品或者配方乳粉为主，所以脂肪供能为 35%~40%。

除了考虑能量因素，饱和脂肪酸和不饱和脂肪酸的含量和比例是关系到脂肪的重要因素。必需脂肪酸包括：$n-6$ 和 $n-3$ 两种类型不饱和脂肪酸，由于人体内缺少在 $n-6$ 和 $n-3$ 位置形成双键的酶系，因此此类脂肪必须依赖食物供给。亚油酸和 α-亚麻酸是真正的必需脂肪酸，以二者为前体，通过内生可以生成 γ-亚麻酸、花生四烯酸、二十碳五烯酸和二十碳六烯酸系列 $n-6$ 脂肪酸和 $n-3$ 脂肪酸。1994 年，FAO/WHO 推荐人体的亚油酸供给量不应低于膳食总能量的 3%，即每 100kJ 热量中的亚油酸含量（以甘油三酯的形式）不得低于 72mg。过量摄入亚油酸可能对脂蛋白代谢、免疫功能和二十烷类物质的平衡产生不良影响，并且导致氧化应激，因此婴儿标准也对亚油酸的最高限量进行了规定。此外配方中还应考虑亚油酸和 α-亚麻酸的代谢平衡，表 5-5 是国际食品法典（CAC）和欧洲科学委员会（SCF）对婴儿配方乳粉中脂肪酸的规定。

表 5-5　CAC 和 SCF 对必需脂肪酸含量的规定　单位：mg/100kJ

	SCF 2003	CAC 2004
亚油酸（LA）	119~286	71
未添加长链不饱和脂肪酸配方		
α-亚麻酸（ALA）	≥24	≥12
亚油酸：α-亚麻酸	1.2~3.6	1.2~3.6

续表

	SCF 2003	CAC 2004
添加长链不饱和脂肪酸配方		
α-亚麻酸（ALA）	$\geqslant 12$	$\geqslant 12$
亚油酸：α-亚麻酸	$1.2 \sim 4.8$	$1.2 \sim 4.8$
$n-6$ 长链不饱和脂肪酸	$\leqslant 2\%$脂肪酸	$\leqslant 2\%$脂肪酸
花生四烯酸	$\leqslant 1\%$脂肪酸	$\leqslant 1\%$脂肪酸
$n-3$ 长链不饱和脂肪酸	$\leqslant 1\%$脂肪酸	$\leqslant 1\%$脂肪酸
EPA/DHA	<1	<1

3. 油类配料的选择

婴幼儿配方乳粉中常使用的油类配料有无水奶油和植物油，植物油通常选用大豆油、玉米油、葵花籽油、椰子油和菜籽油中的一种或几种。无水奶油来源于牛乳，以饱和脂肪酸为主；大豆油亚麻酸含量较高；大豆油、玉米油、葵花籽油和菜籽油是亚油酸的很好来源；其中葵花籽油和菜籽油也是油酸的很好来源；目前使用的葵花籽油通常为高油酸类型，而菜籽油通常为低芥酸菜籽油，因为一般的菜籽油芥酸含量高，对婴儿没有明确的益处；椰子油可提供中链及中长链脂肪酸（辛酸、癸酸、月桂酸、豆蔻酸等）。根据人乳脂肪酸组成可将几种植物油按比例组合，可以实现脂肪酸组成与人乳脂肪酸组成接近，母乳化婴幼儿配方乳粉还可考虑使用 1，3-二油酸 2-棕榈酸甘油三酯原料，可以调整脂肪酸结构上与人乳相似。可根据配方需要选择不同的油脂配料，注意调整脂肪酸比例合理，如亚油酸与亚麻酸的比例，但需要注意的是不能选用氢化油脂配料。另外，婴幼儿配方乳粉中使用的植物油配料比例较高，不饱和脂肪酸比例高，容易氧化，原料选择时要注意过氧化值指标。

（四）各国婴幼儿配方食品用脂质法规现状

婴幼儿配方食品是婴幼儿阶段的重要甚至唯一食物。做为全营养食品，婴幼儿配方食品的品质直接影响到他们的身体和智力发育，许多国家和国际相关组织都制定了标准来规范和指导婴幼儿配方食品的设计和生产。婴幼儿配方食品相关营养指标规定相比于普通食品更为详细和复杂，婴幼儿乳粉配方设计通常以人乳为参考，国际标准和国内标准为基础，参考本国婴幼儿膳食推荐量，并结合原料和工艺特点综合考虑并制定，对于变化较大的配方应进行配方论证。

1. 婴儿配方食品国际法规和制定过程

国际食品法典委员会（CAC）是联合国粮农组织（FAO）和世界卫生组织（WHO）为了完善食品标准、导则以及相关法规条文而创建的委员会，其主要目的是在食品贸易过程中确保消费者健康和公平交易，同时促进各国政府以及非政府组织承担的标准工作的协调一致。因此食品法典委员会制定的标准可以认为是全球通用标准。食品法典委员会的婴儿配方食品标准 CODEX STAN 72 于 1981 年被采纳，婴儿配方食品标准以当时能够得到的大量证据为基础，但随着科学的发展，必须对婴儿配方粉的成分标准不断进行重新评估和修订。国际食品法典（CODEX）关于婴儿食品标准最近一次的修订是 2007 年，营养和特殊膳食用食品法典委员会指定欧洲儿科胃肠病、肝病和营养学会与国际科学界进行协商，在科学分析并综合现有相关科研报告的基础上，提出婴儿配方粉中营养素的建议。专家组经过反复讨论，最终提出了全球婴儿配方粉标准中各营养成分推荐需要量的报告。

专家组认为营养状况良好的健康妇女所分泌的乳汁成分可以作为婴儿配方粉成分的指导，但成分构成上的大致相似性不足以作为婴儿配方粉安全性和充足性的决定因素或指标。婴儿配方粉成分是否合适取决于将其对配方粉喂养儿在生理（如生长模式）、生化（如血浆指标）和功能学方面（如免疫应答）的作用与健康的纯母乳喂养儿的相关指标进行比较。另外，专家组认为婴儿配方粉中成分的含量应达到营养的目的或产生其他益处。加入非必需成分或所加成分的含量超出必需量后可增加婴儿代谢和其他生理功能的负担。而提出婴儿配方粉营养素最低和最高限量的目的在于提供安全且营养合理的婴儿配方产品来满足健康婴儿对营养素的需要量。最低和最高限量的制定应尽量建立在充分利用关于婴儿需要量和缺乏后不良作用的研究资料的基础上。在缺少充分的科学性数据予以评价时，最低和最高限量的制定至少应以明确的安全使用史为依据。最低和最高限量的制定还应尽可能考虑其他因素，如生物利用度以及加工和保存过程中营养素的损失。

专家组还建议在婴儿配方粉中添加新成分或加入大于现有配方粉成分中已知成分的标准限量时，应有广泛被认可的科研资料说明婴儿使用后的安全性、营养学益处和适宜性。由于越来越多的证据表明，婴儿的膳食成分对其短期和长期的健康和发育都有重要影响，专家组同时认为必须由独立的科学组织对支持婴儿配方粉成分改变超出现有标准的科学证据进行监督和评价，然后才能让这样的产品进入市场。下表是修定后的国际食品法典婴儿配方食品标准的营养素限量。

除了国际食品法典委员会、美国 FDA、欧盟、澳大利亚/新西兰（澳新）等国际组织和国家制定了婴幼儿配方食品标准，对婴幼儿配方食品的营养素限量进行了规定，这些标准的制定为规范婴儿配方食品的生产销售，保证婴儿正常生长起到积极和重要的作用。表 5-6 将几个具有代表性的婴幼儿配方食品标准做了比较。

表 5-6 乳基婴儿配方食品国际标准

必需营养素	单位	CODEX CODEX STAN 72—1981	美国 21CFR105 AND107	欧盟 COMMISSION DIRECTIVE 2006/141/EC	澳大利亚/新西兰 STANDARD 2.9.1 INFANT FORMULA PRODUCTS
能量	即食状态/100mL	250~295kJ	—	250~295	250~315
总脂肪	g/100kJ	1.05~1.4	0.79~1.43	1.05~1.4	1.05~1.5
亚油酸	mg/100 kJ	70~N.S.	71.7~N.S.	70~285	9~26
α-亚麻酸	mg/100 kJ	12~N.S.	—	12~N.S.	1.1~4
亚油酸：α-亚麻酸	—	5:1~15:1	—	5:1~15:1	5:1~15:1
月桂酸和肉蔻豆酸总量	%脂肪酸	≤20	—	≤20	
芥酸	%脂肪酸	≤1	—	≤1	≤1

续表

| 必需营养素 | 单位 | CODEX | 美国 | 欧盟 | 澳大利亚/新西兰 |
		CODEX STAN 72—1981	21CFR105 AND107	COMMISSION DIRECTIVE 2006/141/EC	STANDARD 2.9.1 INFANT FORMULA PRODUCTS
总反式脂肪酸	%脂肪酸	≤3	—	≤3	≤4
维生素 A	μgRE/100 kJ	14~43	17.8~53.8	14~43	14~43
维生素 D_3	μg/100 kJ	0.25~0.6	0.24~0.6	0.25~0.65	0.25~0.63
维生素 E	mg α-TE/100kJ	0.12~N.S.	0.17~N.S.	0.5~1.2	0.11~1.1
维生素 K_1	μg/100 kJ	1~N.S.	1~N.S.	1~6	1~N.S.

注：N.S. 无规定；美国婴儿配方食品以 kcal 为能量单位，以 IU 作为维生素 A 和维生素 D 单位，上表格中为了统一，折算为 KJ 和 μg；CAC 标准中肌醇和胆碱为可选择成分，欧盟标准乳基配方中肌醇和胆碱为可选择成分。

从表 5-6 可以看出，各国对乳基婴幼儿配方食品的标准根据参考法规和制定规则的不同略有差异，但是总体而言，差异不大。CODEX 和欧盟等法规中对部分微量元素没有规定上限，而美国婴儿配方食品中绝大部分营养素都规定了上限，此外部分法规中还规定了一些营养指标的可耐受最高摄入量 UL。由于中国婴幼儿配方乳粉市场的大需求量，许多婴儿配方乳粉直接从境外直接进口，这类产品需考虑婴幼儿配方乳粉法规上的差异。

2. 较大婴儿和幼儿配方食品国际法规情况

6~12 个月龄婴儿的生长发育仍然处于高速发展的时期，但婴儿的消化系统较 0~6 个月龄婴儿有较大改善，且婴儿开始逐渐添加辅食，因而较大婴儿配方乳粉可以不像婴儿配方乳粉一样严格依据数据，但也必须考虑这个阶段婴儿的生长特点，如活动量增加，一定程度的生长速度减缓，母体获得的各种营养储备，尤其是铁储备已逐渐耗竭等，同时也要考虑到较小婴儿和较大婴儿的发育差别。

国际食品法典委员会、欧盟和澳大利亚/新西兰对较大婴儿配方食品中的部分营养素给出了限量要求，而美国没有对较大婴儿和幼儿配方食品营养素限量给予明确规定。表 5-7 是部分国家和国际组织对较大婴儿和幼儿配方食品营养素的限量规定。

表 5-7　　　　　　　　　各国较大婴儿和幼儿配方食品法规的限量

| 必需营养素 | 单位 | CODEX | 欧盟 | 澳大利亚/新西兰 |
		CODEX STAN 156—1987	COMMISSION DIRECTIVE 2006/141/EC	STANDARD 2.9.1 INFANT FORMULA PRODUCTS
能量	即食状态/100mL	250~355	250~295	250~355
总脂肪	g/100kJ	0.7~1.4	0.96~1.4	1.05~1.5
亚油酸	mg/100kJ	71.7~N.S.	70~285	9~26
α-亚麻酸	mg/100kJ	—	12~N.S.	1.1~4
亚油酸：α-亚麻酸	—	—	5:1~15:1	5:1~15:1
总反式脂肪酸	%脂肪酸	—	≤3	≤4

续表

| 必需营养素 | 单位 | CODEX | 欧盟 | 澳大利亚/新西兰 |
		CODEX STAN 156—1987	COMMISSION DIRECTIVE 2006/141/EC	STANDARD 2.9.1 INFANT FORMULA PRODUCTS
芥酸	%脂肪酸	—	—	≤1%
维生素 A	μgRE/100 kJ	18~54	14~43	14~43
维生素 D_3	μg/100 kJ	0.25~0.75	0.25~0.75	0.25~0.63
维生素 E	mg α-TE/100 kJ	0.15~N.S.	0.5~1.2	0.11~1.1
维生素 K_1	μg/100 kJ	1~N.S.	1~6	1.0~N.S.

注：N.S. 无规定。

从表5-7可以看出，较大婴儿和幼儿配方食品的标准在蛋白质、脂肪和碳水化合物等供能比与小婴儿存在一定差别。随着婴儿的生长发育，营养需求和饮食模式也在发生变化，而在微量营养素方面钙、铁等矿物质的推荐摄入量也有提高。此外各国的婴幼儿配方食品标准还规定如果需要配方中可以添加其他营养素以保证产品适合用于婴儿混合喂养计划，但所添加的营养素应在科学上证明其用途。

3. 我国婴幼儿配方食品法规

2010年3月我国卫生部发布了新版的婴幼儿配方食品安全标准，其中包括《食品安全国家标准 婴儿配方食品》（GB 10765—2010）和《食品安全国家标准 较大婴儿和幼儿配方食品》（GB 10767—2010）。新标准参考 CODEX 相关标准，并以《中国居民膳食营养素参考摄入量》为参照，更为科学的规定了婴儿配方食品的营养素限量。这也是我国婴儿配方食品首次以能量为单位计算营养指标的含量，两项国标的必需营养素限量的相关规定见表5-8。

表5-8 　　　　　　　　　　GB 10765—2010 中必需营养素限量规定

必需营养素	单位	最小值	最大值
脂肪	g/100kJ	1.05	1.40
碳水化合物	g/100kJ	2.2	3.3
亚油酸	g/100kJ	0.07	0.33
α-亚麻酸	mg/100kJ	12	N.S.
亚油酸：α-亚麻酸	—	5:1	15:1
维生素 A	μgRE/100kJ	14	43
维生素 D_3	μg/100kJ	0.25	0.60
维生素 E	mg α-TE/100 kJ	0.12	1.20
维生素 K_1	μg/100kJ	1.0	6.5

注：N.S. 无规定。

GB 10765—2010 中规定的产品可以供 0~12 个月龄的婴儿食用，但是依据婴儿的生长和营养需求，其能量和营养成分能够满足 0~6 个月婴儿的正常营养需要，对于 6 个月龄以上的婴儿应添加辅食。

GB 10765—2010 与原标准相比，增加了多项涉及保障婴儿食品安全和健康的条款，如谷蛋白、氢化油脂和辐射处理等要求参考了 CODEX 72—2007 的规定。

关于营养素，新标准中最大的变化是营养素指标表示方法，由原来的每 100g 产品中某种营养素的含量，改为每 100kJ 或者 100kcal。新标准中规定以能量为单位计算营养素的限量，并规定了各种营养素能量的计算方法和折算方法。

二、婴幼儿配方食品的脂质氧化

婴幼儿配方食品的脂质氧化是影响婴幼儿配方食品货架期的最为不利的因素。婴幼儿配方食品不饱和脂肪酸含量高，且含有促氧化剂，使其特别容易发生脂肪氧化，影响其品质。一般婴幼儿配方乳粉含有 20%~32% 的脂肪，其中不饱和脂肪的含量约占总脂肪的 50%。配方中的不饱和脂肪酸，特别是亚油酸、亚麻酸、DHA、AA 等不饱和脂肪酸在乳粉存储过程中很容易发生氧化反应，产生过氧化物、小分子的醛、酮类物质，如氢过氧化物、己醛、戊醛、4-羟基壬烯酸和丙二醛等，危害婴幼儿的健康。另外，婴幼儿配方乳粉富含蛋白质和碳水化合物，在贮存过程中也会发生美拉德反应和乳糖结晶，而影响乳粉的氧化稳定性。如乳糖结晶和美拉德反应能释放水，提高分子流动性，对脂肪的氧化起到加速作用。

对婴幼儿配方食品而言，脂质氧化、非酶褐变和乳糖结晶等反应是影响其货架期稳定性的主要因素，并且其中的脂质氧化对婴幼儿配方食品的品质影响又表现得最为突出。因此对于婴儿配方食品品质变化的研究，目前大多通过研究婴幼儿配方食品中脂肪的氧化来实现。如通过研究婴幼儿配方食品脂质氧化的一级产物、二级产物等。

油脂酸败按其性质可分为水解酸败和氧化酸败两个类型，相关原理在本书第三章第二节中已有阐述，这里主要介绍下婴幼儿配方食品脂质氧化的影响因素。

1. 脂肪酸组成及存在形式

脂肪的氧化起始于自由基的形成，因此自由基的产生速率决定了脂肪的氧化速率。脂肪酸的种类不同其抗氧化能力差别很大，自由基形成的速率不同。一般而言，脂肪的不饱和度越大，其氧化速度越快，如油酸、亚油酸、亚麻酸、花生四烯酸的相对氧化速度约为 1:10:20:40。婴幼儿配方食品中的脂肪因为母乳化，富含单不饱和脂肪酸（MUFA）、多不饱和脂肪酸（PUFA）、n-3 PUFA 和 n-6 PUFA 等不饱和脂肪酸，这些不饱和脂肪酸对乳粉的氧化稳定性影响很大。

配方内添加 n-3 和 n-6 系列长链多不饱和脂肪酸，会影响的配方乳粉的氧化稳定性。一般而言，乳粉内多不饱和脂肪酸的含量越高，其氧化稳定性越低。如配方粉内强化 n-3 长链多不饱和脂肪酸和 n-6 长链多不饱和脂肪酸，配方粉在贮存过程中的氧化稳定性会降低，而且强化的水平越高其氧化稳定性越低。Romeu-Nadal 等研究了普通乳粉，低水平强化多不饱和脂肪酸乳粉（普通乳粉强化 0.83% 的 n-3 长链多不饱和脂肪酸、0.47% 的 n-6 长链多不饱和脂肪酸）和高水平强化多不饱和脂肪酸乳粉（普通配方强化 27.8% 的 n-3 长链多不饱和脂肪酸、3.51% 的 n-6 长链多不饱和脂肪酸）的氧化稳定性。结果显示，多不饱和脂肪酸的强化水平越高其氧化稳定性越差，在 15 月的存储期内，相同温度条件下，高水平强化不饱和脂肪酸的配方其过氧化物随着存储期的延长上升的更高。针对挥发性产物而言：配方内 $n-3$ 多不饱和脂肪酸含量越高，其丙醛的含量在相同存储温度下随着时间的延长变的越来越高，而且表现出存储温度越高其丙醛的产生速率越高，丙醛的含量越高；配方内 $n-6$ 多不饱和脂肪酸含量越高，挥发性产物戊醛和己醛的含量在相同存储温度下随着时间的延长变的越来越高，它们同样表现出存储温度越高其产生的速率越高，在同样的时间节点戊醛和己醛含量越高。Romeu-Nadal 研究的 3 种配方粉的具体脂肪酸组成见表 5-9，在贮存过程中过氧化物的变化见图 5-4。

表 5-9	配方粉内的脂肪酸组成		单位:%
脂肪酸	配方		
	普通乳粉	低水平强化乳粉	高水平强化乳粉
二十二碳四烯酸（$n-6$）	0.34	0.42	1.81
二十碳五烯酸（$n-3$）	—	0.20	5.47
二十二碳六烯酸（$n-3$）	—	0.57	20.9
饱和脂肪酸	41.7	41.7	44.4
多不饱和脂肪酸	17.9	18.8	34.54
$n-3$ 长链多不饱和脂肪酸	—	0.83	27.8
$n-6$ 长链多不饱和脂肪酸	0.34	0.47	3.51
$n-3$ 多不饱和脂肪酸	1.06	1.86	28.21
$n-6$ 多不饱和脂肪酸	16.8	16.9	6.33

注：—表示未检测。

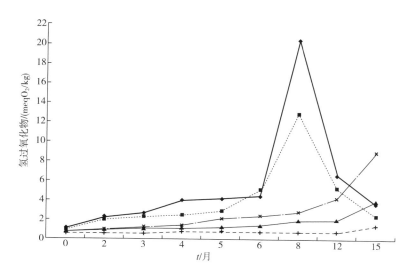

图 5-4　不同脂肪酸组成配方粉氢过氧化物随贮存时间的变化

-+- NSF 25℃　-▲- SFA 25℃　-✕- SFA 37℃　-■- SFB 25℃　-◆- SFB 37℃

NSF：普通乳粉；SFA：多不饱和脂肪酸低水平强化乳粉；SFB：多不饱和脂肪酸高水平强化乳粉

另外，Presa-Owens 等研究添加鱼油粉的婴幼儿配方粉和未添加鱼油粉的婴幼儿配方粉时，控制两个配方总的脂肪含量相近（均为约 28g/100g），但是添加鱼油粉的配方多不饱和脂肪酸含量为 13.51%，长链多不饱和脂肪酸为 0.87%，未添加鱼油粉的配方多不饱和脂肪酸含量为 12.98%，长链多不饱和脂肪酸为 0.17%。研究显示，25℃ 存储 18 个月的过程中，添加鱼油的婴儿配方粉其过氧化值升高的幅度高于未添加的配方粉。进一步说明不饱和脂肪酸的添加会降低乳粉的氧化稳定性，使得乳粉更易被氧化。Almansa 等研究发现，配方内添加的 AA 和 DHA 是影响配方氧化稳定性的重要因素，配方内 AA 和 DHA 的含量与乳粉贮存过程中二级氧化产物丙二醛存在直接相关性，研究者通过对 11 个婴儿配方粉主要营养组分和丙二醛相关性的分析发现，丙二醛的量与配方内 AA 和 DHA 的浓度存在线性关系，不饱和脂肪酸 AA 和 DHA 的含量越高其丙二醛的量会越高。但是需要指出的是，脂肪酸对于配方粉氧化稳定性的影响，并不是一定表现出不饱和脂肪酸含量越高其氧化稳定性就越差，不饱和脂肪酸含量一致其氧化稳定性就一致。因为，对其他营养成分一致的乳粉而言，乳粉的氧化稳定性还受不饱和脂肪酸在乳粉内的存在形式所影响，如经过包埋的不饱和脂肪酸对于配方粉氧化稳定性的影响远小于未经包埋的不饱和脂肪酸；对其他营养成分不一致的乳粉而言，乳粉的氧化稳定性还受乳粉内的抗氧化剂及脂肪氧化催化剂的影响，如抗氧化剂维生素 C、维生素 E 等的存在可以减缓脂肪的氧化。

2. 抗氧化剂及金属离子

（1）抗氧化剂　乳粉内特别是婴幼儿配方食品内可能存在的抗氧化剂包括 α-生育酚、β-胡萝卜素、抗坏血酸棕榈酸酯、抗坏血酸和柠檬酸等。这些抗氧化剂在乳粉内或者是奶液内的添加并不一定表现出抗氧化作用，还有可能表现为促氧化作用，因为抗氧化剂起到抗氧化作用还受抗氧化剂的作用机制、极性、浓度与环境条件的影响。

一项关于 α-生育酚、β-胡萝卜素、抗坏血酸棕榈酸酯、抗坏血酸和柠檬酸在婴儿配方粉冲调液里的抗氧化作用研究显示，抗氧化剂在冲调液里添加量为 0.005% 时，α-生育酚、β-胡萝卜素、抗坏血酸棕榈酸酯和柠檬酸 4 种抗氧化剂都有抗氧化性的表现。其中抗坏血酸棕榈酸酯相比于其他 4 种抗氧化剂表现出的抗氧化作用最好，在研究的 28d 内一直表现出强的抗氧化作用，而具有亲水性的抗坏血酸却在研究的前期（14d 前）表现出抗氧化作用，在研究的 14~28d 表现为强的促氧化作用。抗坏血酸在配方奶中表现出的促氧化性作用可以归因于其对金属离子的保护作用，因为婴儿配方粉中大量含有的金属离子（如 Cu^{2+} 和 Fe^{3+}）可以在油脂氧化的起始阶段起到金属促氧化作用。进一步的研究显示，以上 5 种抗氧化剂（α-生育酚、β-胡萝卜素、抗坏血酸棕榈酸酯、抗坏血酸和柠檬酸）在婴儿配方粉冲调液里添加量提高到 0.02% 时，以过氧化值和对氨基苯甲醚为检测指标，5 种抗氧化剂都无抗氧化作用，并且 α-生育酚和 β-胡萝卜素在研究的第 28 天表现出促氧化作用。生育酚类物质是维生素 E 的主要成分，一般而言当乳粉中不饱和脂肪酸、生育酚类物质和脂质过氧自由基共存时，不饱和脂肪酸和生育酚会相互竞争，而脂质过氧自由基会优先和生育酚类反应，从而有效地抑制脂肪的氧化。α-生育酚可通过转移氢到自由基，将自由基变成更稳定的产物，进而终止乳脂肪的氧化，另外，生育酚还可以抑制由铜引起的氧化，当乳粉中铜含量越高，用来控制脂质过氧化所需要的生育酚类物质的量将越多。但是，α-生育酚的促氧化作用明显并不适用于以上机制，其最有可能的解释是它具有的酚氧自由基（Tocopheroxyl Radicals）对氧化具有促进作用，当酚氧自由基浓度达到一定时，它可能参与氧化的连锁反应或者是加强过氧化物的生成。

　　类胡萝卜素是由异戊二烯组成的萜类物质，其分子链中含有的共轭双键，因此其在食品中一般起到抗氧化作用，类胡萝卜素和氢过氧化物反应生产环氧类胡萝卜素等，类胡萝卜素的降解速率为：番茄红素>β-胡萝卜素≈α-胡萝卜素。理论上，类胡萝卜素的双键越多氧化得越快，其抑制乳脂肪氧化作用效果较好，如β-胡萝卜素、番茄红素和叶黄素等。虽说β-胡萝卜素的氧化反应复杂，但一般来说是发生的加成反应，即其共轭双键与甲基自由基的加成反应，该反应一个特点就是非常迅速。因此，类胡萝卜素的氧化可以在一定程度上抑制脂质的氧化。但是，β-胡萝卜素富含电子，因此亲电子氧化自由基（如脂质的过氧化自由基）会从β-胡萝卜素中提取一个电子，产生β-胡萝卜素阳离子，β-胡萝卜素阳离子可能与烷基、烷氧基等反应，或者形成过氧自由基，促进脂质的氧化。β-胡萝卜素的抗氧化作用其实是其对自由基的捕获和形成自由基的一种平衡，β-胡萝卜素在高浓度下，自动氧化形成的自由基高于其消耗的自由基，因此会导致其具有促氧化作用。

　　因此，婴幼儿配方乳粉内的抗氧化剂在乳粉起抗氧化作用，应存在一个临界浓度，在这个临界浓度能起到最佳的抗氧化作用，低于这个临界浓度抗氧化作用降低甚至无，而高于这个临界浓度有可能会失去其抗氧化作用，反而转变为促氧化作用。需要注意的是，两种或多种抗氧剂的混合使用可以使抗氧化作用起到加成效应，提高其抗氧化作用，当然并不是所有的复配使用都能提高抗氧化作用。如α-生育酚和β-胡萝卜素同时使用，比起单独添加一种抗氧化剂其抗氧化作用明显提高（图5-5），而α-生育酚和抗坏血酸，α-生育酚和抗坏血酸棕榈酸酯，及α-生育酚和柠檬酸等的复配使用其抗氧化作用并不能得到提高。

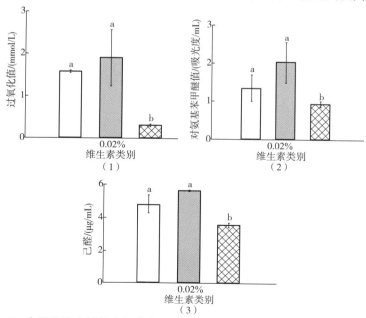

**图5-5　在婴儿配方粉的冲调液中添加 α-生育酚、β-胡萝卜素及 α-生育酚和
β-胡萝卜素（1：1）混合物，37℃贮存28天后脂肪的氧化情况**

□α-生育酚　▨β-胡萝卜素　▧α-生育酚+β-胡萝卜素

注：柱状图上不同小写字母代表存在显著差异（$p<0.05$）。

维生素浓度为0.02%。

（2）金属离子　婴幼儿乳粉因为营养强化的需要，一般会强化金属离子，这些金属离子的强化有的会加速脂质的氧化，如铁和铜的强化会导致乳粉的脂质氧化速率加快。乳粉大量的金属离子，如铜离子、铁离子等，这些金属离子能够降低脂肪氧化初始阶段的活化能，并能直接和脂肪反应生成脂烷基自由基，加速脂肪的氧化。Tan-Ang 的一项关于全脂乳粉内强化 EPA 后添加维生素 E、$FeCl_3$、$FeSO_2$ 或 $FeCl_3$ 和 $FeSO_2$（1∶1 混合物）的氧化稳定性实验显示，2 价和 3 价铁离子的添加会导致乳粉在贮存过程中氧化程度加重，维生素 E 会抑制乳粉脂肪的氧化（图 5-6）。强化后的乳粉的氧化稳定表现为：维生素 E 强化乳粉>普通乳粉>$FeSO_4$强化乳粉>$FeCl_3$ 和 $FeSO_4$（1∶1 混合物）强化乳粉>$FeCl_3$强化乳粉。

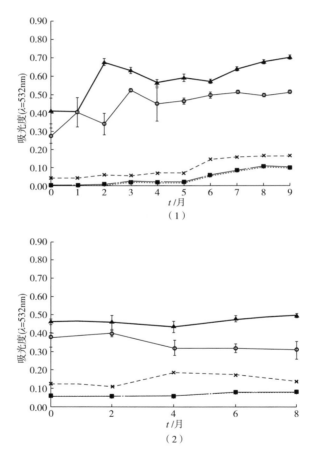

图 5-6　强化 EPA 的全脂乳粉内添加维生素 E、$FeCl_3$、$FeSO_4$ 或 $FeCl_3$ 和 $FeSO_4$
（1∶1 混合物），室温贮存 9 个月后脂肪的氧化情况

◆ 普通乳粉　□ 维生素 E　▲ Fe^{3+}　✕ Fe^{2+}　○ $Fa^{2+}+Fe^{3+}$

（1）非真空非充氮包装；（2）抽真空包装

金属类离子能发生可逆的反应，加速氢过氧化物的分解，产生新的链式反应，从而使乳脂肪的氧化率提高。2 价铁离子和过氧化氢结合会诱导一系列的催化连锁反应，并形成自由基，但是 3 价铁离子可以使 2 价铁离子减少并再生 2 价铁离子，使整个链式反应持续进行。另外，不管是氧化态还是还原态的金属离子都能够遵循下面的反应式降解氢过氧化物，从而加速脂肪的氧化，因此，即使是少量的金属离子，也能通过自身的氧化还原加速乳粉内脂肪的氧化反应。

$$ROOH + Fe^{2+}（或 Cu^+）\rightarrow RO \cdot + Fe^{3+}（或 Cu^{2+}）+ OH^-$$
$$ROOH + Fe^{3+}（或 Cu^{2+}）\rightarrow ROO \cdot + Fe^{2+}（或 Cu^+）+ H^+$$

抗氧化剂与金属离子一般会同时存在于婴幼儿配方中。这些抗氧化剂或者是促氧化剂的存在，对于婴幼儿乳粉的氧化稳定性影响是一个相互作用相互平衡的结果，如果配方粉内抗氧化剂的抗氧化作用高于促氧化剂的促氧化作用，乳粉就会表现出氧化稳定性较好，反之，氧化稳定性较差。另外，需要认识到，即便是同一类物质如果其存在形式不同，其表现出的抗氧化性或促氧化性也会有差异。Manglano 等曾用替换配方内的铁盐形式（乳酸亚铁或硫酸亚铁），维生素 E 的来源（α-生育酚或 α-生育酚醋酸盐），并保持配方内的原辅料来源一致及营养组分一致，来研究同一配方在相同条件下的氧化稳定性。研究者研究了两个贮存温度条件下真空包装的 4 种配方婴儿乳粉（配方 1，乳酸亚铁和 α-生育酚；配方 2，硫酸亚铁和 α-生育酚；配方 3，乳酸亚铁和 α-生育酚醋酸盐；配方 4，硫酸亚铁和 α-生育酚醋酸盐）贮存 17 月的氧化稳定性。研究者的结论是，4 种配方在油脂氧化指示产物（过氧化值、氢过氧化物和硫代巴比妥酸值）的结果上无统计上的显著差异，因此其研究结论并不能应用于筛选铁盐和维生素 E 的来源。但是从其研究结果上（图 5-7），仍旧能看出不同的铁盐和维生素 E 组合，或多或少会影响乳粉的氧化稳定性，如配方 2 和配方 4 相比，配方 4 铁盐和维生素 E 来源的组合就显示出相对稳定。

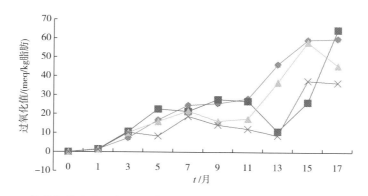

图 5-7 铁盐和维生素 E 源不同的配方粉在 22℃ 贮存 17 个月过氧化值的变化
■配方 1，乳酸亚铁 α-生育酚　　◆配方 2，硫酸亚铁和 α-生育酚
▲配方 3，乳酸亚铁和 α-生育酚醋酸盐　　×配方 4，乳酸亚铁和 α-生育酚醋酸盐
注：过氧化值 1meq/kg 脂肪 = 78.89/100g 脂肪。

3. 贮存条件

（1）贮存温度　婴幼儿配方乳粉的贮存条件，特别是贮存温度、贮存环境的湿度、乳粉的水分含量（或水分活度）及是否隔氧贮存等是影响乳粉氧化稳定性的重要因素。其中温度对于乳粉脂肪自动氧化影响又最为突出，这是因为较高的温度会加速脂质自动氧化，而且温度条件的稍微变动都会造成乳粉脂肪的氧化稳定性发生明显的变化。

Almansa 等研究婴儿配方粉冲调后，冷藏（4~6℃）或常温（22~24℃）避光放置

28d，配方粉冲调液中氧化产物丙二醛的变化情况。结果发现：配方粉冲调液贮存于常温时丙二醛变化较为剧烈，其升高值高于冷藏贮存；两种贮存温度条件下，配方粉冲调液中丙二醛的含量从 0d 开始随着时间的延长，至 21d 达到最高值，28d 有所下降（见表 5-10）。研究者最后得出，冷藏可以部分抑制婴幼儿配方粉的氧化，因此建议配方粉或者是配方奶打开后应冷藏保存。García-Martínez 等分析了婴儿配方乳粉封装在密封塑料袋，分别避光贮存在 25、30 和 37℃ 条件下的氧化稳定性，其结果显示仅看乳粉的游离脂肪酸，在贮存的 3个月内游离脂肪在任何贮存温度下都无大的变化；但是，针对氧化产物而言，37℃ 贮存的乳粉一个月后氧化产物显著增高，25℃ 贮存的乳粉两个月后氧化产物显著增高，并且在相同的时间节点，乳粉的贮存温度越高氧化产物越多（图 5-8）。Cesa 等研究婴幼儿乳粉开袋后（敞口保存）的氧化稳定性时发现，温度越高脂肪的氧化速率越快，氧化产物丙二醛的增多越多。另外，距生产日期越久的乳粉开袋后期氧化稳定性越差，在同样的贮存环境下，同样的贮存时间内氧化产物丙二醛的升高幅度更大（图 5-9）。

表 5-10	配方粉冲调液冷藏和常温贮存时不同贮存期丙二醛的浓度			单位：μmol/L	
贮存温度	贮存时间/d				
	0	7	14	21	28
室温	4.34	4.65	5.06	5.43	3.87
冷藏	4.34	4.60	4.70	4.94	3.86

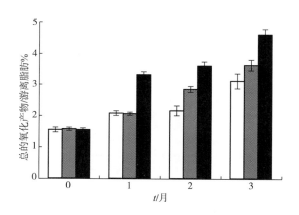

图 5-8　婴幼儿乳粉贮存在 25、30 和 37℃ 条件下总氧化产物的变化

□ 25℃　▨ 30℃　■ 37℃

（2）贮存水分活度/水分含量　乳粉的水分活度和水分含量也是影响乳粉氧化稳定性的重要因素。一般来说，乳粉的水分活度越高，乳粉中强氧化剂的流动越强，更有利于强氧化剂的分散，从而加快脂肪氧化的速度。但是，并不是乳粉的水分活度越低，其脂肪氧化就一定最慢，过低的水分活度也会导致乳粉脂肪的氧化加快，因此乳粉的水分活度应控制在一定的范围之内，才能实现乳粉的氧化稳定性最高。Loncin 等通过对不同水分活度（A_W）乳粉的氧化稳定性研究发现，当乳粉的水分活度在 0.11 和 0.75 之间时，乳粉的氧化程度无显著差异，而当乳粉的 A_W 低于 0.11 时，反而会促进氧化速度，A_W 为 0.00 时乳

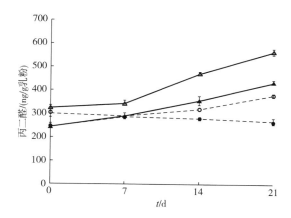

图 5-9 婴幼儿乳粉开袋后（敞口）贮存在 20℃、28℃下氧化产物丙二醛的变化

- - ● - 距加工完成 0 月，20℃贮存 　 ━▲━ 距加工完成 0 月，28℃贮存
- - ○ - 距加工完成 6 月，20℃贮存 　 ━△━ 距加工完成 10 月，28℃贮存

粉脂肪的氧化速度最快，氧化程度最高（图 5-10）。Stapelfeldt 等研究不同水分活度的乳粉氧化稳定性时发现，不同水分活度下乳粉的自由基都随着贮存期（25℃或 45℃贮存两个月）的延长含量增加，并且贮存在 45℃条件下的乳粉自由基产生速度显著高于贮存于 25℃的乳粉，水分活度越高（A_w，0.33/0.31），其自由基含量越高；水分活度越低（A_w，0.11），其自由基的含量越低。不同水分活度乳粉贮存过程中的自由基含量见表 5-11。乳粉水分活度较低时，易氧化的原因可能是由于低水分活度时水分子层不能遮蔽强氧化剂或延缓氢过氧化物氢键的分解，因此脂肪的氧化不会得到减缓反而会更快。而随着水分活度的增加，乳粉中单水分子层形成，强氧化剂和水分子水合作用或单水分子层作为氧化的屏障，使脂肪氧化得到减缓进而减慢乳粉脂肪的氧化。

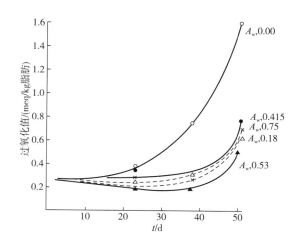

图 5-10 不同水分活度的乳粉贮存于 37℃，过氧化值随贮存时间的变化

注：过氧化值 1meq/kg 脂肪 = 78.8g/100g 脂肪。

表 5-11　　　　　　　　　不同水分活度乳粉贮存过程中的自由基含量

贮存温度/℃	水分活度		
	0.11	0.22/0.17	0.33/0.31
25	6.57	7.01	11.61
45	10.19	10.92	11.58

注：自由基采用电子自旋共振（Electron Spin Resonance Spectroscopy）测定，任意单位；自由基数据为不同热处理强度乳粉加速两个月自由基的均值。

4. 其他（加工工艺、蛋白质组分等）

（1）乳粉的加工工艺　乳粉的加工工艺、非脂肪组分组成等也会对乳粉的氧化稳定性产生影响。Stapelfeldt 等研究不同热处理的全脂乳粉 ［低温乳粉（喷雾干燥前热处理温度73℃/20s；喷雾干燥时，进风温度200℃，出风温度66℃）、中温乳粉（喷雾干燥前热处理温度80℃/20s；喷雾干燥时，进风温度200℃，出风温度77℃）、高温乳粉（喷雾干燥前热处理温度88℃/20s；喷雾干燥时，进风温度200℃，出风温度77℃）］ 氧化稳定性时发现，在不同温度贮存下乳粉的自由基与乳粉的加工工艺存在相关性，且低温乳粉的氧化稳定性低于中温粉和高温乳粉的氧化稳定性（表5-12）。并且进一步的研究还发现，在仅考虑水分活度而忽略贮存温度时，低温乳粉在所考察的所有水分活度下自由基的生成量最高，而中温和高温乳粉的自由基生成量较少（图5-11）。这进一步证明了乳粉的加工工艺会影响乳粉的货架期稳定性。

表 5-12　　　　　　　　　不同水分活度乳粉贮存过程中的自由基含量

贮存温度/℃	全脂乳粉热处理类型		
	高温乳粉	低温乳粉	中温乳粉
25	6.70	10.10	7.67
45	10.29	12.37	10.17

注：自由基采用电子自旋共振测定，任意单位；自由基数据为不同水分活度乳粉加速 2 个月自由基的均值。

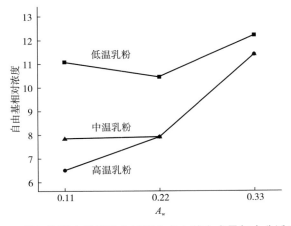

图 5-11　不同加热强度乳粉贮存过程中自由基生成量与水分活度的关系

（2）蛋白质组分及氨基酸 蛋白质、氨基酸类物质对乳脂肪的氧化过程具有一定的抑制作用，Allen 等通过对乳中的酪蛋白、乳清蛋白和 α-乳白蛋白的抗氧化性研究发现，酪蛋白比乳清蛋白的抗氧化性要好。且 α-乳白蛋白的抗氧化性与 Cu^{2+} 相关，在 Cu^{2+} 与 α-乳白蛋白比例为 1∶1~3∶1 时，α-乳白蛋白才表现为略有抗氧化性。Allen 等进一步研究还发现，乳中的乳铁蛋白、乳过氧化物酶、超氧化物歧化酶和黄嘌呤氧化酶也与脂肪氧化有相关性，如乳铁蛋白可以抑制由 Fe^{2+} 引起的过氧化作用，而对 Cu^{2+} 促氧化作用有轻微的促进；乳过氧化物酶在有无 Cu^{2+} 和 Fe^{2+} 存在时都表现为促氧化作用，但是加热可以使乳过氧化物酶的促氧化作用得到抑制；超氧化物歧化酶在有金属离子存在时，表现为较强的抗氧化作用；黄嘌呤氧化酶在有金属离子存在时对于脂质氧化有轻微的影响，但在溶液内有 $10\mu mol/L$ Cu^{2+} 时，黄嘌呤氧化酶表现为强的促氧化作用，不过即使在有铜离子存在时加热也可以抑制黄嘌呤氧化酶的促氧化作用。另外，Chen 等研究了部分氨基酸对乳脂肪氧化的影响，其中半胱氨酸、色氨酸、赖氨酸、丙氨酸、丝氨酸、组氨酸都明显地延长了脂质过氧化诱导期，并且半胱氨酸，色氨酸和赖氨酸的抗氧化性表现最佳（表 5-13）。

表 5-13	添加氨基酸乳脂的氧化诱导时间 （诱导温度 95℃）		单位：h
样品	氧化诱导时间	样品	氧化诱导时间
牛乳脂肪	<10	牛乳脂肪+丙氨酸	120
牛乳脂肪+半胱氨酸	>150	牛乳脂肪+丝氨酸	90
牛乳脂肪+色氨酸	>150	牛乳脂肪+组氨酸	70
牛乳脂肪+赖氨酸	>150	牛乳脂肪+酪氨酸	65

注：氨基酸的添加量为，质量分数 5%。

以上研究证明，乳粉内的蛋白组分及氨基酸会对乳粉内脂肪的氧化产生一定的影响。Angulo 等研究了 3 种婴儿配方乳粉（牛乳基配方，MIF；大豆基配方，SIF；水解蛋白配方，HIF），50g 规格常规独立包装（非抽真空非充气包装）避光保存 1 年，分别于 0、1、3、6、9 和 12 个月检测乳粉的氧化情况，来说明配方中蛋白质来源的不同，会影响乳粉的氧化稳定性。结果显示（图 5-12），相对于必须脂肪酸的剩余量和生育酚剩余量变化趋势的相对一致性，3 种配方贮存过程中 7-酮胆固醇和硫代巴比妥酸反应物表现为配方差异性。如，32℃下，3 种配方的 7-酮胆固醇变化情况不同，随着贮存期的延长 SIF 配方的 7-酮胆固醇变化最为激烈（增量最大），而 MIF 和 SIF 配方的 7-酮胆固醇变化情况相近；MIF 和 SIF 配方的 7-酮胆固醇生成速率分别为 0.24 和 0.16mg/（kg·月），而 SIF 配方的 7-酮胆固醇生成速率为 0.60mg/（kg·月）。硫代巴比妥酸反应物的结果为，在 3 种配方中表现不同，在贮存前期（0~4 个月）3 种配方硫代巴比妥酸反应物都急剧升高，而在贮存后期 3 种配方的硫代巴比妥酸反应物表现不同。贮存后期，MIF 配方的硫代巴比妥酸反应物在 4~12 个月处于相对稳定状态，SIF 配方的硫代巴比妥酸反应物在 4~12 个月又略有升高，而 HIF 配方硫代巴比妥酸反应物在第 6 个月急剧下降，而后又上升至 6μmol/100g。

但是，Angulo 等研究的牛乳基配方，大豆基配方和水解蛋白配方氧化稳定性不一致，并不能完全确定是因为蛋白质源的不同而引起的氧化稳定性不一致。因为 Angulo 所选的 3 种配方其脂肪含量不同，并且作者也没给出 3 种配方中其他对脂肪氧化有影响的成分的具

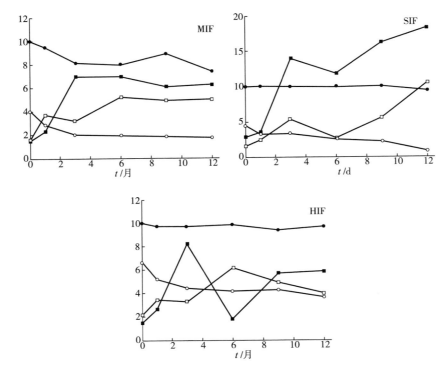

图 5-12　不同蛋白质源婴儿配方粉 32℃贮存 1 年的氧化情况

—●— 必须脂肪酸的剩余量，百分比×10⁻¹　　—○— 生育酚剩余量，mg/kg×10⁻¹

—■— 硫代巴比妥酸反应物，μmol/100g　　—□— 7-酮胆固醇，mg/kg

MIF 牛乳基配方；SIF 大豆基配方；HIF 水解蛋白配方

体含量，如维生素 E、维生素 A、多不饱和脂肪酸含量等。因此，蛋白质对于脂肪氧化的影响，还需要更为充分的研究来支持。如一项关于豆基和乳基婴儿配方粉氧化稳定性（测定配方的丙二醛含量）的研究显示，豆基配方婴儿乳粉氧化稳定性较乳基婴儿配方粉差（图 5-13），但是研究者通过对影响乳粉氧化稳定性因素及配方营养组分的进一步分析发

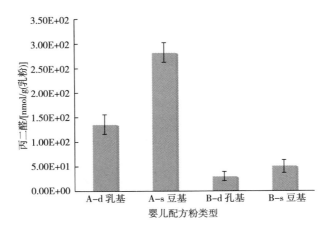

图 5-13　豆基与乳基婴儿配方粉丙二醛含量

现，豆基配方粉因为含有更高的不饱和脂肪酸和更高的铁离子［两种市售豆基婴儿配方粉编号为 A-s 和 B-s，两种市售乳基婴儿配方粉编号为 A-d 和 B-d。其中不饱和脂肪酸含量（每 100g）：A-d，12.0g；A-s，15.0g；B-s，13.7g；B-d，10.9g；铁含量（每 100g）：A-d，5.25mg；A-s，7.7mg；B-s，7.8mg；B-d，3.66mg］，因此研究者分析豆基婴幼儿配方粉的氧化稳定性低于乳基婴幼儿配方粉的氧化稳定性最为主要的原因是豆基配方含有的不饱和脂肪酸和铁离子，这类利于脂肪氧化的物质所引起的。因此，婴幼儿配方乳粉作为营养组分复杂，同时包含脂肪促氧化剂和抗氧化剂的一个整合体，其脂肪氧化的影响因素，及各影响因素之间的相互作用机制、机制还需要进一步的研究确定。

三、婴幼儿配方食品脂质氧化研究方法

1. 脂肪酸组成的跟踪

影响婴幼儿配方食品货架期的品质变化，最主要的是配方中脂肪酸的氧化酸败。脂肪酸的氧化酸败，不但能产生有害的氧化产物，还能导致配方中脂肪酸组成发生变化。因此，跟踪婴幼儿配方食品中脂肪酸组成的变化，可以直观的获得配方食品的品质变化。Rodríguez-Alcala 等曾跟踪了婴幼儿配方乳粉在 25℃ 条件下，贮存 4 年其脂肪酸组成的变化。从其研究的结果可知，单不饱和脂肪酸（MUFA）和多不饱和脂肪酸（PUFA），如 MUFA 的代表油酸，PUFA 的代表亚油酸，都表现为随着贮存期的延长逐渐下降。其中，油酸和亚麻酸在贮存 1 年时就已经表现为显著减少，而亚油酸的显著减少直至到贮存的第 4 年才表现出来（表 5-14）。另外，其研究还进一步分析了配方在贮存 4 年的情况下，反式脂肪酸的同分异构体情况，研究结果显示反式十八碳烯酸（t-$C_{18:1}$）是同分异构体最多的，而反式-十八碳二烯酸（t-$C_{18:2}$）和反式十八碳三烯酸（t-$C_{18:3}$）的同分异构体并无检出，且贮存 4 年内检出的主要同分异构体并无表现出明显的变化。Chávez-Servín 等对于婴幼儿配方乳粉在不同贮存温度下（25 和 40℃），脂肪酸组成及反式脂肪的同分异构体随着贮存时间（贮存 18 个月）变化的研究也得出了类似的结论。即不饱和脂肪酸会随着贮存期的延长而表现为下降趋势。Garcı́a-Martı́nez 等研究婴幼儿配方乳粉在贮存温度为 25、30 和 37℃ 下贮存 3 个月反式脂肪酸同分异构体变化结果与 Rodríguez-Alcala 等的结果一致，都为脂肪中产生同分异构体的脂肪酸为 $trans$-$C_{18:1}$，同分异构体主要为：$C_{18:1}$（$t4$）、$C_{18:1}$（$t5$）、$C_{18:1}$（$t6$）、$C_{18:1}$（$t7$）、$C_{18:1}$（$t8$）、$C_{18:1}$（$t9$）、$C_{18:1}$（$t10$）、$C_{18:1}$（$t11$）、$C_{18:1}$（$t12$）、$C_{18:1}$（$t13$）、$C_{18:1}$（$t14$）、$C_{18:1}$（$t15$）和 $C_{18:1}$（$t16$）。

但是，婴幼儿配方乳粉中脂肪酸，特别是不饱和脂肪酸随着贮存期的延长而下降的变化趋势，还受贮存时间、贮存温度、配方的加工工艺及配方组成诸多因素的影响，并不是在任何研究条件下，脂肪酸都表现为以上趋势。Chávez-Servín 等的研究结果显示，两种添加不同类型的长链多不饱和脂肪酸的婴幼儿配方乳粉的氧化稳定性表现并不一致。在相同的贮存温度下，贮存温度为 25℃ 时，贮存 18 个月，添加蛋黄磷脂的长链多不饱和脂肪酸的配方表现为更稳定，其所有脂肪酸都无显著的变化，而添加单细胞油的长链多不饱和脂肪的配方，n-6 系列多不饱和脂肪酸表现为显著下降；当贮存温度为 40℃ 时，贮存 18 个月，添加蛋黄磷脂的长链多不饱和脂肪酸的配方和添加单细胞油的长链多不饱和脂肪的配方，其 n-6 系列多不饱和脂肪酸都表现为显著下降。García-Martínez 等研究婴幼儿配方乳粉在贮存温度为 25、30 和 37℃ 下贮存 3 个月的脂肪酸变化结果显示，3 种温度下脂肪酸

组成都无变化。因此，研究配方内的脂肪酸组成变化，虽然可以用于评价婴幼儿配方的货架期情况，但是选择合适的研究温度和时间周期也非常重要。

表 5-14　　婴幼儿配方粉贮存 4 年脂肪酸组成（占总脂肪酸甲酯的百分比）的变化

脂肪酸	贮存时间/年			
	1	2	3	4
$C_{4:0}$	0.07a	0.07a	0.06b	0.08b
$C_{6:0}$	0.19a	0.22b	0.22b	0.23b
$C_{8:0}$	1.84a	2.12b	2.10b	2.08b
$C_{10:0}$	1.32a	1.51b	1.49b	1.50b
$C_{12:0}$	10.21a	11.33b	11.41b	11.09b
$C_{14:0}$	4.02a	4.41b	4.43b	4.41b
$C_{15:0}$	0.04a	0.04a	0.04a	0.05a
$C_{16:0}$	16.78a	16.79a	16.61a	16.97a
$C_{16:1}$	0.10a	0.09a	0.09a	0.12b
$C_{17:0}$	0.05a	0.05a	0.05a	0.06a
$C_{18:0}$	3.56a	3.63a	3.66a	3.63a
$Trans-C_{18:1}$ $(t4\sim t12)$	0.13a	0.13a	0.19b	0.20b
$C_{18:1}$ $(c9)$	41.52a	40.50b	40.10b	39.83b
$C_{18:2}$ $(c9, c12)$	17.35a	16.66ab	16.91ab	15.99b
$C_{20:0}$	0.27a	0.26a	0.26a	0.26a
$C_{20:1}$ $(c9)$	0.13a	0.10a	0.12a	0.12a
$C_{20:1}$ $(c11)$	0.14a	0.11a	0.12a	0.14a
$C_{18:3}$ $(n-3)$	1.49a	1.16b	1.15b	1.05b
$C_{18:2}$ 共轭	0.03a	0.03a	0.03a	0.03a
$C_{20:4}$ $(n-6)$	0.30a	0.32b	0.33b	0.29a
$C_{20:5}$ $(n-3)$	0.12a	0.13a	0.13b	0.13a
ΣSFA	38.3a	40.4a	40.3a	40.6a
$\Sigma MUFA$	42.0a	40.9b	40.6b	40.4b
$\Sigma PUFA$	19.3a	18.3ab	18.6a	17.5b
$\Sigma n-6$	17.7a	17.0a	17.3a	16.3a
$\Sigma n-3$	1.8a	1.5b	1.5b	1.3b
LA/ALA	11.6	14.3	14.7	15.3

注：所示数据为 8 组数据的平均值，同行不同字母表示存在显著差异（$p<0.05$）；c：顺式；t：反式；SFA：饱和脂肪酸；MUFA：单不饱和脂肪酸；PUFA：多不饱和脂肪酸；LA：亚油酸；ALA：α-亚麻酸。

2. 氧化产物的跟踪

（1）过氧化值或氢过氧化物　脂肪氧化产生氢过氧化物，氢过氧化物被进一步分解成醛、酮类物质。因此可以通过检测氢过氧化物的量或者是过氧化值（POV 值）来分析婴幼儿配方乳粉的氧化程度，评价乳粉的品质。Manglano 等曾用过氧化值和氢过氧化物的量综合研究了 4 种在铁和维生素 E 强化上不同的婴幼儿配方贮存 17 月的氧化稳定性。从其研究的结论可知，过氧化值和氢过氧化物都表现为随着时间的延长逐渐增加（图 5-14）。另外，Presa-Owens 等利用加速实验预测婴幼儿乳粉的货架期时，对于婴幼儿乳粉内过氧化值的这种变化趋势也发现了类似于 Manglano 的结果，即在 25℃ 贮存的乳粉在 18 个月贮存期内过氧化值的变化为逐渐增加。但是，Presa-Owens 和 Manglano 得出的过氧化值这一变化趋势，是乳粉在温和的贮存温度下得到的，温度范围为 22~37℃。乳粉贮存温度过高，乳粉脂肪氧化的速率会提高，其过氧化值的变化趋势有可能发生变化，如 Presa-Owens 对婴儿配方乳粉的加速氧化实验（加速温度 60℃，时间 20d），过氧化值在加速氧化的第 4 天达到最大值，而后逐渐降低。蒋雯瑶等对婴儿配方乳粉的加速氧化实验（加速温度 75℃，时间 80h），过氧化值在加速氧化的第 40h 达到最大值，而后逐渐降低。

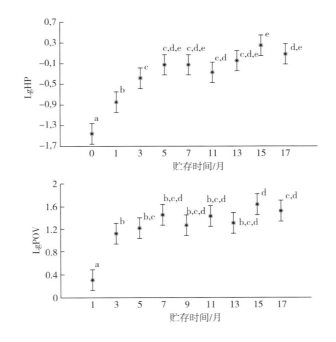

图 5-14　婴幼儿乳粉贮存过程中过氧化值（POV）和氢过氧化物（HP）的变化

（2）硫代巴比妥酸值　婴幼儿配方乳粉在氧化过程中，会分解产生二级氧化产物丙二醛。因此，可以通过检测婴幼儿乳粉内丙二醛的量来指示婴幼儿乳粉的氧化程度。对于丙二醛的检测，一般通过丙二醛与硫代巴比妥酸反应生成红色化合物，在 532nm 下具有特征吸收峰这一特性来测定。得到的硫代巴比妥酸值，间接作为婴幼儿乳粉氧化程度的一个指标。脂肪的过氧化和丙二醛生成的流程见图 5-15，丙二醛和硫代巴比妥酸的反应式见

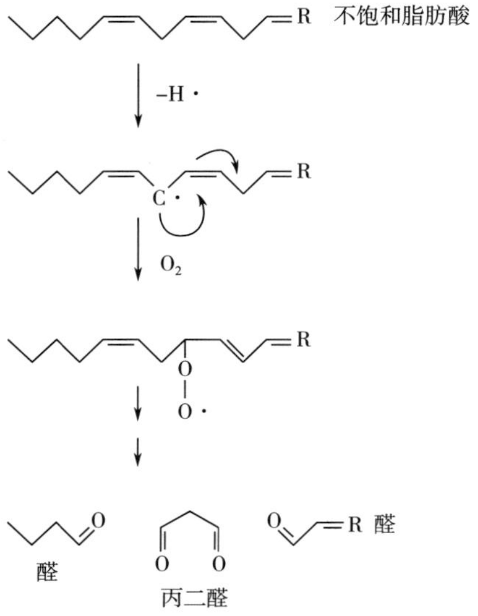

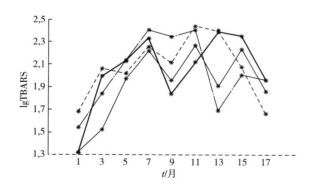

图 5-15 脂肪的过氧化和丙二醛生成的流程

图 5-16。Manglano 等曾用乳粉中硫代巴比妥酸值研究了 4 种在铁和维生素 E 强化上不同的婴幼儿配方乳粉贮存 17 月的氧化稳定性。从其研究的结论可知，硫代巴比妥酸值在婴幼儿乳粉贮存的前期（前 7 个月），其变化趋势一致——逐渐升高，而从乳粉贮存 7 个月以后至 17 个月，乳粉内硫代巴比妥酸值的变化并无明显的趋势（图 5-17）。在乳粉贮存过程中（长时期）硫代巴比妥酸值表现的非一致性趋势，可能是因为 TBARS 值的检测结果不仅仅受二级氧化产物的丙二醛的影响，还受来自于配方内的羰基（来自乳糖或麦芽糊精）的影响，氨基酸残基的影响及美拉德反应产物糖醛和羟甲基糖醛的影响。因此，TBARS 值的检测其实并不单单是反映的丙二醛的生成量，还与乳粉中其他反应的产物相关。

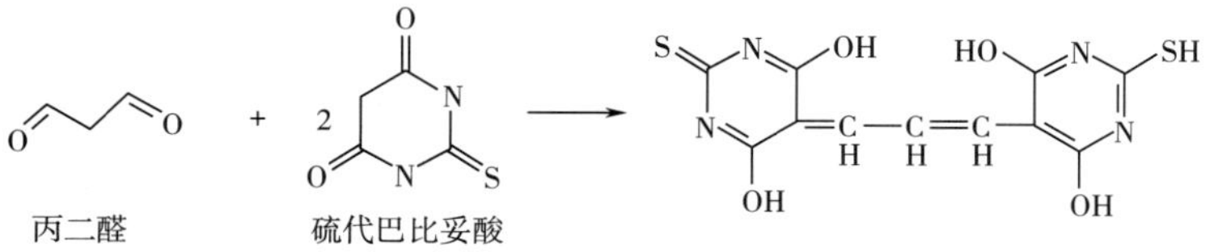

图 5-16 丙二醛与硫代巴比妥酸反应式

图 5-17 婴幼儿乳粉贮存过程中硫代巴比妥酸值（TBARS）的变化
——样品 A —·-样品 B - -样品 C ——样品 D

3. 酸价

游离脂肪酸是油脂水解酸败过程中积累产生的，它能加速脂肪的酸败。游离脂肪酸和氢氧化钾等碱性物质能发生中和反应，因此可以通过对一定量脂肪所消耗的碱性物质的量来评估脂肪中游离脂肪酸的量，进而可以通过测定婴幼儿乳粉中脂肪的游离脂肪酸的量

（酸价，酸价是指中和 1g 脂肪中游离脂肪酸所需的氢氧化钾的毫克数）来评估婴幼儿配方乳粉的氧化程度。如任国谱通过分析婴幼儿配方乳粉在 60℃ 加速实验条件下的酸价变化发现，配方乳粉的酸价会随着加速时间的延长而增高。

4. 挥发性产物

研究证实，丙醛、戊醛、己醛是婴幼儿乳粉中挥发性产物常见的物质，且丙醛的产生多与配方中 $n-3$ 脂肪酸相关，而戊醛和己醛的产生多与 $n-6$ 脂肪酸相关。乳粉中丙醛、戊醛、己醛的变化与多不饱和脂肪酸和贮存时间、贮存温度的关系为：

（1）贮存时间越长，乳粉内丙醛、戊醛、己醛等醛类物质的量增高。

（2）配方中添加了 $n-3$ 多不饱和脂肪酸或 $n-6$ 多不饱和脂肪酸会使配方粉中丙醛、戊醛、己醛的生成速率提高，生成量提高。且 $n-3$ 多不饱和脂肪酸或 $n-6$ 多不饱和脂肪酸的添加量越高，其配方中醛类物质生成得越快越多。

（3）配方中多不饱和脂肪酸以 $n-3$ 多不饱和脂肪酸为主，生成的醛类物质以丙醛为主；多不饱和脂肪酸以 $n-6$ 多不饱和脂肪酸为主，生成的醛类物质以戊醛和己醛为主。

（4）贮存温度影响配方乳粉中丙醛、戊醛、己醛的生成速率和生成量，温度越高，醛类物质上升的时间越早，生成速率越快。

Chavezservin 等研究了 20 个品牌的婴幼儿配方乳粉在包装打开后挥发性成分的变化情况，发现在 20 个配方中 3 种挥发性成分（丙醛、戊醛、己醛）都会随着开罐时间的延长（25℃ 贮存）而发生不同程度的增高；且即使起始检测时配方中不存在丙醛、戊醛或己醛，但一旦该物质在某一时间点检测存在，该醛也会随着贮存期的延长而增高。

5. 感官评鉴

感官评鉴是评价乳粉氧化程度最为直观的重要方法，通过感官评鉴可以获得婴幼儿乳粉是否具有其特有的香味，气味是否自然，是否有异味或氧化味等信息。感官评价最为方便的方法是找专业的评审小组进行评分。Drake 等通过 14 名经专业培训的评价员对 138 个粉状乳配料的评鉴，最终确定了 22 个可用于粉状乳配料（全脂乳粉、脱脂乳粉、浓缩乳清蛋白粉、牛奶浓缩蛋白粉、酪朊酸盐等）感官评鉴的描述词（蒸煮味、焦糖味、香兰素味、青草味、牛膻味、肉汤味、动物明胶味、乳脂味、脂肪氧化味、鱼腥味、金属味、纸板味、烧焦味、橡胶味、丁二酮味、泥土味、甜味、咸味、酸味、苦味、鲜味、涩味）。同时，Drake 也明确了不同的粉状乳配料由于其组成、加工工艺的不同，其感官描述词也会略有差别，如对于脱脂乳粉的感官评鉴，乳脂味、脂肪氧化味并不常见，但是在全脂乳粉中却是非常常见的风味。Siefarth 以鼻前嗅觉较为强烈的 7 种味（煮熟的牛奶味、脂肪味、青草味、金属味、鱼腥味、油腻味和血腥味）对 18 种婴幼儿配方乳粉进行了感官评鉴研究。其研究显示，婴幼儿配方乳粉货架初期的感官味主要体现脂肪味和煮熟的牛奶味；而随着贮存期的延长，婴幼儿乳粉的金属味、青草味、血腥味、油腻味和鱼腥味越来越强烈。

参考文献

［1］袁向华，李琳，李冰，等 . 婴儿配方奶粉中的油脂配料［J］. 中国乳品工业，2009，37（1）：50-53.

［2］Fernández J，Pérez-Álvarez J A，Fernández-López J A. Thiobarbituric acid test for monitoring lipid oxidation in meat [J] . Food Chemistry, 1997, 59 (3)：345-353.

[3] Manglano P, Lagarda M J, Silvestre M D, et al. Stability of the lipid fraction of milk-based infant formulas during storage [J] . European Journal of Lipid Science & Technology, 2005, 107 (11)：815-823.

[4] Cesa S, Casadei M A, Cerreto F, et al. Infant Milk Formulas：Effect of storage conditions on the stability of powdered products towards autoxidation [J] . Foods, 2015, 4 (3)：487-500.

[5] 刘玲, Leif. 导致乳粉贮藏加工劣变的主要化学反应和物化因素的研究进展 [J] . 食品与发酵工业, 2012, 38 (11)：120-126.

[6] Preedy V R, Watson R R, Zibadi S. Handbook of dietary and nutritional aspects of bottle feeding [M] . 2014：239-255.

[7] 孙丽芹, 董新伟. 脂类的自动氧化机理 [J] . 中国油脂, 1998 (5)：56-57.

[8] 周华龙, 张新申, 陈家丽, 等. 不饱和油脂氧化机理的研究与技术开发 (Ⅱ) ——油脂游离基的反应特点与技术开发 [J] . 中国皮革, 2003, 32 (13)：4-7.

[9] Parker T D, Adams D A, Zhou K, et al. Fatty acid composition and oxidative stability of cold-pressed edible seed oils [J] . Journal of Food Science, 2003, 68 (4)：1240-1243.

[10] Romeu-Nadal M, Chavezservin J L, Castellote A I, et al. Oxidation stability of the lipid fraction in milk powder formulas [J] . Food Chemistry, 2007, 100 (2)：756-763.

[11] Presa-owens S D L, Lopezsabater M C, Riverourgell M. Shelf-life prediction of an infant formula using an accelerated stability test (rancimat) [J] . Journal of Agricultural & Food Chemistry, 1995, 43 (11)：2879-2882.

[12] Almansa I, Miranda M, Jareño E, et al. Lipid peroxidation in infant formulas：Longitudinal study at different storage temperatures [J] . International Dairy Journal, 2013, 33 (1)：83-87.

[13] Zou L, Akoh C C. Oxidative stability of structured lipid-based infant formula emulsion：Effect of antioxidants [J] . Food Chemistry, 2015, 178：1-9.

[14] RAOVD, MURTHY M K R. Influence of the metal catalysts on the pattern of carbonyl production during the auto-oxidation of cow milk fat [J] . Indian J. Anim Sci. , 1987, 57：475-478.

[15] Kamal-Eldin A, Appelqvist L A. The chemistry and antioxidant properties of tocopherols and tocotrienols [J] . Lipids, 1996, 31 (7)：671.

[16] Granelli K, Barrefors P, Bjorck L, et al. Further studies on lipid composition of bovine milk in relation to spontaneous oxidised flavour [J] . Journal of the Science of Food & Agriculture, 1998, 77 (77)：161-171.

[17] Jensen S K, Nielsen K N. Tocopherols, retinol, beta-carotene and fatty acids in fat globule membrane and fat globule core in cows' milk [J] . Journal of Dairy Research, 1996, 63 (4)：565.

[18] Marina Heinonen, Katri Haila, Anna-Maija Lampi, et al. Inhibition of oxidation in 10% oil-in-water emulsions by β-carotene with α-and γ-tocopherols [J] . Journal of the American Oil Chemists' Society, 1997, 74 (9)：1047-1052.

[19] K. M. Schaich, William A. Pryor. Free radical initiation in proteins and amino acids by ionizing and ultraviolet radiations and lipid oxidation—part Ⅲ：Free radical transfer from oxidizing lipids [J] . Critical Reviews in Food Science and Nutrition, 1980, 13 (3)：89-129.

[20] Andersson K. Influence of oxygen concentration on lipid oxidation in food during storage [J] . Chalmers University of Technology, 1998.

[21] Tan-Ang L, Jou-Hsuan H O, Kean K S, et al. Comprehensive stability evaluation of iron-fortified milk powder [J] . Food Science & Technology Research, 2012, 18 (3)：419-428.

[22] Md C G, Rodríguez-Alcalá L M, Marmesat S, et al. Lipid stability in powdered infant formula stored at ambient temperatures [J] . International Journal of Food Science & Technology, 2010, 45 (11)：2337-2344.

[23] Loncin M, Bimbenet J J, Lenges J. Influence of the activity of water on the spoilage of foodstuffs [J] . International Journal of Food Science & Technology, 1968, 3 (2)：131-142.

[24] Stapelfeldt H, Nielsen B R, Skibsted L H. Effect of heat treatment, water activity and storage tempera-

ture on the oxidative stability of whole milk powder ［J］. International Dairy Journal, 1997, 7（5）: 331-339.

［25］Allen J C, Wrieden W L. Influence of milk proteins on lipid oxidation in aqueous emulsion: Ⅰ. Casein, whey protein and α-lactalbumin ［J］. Journal of Dairy Research, 1982, 49（2）: 239-248.

［26］Allen J C, Wrieden W L. Influence of milk proteins on lipid oxidation in aqueous emulsion. Ⅱ. Lactoperoxidae, lactoferrin, superoxide dismutase and xanthine oxidase ［J］. Journal of Dairy Research, 1982, 49（2）: 249-263.

［27］Chen Z Y, Nawar W W. The role of amino acids in the autoxidation of milk fat. ［J］. Journal of the American Oil Chemists' Society, 1991, 68（1）: 47-50.

［28］Angulo A J, Romera J M, Ramírez M, et al. Effects of storage conditions on lipid oxidation in infant formulas based on several protein sources ［J］. Journal of the American Oil Chemists' Society, 1998, 75（11）: 1603-1607.

［29］RODRı′GUEZ-ALCALA L M, GARCı′A-MARTı′NEZ M C, Fátima Cachón, et al. Changes in the lipid composition of powdered infant formulas during long-term storage ［J］. Journal of Agricultural & Food Chemistry, 2007, 55（16）: 6533-6538.

［30］Chávez-Servín J L, Castellote A I, Martín M, et al. Stability during storage of LC-PUFA-supplemented infant formula containing single cell oil or egg yolk ［J］. Food Chemistry, 2009, 113（2）: 484-492.

［31］蒋雯瑶, 苏米亚, 贾宏信, 顾建明. 婴儿配方奶粉氧诱导氧化的分析 ［J］. 食品工业科技, 2017, 116-118+123.

［32］Burg A, Silberstein T, Yardeni G, et al. Role of radicals in the lipid peroxidation products of commercial infant milk formula ［J］. Journal of Agricultural & Food Chemistry, 2010, 58（4）: 2347-50.

［33］任国谱, 黄兴旺, 岳红, 等. 婴幼儿配方奶粉中二十二碳六烯酸（DHA）的氧化稳定性研究 ［J］. 中国乳品工业, 2011, 39（1）: 4-7.

［34］Chavezservin J L, Castellote A I, Lopezsabater M C. Volatile compounds and fatty acid profiles in commercial milk-based infant formulae by static headspace gas chromatography: Evolution after opening the packet ［J］. Food Chemistry, 2008, 107（1）: 558-569.

［35］Drake M. A., Karagul-Yuceer Y., Cadwallader K. R., et al. Determination of the sensory attributes of dried milk powders and dairy ingredients ［J］. Journal of Sensory Studies, 2003, 18（3）: 199-216.

［36］Siefarth C, Serfert Y, Drusch S, et al. Comparative evaluation of diagnostic tools for oxidative deterioration of polyunsaturated fatty acid-enriched infant formulas during storage ［J］. Foods, 2013, 3（1）: 30-65.

第六章 乳脂产品的加工

第一节 可涂抹乳脂产品

奶油和含乳脂涂抹物统称为"黄色脂肪涂抹物"，此类产品为油包水型乳状液，常温下具有较好的涂抹性。欧洲理事会［The European Council，简称欧盟（EC）］第 1308/2013 号标准规定"脂肪涂抹物"的脂肪含量为 10%～90%，脂肪占干物质（不包括盐）比例至少为 2/3，且在室温下（20℃）为固体并能够进行涂抹。EC 1308/2013 号标准附录中对"脂肪涂抹物"的描述和标注进行了详细规定，如必须标明脂肪来源（植物油或乳脂肪或其他动物脂肪）和脂肪的含量。根据脂肪来源可以将涂抹脂肪产品分为三大类：纯动物脂肪来源产品，如奶油和乳脂肪涂抹物；纯植物脂肪来源产品，如人造奶油及其涂抹产品；混合脂肪产品，即植物油和动物乳脂混合类产品。某些奶油或者人造奶油的类似物，虽然具有涂抹性质，但脂肪含量小于 10% 和大于 90%（如浓缩奶油），因此不属于EC 1308/2013 所规定的"脂肪涂抹物"。具体分类见表 6-1。

表 6-1　　　　　　　　　　EC 1308/2013 关于"脂肪涂抹产品"分类标准

脂肪含量	纯乳脂产品	植物脂肪产品	乳脂和植物脂肪混合产品
80%≤X<90%	奶油	人造奶油	混合脂肪
62%<X<80%	X%的乳脂涂抹物	X%人造脂肪涂抹物	X%混合脂肪涂抹物
60%≤X≤62%	20%减脂奶油（低脂肪奶油）	20%减脂人造奶油（低脂肪人造奶油）	20%减脂脂肪混合物（低脂肪混合脂类）
41%<X<60%	X%减脂乳脂涂抹物	X%减脂涂抹物	X%减脂脂肪混合物
39%≤X≤41%	轻脂奶油	轻脂人造奶油	轻脂脂肪混合物
X<39%	X%低脂乳脂涂抹物	X%低脂人造脂肪涂抹物	X%低脂混合脂涂抹物

一、奶油类产品

（一）奶油

EC 1308/2013 和欧盟（EC）No. 452/2009 规定奶油是指脂肪含量为 80%～90%，水分不超过 16%，非脂乳固形物含量不超过 2% 的产品，且奶油中脂肪含量只能来源于牛乳。《食品安全国家标准　稀奶油、奶油和无水奶油》（GB 19646—2010）中关于奶油（奶油）定义为：以乳和（或）稀奶油（经发酵或者不发酵）为原料，添加或者不添加其他原料、食品添加剂和营养强化剂，经加工制成的脂肪含量不小于 80% 的产品。

奶油生产工艺已经较为成熟，可批量或者连续生产，工艺流程包括：离心分离生牛乳，制备脂肪含量约为 40% 的稀奶油；调节不同温度范围，促进稀奶油成熟结晶；机械搅拌以破坏稀奶油的乳状液稳定性，使水包油型体系转化为油包水型；物理压炼，较小奶油颗粒聚集，压炼挤压形成均一的奶油质地，排去酪乳和多余水分。图 6-1 给出了奶油的物理变化图示。

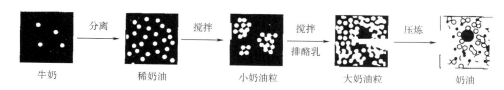

图 6-1　奶油形成的阶段简图

黑色代表液相；白色代表脂肪

资料来源：H. Mulder 和 P. Walstra 乳脂肪球，Pudoc 瓦根宁大学 1974。

1. 稀奶油预处理

乳脂肪球有不同的粒径范围，粒径为 2~10μm 的脂肪球只需要静置处理，即可自动上浮与液相分离，但是 <2μm 的脂肪球则需要较长的时间才能与液相分开。酸化过程中乳蛋白沉淀并形成网状结构，部分脂肪球包裹其中难于分离。

现代工业化生产中，使用离心机分离，制得脂肪含量为 38%~42% 的稀奶油。温度高于 40℃ 时，乳脂肪全部为液态，且在 63℃ 时乳脂肪和牛乳其他液相的密度差最大，因此最佳分离温度约为 63℃。工业中还可在低温条件下分离，如 <10℃（50 °F）。低温分离优点是：脱脂乳中脂肪含量较低；分离得到稀奶油中磷脂含量较高，稀奶油打发性质较好。

分离后稀奶油，经过板式杀菌器处理，条件为 72~77℃ 处理 15 s。热处理强度不能过高，尤其是在甜性奶油的生产中，过高的杀菌温度会产生不良的风味，还会促进脂肪球膜从牛乳液相中吸附铜离子。其中铜是较强的助氧化剂，牛乳液相中含量约为 20μg/L，通常 10μg/L 即可以发挥促氧化作用。

稀奶油杀菌前，可用真空脱气处理，以除去稀奶油中的不良风味。真空处理是将稀奶油预热，然后输送至压力相当于 62℃ 沸点的真空室，压力的降低使挥发性风味物质和不良风味以气体形式逸出。真空条件下，部分脂肪进入酪乳且随之排走，造成脂肪的损失。现代工业中，已采用闪蒸来取代多效真空脱气，前者不会对产品的风味造成不良影响，工艺流程为：首先加热稀奶油至 90℃，然后将样品喷雾至压力为 20 kPa 的腔体闪蒸冷却，风味物质此阶段随着水蒸气冷凝一并逸出。此工艺中的机械剪切作用，能够进一步减低脂肪球粒径，赋予奶油产品较好的质地，所形成的较小奶油颗粒，在后续搅打工艺中会流失至酪乳中。

2. 稀奶油的老化成熟结晶

稀奶油的冷却和老化工艺，决定脂肪结晶的数量和形成晶体的大小，从而影响奶油的延展和涂抹性质。图 6-2 为稀奶油采用"冷—热—冷"成熟工艺，不同温度下结晶时间的变化。

第一阶段冷却至 5~8℃，迅速形成大量较小脂肪球结晶，大量的液态脂肪包裹于结晶的网络结构或吸附于结晶体的表面，此时产品中固态脂肪含量较高，液态脂肪较少。第二

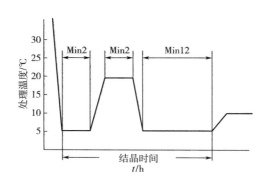

图 6-2 稀奶油成熟过程冷—热—冷处理
温度-时间曲线

阶段升温至 14~21℃ 时，第一阶段形成的部分结晶开始溶解，高熔点的脂肪重排形成较大的晶体结构。第三阶段的冷却过程中，低熔点脂肪形成结晶体，同时晶体中包裹的液态脂肪含量降低。质地较软的奶油产品中，液态脂肪含量较高。可根据乳脂肪的融化、凝结曲线或者碘值，来选择稀奶油合适的成熟温度范围。

乳脂肪晶体结构随加工工艺的变化而变化。Wright 等定量描述了乳脂肪结晶体的微观几何结构和大小，并研究了其与奶油质地的关系，结果发现冷却速率会影响晶体的结构和大小，并影响奶油硬度。

工业生产中，稀奶油成熟工艺在稀奶油成熟槽中进行，在加热和冷却过程中，需要缓慢或者间歇的搅拌以防止分层，但也应当控制搅拌速率，避免空气进入或者脂肪球膜的破坏。

如果生产酸性稀奶油，稀奶油原料杀菌强度大于甜性奶油，通常 90~95℃、15s 或者 105~110℃ 数秒。较高的热处理强度，可提高乳清蛋白变性程度，降低氧化还原反应风险，且有助于发酵剂的生长。常用发酵剂为嗜乳酸乳球菌乳酸亚种（*Lactococcus lactis* subsp. *lactis*）和乳酸乳球菌乳脂亚种（*Lactococcus lactis cremoris*），最佳发酵温度为 20~27℃，这两株菌发酵产生乳酸。还可加入乳酸乳球菌双乙酰亚种（*Lactococcus lactis diacety-lactis* subsp.），生成风味物质，pH 低于 5.3 时才能够产生双乙酰及其前体物乙偶姻等风味物质，发酵终点 pH 为 5.3~4.7。通过冷却工艺终止发酵，冷却过程不仅能够避免较强风味物质的产生，还能在后续搅打工艺之前促使脂肪球完全结晶。

19 世纪 70 年代中期，荷兰乳品研究中心发明了 NIZO 方法，即在甜性稀奶油中加入发酵乳清浓缩物，可根据生产需求调节乳清浓缩物的成分，如乳酸和风味物质等。这种生产方式省时省力，不会产生酸性酪乳，且工厂无需制备和保藏发酵剂。

饲料成分、奶牛泌乳阶段等都会影响乳脂肪中固态脂肪含量，从而影响奶油的硬度。乳脂中的主要脂肪酸种类如表 6-2 所示，主要有两种来源：乳腺合成，包括 $C_4 \sim C_{14}$ 以及一部分的 C_{16} 脂肪酸；直接来源于饮食，由乳腺通过血液循环至全身，如部分 C_{16} 和长链 C_{18} 脂肪酸。当牛摄入新鲜牧草时，脂肪中不饱和脂肪酸（如 C_1）6 和单不饱和脂肪酸（如 $C_{18:1}$）数量增加，产生乳脂质地较软。而冬季奶牛摄入青储饲料，牛乳中饱和脂肪酸含量较高，乳脂肪质地较硬。Samuelsson 和 Petersson 采用调节温度，控制稀奶油成熟工艺，即为 Alnarp 方式，这种方法能够避免脂肪酸种类差异性对于奶油质地的影响。如使用冬季的稀奶油原料，巴氏杀菌后迅速冷却至 8℃ 保持 1~2 h，促进脂肪结晶。加入发酵剂后，接着升温至 19℃ 保持 2h，然后再次冷却至 16℃，并在此温度下发酵 14~20h，达到发酵终点继续冷却至 12℃ 保持至少 4h，最后进行搅打。夏季稀奶油中饱和脂肪酸含量较低，巴氏杀菌后冷却至 19℃ 保持 2h，此阶段加入发酵剂，接着降温至 16℃ 保持 3h，最后冷却至 8℃ 保持过夜。为缩短发酵时间，可以适量提高发酵剂添加量。

表 6-2	乳脂肪中主要脂肪酸种类			单位：g/100g
脂肪酸种类	冬季奶油*	夏季奶油*	脂肪酸种类	冬季奶油*	夏季奶油*
$C_{4:0}$	2.9	2.2	$c-C_{16:1}$	1.9	1.7
$C_{6:0}$	1.7	1.5	$C_{18:0}$	11.0	12.6
$C_{8:0}$	1.3	9.6	$C_{18:1(c9)}$	22.5	28.7
$C_{10:0}$	2.9	2.0	$t-C_{18:1}$	2.2	3.60
$C_{12:0}$	3.3	2.4	$C_{18:2(c9,c12)}$	1.3	0.86
$C_{14:0}$	11.5	9.7	$C_{18:2}$共轭亚油酸**	0.5	1.6
$c-C_{14:1}$	1.4	1.2	$C_{18:3(c9,c12,c15)}$	0.8	1.4
$C_{16:0}$	33.0	26.6			

注： *冬季奶牛主要摄入青储饲料，夏季为新鲜牧草；

　　** 共轭亚油酸总量，包括 $C_{18:2(c9,t11)}$ 同分异构体。

Frede 等采用差示扫描量热仪（Differential Scanning Calorimetry，DSC）测定乳脂肪的融化和凝固曲线，并据此设定脂肪结晶温度-时间条件。除了采用 DSC，还可使用更为简便的核磁共振技术（Nuclear Magnetic Resonance，NMR）测定乳脂肪的融化曲线。根据核磁共振曲线差异性，调节发酵剂的添加量（1%~7%），避免乳脂肪成分及其含量的差异影响发酵时间。

3. 搅打形成奶油

批量式生产奶油的搅打设备如图 6-3 所示，图6-4 为连续生产奶油设备（德国 APV 公司）示意图。与批量生产工艺比较，连续式生产工艺制得奶油质地均一，空气含量低，水滴粒径

图 6-3　批量式奶油生产搅打设备

1—控制面板　2—紧急制停装置　3—成角挡板

图 6-4　APV 连续生产奶油设备示意图

资料来源：Fearon 和 Golding，2008。

且均匀分布，货架期内的微生物状况良好。Fearon 和 Golding 详细描述了奶油加工工艺对产品微观结构的影响。APV 连续加工奶油设备的生产能力为 500～12000kg/h，生产方式灵活，可生产不同脂肪含量的甜性奶油、发酵奶油或者乳清奶油，以及乳脂和植物油的混合物。

瑞典利乐公司的奶油生产设备见图 6-5，酸性奶油的生产能力为 200～5000kg/h，甜性奶油生产能力为 200～10000kg/h，其基本构造类似于 APV 生产设备，都包括搅打、分离和压炼工艺。

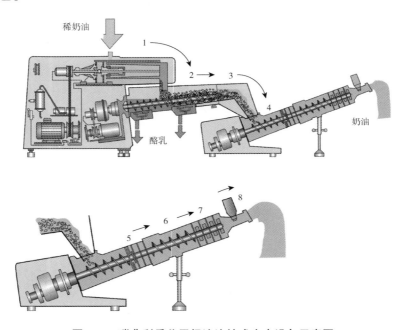

图 6-5　瑞典利乐公司奶油连续式生产设备示意图
1—搅打圆筒　2—分离段　3—加压干燥段　4—二次压炼段　5—注入段
6—真空压炼段　7—最终压炼段　8—水分控制单元

（1）搅打工艺　批量生产中，搅打装置由卧式缸和多桨搅拌器组成，搅拌器桨叶距离缸壁空隙仅为几毫米。成熟后的稀奶油通过板片式热交换器冷却至合适搅打温度，即可泵入搅打缸。搅拌速率为 1000～1500r/min，搅拌过程中空气充入稀奶油，脂肪球膜受到破坏，脂肪球发生聚集。搅打速率会影响奶油粒的大小和水分含量，合适的奶油粒大小有助于酪乳排出，过大或者过小都会导致形成的奶油产品中水分含量过高。连续式生产工艺中，在搅打圆筒中搅拌数秒，紧接着奶油粒和酪乳的混合物直接一起进入分离舱。

搅拌期间，空气搅打进稀奶油中，破碎成小气泡。脂肪球接触到这些气泡，经常会铺散开部分膜物质和液态脂肪在空气-水界面上，粘附到这些气泡；一个气泡接触多个脂肪球。这有点像漂浮，虽然在真的漂浮中可以收集到泡沫。在搅拌工序，气泡保持移动穿过液相层，彼此碰撞，发生聚合，其表面积减小。因此，黏附的脂肪球趋向于接近另一个。现在液态脂肪作为黏合剂，脂肪球聚集在一起，会形成很多小的脂肪球团。图 6-6 说明了这些变化。

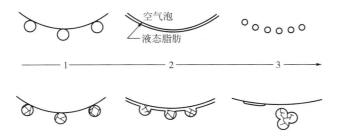

图 6-6　搅拌期间脂肪球和空气泡之间的相互作用示意图

注：如果这种脂肪是液态的，脂肪球会被搅打进的空气破碎（上）；

如果脂肪球包含固态脂肪，会形成很多团块（下）。

接着这些团块参与了搅拌过程，形成了更大的团块。当团块变得更大的时候，团块之间的直接碰撞增加；没有气泡，团块也继续变大。开始的时候漂浮占主要方面，后来开始机械式结团（出现部分聚合）。另外，释放了越来越多的液态脂肪和膜物质（开始的时候，它们铺散在气泡上；当气泡聚合的时候，发生解吸）；这称为胶态脂肪，它是由很小的液态脂肪滴和膜残余物组成。在搅拌末期，几乎没有泡沫；可以推测出几乎没有脂肪球覆盖在气泡上，来稳定这些气泡。图 6-7 显示了这些变化。

几个因素也影响了搅拌过程的速率和有效性，图 6-8 给出了这些关系的事例。搅拌的类型和装填水平、搅拌器的转动速度都自然影响着搅拌过程。随着脂肪含量增加，搅拌时间减少；但是比期望的要慢，考虑到增加脂肪球之间碰撞的几率。搅拌时间与脂肪含量的平方成反比。很明显，漂浮搅拌是很有效的工艺；即使牛奶很有效地被搅拌，只有使用了高脂肪含量的稀奶油，酪乳的脂肪含量才会增加。脂肪球的大小也会影响搅拌工序。均质后的牛奶不能被搅拌。

固态脂肪的比例是很关键的。如果脂肪完全是液态，会出现某种程度的均质而不是搅拌（图 6-6，上排）。如果球

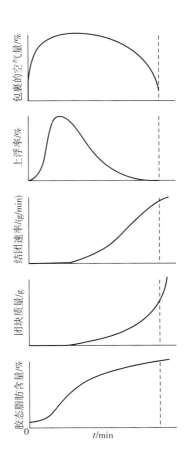

图 6-7　传统搅拌过程中参数的变化示意图

注：显示了稀奶油中包裹的空气量；上浮率（脂肪球接触空气泡的程度）；结团的速率；团块或奶油粒的大小；胶体状态的脂肪含量（即经离心不可恢复的）。断裂线显示"断裂"点（形成清晰可见的奶油粒）。

资料来源：H. Mulder 和 P. Walstra，乳脂肪球，

Pudoc，瓦根宁大学，1974。

体内含有极少的固态脂肪，稀奶油不易被搅拌；形成的团块不久就会变成碎片。固态脂肪比例越高，搅拌越慢，酪乳中的脂肪含量越低。相对来讲，如果脂肪球不含有液态脂肪，脂肪球仍然会吸附到空气泡上，在搅拌的第一阶段，上浮占主要方面；但是几乎不发生机械结团，需要提升温度使得形成奶油粒。

因此，温度对搅拌有明显影响；热处理过程也有影响。如果预冷不是足够充分，就会存在未经充分冷却的（液态的）脂肪球，酪乳中的脂肪含量明显升高。稀奶油是否酸化的确影响着搅拌工艺，但是原因并不清楚。

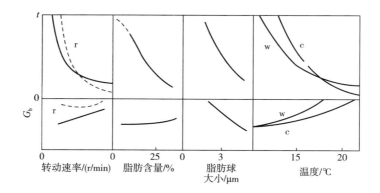

图 6-8 在传统搅拌中某些因素对搅拌时间（t）和效率（酪乳中的脂肪含量，G_b）的影响

r 为旋转式搅拌机的搅拌；c 为搅拌前保持冷却状态的稀奶油；w 为达到搅拌温度前保温的稀奶油

注：因素是搅拌器的转动速率、稀奶油的脂肪含量、平均脂肪球大小和搅拌温度。

资料来源：H. Mulder 和 P. Walstra，乳脂肪球，Pudoc，瓦根宁大学，1974。

如图 6-8 所示，快速的搅拌多数情况下伴随着酪乳中的高脂肪含量（除了考虑到脂肪球大小的影响）。如果更多的液态脂肪球铺散在气泡上，就会出现脂肪球的破碎。进一步说，如果搅拌进行得很快，最小的脂肪球容易从搅拌工序中流失。甜型稀奶油的酪乳可以经过离心分离，而酸性酪乳不能经过离心分离；但是因为胶态脂肪的原因，其脂肪含量相当高（如达到 0.2%）。

在连续式奶油制造机中，因为搅打器转速很高，搅拌很快。因此，如果稀奶油没有深度冷却（4℃）和在低温下搅拌（8~12℃），酪乳中的脂肪含量高。高脂稀奶油需要足够快的搅拌。可以推测，与传统搅拌相比，浮选搅拌的重要性稍低。高脂稀奶油也可以通过快速的旋转桨搅拌，不会搅打进空气；但搅拌时间通常会变长，酪乳中的脂肪含量有点高。

（2）分离工艺 连续式工艺中分离舱为带有搅拌桨的水平圆筒，酪乳和奶油粒在其中进行分离，分离过程包括两步：不断搅拌奶油粒和酪乳，形成较大的奶油颗粒，便于排出更多的酪乳；接着为分离过程，使用带孔的过滤器，或者分离鼓，将酪乳从奶油中分离出去。通过控制搅拌和分离工艺参数，如分离温度和搅拌速率可制成符合要求的产品。

（3）压炼工艺 典型奶油压炼工艺分为两个压炼区，且两者通过真空腔连接。压炼区 1 包括输送奶油的螺旋钻、叶片和带孔的圆盘。压炼区 1 主要对奶油进行揉捏，在加入水或者盐水之前排出酪乳。如果螺旋钻速度太慢，那么酪乳将不能彻底的从奶油颗粒中排出。

通过调节阀门奶油颗粒从压炼区 1 进入压炼区 2，可通过调节阀门空隙，来调节施加到奶油颗粒的作用力，控制排出的酪乳量。奶油颗粒通过调节阀门空隙后，表面积显著增加。压炼区 1 和 2 之间的真空脱气处理，能够将奶油中空气含量由 5%～6% 降低至 0.5% 以下，脱气处理有助于延长产品货架期，改善产品的质地。

压炼区 2 装置与压炼区 1 类似，包括螺旋钻和相关压炼装置，但是螺旋钻的转速较高，为压炼区 1 的 2～3 倍。压炼区 2 是奶油加工的最后一步工艺，应确保水分和盐分均匀分散至整个产品中，奶油中水分的液滴粒径接近 5μm，防止保藏期间微生物的繁殖。如果压炼过度，产品黏度较高，不便于包装。现代连续式生产中，采用自动化加盐工艺。所选择的食盐为超精细盐颗粒，粒径小于 20μm，与饮用水以 1 ∶ 1 的比例混合。如果盐颗粒在压炼工艺中未充分溶解，会对产品色泽、风味和质地造成不良影响。

压炼期间的确发生了部分相转换；在奶油粒中出现了连续的脂肪相。但在整个奶油粒中，液相仍然是连续的。压炼进一步进行了相转换。在此阶段，过量的水分挤压出来，剩余的水滴破碎成更小的水滴。压炼不会涉及到残留在独立的、聚集的脂肪球之间的很小的水滴；这些水滴太小（一般约为 2μm），不会被压炼工艺破碎。

压炼期间，奶油发生变形，因此会出现速度梯度（ψ）。形变（流动）导致剪切应力 $\psi \times \eta$，这里 η 是黏度。流体大致是液态脂肪和聚集晶体的混合物，没有真正的黏度，但是由于存在晶体，有高的有效黏度（η_{eff}）。流动也会对水滴实施一定的应力，接着使之变形。如果这种应力超过水滴的拉普拉斯力（Laplace Pressure）[$4\gamma/d$，d 是液滴的直径，γ 是油-基质的界面张力，达到 15/（mN/m）]，水滴就会破碎，如图 6-9（1）和图 6-9（2）所示。与简单的剪切力相比，集束流的破碎作用更有效。

压炼期间总是会出现集束流。很明显，在较高的速率梯度（更强烈的压炼）或奶油的更高的有效黏度（固态脂肪量更高，较低的温度）下，会产生较小的液滴。（注意在某些情况下，并不是所有情况下应用了给定的应力。较高的黏度不会导致较高的剪切应力，因为速率梯度成比例降低）。

在奶油压炼期间，速率梯度因地域不同差别很大，因时间不同差别也很大。图 6-9（4-左）显示了在真泊肃叶流动情况下的速率图谱。这显示与 $\cot\alpha$ 成比例，速率梯度与位置密切相关。差别明显增大，因为以下事实：油和晶体显示出活塞式流动 [见图 6-9（4-右）]。这是因为团块混合物有屈服应力（Yield Stress）；当奶油沿壁流动时（如通过一个孔洞），在壁附近剪切应力是最大的，以致在壁附近结团（Mass），因此有效黏度降低。换句话说，在强的速度梯度伴随下，小比例的奶油发生形变；更大比例的伴随着很弱的梯度。

因为速率梯度，液滴彼此碰撞而聚合，假定剪切力足够的小，以阻止再破碎，如图 6-9（3）所示。一个液滴（直径 d_1）与其他液滴（每单位体积的数目 N_2，直径 d_2）的碰撞频率约等于（d_1+d_2）$3N_2\psi/6$。聚结的可能性对大液滴而言会更大，但是这种液滴更易破碎。当前破碎和聚结的稳定状态发展了（假定 ψ 和 η_{eff} 保持恒定），这反映在特定的液滴大小。但是将出现宽范围的液滴分布，ψ 变化很宽，以致在压炼期间，破碎在某些方面起主要作用，在其他方面聚合起主要作用。图 6-10 给出了实例。

上述考虑有助于找出实际的加工条件，可获得具有适宜特性的产品。尤其在低温时，存在更多的固态脂肪，出现了（部分的）活塞式流动；以致获得了带有大量大液滴的、更

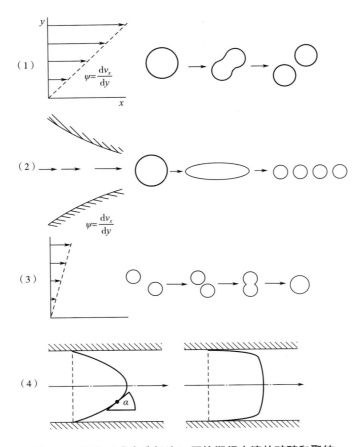

图 6-9 奶油（或人造奶油）压炼期间水滴的破碎和聚结

（1）简单剪切力作用下的破碎，即与流动方向同向的速率梯度；（2）集束流作用下液滴的破碎，即与流动方向同向的速率梯度；（3）流体中（小）液滴的相遇和破碎；（4）泊肃叶流动（左）和部分活塞式流动（右）的速率图谱

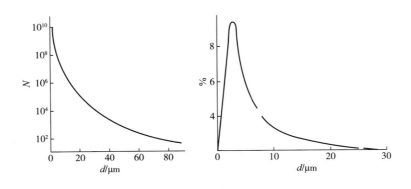

图 6-10 压炼良好的奶油中水滴的大小分布频率

N 为数目频率（每 μm 的宽度）；% 指每 μm 宽度的液滴体积；d 为液滴直径

资料来源：H. Mulder 和 P. Walstra，乳脂肪球，Pudoc，Wageningen，1974。

宽范围的大小分布图，尽管存在高的有效黏度。增加压炼速度使得液滴变得更小；奶油变得"干燥"。另外，水分可以结合进奶油中。在很低速度下压炼，再次出现大液滴，尤其在低温时；奶油会变得更"湿"，即会出现可见的液滴。按这种方式，更多的水滴会从奶油中压炼出来。在零售包装的再包装期间，奶油会变湿，弱的速率梯度占主要方面。

水分分布，也就是说液滴的细腻程度，对保存质量有极端重要性。不可能完全避免微生物的污染，所以奶油会出现腐败。如果奶油中存在 10^3 个微生物/mL 和 10^{10} 个液滴/mL，那么水滴中只有可忽略的部分被污染，因为微生物不能在液滴之间传递，腐败是忽略不计的。自然主要是大液滴的污染。被污染的液滴部分是与菌落数成比例，也与液滴的体积-平均体积成比例。如果在奶油中存在一些大液滴（如"游离水分"），可能会出现微生物生长，如图 6-11 所示。

液滴越小，因为强烈的光散射作用奶油的色泽越暗。除了这种情况，色泽主要是由 β-胡萝卜素的含量决定。有时可以添加色素物质。

液滴越小，奶油的滋味越平淡：如果奶油有点湿，盐和奶油味会感觉更好。因此，应该避免过度压炼。尤其是在连续式奶油制造机中，压炼（挤压通过一套孔板）是很强的。通过这种类型的压

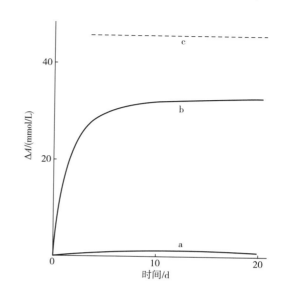

图 6-11　17℃保存的奶油其基质酸度（ΔA）的增加

a 为压炼奶油，直至干燥；b 为压炼较差的奶油；

c 为如果所有的液滴变酸，最终可能的 ΔA

注：搅拌之前，在甜型稀奶油中添加 10%的发酵剂。

资料来源：由 Mulder 和 Zegger 提供的数据，未经出版。

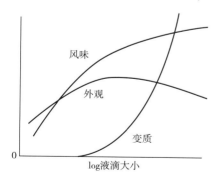

图 6-12　不同的平均液滴大小对风味强度（发酵稀奶油制作的奶油）、外观（色泽和光泽）、微生物的变质率的影响

注：该图仅表示趋势。

炼，许多脂肪球也被割碎开来，奶油在组织状态上会变得有点"多油"。

图 6-12 说明了平均液滴大小对奶油质量的影响，即存在一个优化的液滴大小。

4. 新西兰生产奶油的两种方法

乳脂主要是由脂肪酸的甘油三酯组成，天然存在于乳和稀奶油等水包油型乳化液中。从稀奶油生产黄油必须发生相变；因为黄油是 W/O 乳化液，其中油相发生部分结晶（呈塑性）。新西兰主要有两种商业化的奶油制造工艺：一种是 Fritz 法，从传统的结晶稀奶油批处理搅拌工艺发展而来；另一种是 Ammix 法，将新鲜的乳脂肪与稀奶油、盐混合，经速冷快速形成结晶，基于刮擦式

板式换热器（SSHE）技术。尽管 Fritz 和 Ammix 奶油生产技术包含相似的工序，但这些工序出现的次序不同（表6-3）。

表 6-3　　　　　　　　　　　　　　　　奶油生产的主要单元

步骤	Fritz	Ammix
1	浓缩：乳浓缩成稀奶油（40%脂肪）	浓缩：乳浓缩成稀奶油（75%脂肪）
2	结晶：稀奶油中的脂肪结晶	稀奶油的相转变：新鲜乳脂的进一步浓缩
3	稀奶油的相转变：通过酪乳的排干进一步浓缩	结晶：乳脂肪或血清混合物中的脂肪结晶
4	压炼：获得水分分散较好的奶油	压炼：获得水分分散较好的奶油

5. 奶油质构的影响因素

乳脂中发现了大约 500 种不同的脂肪酸，所以也有可能有大量不同的甘油三脂。因此，乳脂是甘油三脂的复杂混合物。许多甘油三脂以极低的浓度存在，超过 200 种已被分离和鉴定。

化学组分不是影响黄油质构的唯一因素。纯甘油三酯的一个复杂特性是它们具有多熔点，由于三种不同的晶型（多态性）。乳脂中这些晶型含量的变化取决于结晶的方法。多态性对于用于巧克力生产的黄油是重要的。花斑是由于从 $\beta_1'-2$ 型转变为结晶的 $\beta-3$ 型的转变，产生的结块刺破了巧克力表面。巧克力生产者花费了相当大的精力试图阻止或减缓这种转化。多态性在人造黄油生产中也是重要的，因为人造黄油中甘油三酯的数量比乳脂中少。β' 型适用于延展性好的产品，β 型产生的大结晶适用于沙质口感的产品。

由于乳脂有许多不同的甘油三酯，它们不形成纯的结晶，但倾向于在相似大小和结构的组织中结晶。所以，不仅多态性的形式是重要的，混合结晶的组成也是重要的。混合结晶的存在意味着其熔点不同于单一的纯甘油三酯，因为它将降低整个熔点范围。混合结晶中的甘油三酯通常是含有 6 个碳。乳脂中三个主要组分已经被区分出来：低熔点组分、中熔点组分和高熔点组分能够在 DSC 跟踪中被发现。对于乳脂，这些混合结晶的形成是重要的。因为混合结晶的组分受到冷冻情况的影响。结晶的越快，共同结晶形成的甘油三酯的种类越多，产品越硬，因为更多的低熔点甘油三酯在晶核中被捕捉。此外，晶核变得更小，$1\sim2\mu m$。如果结晶变慢，就会有更多的选择性，晶核变得更大。结晶的过程在黄油生产中是重要的，它会随着乳季的变化而弥补乳脂化学成分的变化。

由于乳脂结晶的重要性，因此，在不同条件下溶解和再结晶能够产生不同的特性就不足为奇。例如，在餐桌上已经溶化的黄油，当把它再放进冰箱，通常会变的比开始的黄油更硬。这是因为不同的结晶条件导致了结构的变化。

6. 产品包装

奶油成品通常采用聚乙烯包材包装，大包装为每包 25 kg，冷冻保存（−18 或−25℃）。零售产品采用羊皮纸、铝箔或者挤压塑料管包装，规格为 250 或 500g。大包装奶油如需要分装为零售产品，需要进行如下操作：奶油常温放置软化或者微波隧道加热至 5~8℃切片，或在 0~2℃将冷冻的奶油切成薄片，真空脱气处理后包装。

刚加工好的奶油，质地较软，冷藏 4 周逐渐成型后再进行冷冻。如果直接冷冻，会影响产品质地。

7. 奶油的坚固性

奶油是一种塑性（或软质、有延展性的）物料：奶油可能永久变形，而不会失去奶油的一致性和固态特性。这种物料的一致性被定义为对永久变性的抗性。奶油在其重力作用下，应坚实而不会塌陷。奶油塌陷也会伴随着油析，这是非常不好的现象。奶油应该保持良好的涂抹性，而不会太"短"或易碎。奶油在口中易于变形，而不会感觉多脂；后者意味着脂肪在 35℃ 应完全融化。

奶油的坚固性主要是由脂肪结晶网络的特性决定。塑性脂肪主要是由中等均匀的结晶网络构成，充满了油。这些晶体小，是血小板形状的。起初，这种晶体是依靠范德华力结合在一起，但是它们很快因为烧结而强烈地黏结在一起。

当对塑性脂肪样品施加很小的应力（σ），就会表现出弹性形变：当释放应力，样品会恢复原有形状。应力对应变（ε）的比率称为相对形变，称为弹性模数。许多流变学家测定模数，因为模数被认为是确定固态物质特性的重要参数。对塑性脂肪，在一个很小的应变值之上，σ/ε 的比值开始减少，形变变得持久。对奶油而言，临界应变大约为 1%；对于人造奶油，则更小。当涂抹产品时，这种差别是可以感觉到的；奶油表现出更多特性。解释假定是与人造奶油的晶体相比，乳脂肪晶体相对细小，因此更易弯曲。

当对塑性脂肪应用缓慢增加的压力，晶体网络的键破坏增加，这意味着结构的不可逆变化。如果应力变得足够大，这种材料将会表现出屈服，意味着它开始流动；这种应力称为屈服应力（σ_y），如图 6-13（1）所示（因为 σ_y 值与使用的仪器的敏感性有关，有些工人宁愿使用外推的宾汉屈服应力 σ_B）。几乎塑性脂肪所有的、重要的坚实性都与屈服应力有关，而不是模数。多数在实际上使用的确定奶油"硬度"的方法与屈服应力关联的很好。这种方法包括确定样品中锥形物的穿入距离，或者用金属丝切割施加的力或在样品中推入探针。

如图 6-13（2）所示，屈服应力值随固态脂肪含量的增加而明显增加。出现凝块

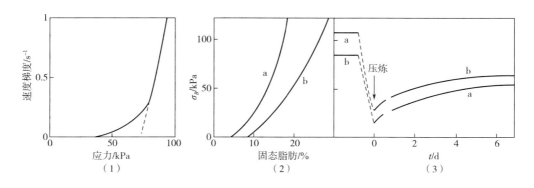

（1）　　　　　　　　　（2）　　　　　　　　　（3）

图 6-13　（1）不同应力对奶油变形速率的影响（σ_y＝屈服应力）；（2）固态脂肪的
比例对宾汉屈服应力（σ_B）硬度的影响；（3）压炼和压炼后时间对 σ_B 的影响

a 为塑性脂肪或人造奶油；b 为奶油

资料来源：P. Walstra 和 R. Jenness，乳品化学和物理学，Wiley，纽约，1984。

（Sintering）的程度有明显效果。对于相似的固态脂肪含量而言，如果形成网络的晶体更小，屈服应力趋向更大。压炼这种脂肪，意味着明显形变，明显降低了它的硬度。这称为压炼软化。压炼后，σ_y 值再次增加，因为网络片段的聚集形成充满空间的结构，源于凝块。图 6-13（3）列出了这种变化。

与塑性脂肪相比，奶油有另外的结构元素。部分脂肪是以脂肪球状态存在，这些球中的晶体不能参与到脂肪晶体网络。如果这是固态脂肪的实质部分，奶油的硬度将降低。这可能是原因之一，与具有相似的固态脂肪含量的人造奶油相比［图 6-13（2）］，奶油有更小的硬度。另外一种原因可能是脂肪球破坏了晶体网络，使它更缺乏均匀化；后者趋向于降低一种物料的屈服应力。液滴也会破坏晶体网络。但是，硬度和水分含量或液滴大小的明确关系还不能确定；假定这些参数的变化是很小的。

现在的问题是：实际上采取什么措施来影响奶油的硬度？重要的变量是：

（1）温度　如图 6-14 所示，温度有明显影响，多数是由温度对固态脂肪含量的影响。虽然在一种温度下，数值可能以到达 3 的因素发生变化，所有的曲线显示当温度从 10℃升高到 20℃硬度降低 30。这会引起重要的问题：在冷藏温度，奶油实际上是不可涂抹的；而在室温下，奶油可能出现油析现象。

（2）脂肪组成　脂肪组成也有明显影响，因此应根据产区选择用于制造奶油的原料奶。另外，在另外季节的稀奶油可以冷冻，与新鲜稀奶油一起搅拌。同样地，坚实、软质的奶油可以一起压炼。脂肪组成会受到奶牛饲料的影响，但这还没有进入实际生产。

（3）生产方法　生产方法有明显影响，尤其是稀奶油处理的温度（如果必要的话，是奶油粒的处理温度）。图 6-14 给出了一些趋势；硬度对温度的依赖性也受到影响（注意：稀奶油的处理温度通常以 a/b/c 表示，这里 a、b、c 是连续的温度）。

稀奶油的处理温度受到特定条件的限制：

①酸化应充分（足够高的温度、足够长的时间）。

②因为热传导系数很低，酸化的高脂稀奶油冷却缓慢。

③搅拌必须进行得很完美，在相对狭窄的温度范围才可以达到。

④酪乳的脂肪含量不应太高，意味着在搅拌期间液态脂肪含量不应太高。

另外一个例子是用于获得坚实奶油的恒定温度组合，即 13/13/13℃。结果酪乳中的脂肪含量经常较高。为了生产软质奶油，使用了冷却工艺；采用短时深度预冷以获得足够的晶核，采用的温度组合为 8/20/14℃，这称为 Alnarp 法。因为冷却步骤，根据复合晶体理论，出现较少的固态脂肪，但差异很小。一般来说，晶体也会

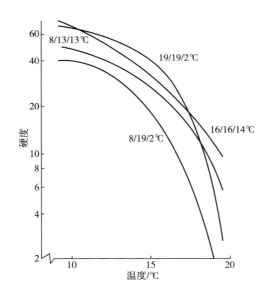

图 6-14　不同测量温度对奶油硬度的影响

以相同稀奶油为原料生产的奶油，采用了不同的处理温度

资料来源：经 H. Mulder 允许。

变得更大，更大比例的固态脂肪将存在于脂肪球。这缺乏定量解释。在由甜型稀奶油连续生产奶油的工序中，使用了4/4/12℃的温度处理；分离后冷却稀奶油，在大罐中保持冷却状态，通过热交换器提升到搅拌温度，接着搅拌。

脂肪球中的脂肪含量越高，硬度越低。很强烈的或延长压炼时间可以降低脂肪球的数量。

（4）贮存条件对奶油硬度的影响　开始的时候，奶油总是要静置，在较高的温度下硬度出现的更快（图6-15）。原因是因为结晶的变化引起另外聚集（Sintering），如复合物晶体的重排和多态形的重排；如果存在较少的脂肪（低温），这些变化进行得更缓慢。这种静置可能持续很长时间，以一种减速的形式进行。如果奶油的温度临时提高，这将会加速。接着固态脂肪融化，在此后的冷却中缓慢固化，形成更坚实的结构。在此状况下，硬度可能提升70%。尤其根据Alnarp法制作的奶油对温度的变化敏感。因为在奶油的购买和使用期间，稀奶油特定温度的处理对奶油的涂抹性在实际上效果不佳。

（5）因为奶油固态结构的破坏［图6-13（3）］，奶油的压炼引起其硬度明显降低。奶油再次静置，则不会恢复其原有的硬度。因此，为了获得坚实的奶油，在奶油很软的时候，生产后应立即包装（包装本身包含强烈的压炼）；包装后的奶油接着充分静

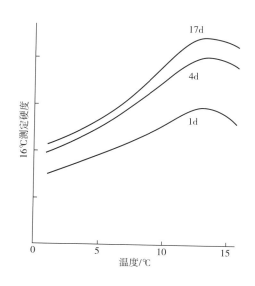

图6-15　温度和贮存时间对奶油硬度的影响（透度计测量，任意单位）

注：16℃测量，该点显示了新鲜奶油的硬度。

资料来源：H. Mulder, Zuivelonderzoek，卷2，海牙，Algemeene Nederlandsche Zuivelbond FNZ，1947。

置，尤其是不能贮存在太冷的地方。如果要生产软质奶油（可涂抹性的），最好的方法是首先让奶油在生产后静置一段时间，然后进行包装。为了包装，奶油首先要在奶油均质机中压炼得较软。

8. 冷藏缺陷

为了长期保存奶油，奶油应该保存在-20℃。如果奶油生产过程控制良好，如果原料奶没有含产热抗性脂肪酶的很多菌，奶油可以在冷藏条件下保存很长时间。随着自动氧化作用的进行，奶油会变质，在1个月到2年期间会引起风味缺陷。

冷藏期间的保存质量与生产方法有关。加工因素的影响如下：

（1）即使很微量的铜污染也应该严格阻止。

（2）在使用之前冷却牛奶（通常在5℃至少2h），脂肪球上的部分铜会转移到乳浆中，这可能限制了自动乳化作用。另外，这种冷却会引起蛋白质转移到乳浆中，正是这种蛋白质在热处理期间释放出H_2S。按这种方式，热处理后的蒸煮味是有限的。在许多地区，多数牛奶在农场的大罐中要冷藏一段时间。

（3）加热牛奶或稀奶油会引起铜从乳浆转移到脂肪球。因为更多的铜在牛奶中转移的比在稀奶油的更多，牛奶的巴氏杀菌应该避免。即使在预热期间，温度也不能太高。

（4）因为稀奶油（或牛奶）的酸化，大部分"添加"的铜（即通过污染进入的铜）（30%~40%）会转移到脂肪球。因此，来自酸性稀奶油的奶油比来自甜型稀奶油的奶油更容易受到自动氧化的影响。

（5）参照前两款提出的转移现象，调整稀奶油的脂肪含量到高含量是重要的，因为这导致奶油中的铜含量较低。

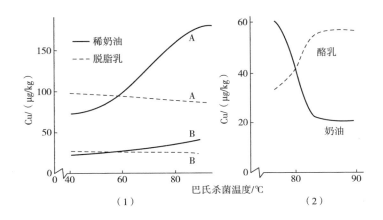

图 6-16　巴氏杀菌温度（加热时间 15s）对产品的铜分布的影响
（1）在脱脂之前加热牛乳：高含量铜的牛乳（A）和低含量铜的牛乳（B）；
（2）稀奶油的加热以及预估酸化和搅拌之后的预估量

（6）在（4）提及的酸化期间［图 6-16（2）］，稀奶油的加热很大程度上阻止了转移。铜吸附在低分子质量的硫化物上，尤其是加热处理形成的 H_2S。在酸性稀奶油制作的奶油中，这会引起自动氧化作用的明显降低。因此，强烈地对稀奶油进行巴氏杀菌是有利的，但是形成多量的 H_2S，生产出的奶油带有产气缺陷或蒸煮风味。虽然这种风味缺陷在贮存期间轻微降低，但也不能接受。这种巴氏杀菌条件应该优化（不能太高，也不能太低）；当然，保存期间涂抹越小，质量越好。

（7）在酸性稀奶油中，加盐明显加速了自动氧化作用。在甜型稀奶油制作的奶油中，高含量的盐会有氧化递减作用。

（8）贮存温度越低，保存质量越好。

（二）浓缩奶油

CODEX STAN 280—1973 中规定，无水乳脂肪是直接由牛乳和其他乳配料为原料制成的，其加工工艺中应去除几乎所有水分和非脂乳固形物。典型的浓缩奶油类产品包括无水奶油、无水酥油（Ghee）、酥油（Ghee）和传统酥油（Ghee）；各种产品的基本成分如表 6-4 所示。

浓缩奶油产品广泛用于乳品加工，也可用于如糖果和焙烤食品生产。与奶油比较，此类产品体积小，货架期长，有较好的乳脂风味，还可通过分离、混合或者简单的修饰来形成特定的风味和均一质地。除了传统酥油外，其余浓缩奶油产品工艺和产品特性相似，颜色较浅，风味柔和，成分接近。传统酥油成分与其他浓缩奶油产品相似，但是其工艺中的高温处理，赋予产品特有色泽、质构和风味，是一种具有地域性特色的传统产品。

表6-4　Codex Stan 280—1973规定的乳脂肪产品基本成分、污染物限量和质量控制因素

	无水奶油/无水酥油（Ghee）	奶油	酥油（Ghee）	传统酥油（Ghee）
最小脂肪含量/%	99.8	99.6	99.6	99.6
最大水分含量/%	0.1	—	—	—
铜离子上限/（mg/kg）	0.05	0.05	0.05	0.05
铁离子上限/（mg/kg）	0.2	0.2	0.2	0.2
自由脂肪酸上限/（%m/m 油酸）	0.3	0.4	0.4	0.4
最大过氧化值/（meq O_2/kg 脂肪）	0.3	0.6	0.6	0.6
气味和风味	40~45℃条件下气味和风味良好。			
质构	不同的温度下，固态时质地平滑均匀，液态时无明显颗粒			

注：1meq O_2/kg 脂肪 = 0.0127g O_2/kg。

1. 无水奶油（Anhydrous Milk Fat，AMF）

《食品安全国家标准　稀奶油、奶油和无水奶油》（GB 19646—2010）规定，无水奶油是以乳和（或）奶油或稀奶油（经发酵或不发酵）为原料，添加或不添加食品添加剂和营养强化剂，经加工制成的脂肪含量不小于99.8%的产品。

制备AMF的原料为新鲜稀奶油或者奶油（甜性和酸性奶油、含盐或者不含盐）为原料制得，两种原料生产AMF工艺流程见图6-17。需要注意的是，为生产出质量和风味都良好的AMF，首先确保原料稀奶油或者奶油本身无化学和微生物等污染，而导致产品缺陷。稀奶油原料至少采用85℃处理，以杀灭有害微生物，钝化脂肪酶，防止脂肪酶分解脂肪形成游离脂肪酸（Free Fatty Acid，FFA）。FFA是造成产品不良风味的主要因素。

奶油是以脂肪含量为40%新鲜稀奶油为原料制成的，而如果制备AMF，需要进行二次分离工艺，提高稀奶油脂肪含量达75%~80%。相转化是把水包油性稀奶油乳状液，转化成油包水性乳状液，其工艺设备同上述奶油加工。

以奶油为原料生产AMF，首先升温至60~70℃融化奶油。加热方式可用板式热交换器，避免空气进入。蒸汽注入加热方式，会使得融化后奶油乳状液中分散过多的小气泡，后续难以除去。熔融奶油通过一系列的分离器进行浓缩，同时去除沉淀物。浓缩后，继续加热至90~95℃，最后经真空干燥后并包装。

AMF精炼工艺包括抛光、中和与分级。抛光处理是在浓缩的油脂中加入20%~30%的饮用水进行水洗，排掉水分及其溶解其中的水溶性物质，使产品呈现较好的光泽。适量的FFA能为产品提供特征风味，但过量储藏期间不良风味产生。中和工艺是在AMF中加入8%~10%氢氧化钠溶液，以中和产品中的FFA，并加入20%~30%的热水来溶解皂化脂肪酸，最后离心去除水分和溶解其中的皂化脂肪酸。此工艺虽然简单有效，但是某些国家标

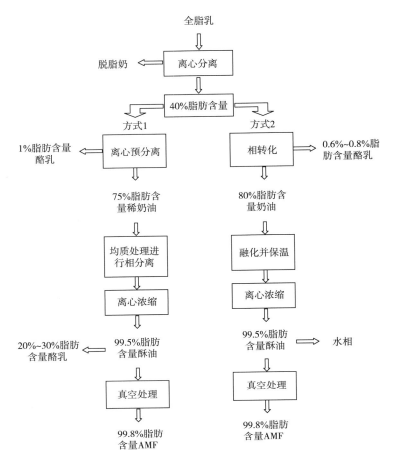

图 6-17　以稀奶油（方式 1）和奶油（方式 2）为原料制作无水奶油的工艺流程

资料来源：《利乐乳加工手册》。

准中不允许采用中和工艺处理。

　　焙烤和糖果加工中，常使用硬度较高的的乳脂肪。分级工艺能够制备不同熔点和硬度的乳脂，以满足实际应用。脂肪分级方法有干燥分离法和添加溶剂结晶分离。

　　干燥分离法，是控制冷却温度，使熔融奶油缓慢结晶，得到所需的硬脂酸和油酸比例。此方法不需要添加其他溶剂，对产品风味无影响。在冷却过程中，不同熔点脂肪酸不断结晶，同时通过特殊的过滤设备去除结晶部分。透过液进一步冷却形成结晶体，不断分离晶体。初始分离温度为 33℃，即乳脂肪开始软化温度。分离过程中冷却和搅拌速率以及分离工艺等，都会影响产品性质。

　　添加溶剂结晶分离，与干法比较，分离效率高，晶体选择性强。加工过程中，应当严格控制各个阶段甘油三酯的含量，甘油三酯熔点较低，易于凝固，会降低产品分离效率。结晶的第一步是形成晶核，应控制结晶温度、降低搅拌速率，保证结晶体的缓慢增长。结晶过程中，应避免二次晶核形成，二次形成晶核会导致大量小结晶体形成，增加产品黏度。冷却过程中，形成乳脂肪晶体大小适中，易于在过滤工艺中除去。第二步为分离工艺，为提高晶体分离效率，可使用真空或者加压处理。分离过程中，应当注意分离温度、结晶时间和搅拌速率等参数。Vanhoutte 等研究表明，结晶时间过长，晶体的增长速率缓慢，延长过滤时间，但并不会影响产品得率。搅拌速率过高，会降低油脂分离质量，如高熔点的油脂含量增加。

包装时先在包装底部充入氮气，可防止产品氧化。AMF 产品灌入后，包装底部氮气上浮并在产品的表面隔绝氧气。1~20kg 规格包装供家庭和餐厅使用，200kg 左右规格用于工业生产。

2. 酥油（Ghee）

酥油为印度饮食中不可或缺的食材，广泛用于各种烹饪中，如油炸食品、甜品和肉类的料理等。据统计印度本地居民中，平均每家每年约消费 60kg 的酥油。

酥油加工工艺　全脂乳、Malai（一种浓缩稀奶油产品）、稀奶油或者奶油都可以作为酥油原料。根据生产酥油所用原料不同，其生产工艺也有差异（图 6-18），概括为：①传统加工工艺以原料乳为原料，加工制成奶油后，再制备酥油（The Indigenous Milk Butter Method，MB）；②稀奶油为原料（The Direct Cream Method，DC）；③奶油为原料（The Creamy Butter Method，CB）；④预先分层法（The Pre-stratification Method，PS）。为丰富酥油风味，还可使用发酵稀奶油为原料。

印度酥油的加工多为批量化生产，首先使用带有蒸汽夹套的容器（500~1000kg 容量）加热融化奶油，接着油脂分离器来分离乳清和脂肪相，不仅能降低能耗，且形成产品质地致密等。

Warner 详细介绍了熔化奶油或者稀奶油制备酥油的工艺，首先升温至 100℃，升温同时缓慢搅拌，防止大量泡沫产生；第二阶段为大量除去水分阶段，此阶段加热强度较大，应当控制加热速率和温度，防止非脂乳固形物非脂肪乳固体焦化。焦化后产品呈现深棕色，并有苦味，且过度加热会影响产品风味，妨碍冷却阶段形成合适大小的颗粒；最后阶段升温至 105~118℃，不断搅拌除去与非脂肪乳固体结合的水分，形成产品特有风味，较佳的为 110~120℃。印度北部通常用 110℃ 或者略低，南部为 120℃ 左右。如果温度过低，虽然一定程度可改善产品色泽，但产品中残留的水分含量较高，会影响产品的保质期；温度过高，不仅会导致热敏性营养素的损失，还会形成不良的色泽，但是产品的保质期却较长。

①MB 方式：MB 工艺中，原料处理方式有四种，包括方式一，直接发酵原料乳；方式二，原料乳杀菌后冷却至室温发酵；方式三，原料乳杀菌冷却至室温后，除去上浮稀奶油层，再进行发酵；方式四，撇去上浮奶油层后，不再进行发酵工艺。其中发酵后制成产生称为 Dahi，为一种印度传统发酵乳制品。

印度传统家庭制作酥油，工艺为将生牛乳在陶瓷罐中自然酸化形成奶油层（Makkhan），再用手持式木棒进行搅打实现奶油层分离，收集多次分离得到奶油并置于金属盘子或者陶瓷罐中敞口进行加热，直至几乎所有的水分挥发为止。初始加热阶段，有大量泡沫产生，应防止暴沸造成样品逸出。随着水分不断蒸发，泡沫消失，温度开始逐渐升高至 100℃，并在此温度下会发生焦糖化反应。可以根据起泡情况来判断是否达到加热终点，终点处凝乳颗粒呈现金黄色或者棕色。加热结束后，静置以形成分层，倾斜倒出分层的脂肪，将分层脂肪包装即为酥油。传统方式生产的产品具有较好的风味和质构，但是会产生大量的副产物，且脂肪回收率较低，为 88%~90%。

　　工业化生产为连续工艺，稀奶油或者熔融后奶油泵入刮板式热处理器（蒸汽加热方式），并经闪蒸蒸发器分离出大量的水分。通常采用多重闪蒸分离，以尽可能多的除去水分。工业化加工工艺不仅产量高，能耗低，且产品风味、色泽较好，货架期较长。酥油的质量还与原料牛乳、稀奶油或者奶油的质量、分级的温度有关。110℃ 条件处理产品风味温和，一旦高于 120℃，产品有较强的蒸煮风味。

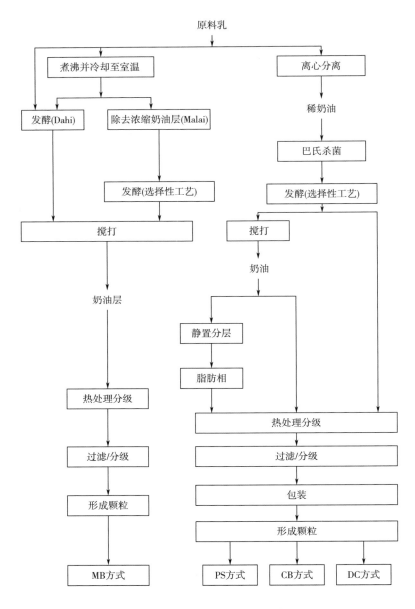

图 6-18　不同加工方式生产酥油的流程图

MB：传统工艺；CB：奶油为原料；DC：稀奶油为原料；PS：预分层法

②CB 方式：印度大部分乳品工厂采用 CB 方式生产酥油。CB 加工方式中部分流程与发酵奶油产品相似，后续再进行热处理分级、过滤、包装，最后形成颗粒。

热处理分级工艺是将奶油置于专用设备，加热至 60℃ 融化，继续升温至 90℃ 并保温，直至水分完全挥发。加热过程中需不断进行搅拌，一方面防止受热不均匀导致焦化，另一方面有助于奶油向酥油转化。搅拌过程中，采用漏勺不断撇去样品表面的泡沫，加热前期有大量的泡沫形成，随着水分的挥发，泡沫减少，此时样品升温速率较快，应当严格控制好加热温度。加热终点处，样品表面开始形成均匀致密的小气泡，凝乳颗粒呈现棕色色泽，没有大泡沫出现，同时形成酥油特有的风味。接着 110~120℃ 条件下过滤分离，过滤得到物料在夹层罐子中冷却至 60℃，最后进行造粒和包装即得成品。采用 CB 方法生产酥油的脂肪回收率为 88%~92%。

③DC 方式：DC 方式是直接以稀奶油或者发酵稀奶油为原料生产酥油，而不用将其转化成奶油。发酵稀奶油为原料产品，风味较为特别。将原料稀奶油在不锈钢容器中加热至 115℃，不锈钢容器为隔层蒸汽加热，且有搅拌桨。一旦物料颜色变为金黄色或者浅棕色，即可停止加热。DC 工艺的缺陷是，需要较长的加热时间来除去水分，且所制得的产品质地较为油腻。Pal 和 Rajorhia 研究发现，稀奶油的非脂肪乳固体含量与酥油的回收率为负相关（$r = -0.44$），但是与脂肪的损失率呈现正相关关系（$r = 0.64$）。

④PS 方法：PS 法又称为奶油分级法或者分层法，是利用静置过程中，重力的差异性来除去奶油中大部分的水分。首先先将奶油在 80~85℃ 融化，泵入立式储存罐中静置 30min，奶油冷却过程中会分为三层，最顶层为凝结层，中间层为脂肪层，最下层为酪乳部分。其中，最底部的酪乳层中的水分含量和非脂肪乳固体分别约占奶油原料的 80% 和 70%，可从罐子底部将酪乳排出。将凝结层和中间的脂肪层置于夹套蒸汽罐中，加热至 105~110℃ 以进一步除去多余的水分，最后形成酥油的典型风味。由于预先排放出含有大量水分的酪乳，大大缩短去除水分的时间，降低脂肪的损失，赋予产品良好风味。PS 方式能够节能 35%~50%。

⑤酥油连续生产工艺：Punjra 描述了两种酥油的连续生产工艺，一种是物料连续三次进行刮板式热处理，再进入立式蒸汽分离器，最后离心分离以去除残渣，分离出的酥油置于暂存罐中，进一步包装即可；另一种使用浓缩器或者离心分离器浓缩稀奶油，同时通过机械作用力破坏水包油型乳状液，转化成油包水型产品。连续式工艺能耗低，便于大规模化生产，且非脂肪乳固体损失较少，脂肪回收率较高。浓缩稀奶油制得的非脂肪乳固体，可在脱脂乳粉生产中用于标准化原料乳。Abichandani 等改进了奶油融化设备，融化后奶油经卧式薄膜刮板式杀菌器处理，并转化为酥油。奶油融化装置为夹套加热融化锅，夹套中通入蒸汽加热，融化锅内搅拌器不断搅拌，增加传热速率。后续采用薄膜刮板式热交换器，处理过程中蒸汽直接与样品接触，搅拌桨的离心力使得样品形成薄膜，均匀分布在刮板的表面，有助于水分迅速蒸发。水蒸气通常可以重新回收利用，如用于加热融化奶油。如果生产 100kg 的酥油，整条生产线需要用到 32kg 的蒸汽和 0.45kW·h 的电能。

Patel 等改良酥油生产工艺，可降低脂肪和非脂肪乳固体的损失。印度潘奇马哈斯县（Panchmahal）乳品厂 Godhra 和 India 已经商业化使用此工艺，工艺设备包括乳清分离器、盘管式加热器和奶油连续生产设备等。具体工艺为：加热稀奶油（30%~40% 脂肪含量）

至 90~92℃保持 15s，冷却至 10~12℃并存储在隔热的带夹套罐中。使用连续奶油生产设备冷却稀奶油，制成"白色"奶油，其中排出的酪乳和分离出乳清经板式换热器冷却后，可重新用于标准化原料乳。"白色"奶油通过螺旋输送器输送至盘管式加热器中，其中盘管式加热器通过循环热水加热。融化后奶油置于带有搅拌器的罐中继续加热搅拌，进行乳清分离。分离后乳清采用板式换热器冷却，与甜酪乳混合后可再用于牛乳标准化。熔融的奶油及其分离过程中搜集的乳清固形物，分别泵入不同的蒸煮锅中，加热至 113℃蒸发水分直至达到所需水分含量，接着高温离心分离净化，得到的产品冷却至 50℃包装即可。此工艺能耗低，卫生条件良好，能够节省 250%~300%的蒸汽，酥油产量高，可降低脂肪和非脂肪乳固体的损失。

Mehta 和 Wadhwa 用微波技术加工酥油，产品货架期较长，风味较好。产品中脂肪酸含量和风味与传统加工工艺相似，且产品的水分含量，FFA 等都符合法规要求。微波工艺不会影响产品中维生素 A、E、磷酸、共轭亚油酸（CLA）和多不饱和脂肪酸（PUFA）的含量，同时产生一定量的自由基，能够防止脂肪氧化。

酥油的连续式生产工艺，归纳起来主要为达到以下几个目的：较高的热转移效率和紧凑的设计；提高产品在加工过程中的流动性；整个系统易于自动化和 CIP 清洗；热处理时间较短，与传统工艺比较，热敏性成分保留较好；产品批次之间质量均一。

（三）低脂类奶油产品

低脂类奶油产品脂肪含量约为 60%~62%，是将融化后奶油与牛乳或者酪乳、稳定剂、乳化剂、色素、香精和抗氧化剂混合制成。APV 已有商业化生产此类产品的工艺和设备，且受专利保护，工艺流程见图 6-19。首先，奶油在真空压炼室内进行压炼和脱气，并加热软化，接着与巴氏杀菌酪蛋白酸钠溶液进行混合，制成低脂肪含量奶油，最后均质处理使脂肪和蛋白质分散成均一相。均质后体系液滴粒径为 5μm 左右，均质的效果与脂肪的成分、均质温度和终产品的脂肪含量相关。均质后混合物泵入暂存缸中，采用片式热交换器冷却后包装。

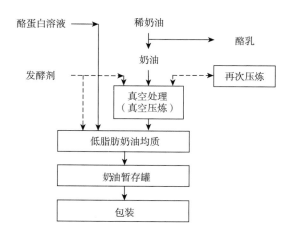

图 6-19　低脂奶油加工流程图（APV 加工系统，丹麦）

资料来源：Fearon 和 Golding，2008。

低脂肪奶油中水分含量较高，在产品中容易形成较大的水滴，当液相的体积达脂肪相的 1/3 时，难于形成稳定的乳状液，需要添加单甘酯等表面活性剂，还可以加入增稠剂、乳蛋白、胶体、淀粉和海藻酸钠等降低液相的流动性。

二、含乳脂涂抹产品

天然奶油风味良好，饱和脂肪酸含量高。低温条件下，饱和脂肪酸为固态，难于涂抹，这限制其加工和应用。且随着人们健康意识的增强，低脂肪以及不饱和脂肪酸食品逐渐受到消费者青睐。高不饱和脂肪酸含量涂抹物，从营养健康和产品应用角度考虑，都具备一定的优势，目前此类产品已经在乳品市场占有一席之地。

（一）纯乳脂涂抹产品

1. 模拟人造奶油生产方式

人造奶油工艺是分别制备好脂肪相和水相，并将二者混合，采用片式热交换器进行杀菌和冷却后，通过高速搅拌、均质或者乳化泵等处理，形成较为稳定的油包水型乳状液。所形成的乳状液经片式热交换器迅速冷却后，会形成油包水型乳状液结晶。冷却过程中应当控制冷却速率和冷却器压力，防止过高的剪切速率破坏乳状液体系。

脂肪相来源为乳脂，包括稀奶油和无水奶油（AMF）等。AMF 融化温度应高于 40℃，防止形成部分结晶。如果生产脂肪含量为 60% 的产品，不需要添加乳化剂；生产脂肪含量 ≤40% 产品，可添加乳脂肪中分离出的软质脂肪，以降低产品熔点。

乳化剂能够降低油水界面张力，提高乳状液稳定性。常用的乳化剂为单甘酯类和卵磷脂，使用时先将少量 AMF 融化，再加入 0.5%~1.25% 乳化剂，然后与水相和其他乳成分混合。乳化剂使用量不可过高，否则造成产品蜡质口感。Flack 研究了乳化剂种类及其配比，对于脂肪含量为 20%~40% 涂抹物性质的影响。

蛋白质来源为酪乳、脱脂奶粉、乳清蛋白和酪蛋白酸钠等，这些成分先溶于水相，然后再与脂肪相混合。乳蛋白能够提高液相的黏度，有助于体系的稳定，增加产品的口感和风味。但如果蛋白质含量添加量 ≥12g/100g，会形成"白垩"的口感缺陷。

常用稳定剂包括淀粉、果胶、海藻酸钠、菊粉和卡拉胶等。高支链含量淀粉和麦芽糊精，热稳定性好，能够提高水包油型涂抹产品稳定性。Andersen 和 Hansen 研究发现，海藻酸钠虽然本身没有特殊风味，但是能够赋予产品奶油风味，同时改善产品顺滑度。

近年来，大量研究证明通过调整饲料中脂肪酸种类，可有效调整原料乳中不饱和脂肪酸含量 Murphy。牛乳中长链脂肪酸，如 C_{18} 脂肪酸和约 60% 的 C_{16} 脂肪酸等，主要来源于饲料。奶牛消化体统中的微生物，能够水解和氢化摄入的不饱和脂肪酸，形成饱和和部分饱和脂肪酸，这些脂肪酸进入血液并随着血液输送到乳腺。乳腺中 δ-9 硬脂酰去饱和酶能将大部分的 $C_{18:0}$ 脂肪酸和硬脂酸转化成单不饱和的 $C_{18:1}$ 脂肪酸和油酸。

Dale 农场在 1999 年首先提出"纯正（Pure）"的天然乳脂涂抹物概念，并在 2003 年以"Pure"单独注册了品牌名，这也是为数不多的只是通过调整乳饲料成分，来改善奶油涂抹性，并成功商业化产品。夏季奶牛主要摄入新鲜牧草，饲养员根据详细饲喂清单，在饲料中补充油菜籽和油酸，防止油菜籽中的不饱和脂肪酸被微生物氢化，同时保证在动物瘤胃中进行正常的消化吸收。按照此方法饲养的奶牛产出牛乳中，不饱和脂肪酸尤其是单

不饱和脂肪酸 $C_{18:1}$ 油酸含量增加，乳脂肪的碘化值 IV<45 碘/g 脂肪。以这种乳脂肪为原料加工成的奶油，低温下质地仍较软，室温条件兼具较好保形性和涂抹性。

还可在稀奶油或者奶油中加入低熔点乳脂肪，来改善奶油的涂抹性。乳脂肪中甘油三酯熔点不同，通过分馏，可制备高熔点的硬脂酸和低熔点的油酸。如果乳脂肪中硬脂酸的比例为 30%~40%，则在低温下具有较好的涂抹性。奶油加工中，可在原料稀奶油中加入部分油酸，并通过搅打使油酸与稀奶油乳化。实际生产中，通常在原料稀奶油中添加多种不同熔点的脂肪酸，其效果优于强化单一种类脂肪酸。增加产品的水分和空气含量也能够一定程度改善其涂抹性。

2. 相转化

Pedersen 提供了直接以稀奶油为原料，来制备低脂肪涂抹物的方法。首先加热 40% 脂肪含量的稀奶油至 70℃，加入 2% 结冷胶或者卡拉胶。0.6% 的单甘酯和少量 AMF，使用片式热交换器进行冷却至 18~20℃，高速剪切条件下进行相转化形成油包水型乳状液，最后压炼、冷却至 14℃后包装即可。此方式生产脂肪涂抹物体为油包水型乳状液，微观结构为球状结构，与搅打方式生产的奶油结构类似。与人造奶油工艺比较，此法制得的产品质地均一，类似于普通奶油，低温下难于涂抹，通过强化软质乳脂肪，可改善产品涂抹性。Pedersen 还提供了 60% 脂肪含量的脂肪涂抹物生产方式，所用稀奶油原料的脂肪含量为60%，后续工艺同上述 40% 脂肪含量产品，但是这种产品无需添加其他成分即具有较好涂抹性。

3. 增加水分和空气含量

传统批量和连续奶油生产工艺，通过控制搅打速率和温度、压炼强度等，可降低奶油中水分含量至 16%。但如果生产脂肪含量为 70%，水分含量为 25%~30% 的产品，上述工艺具有一定的技术难度。Nielsen 描述了 APV 生产高水分含量脂肪涂抹物的工艺，是将奶油（80%脂肪含量）融化后，一定温度条件下与酪蛋白酸钠溶液混合。根据终产品脂肪含量及其质地的需求，来确定酪蛋白溶液添加量，最后通过片式热交换器冷却进行包装即可。

普通压炼方式生产奶油，产品中气体含量为 0.5%~1.0%，提高产品中空气含量有助于改善涂抹性。打发奶油兴起于美国，在北美市场广为流行，这类产品是在奶油中充入空气或者惰性气体，增加产品体积。打发奶油中气体含量通常为 50%~100%，惰性气体不仅增加产品体积，还能提高氧化稳定性。充气温度不能过高，防止产品形成较硬的质地和松散的结构。Fisker 和 Jansen 研究表明最佳的打发温度为 13~16℃。打发奶油中水相分散情况类似于普通奶油，产品呈现固态泡沫状质地，比普通奶油更易于涂抹，如果不添加色素，色泽偏白。Lynch 和 O'Mahony 提供了脂肪含量 10%~45% 的水包油性涂抹物的生产工艺，其打发率为 200%。脂肪相可以为乳脂肪来源，也可为乳脂肪和植物油混合，同时加入合适的稳定剂和乳化剂。此类产品声称在 4~25℃范围内，都有较好的涂抹性。美国农业部对打发奶油的分级制订了标准，规定打发奶油是在奶油中均匀的充入无菌空气或者惰性气体，添加或不添加食盐，色素等制成的脂肪含量不少于80% 的产品。此标准还对打发奶油的酸度、质地、游离水分含量和色泽等进行了规定。打发奶油在 21℃下可以放置 7d。

（二）混合脂肪涂抹物

饱和脂肪酸低温下涂抹性差，且大量报道指出饱和脂肪酸与心血管疾病发病率相关。植物油中不饱和脂肪酸含量较高，与乳脂肪混合，更有益于健康，而且能够改善产品的涂抹性。1969 年，瑞士品牌"Bregott"布里高特上市，脂肪含量为 80%，其中动物乳脂和大豆油各占 64% 和 16%。Bregott 品牌受到消费者广泛喜爱，逐渐在市场占有一定的份额，部分国家混合脂肪涂抹物的销量已经超过了普通奶油。

常用植物油种类包括大豆油、油菜籽油、葵花籽油、橄榄油或者棉籽油等，来取代20%~30% 或者更多乳脂肪。油菜籽油富含油酸，芥酸含量较低，有助于提高产品涂抹性。欧盟 No. 2991/94（EU，1994）条款规定混合脂肪涂抹物中脂肪含量为 10%~80%。添加的植物油含量不能过高，否则会降低产品中固态脂肪含量，影响产品质地，室温下（20℃）会出现"油析"等现象。但如果采用人造奶油的生产经验，也能够生产出品质较好的涂抹产品。

英国 Crest 乳品品牌包括奶油和不同脂肪含量涂抹产品，如脂肪含量分别为 72% 的 Clover 品牌和 19% 的 St. Ivel Gold 品牌。Clover 品牌产品是通过搅打工艺生产的，配方包括植物油、酪乳（29% 脂肪含量）、水分、脱脂乳、奶油、食盐、乳化剂、香精、维生素 A 和维生素 D 以及色素等。Clover 品牌产品中接近 50% 的脂肪为植物油，需要加入一些固态脂肪来提高产品质地，避免室温下的油析现象。Clover 品牌产品中水分含量为 20%，略高于奶油（约为 16%），配方中的乳化剂有助于油相和水相较好的混合和分散。St Ivel Gold Extra Light+n-3（19% 脂肪含量）是健康概念的低脂肪涂抹类产品，强调低脂肪同时强化长链 n-3 脂肪酸、二十碳五烯酸（$C_{20:5}$，EPA）、二十二碳六烯酸（$C_{22:6}$，DHA），补充每日必需氨基酸。St Ivel Gold 中的液相主要为脱脂乳、酪乳、变性淀粉，淀粉和蛋白质成分，这些成分都有助于提高乳状液的黏度和稳定性。

混合脂肪涂抹产品的竞品定位为人造奶油，人造奶油因含有反式脂肪酸，随着消费者健康意识增加，该类产品不具备竞争优势。目前很多国家法规要求，在产品标签上明确标识反式脂肪酸含量，这也驱使生产商在其产品中，尽可能不添加或者少添加反式脂肪酸。近年来，已有大量对脂肪结构进行修饰的研究，来改善产品的营养、理化性质等。如在甘油三酯侧链中引入新的脂肪酸，或者通过化学、酶促反应或者基因工程改变原有脂肪酸的位置。混合脂肪涂抹物可通过搅打工艺、人造奶油加工工艺和稀奶油相转化等方式制成。

1. 搅打工艺

搅打工艺类似于奶油加工，分为批量式和连续式生产。批量生产工艺中，将植物油和稀奶油在搅打罐中搅打，搅打温度低于奶油搅打工艺，因为植物油在较低的温度下仍为液态。搅打过程中，植物油与稀奶油乳化，并形成奶油颗粒。此种方式形成的颗粒质地较软，排出酪乳同时反复用冷水冲洗奶油颗粒，否则后续压炼工艺中，很难将颗粒内部多余的水分挤出去。压炼时间和压力大小均小于普通奶油，过度压炼会加剧产品出油现象。

连续式生产工艺中，植物油与稀奶油先加入存储罐，也可以直接通过管道输送至连续搅打设备中。搅打之前，预先降低稀奶油和植物油的温度降低至 5~7℃。搅打温度与植物油种类有关，必须保证植物油在搅打过程中不会形成结晶。采用植物油和稀奶油混合后搅打工艺，后续会有较多植物油会排放酪乳中，限制酪乳后续的加工应用。为解决此问题，APV 公司调整植物油添加工艺，即在酪乳和脂肪相分离完成后再加入植物油。Berntsen 详细描述了此工艺流程，搅打完成后，植物油、乳酸浓缩物、盐类和发酵剂等同时在压炼区 1 加入，压炼区使用夹套冰水循环冷却，在低温下压炼形成颗粒。当产品离开压炼区 2 时，温度为 13~16℃，接着用片式热交换器冷却至 10~12℃，这种方式加工的产品质地较硬，便于包装。

2. 人造奶油生产工艺

混合脂肪涂抹物还可以模拟人造奶油生产工艺，将脱脂乳粉或者其他乳蛋白产品加水溶解，制成为水相。同时将熔融 AMF 和植物油混合，加热至 40℃ 左右并加入合适的乳化剂，制备成油相。将水相和油相混合，并使用片式热交换器冷却形成结晶。

Dungey 等研究了不同工艺参数对混合脂肪涂抹产品质构的影响，包括流速、冷却温度、冷却器的搅拌速率，植物油的添加量和添加工艺等。研究发现，第一段冷却后，加入全部或者一部分植物油，比在乳化前加入植物油，制成的产品质地更软。植物油添加量每提高 1%，硬度下降 2%。植物油的种类，对于产品的质地没有显著影响。

人造奶油生产工艺也适用于低脂肪混合涂抹产品，脂肪相的制备比较简单，通过优化植物油的添加量和工艺，即可以制成较好的质地产品。水相的制备相对复杂，1960 年最初发展起来的低脂肪涂抹物产品中，不含有蛋白质成分，主要通过胶体和乳化剂来稳定体系，制得的产品具有蜡质口感。1970 年瑞典品牌 lätt & lagom 上市一种高蛋白质低脂肪涂抹物。在 1980—1990 年期间，随着蛋白质价格的上涨，低蛋白质和中等蛋白质含量产品越来越多，主要通过添加增稠剂和稳定剂，如结冷胶，海藻酸钠和淀粉等，来改善产品的质地。

3. 稀奶油相转化

稀奶油首先经相转化处理，再加入植物油，可制得混合脂肪涂抹物，具体为：采用板式热交换器（Plate Heat Exchanger, PHE），预热 40% 脂肪含量稀奶油至 60℃，接着用特殊的分离器进一步浓缩稀奶油至脂肪含量为 80%。分离浓缩过程，需要控制好参数，保证脂肪球结构不受到破坏。最后冷却至 20℃，泵入保持罐中进行预结晶处理，过夜成熟老化。接着将成熟好的稀奶油与植物油以适当的比例混合，选择性加入食盐，发酵剂和乳酸浓缩物。混合物经高压泵泵入一系列的刮板式冷却器进行冷却，促使体系由水包油型乳状液转化为油包水型乳状液。在每两个刮板式冷却器之间，都有对乳状液进行高强度的机械剪切装置，此时产品仍为半液态。第二阶段冷却完成后泵送产品至奶油储存罐中，在罐中进行硬化直至形成均一的质地，最后进行包装即可。

使用稀奶油相转化工艺生产低脂肪涂抹产品时，可使用浓缩稀奶油为原料，而浓缩稀奶油中含有大量天然的乳化剂，因此不需要额外添加乳化剂，可根据实际生产中所需的蛋白质和乳糖含量加水稀释即可。

三、特殊处理乳脂涂抹物

（一）营养改善奶油类产品

1. 降低奶油中胆固醇含量

血液中胆固醇含量增加，会增加心血管疾病风险。研究表明，降低饮食中胆固醇摄入，可调节血液中胆固醇含量。牛乳脂肪中胆固醇含量为 0.3%，可通过生物或者理化方式来除去胆固醇，包括萃取、蒸馏、吸附和酶转化等。萃取方法需使用大量有机溶剂；蒸馏法中挥发胆固醇的同时，奶油中其他风味物质也随之挥发，且萃取和蒸馏法效率低，经济成本高。目前商业化生产中，多采用环糊精吸附法除去乳品中胆固醇，此工艺相对简单，对于奶油风味影响较小，但环糊精成本较高。专利 CN201410142429.4《低胆固醇稀奶油及其制备方法和 β-环糊精回收方法》，提供一种低胆固醇稀奶油及其制备方法和一种 β-环糊精回收利用方法。该发明中，解决了原有技术中 β-环糊精在脱除稀奶油中的胆固醇时，会降低稀奶油打发后泡沫稳定性，β-环糊精无法进行回收利用的缺陷。该发明利用交联 β-环糊精脱除稀奶油中的胆固醇，脱除效率高，方法简单，并且制备得到的低胆固醇稀奶油打发性佳，泡沫稳定性好，配合利用本发明 β-环糊精回收方法可以大幅提升 β-环糊精的回收利用率，成本降低，不会对环境造成污染。但是目前此项技术还处于实验室研究阶段，尚未有商业化生产。

2. 增加共轭亚油酸（Conjugated Linoleic Acid，CLA）含量

CLA 是 $C_{18:2}$ 的异构体，其结构中含有共轭双键。据报道，CLA 具有抗动脉粥样硬化、抗癌、免疫调节和抗肥胖等功效。人类饮食中动物来源食物，如肉类、牛乳和其他乳制品是 CLA 的主要摄入来源。乳脂肪中大于 90% 的 CLA 是顺-9，反-11 异构体，主要通过亚麻酸经过生物氢化作用形成，或者通过 CLA 的前提物（反-11 $C_{18:1}$）的去饱和作用形成。牛乳中 CLA 的含量占所有脂肪酸含量的 0.5% ~ 1.7%，为 4 ~ 7mg/g，根据季节和动物的饮食摄入不同而稍有变化。研究者在奶牛饲料中补充不饱和脂肪酸，如亚麻酸来调节牛乳中不饱和脂肪酸含量。以富含 CLA 的牛乳为原料，生产的奶油和干酪具有较软的质地。已有富含 CLA 的奶油产品上市，但售价较高。

3. 增加 n-3 脂肪酸含量

长链多不饱和脂肪酸（n-3 脂肪酸，PUFA）包括 α-亚麻酸（$C_{18:3}$，ALA），十二碳五烯酸（$C_{20:5}$，EPA）和二十二碳六烯酸（$C_{22:6}$，DHA），n-3 脂肪酸多来源于深海鱼油。早在 20 世纪 70 年代，有研究发现爱斯基摩人心血管疾病发病率较低，与其传统饮食中多摄入深海鱼类和哺乳动物有关。n-3 脂肪酸能够预防糖尿病、癌症、心血管疾病、高血压等。乳脂肪中 n-3 脂肪酸含量较低，奶油加工中可直接添加鱼油以提高 n-3 脂肪酸含量，但是添加之前，鱼油需要经过精炼，尽量避免鱼油原料氧化对奶油造成不良影响。此类产品已经商业化，但是同样由于较高的价格，市场前景并不乐观。通过持续的给奶牛饲喂亚油酸含量较高的亚麻籽，牛乳中 ALA 含量也会随之增加，而乳腺对于长链 n-3 PUFA、EPA 和 DHA 的吸收性较差，因此牛乳中这些脂肪酸的含量未有显著增加。

（二）改善奶油产品加工性质

1. 改变脂肪酸组成

调整奶牛摄入饲料成分、对乳脂肪进行分馏或者内酯化处理等，都能够改善奶油加工和应用性质。饲料中添加富含不饱和脂肪酸的方式，上文已有描述。

分馏工艺的原理是利用乳脂肪中甘油三酯熔点的差异性，在不同温度下进行融化分离，制备不同熔点的脂肪酸混合物，以满足不同的应用需求。从技术角度考虑，此种工艺方式简单易行，便于商业化。每 100g 乳脂肪中加入 25 ~ 40g 的油酸，即能够有效提高奶油的涂抹性。具体工艺流程如图 6-20 所示。

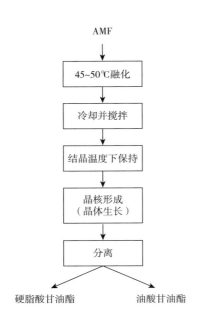

AMF

45~50℃融化

冷却并搅拌

结晶温度下保持

晶核形成
（晶体生长）

分离

硬脂酸甘油酯　　　　　油酸甘油酯

图 6-20　无水奶油（AMF）的分离工艺

内酯化工艺是指改变甘油三酯侧链脂肪酸的分布，不会影响脂肪酸总量，但是甘油三酯的性质已经发生改变，从而影响产品理化性质。甲醇钠可作为内酯化反应催化剂，催化反应中脂肪酸随机排列。脂肪酶也可以催化内酯化过程，且反应较为温和，不会对产品风味造成不良影响。内酯化反应中，如果产生短链脂肪酸，会影响产品风味，加速氧化过程等。

2. 改变理化性质

奶油加工的最后冷却工艺中，在连续脂肪相中形成三级网络晶体结构，从而增加奶油硬度。奶油加工结束并冷藏数天后再进行二次压炼，二次压炼使奶油的硬度降低 50%。压炼过程中应避免温度波动，防止奶油融化后再次结晶，从而使得产品恢复至原有的硬度。连续化生产工艺中，一般直接进行二次压炼。

传统工艺生产奶油中，空气体积分数为 5%~7%。连续式工艺的真空压炼，可降低产品中空气体积分数至 0.5%，且产品的质地更加均匀。打发奶油产品空气含量高达 50%，上文中已经介绍该类产品加工工艺。打发奶油产品广泛用于餐饮渠道，也可直接涂抹于面包、饼干等，或者作为焙烤食品顶部装饰。

四、可涂抹乳脂产品常见质量问题

可涂抹乳脂类产品常见的质量问题包括微生物污染、理化缺陷导致的质地和风味不佳等。除严格控制原料的微生物和理化指标，同时还注意加工工艺中参数设置。

（一）奶油类产品的常见质量问题

1. 微生物缺陷

稀奶油原料、生产用水、加工环境以及设备工具都可能携带微生物。如果未进行合适的消毒，会使产品中微生物超标，并产生"苦味""酸败味""丁酸味""不纯正"或者"哈喇味"等不良风味。稀奶油原料如果已发生脂肪水解或者酸败，则会延长搅打形成奶油时间，约为正常工艺的 5 倍时间，且制成的产品易于氧化。

搅打形成奶油过程中游离脂肪酸，在后续排放酪乳和冲洗工艺中会排走，不会给终产品带来不良的风味。而如果成品中由于微生物代谢，或者微生物产生的耐热的脂肪酶分解脂肪而产生了游离脂肪酸，会给产品带来不良风味。

奶油中的病原性微生物主要包括李斯特菌（*Listeria* spp.）、沙门氏菌（*Salmonella* spp.）、金黄色葡萄球菌（*Staphylococcus aureus*）、链球菌属（*Streptococcus* spp.）和结核杆菌属（*Mycobacterium* spp.）等。嗜冷型微生物主要为假单胞菌（*Pseudomonas*）和微球

菌属（*Micrococcus*），假单胞菌能够在奶油表面进行生长，7~10d 即可代谢产生有机酸（异戊酸），导致产品有酸败味。

奶油中的酵母包括假单丝酵母（*Candida lipolyticum*）、球拟酵母（*Torulopsis* spp.）、隐球菌属（*Cryptococcus* spp.）和红酵母属（*Rhodotorula* spp.），这些酵母低温条件下仍能够水解脂肪。霉菌种类有米曲霉（*Aspergillus*）、枝孢属（*Cladosporium*）、白地酶（*Geotrichum*）和青霉属（*Penicillium*）等。某些霉菌不仅能够水解脂肪，且会改变产品色泽。发酵奶油 pH 约为 4.6，但是此 pH 条件下霉菌和酵母仍然能够生长，引起产品腐败。

奶油为油包水型乳状液，加工良好的产品中水滴均匀分散于脂肪球之间，水滴粒径约为 5μm，水滴液滴大小会影响微生物的生长。质量较差的产品中水滴数量较少，但是水滴液滴较大，微生物细胞易于在其中增殖。

原料稀奶油中如果受到微生物污染，会发生酸化现象。加工制成奶油之前，可加入氢氧化钠或者碳酸氢钠溶液进行中和处理，正常奶油滴定酸度≤0.2mL/100mL。应当严格控制碱液添加量，过量的碱产生苦味、肥皂泡或者苏打味道。

发酵奶油（含盐或者无盐）中乳酸菌，能够部分抑制其他微生物的生长，因此与甜性奶油比较，发酵奶油不容易发生微生物腐败。但某些病原菌，可抑制发酵剂生长。

2. 物理和氧化缺陷

连续搅打工艺加工奶油时，每次搅打量应合适，过高会延长搅打时间。搅打过程中温度升高，形成黏稠的质地，不利于后续工艺进行。搅打量过低，虽然能够迅速完成搅打，但是产品中水分含量过高。奶油颗粒粒径较佳应为 5~10mm，如果太小，大量的脂肪进入酪乳中，并随之排走；而较大的奶油颗粒能够包裹酪乳，导致产品中水分含量较高，最佳水分含量为 13.5%~15.5%。

（1）物理缺陷　奶油中添加食盐，可改善产品风味，便于产品保存，但应选用纯度较高的食盐。通常配制成浓度为 2% 的盐溶液，进行添加。Manners 等建议采用两阶段的加盐工艺，以保证盐溶液水滴的均匀分散。如果分散不均，会带来颗粒感，且产品色泽不纯、无光泽。压炼不均匀，或者包装过程中奶油表面的水分过度蒸发，会使产品表面呈现条纹状色差。

奶油中固态和液态脂肪比例，脂肪结晶的晶型和大小，都会影响产品性质。冷却速率为 3~7℃/min，产品中形成大量小的脂肪结晶。与冷却速率比较，终产品的温度和保持时间更会影响网状结晶结构的形成。

结晶过程中温度变化，会影响产品质地均一性，如"冷却—加热—冷却"条件下生产奶油质地较软，产品有较好延展性和均一性，液态脂肪含量高，在-12~-20℃放置 8 个月后，仍有较好的延展性。"加热—冷却—冷却"工艺制得产品质地较硬，如果冷却条件过快，脂肪不完全结晶，产品质地脆而硬。

压炼工艺会影响奶油的色泽、均一性、延展性和微生物情况。压炼不完全或搅打温度不适，质地脆而硬；压炼过度，产品质地较黏。压炼速率较高，产品中形成细小的水滴，水分含量降低；压炼速率较低，会形成较大的水滴，尤其是低温条件下，导致终产品中水分含量较高的。

（2）氧化缺陷　奶油需存放于避光、隔氧环境，且避免与金属容器直接接触。避免发生氧化反应。奶油包装材料应当能够阻光，隔氧和防水，降低氧化风险。产品中铜离子含量一旦大于 5mg/L，即可以发生氧化。在稀奶油或者牛乳酸化过程中，铜离子更易于迁移至脂肪球，因此发酵奶油比甜性奶油更容易发生自动氧化。

（二）含乳脂涂抹产品的常见质量问题

1. 微生物污染

与奶油产品比较，含乳脂肪涂抹产品中水分含量较高，水滴的粒径较大，容易滋生微生物。配方设计中，可以加入防腐剂，如山梨酸钾和苯甲酸盐，来防止微生物的生长，但是某些国家禁止在该类产品中不允许添加防腐剂。

酵母和霉菌是导致产品质量变差的主要微生物，如解脂假丝酵母（*Yarrowia lipolytica*）常在低脂肪产品中检出，多黏芽孢杆菌（*Bacillus polymyxa*）和屎肠球菌（*E. faecium*）也有检出。嗜冷菌能产生胞外脂肪酶分解脂肪，形成游离脂肪酸，破坏产品乳化体系。而如果控制水解工艺，适度的脂肪水解，能够赋予产品良好的奶油和干酪风味。

防止微生物污染，需要制定严格的卫生操作规范和标准，建立良好的危害分析和关键控制点体系，以保证产品在其货架期中具有较好的质量和安全性。

2. 脂肪相结构

含乳脂肪涂抹产品的质地与晶形有关，亚稳定的 β' 晶型含量较高，则产品质地较好，而 β 型结晶会给产品带来颗粒口感。

低脂肪涂抹产品中水分含量高，液滴倾向于形成大液滴，影响产品稳定性，通常需要添加食品添加剂，以保持油包水型乳状液体系稳定性。单、双甘油酯能够促进甘油三酯形成晶核，在油-水界面形成晶体，从而起到稳定乳状液的作用。酪蛋白酸钠、酪乳粉、卡拉胶、海藻酸钠、果胶和明胶等都可提高产品涂抹性，但如果添加量过高，则增加产品黏度。

酯化反应过程中，甘油侧基上脂肪酸的位置会进行发生重排，改变产品的涂抹性，但是由于重排具有一定随机性，也可能形成质地和风味都不佳的产品。

3. 氧化缺陷

含乳脂肪涂抹产品中脂肪的自动氧化，分为氧气分子氧化和光照氧化，给产品带来不良的风味。乳脂肪中低浓度的抗氧剂，如生育酚能够起到抗氧化作用。低脂肪涂抹物中多不饱和脂肪酸含量较高，为防止氧化，还可添加天然或者人工的抗氧化剂来防止氧化，如生育酚和丁羟甲苯等。

第二节　稀奶油相关产品

《食品安全国家标准　稀奶油、奶油和无水奶油》（GB 19646—2010）中规定，稀奶油是以乳为原料，分离出的含脂肪的部分，添加或不添加其他原料、食品添加剂和营养强化剂，经加工制成的脂肪含量 10%～80% 的产品。

市售产品中，根据稀奶油的脂肪含量可将其分为：① 中高脂稀奶油，脂肪含量为48%～80%，包括中脂稀奶油（脂肪含量 48%）、浓缩稀奶油［如凝结稀奶油（Clotted Cream），脂肪含量≥55%］和高脂稀奶油（脂肪含量 70%～80%），中脂产品用于欧式糕点加工，充分搅打后质地非常黏稠，凝结稀奶油为英国西南部传统食品，用作下午茶点和餐后甜点，高脂稀奶油为一种塑性稀奶油，具有涂抹性；② 搅打稀奶油（Whipping Cream），脂肪含量为30%~40%，主要应用于蛋糕裱花、焙烤和西餐中；③酸性稀奶油（Sour Cream），脂肪含量为10%~40%；④ 一次分离稀奶油，脂肪含量在18%~35%之间，如咖啡稀奶油（Coffee Cream）；⑤ 低脂稀奶油（Half or Single Cream），脂肪含量为10%~18%，用于甜点和饮料中。

根据杀菌强度不同，又可分为巴氏杀菌稀奶油、高温短时灭菌（HTST）稀奶油和超高温灭菌（UHT）稀奶油等。本节主要介绍食品加工中用途较广泛的几种稀奶油产品，包括搅打稀奶油、咖啡稀奶油、发酵稀奶油、再制稀奶油、凝结稀奶油、冷冻稀奶油和稀奶油利口酒。

一、搅打稀奶油

搅打稀奶油是指搅打充气后能够形成稳定泡沫，脂肪含量为30%~40%稀奶油产品，可用于蛋糕裱花、甜点的装饰等。本节主要介绍搅打稀奶油的加工工艺、发泡原理以及影响其打发效果的因素等。

（一）加工工艺

巴氏杀菌和UHT搅打稀奶油生产工艺见图6-21。首先，标准化原料稀奶油至脂肪含量30%~40%，加入合适的稳定剂后进行热杀菌处理。杀菌强度差异性，决定搅打稀奶油存储条件和保质期。80℃、10s杀菌产品，冷藏能够保存21d左右；90~95℃、10s，冷藏条件保存30~45d；UHT管式灭菌，即高于135℃下保持3~5s，产品可室温下保存几个月甚至更长。前两种杀菌处理产品，即使不添加稳定剂，产品在保质期内有较好的稳定性和加工应用性质。但UHT产品一般需要添加合适稳定剂，且UHT处理后还应进行均质处理，破碎热处理过程中形成的脂肪球聚集物，防止保质期内产品发生分层。均质工艺参数应当合适，过度均质会影响稀奶油产品打发性质。可采用两阶段均质工艺，第一阶段压力为3MPa，第二阶段为1MPa。

上述杀菌方式均为间接杀菌方式，其中UHT管式杀菌，会给产品带来蒸煮风味。采用直接UHT杀菌工艺，如蒸汽直喷方式杀菌，温度≥135℃，保持时间更短，能够一定程度避免热处理对产品感官和理化性质影响。

斯堪尼亚公司（Scania）生产搅打稀奶油工艺设备流程如图6-22。

加热原料乳至62~64℃，离心分离稀奶油。将分离出稀奶油标准化，并打入储料罐（图6-22中1），此时温度仍为62~64℃，在此温度下保持

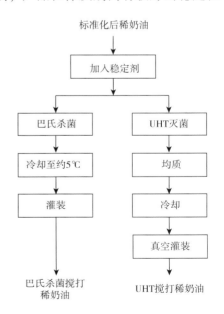

图6-21　巴氏杀菌和UHT搅打稀奶油工艺流程图

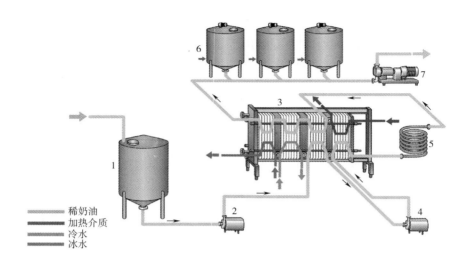

图 6-22　斯堪尼亚公司（Scania）工业实际生产搅打稀奶油流程图
1—储料罐　2—物料泵　3—杀菌器　4—增压泵　5—保持管　6—成熟罐

15~30min，使大部分的脂肪酶钝化。从灌满到排空储藏罐，最长时间不得超过 4h。

稀奶油从储料罐中进入板式热交换器（图 6-22 中 3），再通过增压泵（图 6-22 中 4）泵送至板式换热器中进一步升温后，进入保温管保温（图 6-22 中 5）。从设备 1~5 过程中，稀奶油温度都高于 60℃，脂肪球可一定程度耐机械剪切，因此泵 2 和 4 都可以采用离心泵。稀奶油经过保温管 5 中 80~95℃ 处理 10s，接着进入板式热交换器中的冷却段冷却，最后进入成熟罐中进行成熟。随着脂肪含量增加，冷却温度升高。35%~40% 脂肪含量产品，最佳冷却温度为 8℃；高脂肪含量产品，冷却温度应高于 8℃，温度太低会导致产品黏度过高，形成"奶油栓"。稀奶油从成熟罐的底部打入，缓慢搅拌，冷却成熟 5~6h，最大程度形成脂肪结晶。

脂肪球结晶过程中，结构非常不稳定，因此热交换器的冷却段和结晶罐中，应尽可能避免剪切处理，如缩短管道长度，避免使用泵等。从成熟罐到包装机过程中，稀奶油大部分脂肪球已经完全结晶，能够耐住一定的剪切处理。在较低的压降下（0.12MPa），可使用变频的离心泵。压降高于 0.12MPa，但不超过 0.3MPa 条件下，推荐使用罗茨泵，最大转速为 250~300r/m。

稀奶油产品包材应当能够隔氧、阻光，防止不饱和脂肪酸发生氧化。纸质包装罐的表层为聚乙烯，内包装为多层铝箔。灌装过程中，尽可能减少包装内和稀奶油产品中的氧气含量。UHT 稀奶油产品中，一定量的氧气残留是必要的，因为 UHT 处理会导致 β-乳球蛋白的自由硫基暴露，释放出硫化氢气体，形成典型的蒸煮味。而硫基和氧气之间的氧化/抗氧化作用可以一定程度缓解蒸煮味。

（二）稀奶油的打发

1. 稀奶油打发原理

稀奶油打发的初始阶段，空气进入稀奶油形成气泡，气泡的平均粒径约为 150μm，β-

酪蛋白和乳清蛋白迅速吸附于气泡表面，由于 β-酪蛋白和乳清蛋白具有表面活性，且 β-酪蛋白在低温下为非胶束结构，易于吸附气泡表面，这都有助于形成稳定的泡沫结构。随着搅打进行，气泡粒径降低 3 倍，同时乳脂肪球代替了部分蛋白吸附于气泡表面，并形成了气-脂界面。搅打后期，空气气泡粒径继续降低，形成小气泡，同时吸附于大气泡表面的脂肪球膜受到破坏，这也是造成脂肪球聚集的重要原因。聚集脂肪球形成的网状结构，可以包裹大量小气泡，有助于提高产品的结构稳定性。稀奶油打发过程的示意图如图 6-23 所示，未经打发和打发后稀奶油的微观结构如图 6-24 所示。

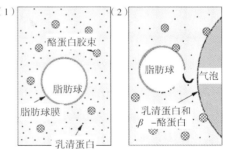

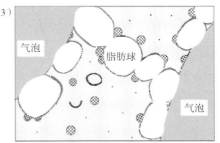

图 6-23　未经均质稀奶油打发过程示意图
（1）液态稀奶油；（2）打发初始阶段；
（3）打发完成后稀奶油状态

2. 搅打工艺

主要研究在搅打器内稀奶油的经典搅打方式。可能会出现下列过程：

①大气泡会搅打进稀奶油中。

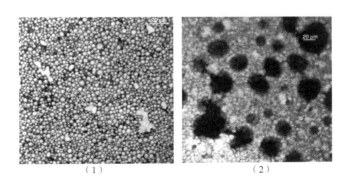

图 6-24　电子显微镜照片
（1）未打发稀奶油；（2）打发稀奶油（阴影黑色区域为空气气泡）

②气泡会被击碎成更小的气泡，这种方式类似于均质机内脂肪球的破碎。

③气泡彼此碰撞，可能发生聚集。

④蛋白质吸附到空气-水界面，气泡的聚集速率明显降低。

⑤气泡可能与稀奶油上部的空气聚集，因此会消失。对较大的空气体积分数、较大的气泡和较低的黏度系数而言，③、④和⑤的过程速率较高。

⑥脂肪球与空气泡相撞，并吸附到空气泡上。

⑦来自脂肪球的某些液态脂肪铺展在空气-水界面。

⑧出现了脂肪球的部分聚集。这可能出现在基质相中，因为较高的速率梯度，也可能出现在气泡表面，因为空气泡的聚集。气泡表面积的减小使得吸附的球体彼此更接近，空气-水界面上的液态脂肪可以作为黏合剂。最终，会形成相当大的团块。

这些工艺过程几乎同时发生，虽然①的速率会降低，因为系统会变得很黏，⑧变得迟缓。

搅打过程会形成特定的结构，在该结构中：①空气占有50%~60%的体积；②空气泡的直径在10~100μm；③气泡被脂肪球和脂肪球团块完全覆盖；④在整个基质相中，结团的脂肪球会形成充满空间的网络。这种网络也会与气泡接触。按照这种方式，会形成一种硬实的、光滑的和相对稳定的产品。

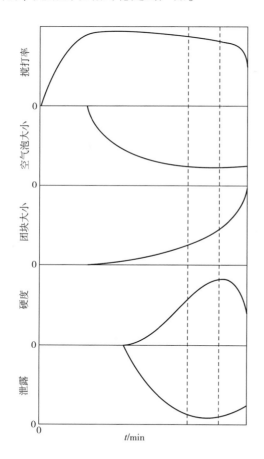

图6-25　稀奶油搅打期间参数的变化

注：硬度参数是降低质量到产品所需要的时间泄露，
指在特定时间从特定体积排出的液体的量在断裂线
之间产品是可以接受的；以上是近似结果。

（1）变化的速率　是否可以获得这种结果取决于上面提及的工艺出现的相对速率。假定足够快地形成小气泡，两种速率是很关键的。第一个是脂肪球吸附到气泡上的速率。需要利用脂肪球或小团块全部覆盖气泡，可以阻止气泡的聚集。第二个是部分聚集的速率。如果聚集速率太慢，在合理的时间内不会形成固态网络。如果聚集速率很快，将会形成可见的奶油粒；不会形成满意的网络。过度单纯化的形成网络，需要搅打和搅拌之间的平衡。图6-25显示了搅打期间出现的变化速率。最终搅拌会占主要方面；因此在团块变得很大之前，停止搅打。

最重要的是搅打速率。搅打器的金属丝的转动速率在1m/s，在合理的时间达到适当的搅打率。当搅打速率从1m/s提高到3m/s，搅打时间明显降低，从10min降低到1min。时间也与钵的大小和搅打装置的形状有关。随着搅打速率增加，上述提及的多数变化的速率增加，尤其是①、②、⑥、⑧过程。脂肪含量也有明显影响，如图6-26所示，但是影响与搅打强度有关。搅打越快，形成稳定泡沫的需要的脂肪含量越低，搅打率越高。在很低的脂肪含量时，即20%以下，没有足够多的脂肪球来稳定气泡；随着脂肪含量降低，搅打率也降低。

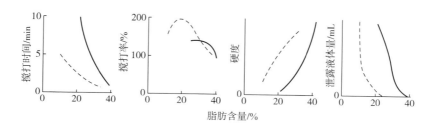

图 6-26　脂肪含量对搅打时间、搅打率、硬度（近似屈服应力）以及泄露的液体量的影响

注：对于常规的搅打稀奶油（——）和添加乳化剂的产品（---）近似的结果。

资料来源：H. Mulder 和 P. Walstra，乳脂肪球，Pudoc，Wageningen，1974。

如上所述，部分聚集的速率也是重要的。随着搅打速率和脂肪含量的增加，聚集速率增加。另外，随着团块大小增加，速率增加（图 6-25）。另外一个重要的变量是固态脂肪含量。实际上，这意味着搅打温度是关键的变量。在 5℃，部分聚集相当缓慢，这需要空气泡的存在；如果脂肪在低温时有很高的固态脂肪含量，稀奶油很难被打发。在较高的温度，结团过程进行很快；结团也可能出现在乳基质中，此过程进行得太快，以至于不允许足够的空气进入。如果脂肪完全呈液体状态，搅打是不可能的。

在均质稀奶油中，部分聚集是很慢的，因为脂肪球太小，它们的蛋白质表层提供了良好的稳定性。但是，两段（即在 35℃ 采用 2 和 0.7MPa 的压力）低压均质（1MPa 到 4MPa）产生了 15μm 的均质簇，这样的一种稀奶油可以被打发。促进搅打性的另外一种措施是添加适合的小分子表面物质（通常称为乳化剂），取代脂肪球表面的部分蛋白质。这促进了脂肪球易于产生聚集，明显影响搅打特性（图 6-26）。这种结果在某种程度上与表面活性剂的种类有关，还没有充分理解。吐温 20 和单油酸甘油酯是通常使用的乳化剂。

（2）稳定性　搅打稀奶油因为存在物理变化，不是完全稳定的。主要的不稳定来自：

①从产品中泄露出乳基质：如果搅打稀奶油的结构如前所述，泄露是不明显的。图 6-25 和图 6-26 显示了一些因素的影响。添加增稠剂可以阻止析水，但是需要相当高的浓度。

②奥斯瓦德成熟：这几乎发生在每一个泡沫中，因为气泡大小差异明显，在水中气体的溶解度相当高。在传统的搅打稀奶油中，速率是缓慢的。这是因为气泡大部分是由脂肪球层和团块覆盖；这意味着气泡几乎不能收缩。在低脂肪含量和高搅打率的稀奶油中，奥斯瓦德成熟是必要的。

③泡沫的塌陷：如果奥斯瓦德成熟是真实的，就会出现空气泡的聚合，在贮存期间产品的体积减小。在多数搅拌稀奶油中，这是一个缓慢过程。

④塌陷：即使不会出现溃崩，搅打稀奶油也会在其重力下塌陷，如果产品不是足够坚实。大约 300Pa 的屈服应力可以保证在多数情况下的"保形性"。

传统的搅打稀奶油可以稳定几个小时，但是这对所有的改性稀奶油则不真实。尤其是从气溶胶罐喷出的搅打稀奶油相当不稳定。在气泡快速形成和膨胀的过程中，几乎没有可能使得脂肪球黏附在气泡上或结块。为了赋予产品适宜的硬度，必须是很紧簇的气泡体系，至少达到 0.8 的气泡体积分数（搅打率达到 400%）。另外，N_2O 在水中是高度可溶的，导致快速的奥斯瓦尔德成熟，导致快速塌陷，30min 内几乎没有泡沫存在。

3. 稀奶油搅打性质的评价

通常使用三种指标来评价搅打稀奶油的打发性质，包括打发时间，打发率和打发后形成泡沫硬度。

（1）打发率　打发率是指进入搅打稀奶油中空气含量，可通过计算充气前后稀奶油的密度变化来衡量，计算公式如下：

打发率=（未打发稀奶油的密度-打发后稀奶油密度）/打发后稀奶油密度×100%

在实际生产中，为了便于操作，通常使用打发前后稀奶油的体积，代替密度计算其打发率。

（2）打发时间　打发时间是指稀奶油达到打发终点所需要的时间，打发终点可根据经验判断，脂肪含量为 40% 的稀奶油，打发时间一般为 2min 左右，打发率为 100%~130%。

（3）泡沫质地评价　泡沫硬度是指稀奶油打发后形成泡沫的质地，可使用质构仪进行测定。消费者通常喜欢硬度较高、质地细腻的泡沫。实际生产中评价泡沫质地方法是取一定量的打发后稀奶油放在平的筛网上，再将筛网置于适当尺寸漏斗上面，然后放在带有刻度容器上，在 18~20℃，相对湿度为 75% 条件下静置 2h 后，读取刻度容器内的液体量（如图 6-27）。判断标准为：0~1mL 为非常好（不包括 1mL）；1~4mL 为一般（包括 1mL 和 4mL）；>4mL 为不太好。

图 6-27　2h 后在 18~20℃、75% 相对湿度下测定搅打稀奶油的渗透

4. 影响搅打稀奶油打发性质的因素

（1）加工条件对于搅打稀奶油打发性质的影响　影响稀奶油加工性质的主要工艺包括均质和热处理等，其中均质对稀奶油的打发性质有不利影响，会延长打发时间，降低打发率和泡沫硬度。这是因为均质后，脂肪球膜的主要成分为酪蛋白，这些酪蛋白不易吸附于气泡的表面。UHT 产品工艺中通常需要均质，以防止稀奶油中脂肪球上浮。

R. Kováčová 等比较了巴氏杀菌，UHT 灭菌以及 UHT 与高压均质 [13~14MPa，（70±7）℃] 结合处理，对于搅打稀奶油产品稳定性和加工性质的影响。其中 UHT 杀菌为管式灭菌，条件为 (136±2)℃，1.5s。研究结果显示，UHT 处理后稀奶油粒径和黏度略有降低，而 UHT 与均质结合处理样品黏度高于巴氏杀菌样品。不论何种热处理方式，随着剪切时间延长，样品的黏度都呈现下降趋势。R. Kováčová，J. Štetina、L. Curda 还观察了 5 和 20℃ 分别放置 2 个月产品的稳定性，均质处理能够显著提高储藏期间产品的稳定性，但正如上文所述，均质处理对于稀奶油的打发性质有不利影响，UHT 与均质结合处理，打发时间延长了 2.5~3 倍，而只使用 UHT 处理，打发时间稍有延长，原因是脂肪球膜表面成分的变化。三种处理方式对于稀奶油的泡沫稳定性没有显著影响。

（2）稀奶油成分对其打发性质的影响　稀奶油中蛋白质和脂肪组成及其含量会影响产品打发性质。蛋白质含量会影响产品黏度，一定范围内降低蛋白质含量会缩短打发时间，降低泡沫硬度，且不会影响产品打发率。可加入食品添加剂，来提高产品的液相黏度，打发时间随着液相黏度增加而延长，这时因为剪切作用对于脂肪球聚凝的作用力降低，延长了脂肪球聚凝并形成网络结构所需时间。

搅打稀奶油脂肪含量通常不低于 28%，以保证在气-液界面有足够多的脂肪球；脂肪球膜的结构不能够太稳定，否则机械剪切难于将其破坏，从而脂肪球无法聚集形成稳定的结构。脂肪含量对于稀奶油打发性质的影响如图 6-28 所示，随着脂肪含量由 25% 升高至 45%，打发时间缩短，打发所形成的泡沫硬度增加。脂肪含量 30% 产品打发率最大，这是因为此脂肪含量条件下，部分聚集的脂肪球能够形成网状结构。脂肪的结晶程度也是影响产品打发性质的重要因素。脂肪球内部基质结晶，能够促进部分脂肪球聚集，提高泡沫的稳定性。调整脂肪结晶条件，可获得打发性质较好产品，通常认为 5℃ 左右产品打发性质最佳。稀奶油中其他成分，如乳糖和盐类是否对打发性质有影响，至今仍没有详细的研究报道。

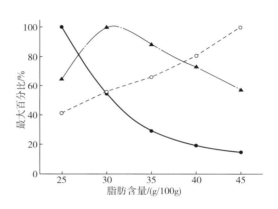

图 6-28　稀奶油脂肪含量对于打发时间（●）、硬度（○）和打发率（▲）的影响
资料来源：Anderson & Brooker，1988。

（3）稳定剂和乳化剂对于稀奶油打发性质影响　搅打稀奶油产品中，可添加《食品安全国家标准　食品添加剂使用标准》（GB 2760—2014）中，允许使用的食品添加剂，以提高稳定性和打发性质。乳化剂可促进脂肪球部分聚集，防止分层，提高产品稳定性，缩短打发时间。常用乳化剂为单甘酯或者双甘酯，还可使用酪乳中分离出的磷脂，磷脂一般加工成酪乳粉来添加。但酪乳粉会显著增加奶油的蛋白质含量，这可能会影响稀奶油打发性质。聚山梨醇酯能提高脂肪球在打发过程中相互交联，可缩短打发时间，提高泡沫的挺立度。

选择合适的稳定剂，可降低稀奶油在储藏期间脂肪球上浮现象，提高打发后泡沫的硬度和稳定性。一般长保质期稀奶油产品，如 UHT 稀奶油，为保证其保质期内产品较好的性质，很有必要加入稳定剂。最常用的稳定剂为多糖类，如黄原胶、海藻酸钠、淀粉以及其他高分子质量的胶体等。海藻酸钠能够与稀奶油中钙离子结合，形成海藻酸钙沉淀，沉淀吸附于气泡的表面，提高脂肪在体系中的稳定性。加入果胶可提高体系黏度，从而提高打发性质。还可以加入稳定剂来提高稀奶油泡沫硬度，但不会影响产品的打发时间和打发率。

5. 搅打稀奶油常见质量问题

原料乳中含有种类繁多的酶类，如脂肪酶水解乳脂肪生成的脂肪酸，给产品带来酸败风味。原料乳中微生物也会产生脂肪酶，如假单胞菌和革兰阴性嗜冷菌，且其产生的脂肪酶能够耐受热处理，甚至 UHT 处理产品中仍可检出酶活性。脂肪球膜能够防止乳脂肪受到脂肪酶水解，因此加工过程中尽可能避免机械处理对脂肪球膜造成破坏。

牛乳中天然蛋白酶以及微生物产生蛋白酶，会水解蛋白质形成苦味肽和不良风味，破坏酪蛋白胶束稳定性，增加产品黏度。革兰阴性菌产生的蛋白酶，能够耐受热处理，UHT稀奶油中仍能检出碱性蛋白酶活性。

均质后稀奶油对于光照比较敏感，热处理强度也会影响稀奶油对于光照敏感性受。UHT 处理使 β-乳球蛋白产生巯基和硫化氢，产生蒸煮味。而如果在存放期间这些基团发生氧化，蒸煮味会消失。

二、咖啡稀奶油

据统计约有 63% 消费者，会在饮用咖啡时添加糖块或者奶油球。稀奶油加入咖啡中，使咖啡呈现奶白色，同时提升风味。咖啡稀奶油多数为常温产品，脂肪含量 10%~12% 产品常温可放置 4 个月，而脂肪含量为 15%~20% 产品建议冷藏。

（一）加工工艺

咖啡稀奶油的工艺包括批量和连续式生产，如图 6-29 所示。灭菌釜灭菌工艺中，将稀奶油产品灌装后再在灭菌釜中高温杀菌，连续式生产工艺为高温灭菌后再进行真空灌装。连续式生产工艺中，标准化后稀奶油 90~92℃ 热处理，冷却至 6℃，并添加起稳定作用的盐类。如果工艺条件合适，也可不添加盐类。UHT 灭菌后真空均质，最后冷却真空包装即为成品。UHT 灭菌温度一般不高于 130℃，灭菌前均质为一段式或者两段式，灭菌后使用两段式均质，均质总压力不超过 20MPa。均质后，脂肪球平均粒径为 0.4~0.6μm，粒径分布范围和脂肪球聚集程度越小，形成的稀奶油粘度越低，黏度可作为控制保质期内产品稳定性的重要指标。

灭菌釜批量灭菌工艺中，稀奶油标准化后先进行热处理，再均质和冷却，一般需要添加稳定作用盐类。加入的盐类能够调节稀奶油的 pH，或者螯合钙离子，有效降低后续热处理或者稀奶油加入热咖啡中时，酪蛋白发生聚集情况。常用的盐类主要为磷酸钠和柠檬酸钠，磷酸钠主要起到调节 pH 作用，也能够促进酪蛋白胶束聚合物分散。随着磷酸盐浓度增加，其离子交换能力增加，缓冲能力下降。柠檬酸三钠兼有缓冲和螯合作用。

咖啡稀奶油有不同的包装规格。零售渠道可使用普通罐装或者独立的小包装为7~15g。

（二）质量评价

咖啡稀奶油稳定性，是指保质期内脂肪和蛋白质在体系中均匀分散，无聚集、上浮或者沉淀产生；较好的应用性质是将稀奶油与咖啡混合后，形成均一稳定的体系，赋予咖啡良好的风味和色泽。咖啡稀奶油应用中，常出现的质量问题是在咖啡表面形成"羽毛絮状

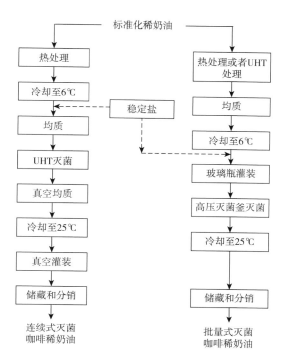

图6-29 批量式和连续式杀菌咖啡稀奶油加工工艺流程

物",这是因为咖啡为酸性体系(pH约为5.0),会导致所加入稀奶油中蛋白质变性。变性蛋白质包裹于脂肪球的表面,形成蛋白质-脂肪结合物,这些结合物进一步形成较大的聚合物,聚合物粒径≥100μm时会肉眼可见,这样会使消费者认为是产品酸败造成的,造成不良的感官体验。应用过程中发现,均质工艺会影响"羽毛絮状物"形成,但是尚未有研究说明此现象与脂肪球粒径相关性。未经均质的稀奶油,在咖啡表面不会形成"羽毛絮状物",但会有少量小蛋白质颗粒絮凝并上浮。如上述加工工艺中提到,UHT处理后通常进行二级均质,这能够有效防止絮状物产生,但均质压力应当合适。压力过大,会增加"羽毛絮状物"产生趋势。除此之外,咖啡稀奶油中钙离子含量也会加剧此现象,可以加入钙离子螯合剂如柠檬酸三钠或者磷酸钠等。Walstra等研究表明,提高稀奶油中非脂乳固形物含量,可以提高体系缓冲能力,改善产品的稳定性。Muir和Kjaerbye研究表明,去除稀奶油中部分的矿物质后,再加入酪蛋白酸钠,也能够提高产品稳定性。但是实际生产中,矿物质去除过程不易于实行。Muir和Kjaerbye建议添加能够与钙离子结合盐类,如磷酸盐和柠檬酸盐,防止在热处理过程,或者加入热的酸性体系时(如热咖啡),稀奶油发生酪蛋白聚集等现象。

咖啡稀奶油产品中脂肪含量、矿物质含量、脂肪/蛋白质比例,加工过程中均质和热处理工艺,咖啡冲泡用水的成分、咖啡的酸度和冲泡条件等,都会影响其应用性质。咖啡和稀奶油混合的方式也很关键,将咖啡加入至稀奶油中,稀奶油很容易形成絮状物,反之则稍有改善。咖啡的质量等级,或者冲泡咖啡的方式,如煮沸、滴漏或者法式压滤等,对稀奶油稳定性没有显著影响。

三、发酵稀奶油

发酵稀奶油又称为酸奶油或者酸性稀奶油，是以新鲜稀奶油为原料经发酵而制成的脂肪含量为 10%~40%产品，可用作调料、零食和蔬菜的蘸料、酱汁和调味品的配料等。

发酵稀奶油加工流程如图 6-30 所示，具体为：

①配料：稀奶油标准化后，加入非脂乳固体和稳定剂混合均匀。其中非脂乳固体和稳定剂能够改善产品质地，提高产品黏度。

②杀菌条件：杀菌条件为 85~95℃，15 s~30min，或者 120~130℃数秒。黏度较高的稀奶油产品，更倾向于用低温长时间杀菌方式。

③均质：稀奶油建议使用杀菌后进行均质，该改善之地，如脂肪含量高的稀奶油，需注意合适的均质压力，避免压力过高使脂肪球膜破裂，造成脂肪结块成团。大小均匀的脂肪球，在后续发酵酸凝过程中，能形成较好的网络结构。

④酸化凝乳：稀奶油酸化是添加发酵剂，经乳酸菌发酵产酸形成凝乳。发酵剂为中温乳酸菌，包括乳酸乳球菌乳酸亚种（*Lactococcus Lactis* subsp *Lactis*）和乳脂亚种（*Lactococcus lactis* cremoris）、双乙酰亚种（*Lactate lactococcal diacetyl* subspecies）和明串珠菌乳脂亚种（*Leuconostoc cremoris*）等，20~24℃发酵 14~24h，也可提高至 30℃以缩短发酵时间，但 30℃条件下发酵产品酸味较浓，且芳香风味相对较弱。

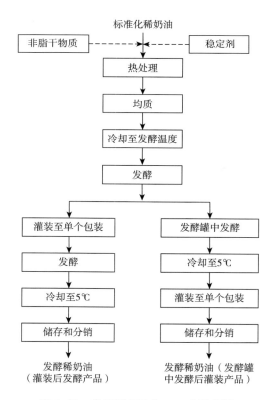

图 6-30 发酵稀奶油加工工艺流程图

还可以使用类似于凝固型酸奶加工工艺，将稀奶油与发酵剂混匀，灌装后在包装内发酵，也可以在发酵罐中统一发酵后再进行灌装。两种方式各有利弊，发酵后灌装工艺弊端是后续灌装过程中增加产品污染风险，且灌装会使产品粘度损失，因此配方设计中应提高胶体添加量，以补偿工艺中黏度的损失。灌装后发酵工艺虽然很好的保留了产品的黏度，但是发酵时间较长，且批量生产时单个包装之间产品质地存在差异。

除了乳酸菌发酵产酸外，还可添加食品级酸化剂，如葡萄糖-δ-内酯（Glucono-lactone，GDL），这种方式生产效率高，酸化过程易于控制，制得的产品质地不逊于传统方式生产酸奶油，唯一不足是缺乏发酵产生的各种香气。

⑤冷却和灌装：稀奶油发酵终点 pH 约为 4.5，达到终点后应当快速冷却至 5℃ 左右，以终止发酵。发酵稀奶油冷藏条件能够储存 25~45d。如是通过热灌装灭活发酵剂并钝化稀奶油中酶类，可常温下放置保存数月。

发酵良好的稀奶油微酸、有温和的奶酪和奶油风味，质地均一、黏稠且有奶油感。发酵时还可以添加少量凝乳酶，以提高产品凝乳性，增加产品黏度。

四、再制稀奶油

稀奶油在烹饪、焙烤和乳品加工等行业有着广泛的应用。目前国产新鲜稀奶油产品，多为 BTB（Business to Business）渠道销售，且需要冷藏保存，保质期为 40d 左右；UHT 稀奶油主要靠进口，常见国外品牌有安佳、雀巢淡奶油和法国总统（进口乳脂品牌）等，国有品牌较少，如光明淡奶油等。限制国内 UHT 稀奶油发展原因是国内脱脂乳和脱脂乳粉消费量较低，与进口产品比较，脱脂乳粉品质、价格都不具备竞争优势。其次，稀奶油原料受到季节影响波动较大，运输和储存成本较高。

CODEX STAN 288—1976 中规定再制稀奶油是以乳制品为原料，加水或者不加水制成的质地类似于稀奶油的产品。通常是以奶油或者无水奶油为脂肪来源，脱脂乳粉为蛋白质来源，再添加乳化剂、增稠剂等。奶油和脱脂乳粉等原料容易运输和储藏，可根据加工需求灵活调整添加量。目前再制稀奶油类产品，还处于实验室开发阶段。

专利《一种以奶油为原料 UHT 搅打稀奶油及其制备》公开了一种以奶油为原料制备 UHT 搅打稀奶油的方法。该稀奶油制品以奶油为脂肪来源，并与脱脂乳粉、乳化剂、复合增稠剂和饮用水混合。各组分及其重量百分比为：奶油 40%~50%，脱脂乳 5.5%~6.5%，复合乳化剂 0.45%~0.55%，增稠剂 0.18%~0.22%，余量为水。所述复合乳化剂为单甘脂、蔗糖酯和卵磷脂，其中单甘酯和蔗糖酯的质量比为 1：1~2：1，卵磷脂的添加量为复合乳化剂的 0.07%~0.08%；所述的增稠剂为微晶纤维素。工艺流程如图 6-31 所示，按照上述配比称取原料，将水相完全溶解，油相充分分散，搅拌状态下将水相缓慢加入到油相中，进行剪切和均质以使得水相和油相乳化，最后经 UHT 灭菌即可。其所制备的搅打稀奶油的搅打起泡率为 150%~200%，4~8℃ 条件下 8 个月保质期内乳析率为 0。

（一）蛋白质和脂肪的种类和添加量

再制稀奶油常用的乳蛋白来源包括乳清蛋白、酪蛋白酸钠、脱脂乳粉和牛乳浓缩蛋白等。乳清蛋白比酪蛋白酸钠制成产品具有更好的打发性质。乳脂肪来源包括奶油、AMF 和奶油粉等。

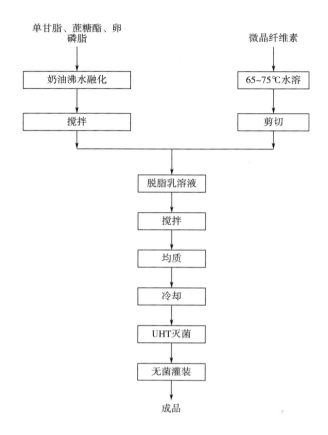

图 6-31　再制稀奶油生产工艺

资料来源:《一种以奶油为原料 UHT 搅打稀奶油及其制备》。

Tomas 等以 AMF 和脱脂乳为原料生产再制稀奶油，研究发现，脂肪/蛋白比例范围为 1~10 时，液滴的平均粒径并未发生显著改变，而一旦比例大于 10，则有大量聚集物出现。Melsen 和 Walstra 研究了脂肪球粒径对再制稀奶油所形成乳状液的稳定性影响。与天然稀奶油比较，再制稀奶油乳状液稳定性更佳，脂肪球不易于部分凝聚，但是随着脂肪球中磷脂含量的增加，稳定性下降。

Katrien van Lent 等以 SMP 或者富含磷脂的奶油粉为蛋白质来源，生产再制稀奶油。其中富含磷脂的奶油粉是无水奶油生产过程的副产物，其蛋白质含量 30.2%，磷脂含量 5.3%。Katrien van Lent 等分别试验了两种蛋白质的添加量、脂肪含量和均质压力对于产品性质的影响。结果发现，以富含磷脂的奶油粉为蛋白质来源制成的稀奶油，其粒径、形成奶油速率和黏度都接近于天然新鲜稀奶油，且具有较好的打发性质。

（二）乳化剂

天然的脂肪球膜由蛋白质和磷脂组成，为天然的乳化剂，而在 AMF 加工过程中，脂肪球膜受到破坏，且在后续的加工过程中除去。为制得加工和稳定性良好再制稀奶油产品，需要筛选合适的乳化剂。

稀奶油打发过程中，原有乳状液体系受到破坏，稳定性下降。在此体系中添加小分子质量的表面活性剂，能够促进脂肪球部分凝集，缩短打发时间。小分子质量的表面活性剂，如单酰基甘油、甘油二酯和聚山梨醇酯，能够取代油水界面的蛋白质而吸附于界面表面，促进脂肪球的部分聚集。

1. 单酰甘油（Monoaclglycerols，MAGs）

Fredrick 研究表明，油酸和硬脂酸含量高的 MAGs 可作为乳化剂，显著提高稀奶油的打发性质。MAGs 为油溶性小分子质量的表面活性剂，可改变脂肪球粒径、油水界面性质以及脂肪结晶性且会影响再制稀奶油部分聚集速率和打发后质构。MAG 能够与酪蛋白结合，且结晶过程中酪蛋白是形成均一性结晶的晶核，这也是 MAG 会影响脂肪的结晶过程原因。而 Niiya 等研究发现，饱和的 MAGs 和不饱和的 MAGs 都能加速氢化豆油和棕榈油结晶速率，但是饱和 MAGs 够提高的熔点，而不饱和的 MAGs 使熔点降低。Foubert 等研究发现 MAG 的浓度不同，也会影响油酸和硬脂酸脂肪结晶。

Eveline Fredrick 等研究了 MAGs 饱和度差异性，对于乳脂肪结晶性的影响，并探索 MAGs 影响再制稀奶油聚集的机制。结果表明，饱和度低的 MAG 能够提高再制稀奶油中脂肪球的部分聚集速率，缩短打发时间，且打发后形成泡沫较为稳定，硬度较高。

2. 乳脂肪球膜（Milk Fat Globule Membrane，MFGM）

酪乳是生产奶油的副产物，其中含有较多的脂肪球膜，且富含酪蛋白、乳清蛋白和乳糖等营养物质，其中 MFGM 为天然的乳化剂。酪乳乳清是采用酪乳为原料生产干酪时的副产物，其中仍含有部分脂肪、MFGM 和较小的脂肪球。Thi Thanh Que Phan 等对比研究不同来源的 MFGM，对于再制稀奶油性质影响。结果发现，酪乳乳清分离的 MFGM 和酪乳粉混合使用，能够显著提高再制稀奶油的打发性质，且无乳清析出，形成的泡沫硬度最佳。奶油加工过程中，MFGM 受到破坏。如果以奶油为脂肪来源制成稀奶油，需要重新形成脂肪球膜。大部分关于再制稀奶油研究，多为蛋白质的种类、蛋白质和脂肪比例、乳化剂选择和加工工艺（如均质方式、温度和压力等）对于产品性质影响，关于重新构建脂肪球膜的研究报道较少。

3. 大豆磷脂

大豆磷脂是一种小分子质量的表面活性剂，主要由大量磷脂组成，其中卵磷脂和脑磷脂含量最高。已有研究证明大豆磷酯与蛋白质结合后，可显著提高乳状液的热稳定性。Seamus 比较了大豆磷脂和单甘酯对于乳状液的热稳定性的影响，大豆磷脂可在乳状液界面形成蛋白质-磷脂复合物，增加 ζ-电位值，提高热稳定性，同时显著降低液滴粒径。但是当大豆磷脂的浓度为 0.2%~1.0% 时，ζ-电位值保持恒定，这可能是因为大豆磷脂的电荷中和作用。随着磷脂浓度的增加（0%~0.4%），稀奶油的黏度降低，这是由于磷脂降低界面张力，但是继续增加磷脂浓度至 1.0%，黏度又出现增加趋势，这可能是因为蛋白质、磷脂胶束和多糖的相互作用，形成更为稳定的网状结构。

Xilong Zhou 等研究了大豆磷脂对于再制稀奶油（脂肪含量为 20%，蛋白质量含量为 1.5%）稳定性和物理性质的影响，评价指标包括奶油层上浮速率、油滴粒径大小及其分布、界面蛋白质浓度、ζ-电位和表观黏度。研究结果表明，大豆磷脂后添加量为 0.6% 时，再制稀奶油产品稳定性显著提高，奶油层上浮速率下降。随着添加量增加，油滴平均粒径减小，界面蛋白质浓度降低，ζ-电位值稍有增加。这可能是，磷脂取代油滴表面的蛋白质，并与蛋白质和多糖结合，形成较为稳定的结构。

4. 单硬脂酸甘油酯（Glycerol Monostearate，GMS）

GMS 是一种非离子型的甘油酯类，为油溶性饱和单甘酯，比不饱和的单甘酯有更高的乳化稳定性。Fredrick 等研究发现，饱和的单甘酯能够防止针状脂肪晶体形成，不饱和的单甘酯能够在乳状液中形成致密的脂肪网络结构，且不饱和的单甘酯可降低再制稀奶油产品中脂肪部分聚凝速率。GMS 能够取代油滴表面的蛋白质，提高食品乳状液的稳定性。另外，还能与蛋白质结合，在油水界面形成动态单甘酯-蛋白质薄层。

5. 吐温 80

吐温 80 是一种水溶性非离子型酯类，可竞争结合表面蛋白，提高乳状液的稳定性。吐温 80 能够显著降低玉米水包油型乳状液的奶油上浮指数，且不影响产品黏度。吐温 80 更适合应用于低黏度的乳状液。

在实际生产加工中，往往多种乳化剂和增稠剂复配使用。Shaozong Wu 探索了 GMS 和吐温 80 对于再制稀奶油性质的影响，其中再制稀奶油脂肪和蛋白质含量分别为 20% 和 2%，脂肪来源为 AMF。评价指标包括液滴粒径、界面蛋白质浓度、ζ-电位值和表观黏度，还通过奶油上浮速率来评价产品稳定性。结果表明 GMS 和吐温 80 配合使用，产品的稳定性显著增加，且产品的稳定性与 ζ-电位值和表观黏度具有相关性，可能是由于静电排斥和分子内阻力作用。

阚传浦等以无盐奶油和脱脂乳为原料，比较不同单体乳化剂如亲水性吐温 80 和蔗糖酯、亲油型乳化剂单甘酯和三聚甘油酯，对于再制稀奶油产品稳定性影响。并进一步将亲水性和亲油性乳化剂复配为不同的 HLB，对于产品稳定性影响。研究结果表示，亲水性的蔗糖酯和亲油性的单甘酯对于稀奶油乳浊液稳定效果最佳，最适合的添加比例为 0.2%~0.3%，且亲水与亲油型乳化剂复配 HLB 值为 10 时，稀奶油乳浊液的表观黏度最低，离心乳析率为 0，脂肪的附聚率为 63%，乳浊液的稳定性和打发特性均处于较好的水平。

五、凝结稀奶油

凝结稀奶油为英国西部地区传统食品。其手工生产技术起源于几个世纪前，农场主饲养奶牛时发现，脱脂乳比全脂乳更易于被小牛消化。为制作脱脂乳，农民将灭菌后牛乳冷却，并静置过夜，再缓慢加热 2~3 h 直至牛乳表面的脂肪层形成完整的褶皱，且奶油皮下的气泡开始消失，同时形成特征风味，表面的脂肪层即为凝结稀奶油。凝结稀奶油是一种季节性的产品，生产工艺耗时费力，市场份额较小。

（一）农场加工方式

农场主用小型的分离机，分离出脂肪含量为 55%~60% 的稀奶油，然后将稀奶油在一定条件下进行加热，再包装销售。具体加热方式包括：

（1）对流恒温烤箱　将盛有稀奶油的托盘或者其他容器置于 90℃ 的烤炉中，加热 50~60min 后进行冷却。初始冷却过程中关掉加热器，但是仍然打开风机，大概保持 1h 再将产品转移至冷库中进行冷却，转移过程中避免剧烈的晃动，以免破坏形成的奶油皮。应控制冷却速率，以使稀奶油表面形成完整奶油皮。

（2）夹层水浴锅加热　将盛有稀奶油的托盘置于热水中加热至 77~88℃ 保温 45~50min，接着冷却至室温。

不论采用上述何种加热方式，都应注意如下几点：

①加热过程中，加热容器内装入适量的稀奶油，确保稀奶油能够均匀受热；

②保证加热设备中热风均匀循环，使稀奶油表面能形成完整均匀的奶油皮；

③优化加热的温度和时间，杀菌同时也能够形成良好的风味和质地；

④冷却过程应当缓慢进行，有助于形成较好的风味和较为稠厚的质地，防止奶油皮破碎。

质量较好的凝结稀奶油中，脂肪含量不低于 55%，奶油皮色泽饱满、金黄，表面有完整的褶皱，冷却后有颗粒的质构；产品质地稠厚、细腻，涂抹后均匀，无分层和油脂析出等现象；风味饱满，有浓郁的奶油感、淡淡的坚果香、甜味和焦糖味道。

（二）工业化加工工艺

工业化生产包括批量和连续生产方式，前处理工艺基本类似，具体为：加热牛乳，分离出脂肪含量为 55%~60% 的稀奶油，接着采用板式杀菌器处理，小的加工厂采用批量方式的杀菌，如果从乳品安全的角度考虑，这个步骤是没有必要的，因为加热蒸发形成奶油皮的热处理程度，足以杀死有害微生物。巴氏杀菌等操作中的机械剪切，会影响奶油的凝结时间和厚度。

批量生产中加热工艺类似于农场手工生产，为空气对流加热和水浴加热，设备产能更大、机械化程度较高。加热工艺根据实际包装大小而不同，如果是用于飞机配餐的 21g 小包装，加热条件为 65℃、40~45min；如果是管状 227g 包装，加热条件为 90℃、1h。较小包装规格，限制所形成奶油皮的厚度，同时加热温度较低，产品的风味也稍有欠缺。

水浴加热工艺，能够处理单位容积为 0.113~4.53kg 的产品，包装形式为管状或者供餐饮渠道大包装。加热循环水温度 95℃，保持 70min，接着转移至冷库缓慢冷却。在加热前 10min 过程中，可轻微搅拌每个托盘中样品，保证产品均匀受热，还可以在加热设备上方添加三角形的挡板，防止热量散失，提高加热效率。

连续生产工艺中盛有 1.5~2.25kg 的稀奶油的托盘，以一定的速率挨个通过水浴锅，通过设定通过速率和加热温度，保证产品受到合适的热处理，以形成良好的风味和质地。某些软糖、太妃糖和冰激凌的配料中，需要用到高脂肪含量的稀奶油，质地与凝结稀奶油类似，但不需要形成奶油皮等。这类产品的生产工艺是：将脂肪含量为 55% 的稀奶油进行均质后，65℃ 下保持 45min，冷却至 30~35℃ 直至形成稠厚的、牛奶冻状的质地，然后倾注在模具中冷冻，最后以冷冻的形式提供给糖果生产者。

缓慢冷却有助于形成均匀产品质地和奶油皮。如果冷却速率过快，不仅影响产品质地，还会影响产品风味。盛有稀奶油的容器从加热设备中取出后，置于密闭正压空间（12~14℃）进行冷却，还可以在空间中喷雾 25μL/L 的过氧乙酸，以防止微生物污染。冷却 4~5h 直至形成较好的奶油皮，然后转移至 4℃ 继续冷却 12~24h，转移过程中应当保证所有设备具有良好卫生条件，防止霉菌和酵母污染产品。

如果控制好原料和加工条件，冷藏条件下凝结稀奶油能够保存 14d。常见的质量问题是表面长霉菌，这主要是由于冷却和包装的卫生条件没有很好的控制造成的。英国关于凝结稀奶油的法规中规定，凝结稀奶油中不能够添加任何添加剂，但乳酸链球菌素是唯一能够添加的防腐剂，且应当在标签中标明。

六、冷冻稀奶油

稀奶油产品的产量受到季节影响，可在高产量季节进行冷冻保存，供给稀奶油低产量季节使用。如加工条件适合，冷冻稀奶油解冻后，应和新鲜稀奶油有相似的质量和应用特性。冷冻稀奶油用于汤料中，赋予产品浓郁的风味，还可以用作复原奶和冰淇淋生产中。

冷冻稀奶油工艺流程如图 6-32 所示，包括稀奶油分离、标准化、85℃热处理和冷冻等。工艺中的热处理强度，应能够钝化乳中的内源性酶，如脂肪酶和过氧化物酶等。杀菌后稀奶油迅速冷却至 4℃，并置于模具中进行冷冻。采用速冻工艺能形成较小脂肪结晶，如果无法实现速冻工艺，可以加入乳化剂或者稳定剂来提高产品冷冻—融化过程中的稳定性。

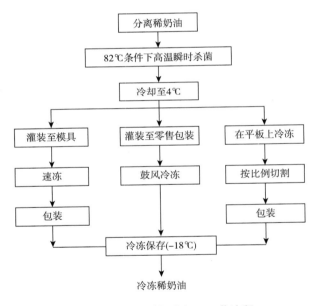

图 6-32　冷冻稀奶油加工工艺流程

高脂肪含量的稀奶油产品，乳化稳定性较差，冷冻所需时间较长。应添加合适的稳定剂和乳化剂，且预冷条件不能低于 10℃，防止其黏度过高而影响灌装工艺，高脂肪含量冷冻稀奶油的加工工艺如图 6-33 所示。

为控制高脂肪稀奶油冷却过程中的黏度变化，可低压均质处理，促使脂肪球分散，实现蛋白质在脂肪球表面最大程度的包裹。同时均质处理能降低脂肪球粒径，有助于快速冷冻，形成均匀细小的冰晶。

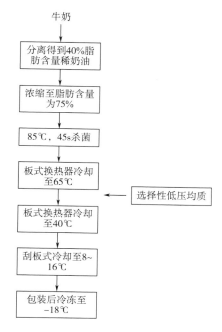

牛奶

↓

| 分离得到40%脂肪含量稀奶油 |

↓

| 浓缩至脂肪含量为75% |

↓

| 85℃，45s杀菌 |

↓

| 板式换热器冷却至65℃ | ← | 选择性低压均质 |

↓

| 板式换热器冷却至40℃ |

↓

| 刮板式冷却至8~16℃ |

↓

| 包装后冷冻至-18℃ |

图6-33　高脂肪冷冻稀奶油加工工艺流程

七、稀奶油利口酒

至今尚未有法规明确规定稀奶油利口酒的成分。因此生产厂商可以根据消费者和地域偏好性，调整产品风味。常见稀奶油利口酒成分见表6-5，其中乙醇含量为17g/100mL，酪蛋白酸钠作为乳化剂，柠檬酸钠能够防止储存期间乳清分离。

表6-5　　　　　　　　　　　　稀奶油利口酒常见成分　　　　　　　　　　　　单位：g/kg

成分	添加量	成分	添加量
乳脂肪	160	总固形物（TS）	399
蔗糖	195	乙醇	140
酪蛋白酸钠	30	水	461
非脂乳固体（非脂肪乳固体）	14		

资料来源：Banks 和 Muir，1988。

（一）加工工艺

稀奶油利口酒的加工方式分为一段式和二段式（图6-34），两种方式都包含混料和均质的工艺，区别是均质前还是均质后加入乙醇。酪蛋白酸钠在85℃加水下溶解，然后再加入白砂糖、稀奶油和柠檬酸钠等制成稀奶油基料，在均质前或者均质后加入乙醇。均质的作用是降低脂肪球粒径，提高产品的稳定性，防止储藏期间发生脂肪上浮或者形成"奶油栓"，均质后稀奶油中大于98%的脂肪球粒径应当小于0.8μm。

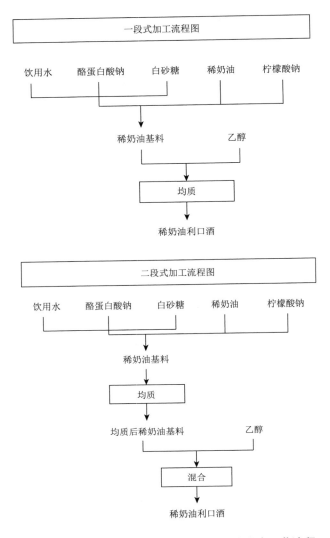

图 6-34 稀奶油利口酒的一段式和二段式生产工艺流程

（二）质量稳定性

稀奶油利口酒在其保质期内，应关注微生物是否合格，以及理化性质的稳定性。一定量的酒精和糖，能够抑制病原性微生物生长。质量不佳的产品会形成奶油栓、发生乳清分离或者生成沉淀物等。

1. 奶油栓的形成

稀奶油利口酒存储期间，其瓶口处常会形成"奶油栓"，这是由于均质工艺不充分，脂肪球聚集，并凝聚成团上浮形成，即便剧烈搅拌、晃动也不能够重新使其分散。增加均质压力，能够有效防止奶油栓形成。还可加入少量（0.5%添加量）的低分子质量表面活性剂，提高均质效率，防止奶油上浮。除均质工艺外，体系 pH 低于 6.0，较高的钙离子浓度，乳化剂浓度较低，储存温度波动范围较大等，都是导致奶油栓形成的因素。

2. 乳清分离

稀奶油利口酒产品保质期是根据自生产日期起，45℃下放置，直至发生明显的乳清分离所需要的时间。随着 pH 的增加，保质期曲线呈现 S 型变化。以漂洗过的稀奶油（非脂乳固形物含量很低的稀奶油）或者 AMF 为原料，并加入钙螯合剂（如柠檬酸三钠），可延长产品的货架期，这是因为钙离子降低了酪蛋白包裹的脂肪球稳定性。采用乳清蛋白代替酪蛋白也能够一定程度延长货架期，这是因为与酪蛋白比较，乳清蛋白不易于因为钙诱导而发生凝集。

3. 沉淀

加入柠檬酸盐，虽能有效防止稀奶油利口酒乳清分离，但也会引起颗粒状沉淀物产生，如柠檬酸钙。高于室温条件，沉淀尤为明显，这是因为柠檬酸钙的溶解度随着温度的升高而降低。提高固形物含量，能够提升产品口感，但是影响产品稳定性。

八、稀奶油相关产品的常见质量问题

原料的质量、加工过程、包装和存放条件，以及终产品在市场的流通环节，都会影响稀奶油类产品的质量。原料稀奶油应风味干净、微甜，无不良气味，质地柔滑饱满，无沉淀、无肉眼可见的色差和分层现象。加工之前，稀奶油原料存放温度应当<5℃，防止病原微生物的繁殖，抑制脂肪酶、蛋白酶和磷脂酶活性。

（一）不良风味的形成

制备稀奶油所用原料乳一旦有不良风味，后续稀奶油分离浓缩过程中，这些缺陷都会更加明显。可对原料乳和其分离出稀奶油原料进行脱气处理，应注意脱气处理的真空压力，避免对脂肪球造成一定的破坏。稀奶油易于吸收环境中的风味，因此要特别注意稀奶油类产品包装材料和存放环境，防止不良风味的迁移。避免使用聚苯乙烯包材，因为苯乙烯单体在存储中有迁移至产品中可能性。

（二）微生物污染

腐败微生物产生的脂肪酶和蛋白酶有较强的耐热性，这些酶类不仅引起腐败味或者苦味，还会造成产品质地变厚或者形成凝胶。

72~80℃、15s 巴氏杀菌条件，能够抑制微生物以及病原体的活性，但是也可能促进孢子的萌发和生长。在 125℃ 处理，可能会破坏脂肪球膜，产生游离脂肪酸。温度过高或者杀菌时间过长，都会产生硫化味。

引起稀奶油腐败的微生物主要为革兰阴性菌，经过巴氏杀菌即可除去。大肠菌数可以作为评判加工过程中卫生条件是否合格，或者产品是否受到污染的重要指标。从食品安全角度考虑，稀奶油是流行病学中蜡状芽孢杆菌和李斯特菌的重要来源，以稀奶油为原料的食品，曾经爆发过大规模的金黄色葡萄球菌食物中毒事件。脂肪对于微生物有一定的保护作用，因此建议稀奶油的杀菌温度和强度略强于生牛乳，如用 75℃ 代替 72℃ 处理 15s。

酸败稀奶油产品中的蛋白质变性并产生絮状物，当加入高酸性且高温的体系中时尤为明显，如热咖啡。大肠杆菌或乳酸乳球菌会引起产品黏度增加，产品表面还可能出现霉菌菌落。

（三）氧化缺陷

加工设备中金属成分，如铜离子和铁离子等，会促使脂肪氧化，产生不良风味，如"纸箱味""金属味""油脂味"和"鱼腥味"等。

太阳光、荧光甚至普通的自然光条件，都会导致稀奶油产生不良风味。破坏性较大的是波长范围为 440~490nm 紫外波长，310~440nm 和 490~550nm 的波长也会加速产品的恶变。均质或冷冻处理后，脂肪球对于光照和氧气的敏感性增加。光照和氧气不仅会导致不饱和脂肪氧化，还会形成自由基、过氧化物和氧化的固醇类，这些物质也是导致产品不良风味的主要因素。

选择特殊材质的包装，一定程度能够降低产品的氧化风险。纸盒包装、蜡纸和着色的包材比未经任何着色处理的天然聚乙烯（PE）、聚苯乙烯（PS）、聚丙烯（PP）和聚氯乙烯（PVC）等，对产品有更好的保护作用。长保质期的稀奶油产品，如 UHT 稀奶油，包材需要额外的阻光设计。

（四）产品物理缺陷和稳定性

稀奶油产品加工中，脂肪分离、均质和泵送等机械处理，都可能破坏脂肪球膜，影响终产品黏度，严重时会导致脂肪结块、沉淀或者形成奶油栓。剪切处理还可能使得稀奶油体系中混入了空气，脂肪球以空气气泡为中心进行聚集，降低体系稳定性。

合适的均质工艺，能够有效的防止脂肪层上浮和相分离现象，保证产品保质期内的稳定性。均质处理后，脂肪球粒径下降，表面积增加，同时脂肪球表面结构发生改变，更易于受到脂肪酶的作用。咖啡稀奶油产品中，可通过调节 pH 或者加入柠檬酸盐等，来提高产品稳定性。

低脂肪含量的稀奶油产品，均质压力和温度应高于普通稀奶油，否则非常容易发生脂肪层上浮，但是温度过高，又会降低产品黏度。高脂肪含量稀奶油，均质压力应小于3MPa，均质后产品质地虽然很稠厚，但是保质期内稳定性极差，易于形成如奶油一样的质地。

稀奶油在冷却结晶过程中，尽量避免机械处理，通常使用片式热交换器冷却至 5℃ 后再进行灌装包装。而如果生产高黏度稀奶油制品，需要进行两段式冷却，首先使用片式热交换器冷却至 20~25℃，此温度条件包装后置于冷库进一步冷却。

储存温度的波动也会对产品稳定性造成不良影响，高温条件脂肪部分溶解，温度下降时溶解脂肪重新结晶，晶体容易刺穿脂肪球膜，从而导致脂肪球聚集。除了均质、泵送等处理，蒸汽注入式杀菌方式（Direct Steam Injection，DSI）也会对脂肪球造成一定程度破坏。

第三节　乳脂甜点

在过去 20 年中，含乳脂甜点产品发展较快，尤其是即食（Ready to Eat，RTE）乳品甜点类，这类产品种类丰富，可满足消费者对于方便性、营养和美味等多方面诉求。随着消费需求升级，新型配料的出现，某些食品添加剂不仅能够改善产品质地，且有较好的营养价值；使用新型的超高温短时杀菌（Ultra-High Temperature-Short Time，UHTST）和真空包装设备，生产出产品可常温条件下存放；包装技术的发展，更多新颖的包装吸引着消费者。

含乳脂甜点是以乳成分为原料，加工成的半固体、勺吃性质地的产品，可加入稳定剂来提升产品质地。含乳脂甜点分类见表 6-6，大部分含乳甜点中主要成分包括水分、非脂乳固形物、脂肪（乳脂或植物油）、稳定剂、色素和风味物质。稳定剂的种类和用量决定了甜点产品的性质，常用的两种稳定剂为淀粉和卡拉胶。

表 6-6 含乳脂甜点种类及其销售形式

种类	销售形式
奶油感和凝胶状甜点	冷藏或冷冻、独立包装，长保质期
卡仕达酱/布丁	冷藏或冷冻、独立包装，长保质期
Sachet 甜点	干混料
充气甜点（慕斯）	冷藏或冷冻、干混料
奶油蛋糕	冷藏或冷冻、干混料
其他类型如牛奶太妃（Dulce de Leche）、凝结稀奶油和奶油米布丁等	冷藏或冷冻、独立包装

一、布丁/卡仕达酱料

早期布丁甜点多为手工制成，质地稠厚黏弹，派的馅料、卡仕达酱和牛奶冻等也属于布丁产品。在美国，布丁定义为享受型产品，而酸奶为健康型甜点，但是随着消费和加工升级，越来越多健康类型布丁产品出现，如高蛋白质、低脂肪、高钙含量的布丁产品。

（一）布丁产品常用配料

表 6-7 为香草和巧克力风味布丁常用配方，固形物含量约为 34%。

表 6-7 冷藏含乳脂布丁的典型配方 单位：%

配料	香草味	淡巧克力	浓巧克力
乳脂肪	3.50	3.50	3.20
非脂乳固体	8.25	7.50	7.50
蔗糖	14.75	16.00	16.00
变性淀粉	5.80	5.70	5.10
香草成分	按需添加	按需添加	按需添加
着色剂	按需添加	—	—
可可粉	—	1.40	2.50
总固形物含量	33.30	34.10	34.60

1. 非脂乳固体（Milk Solids-Not-Fat，SNF）

布丁中SNF来源为部分脱脂乳、浓缩脱脂乳、乳清蛋白浓缩物（Whey Protein Concentrate，WPC）和牛乳蛋白浓缩物（Milk Protein Concentrate，MPC）等，基本成分见表6-8。

表6-8　　　　　　　　　　布丁中常用非脂肪乳固体来源基本成分　　　　　　单位:%

成分	总固形物含量	脂肪	蛋白质	乳糖	灰分
全脂乳	12.60	3.5	3.5	4.9	0.7
脱脂乳	9.5	0.1	3.6	5.1	0.7
浓缩脱脂乳	40	0.4	39.6	10.8	2.22
非脂乳固体	96.5	0.8	35.9	52.3	8.0
WPC34	96.5	4.0	34.5	51	7.0
WPC50	96.5	4.0	50.4	36.0	6.0
WPC80	96.5	6.0	80.5	5.0	5.0
WPI	96.5	0.5	93.0	1.0	2.0
MPC42	96.5	1.0	42.0	46.0	7.5
MPC70	95.8	1.4	70.0	16.2	8.2
MPC75	95.0	1.5	75.0	10.9	7.6
MPC80	96.1	1.8	80.0	4.1	7.4
MPC85	95.1	1.6	85.0	1.0	7.1

资料来源：Chandan，1997。

MPC产品随着蛋白质含量的增加，乳糖含量降低，如果生产低碳水化合物或不含乳糖布丁产品，可优选MPC为原料。甜乳清或者酸乳清蛋白含量较低，约为13%~15%，对于布丁产品持水力、质地均一性和硬度都会有不利影响。而WPC是以干酪生产排放的乳清或者直接以生牛乳为原料，经过膜过滤工艺制得的，过滤过程中部分小分子质量物质，如水分、矿物质、小分子质量肽和氨基酸等会透过膜，随着渗透液一起排出。如表6-8所示，WPC根据蛋白质含量不同分为WPC34、WPC50和WPC80等，其中WPC34常用作布丁加工，WPC80和WPI中乳糖含量较低，可用作低碳水化合物布丁产品生产。布丁配料的热处理，可使WPC中乳清蛋白变性，变性乳清蛋白能够提高产品持水力和黏度。

2. 甜味剂

典型布丁产品的含糖量约为13%~16%，常用固态或者液态（固形物含量为65%~67%）的蔗糖，如果使用液态糖，计算终产品固形物含量时，应当将液态糖中的水分计算在内。蔗糖一般在配料过程中加入，需经巴氏杀菌处理，因为蔗糖中可能存在耐高渗透压的酵母、霉菌和耐热芽孢。大规模生产加工中，可预先将蔗糖加热溶解、过滤，糖溶液可直接采用泵和管道输送进行添加，便于定量。

玉米糖浆多用于冷冻甜点和卡仕达酱，能够增加产品的硬度，延长保质期等。

随着消费者对于低糖或者低能量产品的诉求增加，越来越多产品开始降低蔗糖的添加量，转而使用低能量的甜味剂。为达到与蔗糖相似的甜感，通常两种或者几种甜味剂配合使用，常用的有阿斯巴甜、三氯蔗糖和安赛蜜等，在布丁中的添加量分别为 0.14%、0.03%~0.05% 和 0.03%~0.05%。近年来，天然甜味剂开始流行，如甜菊糖苷、罗汉果糖苷和龙舌兰糖浆等。谱赛科公司（Purecircle）葡萄糖基甜菊糖苷，是以甜叶菊（*Stevia Rebaudiana* Bertoni）叶为原料，经酶法对在甜叶菊叶中提取的甜菊糖苷进行葡萄糖基化，然后经蒸发浓缩、喷雾干燥而制得的，甜度约为蔗糖的 400 倍，不仅能部分取代蔗糖，降低成本，且能使产品呈现奶油香味。龙舌兰糖浆也在食品中广泛应用，不仅取代部分蔗糖降低产品能量，还能够降低血糖指数。

3. 天然和改性淀粉

淀粉来源不同，在布丁和卡仕达酱中表现作用不同，最常用为玉米淀粉。天然淀粉不能够耐受高温处理，稳定剂较差。市售的布丁产品多使用改性淀粉，改性方式包括交联处理、酸改性、酶改性或者化学变性淀粉等。交联处理的淀粉结构稳定，主要用来提高产品粘度，通过优化其溶胀条件，并配合灌装条件，能够有效提高布丁的黏度。酸改性常用硫酸或者盐酸处理淀粉，赋予淀粉较好的口感，酶改性淀粉呈环状糊精的结构。氧化剂，如高锰酸钾或者过氧化氢处理淀粉，能提高产品的奶油感。通常采用几种改性技术结合来处理以达到所需要性质。传统的批量生产方式，应选择交联度较低的淀粉，而 UHT 处理常选用高交联度的淀粉，以耐受较高的温度处理，防止热处理对黏度的影响。改性淀粉在布丁中的使用量为 3%~6%，添加量过低，得到的布丁凝胶结构较弱；添加量过高，使布丁呈现较硬的凝胶结构。改性的蜡质玉米淀粉能提高产品细腻度，低温下赋予产品较好的稳定性和耐剪切力；改性的木薯淀粉能够提高产品的勺吃特性。

消费者对于无添加、清洁标签（Clear Label）产品诉求增加，淀粉厂家开发出物理方式处理的变性淀粉，如宜瑞安公司和泰莱公司部分型号淀粉，这类物理改性淀粉同样具有较好的加工性质。

淀粉应用过程中，确保加热条件能够使得淀粉完全糊化。如果糊化不完全，产品质地稀薄；而过度糊化同样也会降低产品黏度。糊化较好的淀粉可以赋予产品较佳的黏度，且形成较短的结构。

4. 常用的稳定剂和增稠剂

布丁中加入合适的稳定剂和增稠剂，能够改善布丁产品质地和黏度，提高持水力，防止乳清分离和脱水收缩，且经泵送、混合和冷却工艺后，仍能形成较好的凝胶结构。较好的稳定剂无不良风味，较低的添加量即有明显效果，且在常用配料温度下能够很好的分散和溶解。在实际生产中，稳定剂和增稠剂通常与白砂糖混合后添加，这样操作有助于其更好的分散。

常用增稠剂和稳定剂为卡拉胶，卡拉胶能够与牛乳蛋白发生交联反应，形成不同类型的胶体。卡拉胶分为 κ-、ι- 和 λ- 型号，性质各不相同，表 6-9 概括了三种型号卡拉胶的性质。

κ- 卡拉胶和 ι- 卡拉胶的常用添加量分别为 0.1%~0.15% 和 0.09%~0.11%。卡拉胶型号的选择与灌装温度有关，如热灌装条件下，κ- 卡拉胶可形成质地较厚且脆的凝胶。冷灌装条件下，ι- 卡拉胶使产品呈现光滑细腻的质构。卡拉胶与淀粉结合使用，赋予产品奶油口感。

表 6-9　　　　　　　　　含乳脂甜点中常用卡拉胶种类及其凝胶结构

型号	性质	凝胶结构
κ-卡拉胶	常温条件下只可以溶解于钠盐溶液，钾盐和钙盐溶液不溶解；可溶解于高于65℃的牛乳或者钠、钾和钙盐溶液	低浓度即可与钾和钙离子结合形成坚硬的、质地较脆的热可逆型凝胶
ι-卡拉胶	常温条件下只可以溶解于钠盐溶液，不溶解于钾盐和钙盐溶液；可溶解于高于55℃的牛乳或者钠、钾和钙盐溶液	低浓度即可在牛乳中形成质地柔软、有弹性的热可逆性凝胶。凝胶不易变形且冷冻解冻后仍保持较好的性质
λ-卡拉胶	常温和加热条件下均可溶解于钠、钾和钙盐溶液	在冷牛乳中有增稠作用

资料来源：BeMiller 和 Whistler，1996。

海藻酸及其钠盐对热稳定，能与钙离子和酪蛋白结合形成稳定凝胶。果胶可单独使用，或者与其他胶体配合来形成稳定的布丁结构，很少量的果胶添加量（0.07%~0.15%），即有助于形成质地均匀结实的凝胶，有效的防止在加工、运输过程中脱水收缩等现象。低甲氧基果胶与钙离子结合，形成具有弹性的网状结构。果胶的添加量一般不超过0.2%，否则会有粉状和砂砾口感，且会降低产品黏度。

刺槐豆胶黏度受pH影响较小，在pH 3~11范围内黏度变化不大。冷水条件下不可溶，但是加热易于溶解。刺槐豆胶自身不具有凝胶性质，主要提高黏度，与其他稳定剂配合增强凝胶结构。

瓜尔胶冷水条件可以溶解，且能够耐受高温处理。瓜尔胶不能够形成凝胶，但能够提高产品黏度和稳定性，保持水分。结冷胶对于牛乳中的钙离子比较敏感，与海藻酸形成凝胶原理类似，用量为0.05%~1.5%，质构与淀粉制成产品质构不大相同。

羧甲基纤维素冷水和热水条件下均溶解，可以提高产品黏度和持水力，与其他胶体配合使用，可形成质地较硬的凝胶，即使从其包装中倒出来，还能保持完整的凝胶状。

多聚磷酸盐用来保护乳蛋白，防止高温下蛋白质聚集变性等，常用磷酸盐有焦磷酸钠和焦磷酸二氢二钠（酸性焦磷酸钠），添加量约为0.05%~0.5%。低脂肪和不含脂肪的布丁产品中，易于发生蛋白质聚集，表现在产品中为肉眼可见的透明颗粒状物质，口感较粉，一般形成的蛋白质聚集物粒径为40μm。

在植物油或者植物油部分取代乳脂肪的布丁产品中，添加乳化剂有助于配料的分散和溶解，形成细腻、有弹性的质地。常见的乳化剂有乙酰化单甘酯、丙二醇单酯、甘油乳酸棕榈酸酯和硬脂酰乳酸钠等，添加量一般为0.02%~0.08%。

布丁中加入鸡蛋成分（包括蛋黄和蛋白），可改善产品风味，同时鸡蛋蛋黄中的磷脂还可以作为一种天然的乳化剂。

巧克力、香草和焦糖等布丁风味，备受消费者喜爱。巧克力风味产品，可加入1.5%~2.5%的可可粉或者巧克力液块。香草风味布丁产品中，香草香精添加量为0.25%~0.3%，人工合成香草香精是以甲基化香兰素为原料合成的，巧克力风味的布丁中也可以加入0.1%~0.15%的香草香精打底，提升产品风味。布丁产品表面还可以撒上奶油糖果脆片等，不仅装饰外观，并提供风味的口感。

（二）布丁加工工艺

1. 冷藏即食性布丁加工工艺

（1）配料　将所有乳固体原料、淀粉、稳定剂和增稠剂，加入盛有稀奶油和牛乳的配料罐中，加热至65℃左右，并在此温度搅拌，保证固体原料充分分散。

（2）杀菌　将分散好混合物继续升温至68℃，保温30min进行巴氏杀菌，然后再将混合物泵入片式热交换器进一步升温至90.6~93.3℃。

（3）灌装　灌装温度约为70℃左右。灌装封口后，在线将布丁杯倒置，利用料液温度对杯子内壁和盖子进行杀菌。

（4）在线迅速冷却　保证产品1h内冷却至10℃以下。制成的布丁产品5~7℃最长能够保存45~60d。

2. 长保质期布丁产品加工工艺

长保质期布丁产品可常温保存，工艺中采用UHT杀菌和真空灌装，工艺流程如图6-35所示。

①配料：将砂糖、非脂乳固形物、稳定剂和增稠剂、食盐和淀粉等进行干混，然后加入饮用水或者牛乳中，室温下搅拌溶解。继续加热至50℃左右，并加入植物油和乳化剂、色素和风味物质等，搅拌均匀后在50℃条件下进行均质处理。

②杀菌：120~148℃下杀菌2~3s。

③灌装：冷却至室温后进行真空灌装。

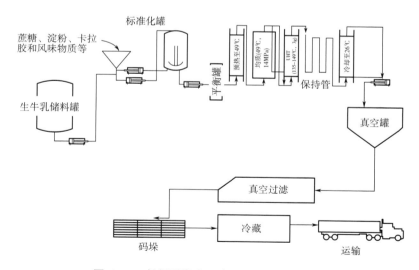

图6-35　长保质期布丁产品工艺流程示意图

上述步骤②杀菌工艺中，可采用直接和间接UHT杀菌方式。直接杀菌方式有蒸汽注入杀菌或蒸汽直喷杀菌；间接杀菌方式为管式杀菌、板式杀菌和刮板式杀菌。不论何种杀菌方式，都应当保证终产品具有较佳的黏度。其中刮板式可以处理高黏度产品，其次为管式和板式。直接蒸汽加热和刮板式杀菌工艺中，物料不需要预热，但是如果是板式杀菌，需要预热物料至65~76℃。直接蒸汽杀菌处理后，物料不需要进行均质处理，而板式杀菌后需要在一定压力均质，以提高产品的细腻度，防止颗粒形成。直接蒸汽杀菌条件推荐为142℃、5s，板式杀菌为140℃、10s，刮板式杀菌条件为138℃、5s。

如果生产单杯包装产品，杯子通常为聚苯乙烯材料的预制杯。预制杯杀菌应在线用过氧化氢和高温蒸汽杀菌，或者用紫外线照射杀菌。灌装温度应高于体系的凝胶温度，产品冷却后，进一步形成较好的质地和凝胶结构。如果生产质地较软产品，如慕斯等，灌装温度不超过15℃。

二、充气甜点

充气类甜点质地轻盈、风味独特，有稳定的泡沫结构，且单位包装内固形物含量相对较低，产品利润率较高。常见的充气甜点为慕斯。

充气甜点中需要添加乳化剂和稳定剂，其中乳化剂有助于形成稳定气泡结构，稳定剂能够增加液相的黏度，防止气泡的破碎或者移动。常用乳化剂为单甘酯，所用稳定剂种类类似于上述非充气甜点。结冷胶能够提高膨胀率，且形成较好的泡沫质地。典型的慕斯配方中含有 6%~8% 的脂肪、10%~12% 的非脂乳固体、10%~12% 的蔗糖和 2.5%~3% 的乳化剂-稳定剂混合物，其中脂肪来源为稀奶油、奶油或者无水奶油，非脂乳固体最常用脱脂乳或者脱脂乳粉。

充气甜点的加工工艺与即食性甜点工艺类似，只是热处理后增加充气工艺，充气后体积增加 60%~100%。慕斯还可使用冰淇淋凝冻机生产，然后冷冻出售。常见的不同风味慕斯配方见表 6-10。

表 6-10 充气慕斯建议配方

配料	巧克力	柠檬味	草莓味	香草味
稀奶油（35%脂肪含量）	63.43	45.19	61.44	51.21
白砂糖	11.89	9.26	12.6	10.5
结冷胶	0.89	1.02	1.39	1.16
碱化可可（脂肪含量 10%~12%）	2.38	—	—	—
巧克力块	11.89	—	—	—
奶油奶酪	4.75	5.6	12.29	6.4
柠檬汁	—	12.2	—	—
浓缩牛乳	—	18.08	—	20.49
饮用水	4.76	9.04	12.29	10.24
草莓	—	—	6.14	—
香草	—	—	—	按需添加
合计	100	100	—	100

资料来源：Elvnn，1999。

第四节　冰　淇　淋

一、冰淇淋概述

(一) 冰淇淋的定义和组成

冰淇淋系以牛奶、乳制品、蔗糖为重要原料，并加入蛋或蛋制品、乳化剂、稳定剂以及香料等辅料，经配料、混合、杀菌、均质、老化、凝冻、成型、硬化等工序加工而成的冷冻食品，是一种营养价值很高的夏季冷饮品。

不同地区、不同市场冰淇淋组成不同。国际乳业协会规定的冰淇淋规格见表6-11。表6-12为世界主要国家冰淇淋的成分规格。

表6-11		国际乳业协会的冰淇淋规格	单位:%
种　类	乳脂肪	总干物质	备　注
普通冰淇淋	≥8	≥32	—
果汁冰淇淋	≥6	≥30	果实或果肉15%以上（柠檬10%以上）
蛋黄冰淇淋	≥8	≥32	液体蛋黄7%以上或等量的干燥蛋黄

表6-12		世界主要国家冰淇淋成分规格		
国别	脂肪含量/%	非脂乳固体/%	总固体/%	细菌数/（CFU/g）
英国	≥19~25	≥7~7.5	—	—
日本	≥3	—	—	$<5 \times 10^4$
法国	≥8	—	≥35	$<3 \times 10^5$
加拿大	≥10	—	≥36	$<1 \times 10^5$
丹麦	≥9	≥	—	$<1 \times 10^5$

美国政府标准局制定了冰淇淋的规格。冰淇淋乳脂肪含量不低于10%；总固体物不低于20%；添加香料的冰淇淋中脂肪及总固体物含量不低于8%和16%；稳定剂含量不超过0.5%。冰淇淋比重不低于539.2kg/m³；总固体物比重不低于191.7kg/m³。优质普通冰淇淋的一般组成为：12%脂肪、11%非脂乳固形物（MSNF）、15%糖类、0.3%稳定剂和乳化剂、38.3%总固形物。冰淇淋组成的一般含量范围为脂肪8%~20%、非脂乳固形物8%~15%、糖类13%~20%、稳定剂和乳化剂0%~0.7%、总固形物36%~43%。

冰淇淋是由气、液、固三相组成的复杂物理化学体系。气泡分散在包裹冰结晶的连续液相中。液相中还存在固化的脂肪球、乳蛋白质、糖类、盐类；有时也会存在乳糖结晶、胶体化的稳定剂等。

冰淇淋是可口、健康、经济的营养食品。一般而言1L的香草型冰淇淋可以供给5.3kJ的热量、24.7g蛋白质、1.97g钙、0.66g磷、0.89mg铁、0.24mg维生素 B_1、1.50mg核黄素和 3475IU 的维生素 A。

（二）冰淇淋的分类

冰淇淋及相关产品可以归为冷冻甜食，包括冰淇淋、蛋黄冰淇淋（Frozen Custard）、乳冰（Ice Milk）、雪比特（Sherbet）、食用冰（Water Ice）、冷冻甜点（Frozen Confections）和植物油脂型冰淇淋（Mellorine-type Products）等。

蛋黄冰淇淋也称为法式冰淇淋，蛋黄含量不低于 1.4%；添加香料的蛋黄冰淇淋蛋黄含量不低于 1.12%；乳脂肪、总固形物含量分别不低于 10%、20%；香料型蛋黄冰淇淋脂肪、总乳固形物含量分别不低于 8%、16%。可以以软质或硬质型产品出售。

乳冰也是一种冷冻食品，其脂肪含量在 2%~7%；乳固形物含量不少于 11%；总固形物含量不低于 155.8kg/m³；可以以硬质或软质产品出售。

雪比特含少量的乳制品、糖、果汁和稳定剂；含 1%~2% 的乳脂肪、2%~5% 的总乳固体；比重不低于 719.0kg/m³，酸度不低于 0.35%（以乳酸计）；含 2% 的柑橘果料、6% 的浆果或 10% 的其他水果。

食用冰不含有乳固形物，其他指标与雪比特类似。

冷冻甜点可以分为两类：一类含有不低于 13% 的乳固形物，不低于 33% 的总固形物，膨胀率不超过 10%；另一类总固形物含量至少 17%，含或不含有乳品组分。

餐饮冷冻甜食（Dietary Frozen Dessert）中脂肪含量 2%、总乳固形物含量不少于 7%；比重不低于 539.2kg/m³，总固形物含量在 131.8~173.8kg/m³ 之间。低脂冷冻甜食脂肪含量低于 2%，总乳固形物含量在 7% 以上；其比重在 539.2kg/m³ 以上，总固形物含量在 131.8~185.7kg/m³。

植物油脂型冰淇淋制品与常规冰淇淋产品类似，只是乳脂肪由适宜的植物油或动物脂肪替代。植物油包括椰子油、棉籽油、大豆油或其他植物油。其脂肪含量不少于 6%，蛋白质含量不低于 3.5%，蛋白质生物价至少与全乳蛋白质的生物价相似；比重不低于 539.2kg/m³，总固形物含量不低于 191.7kg/m³。添加维生素 A，每克脂肪中的含量为 40 USP 单位。

酸乳冰淇淋（Frozen Yoghurt）是发酵型的冷冻产品，其组成类似冰淇淋。酸乳冰淇淋脂肪含量不低于 3.25%，非脂乳固体不低于 8.25%，滴定酸度不低于 0.5%，比重不低于 599.2kg/m³。低脂酸乳冰淇淋的脂肪含量在 0.5%~2.0%。无脂酸乳冰淇淋的脂肪含量低于 0.5%。

奶昔（Milk Shake）的脂肪含量在 3.25%~6%，非脂乳固形物含量不低于 10%。

其他冰淇淋制品包括花式冰淇淋、含碳酸气的冰淇淋、果仁饼干屑冰淇淋、布丁冰淇淋、慕斯（Mousse）等。

另外按照冰淇淋所用的原料及添加的辅助料可以分为：香料冰淇淋、果仁冰淇淋、糖果冰淇淋、豆乳冰淇淋、蔬菜冰淇淋、布丁冰淇淋、酸乳冰淇淋、外涂巧克力冰淇淋等。

按照冰淇淋可以浇塑成各种形状的花色品种又可以分为：砖状冰淇淋、杯状冰淇淋、锥状冰淇淋、异形冰淇淋、蛋卷冰淇淋、蛋糕状冰淇淋等。

按添加物的位置可以分为夹心冰淇淋和涂层冰淇淋等；按冰淇淋的硬度可以分为硬质冰淇淋和软质冰淇淋；按脂肪含量可以分为高脂型、中脂型和低脂型冰淇淋。

二、冰淇淋的生产

冰淇淋生产的基本步骤包括配料、巴氏杀菌、均质、冷却、老化、添加香料、凝冻、包装、硬化贮存、分配销售。其生产工艺流程如图 6-36 所示：

香精、果汁、着色剂等
↓

原料的配合与标准化 → 原料的混合 → 混合料的杀菌 → 混合料的均质 → 混合料的冷却与陈化 →
冰淇淋的凝冻 → 灌装成型 → 冰淇淋的硬化 → 贮藏

图 6-36 冰淇淋生产工艺流程图

混合料的生产包括称重或度量原辅料、混合、巴氏杀菌、均质、冷却和贮存。

不同品种的冰淇淋，有不同的配方组合。表 6-13 列出了商业化冰淇淋及相关产品的概略组成。

设计冰淇淋配方需考虑混合料的成本、混合料的特性（黏度、冰点等）、消费者的口味、质量标准、产品的竞争力以及产品的形体和组织状态等。冰淇淋的加工工艺和冷冻方式影响着混合料的特性，其成分对冰淇淋的特性也有重要的影响。

乳脂肪与风味的浓厚、组织的丰润圆滑、形体的强弱、保形性有密切的关系。其作用有增进风味，抑制水分结晶的粗大化，使成品有柔润细腻的感觉。脂肪经均质处理后，直径大的脂肪球被粉碎，可使冰淇淋混合料黏度增加，在凝冻时增加膨胀率。乳脂肪也是风味化合物的良好载体和增强剂。乳脂肪不能降低冰点，但过多地脂肪阻碍了搅打速率；脂肪含量过高也限制了消费，增加了成本。乳脂肪的最佳来源是新鲜稀奶油，也可从牛乳、冷冻稀奶油、塑性稀奶油、奶油、全脂乳粉、全脂炼乳中获得。可用棕榈油、人造奶油、精炼植物油等替代部分乳脂肪。

表 6-13　　　　　　　　　　商业化冰淇淋及相关产品的概略组成　　　　　　　　单位 :%

产品种类	乳脂肪	非脂乳固形物	糖类	稳定剂和乳化剂	总固形物（TS）
普通冰淇淋	10.0	10.0~11.0	15.0	0.30	35.0~37.0
	12.0	9.0~10.0	13.0~16.0	0.20~0.40	—
中档冰淇淋	12.0	11.0	15.0	0.30	37.5~39.0
	14.0	8.0~9.0	13.0~16.0	0.20~0.40	—
高档冰淇淋	16.0	7.0~8.0	13.0~16.0	0.20~0.40	40.0~41.0
	18.0~20.0	6.0~7.5	16.0~17.0	0.0~0.20	42.0~45.0
	20.0	5.0~6.0	14.0~17.0	0.25	46.0
乳冰	3.0	14.0	14.0	0.40	31.4
	4.0	12.0	13.5	0.40	—
	5.0	11.5	13.0	0.40	29.0~30.0
	6.0	11.5	13.0	0.35	—

续表

产品种类	乳脂肪	非脂乳固形物	糖类	稳定剂和乳化剂	总固形物（TS）
雪比特	1.0~3.0	1.0~3.0	26.0~35.0	0.40~0.50	28.0~36.0
食用冰	—	—	26.0~35.0	0.40~0.50	26.0~35.0
植物油脂型冰淇淋	6.0~10.0	2.7	14.0~17.0	0.40	36.0~38.0
酸乳冰淇淋	3.25~6.0	8.25~13.0	15.0~17.0	0.50	30.0~33.0
	0.5~2.0	8.25~13.0	15.0~17.0	0.60	29.0~32.0
	<0.5	8.25~14.0	15.0~17.0	0.60	28.0~31.0
餐饮冷冻甜食	<2	≥7（TMS*）	>11.0~13.0	0.5	18.0~20.0

注：＊TMS 总乳固形物。

（一）混合料的配制

冰淇淋混合料主要由乳品组分、糖类、稳定剂及其他甜味剂组成，有时也添加蛋制品。确定冰淇淋混合料的配方需要考虑：冰淇淋中脂肪的含量；冰淇淋品种、形体及组织状态；混料量；各组分的成本及来源。冰淇淋混合原料的计算，应按各类冰淇淋产品质量标准，用数学方法来计算各种原料的配比数量，从而保证所制成的产品质量符合技术要求。因此，冰淇淋混合原料的计算，即为冰淇淋混合原料的标准化。标准化是现代化生产的一个重要标志，高度的现代化离不开高度的标准化。没有标准化，就没有统一的技术标准。没有标准化，就无法试制、开发新产品。没有标准化，食品的风味与营养价值就会受到影响。冰淇淋生产的首要步骤是配料。配料可以进行小规模的分批操作，组分经称重、计量后投入料缸；也可以利用先进的混合料设备大批地进行自动化、连续操作。

在现代乳品工业中，计算机广泛地用来计算冰淇淋的配料。操作人员输入产品的编码、批号、原料组分（如稀奶油、炼乳）的脂肪、非脂乳固体等的含量，计算机可以根据已存储的配方计算出各组分的需要量。计算结果传输给程序逻辑控制器（Programmable Logic Controller，PLC）。操作人员启动系统，PLC可以控制相关的管道、阀门将原辅料组分称重度量后投入混料缸。另外，计算机系统还可以给出一段时间后原料组分的消耗量；保持每批生产的投料记录；计算混合料的成本等。计算机配料较人工计算方法快捷的多。一般小厂可以采用手工法计算冰淇淋的配料。

1. 混合料的平衡

平衡的混合料是指组分、构成协调可以生产出质量优良的冰淇淋混合料。即使这种冰淇淋出现缺陷也不是由混合料组成或组分构成的变化引起。例如酸败味、饲料味、不洁味不能通过改变混合料的组分浓度而消除，这些缺陷就不能说明混合料不平衡。而其他缺陷如：①香味不足：香精浓度不够；②丰韵度不够：脂肪含量低；③砂粒感：非脂乳固体浓度太高；④质地软：总固形物或稳定剂含量低。可以通过改变混合料的组成而避免，这些缺陷表明混合料不平衡。

另外，必须明白平衡的混合料必须经过特定的加工才可以生产出质量良好的冰淇淋。有的混合料对周转快的冰淇淋是适宜的，但对于周转慢的冰淇淋而言贮存时间长可能出现砂状感。有的混合料对分批式冷冻机而言是平衡的，但对于连续式冷冻却是不适宜的。原料的来源不同，混合料可能会出现不平衡。混合料中的脂肪由奶油引入，可以加入蛋黄固形物提高搅打性，达到混合料的平衡；如果混合料由甜性奶油制备，可以不添加蛋黄固形物。了解每种组分的优点、不足及其作用，在选择适宜组成、混合料的平衡方面有重要意义。表6-14列出了冰淇淋组分的优点和不足。

表6-14　　　　　　　　　　　冰淇淋组分的优点与不足

组分	优点	局限性
乳脂肪	增加风味的饱满感 赋予产品光滑的质构 有助于形成良好的形体	价格贵、成本高 脂肪轻微地抑制搅打性 脂肪含量高、热值高、限制了消费
非脂乳固体	赋予产品良好的保形性和质构 膨胀率高，避免形成雪片状或薄片状组织 相对经济的固形物来源	含量高出现砂状结晶 出现炼乳味、咸味或蒸煮味
糖类	固形物最经济的来源 改善组织结构、增强风味	含量高，甜味过强，降低搅打能力 冷冻时间更长 硬化需更低的温度
稳定剂	保形性好 组织状态光滑	形体过于坚挺
蛋黄固形物	搅打性好、组织状态光滑、风味好	含量过高融化时会产生泡沫 有些消费者不喜欢鸡蛋的风味 价格高
总固形物	组织滑润、保形性好 营养价值高 口感不冷	价格高 出现沉闷、带冰晶、糊状结构 冷感不够
风味	增加可接受性	刺激的风味令人难以接受
色素	增加产品的吸引力	—

　　一般而言，平衡混合料中总固形物含量在36%~42%，总乳固形物含量在20%~26%。这种平衡的混合料并不适合乳冰、雪比特或食用冰。进一步地，倾向于添加非脂乳固体，减小脂肪、糖、香料的质量分数，以提高冰淇淋的营养价值。

　　2. 混合料的特性

　　冰淇淋混合料是复杂的物理化学体系。混合料中一些物质如乳糖、盐组分以真溶液状态存在；乳蛋白质、稳定剂、不溶性甜味剂、部分磷酸盐以胶体悬浮液存在；其他的如脂肪球以粗分散系存在。

　　真溶液存在的物质分子小，呈离子状态，与水的亲和力强。胶体体系中的物质呈颗粒状，带与溶剂相反的电荷，相互间的吸引力使其共存于悬浮液中。粒子的电荷也使它们彼此排斥，尤其发生碰撞时，有利于悬浮液的稳定。有时悬浮液中的物质对溶剂没有足够的引力，无法在悬浮液稳定存在。如果粒子不带电荷，对水的亲和力弱，就会出现沉降。这种悬浮液称为疏水性体系。另一方面，不带电荷、与水亲和力强的物质也可以稳定存在于悬浮液中，这种体系称为亲水性体系。

胶态悬浮液对外界的变化非常敏感。冰淇淋体系是复杂的理化体系，许多因素影响着混合料的特性。粗分散系的物质不能均匀地进行分散，相对比重高于悬浮介质，就会沉淀；相对比重低于悬浮介质，就会上浮。

可以将冰淇淋混合料看作是水包油型乳浊液：分散相为乳脂肪，连续相是酪蛋白酸钙-磷酸钙胶束、蛋白质、碳水化合物以及矿物元素组成。基于颗粒大小，连续相可以看作是胶态体系和真溶液的混合体系。这种复杂的乳浊液体系可以经受冷冻、机械搅拌和浓缩等加工工序。考虑到在此条件下脂肪球、酪蛋白胶束及乳糖固有的不稳定性，充气是非常必要的。

具有实际重要意义的混合料的特性包括：稳定性、密度、酸度、表面张力、界面张力、黏度、吸附作用、冰点和搅打速率。

（1）混合料的稳定性　混合料的稳定性是指胶体体系中乳蛋白质以及乳浊液中乳脂肪对分离的抗性。混合料的不稳定导致乳蛋白质凝固或沉淀；在混合料老化过程中脂肪、乳清以及糖浆的分离。

混合料稳定性的高低，对冰淇淋的质量有重要的影响。混合料的稳定性高，制成的产品品质稳定。不至于出现同一批投料中质量出现大幅波动的现象。

混合料稳定性的影响因素有：

均质：均质是为了使脂肪球成为高度分散的小脂肪球。这些脂肪球受到一层界面层的包围，该层具有水合力，使脂肪球可以稳定的存在。

无机盐：很多无机盐（如磷酸钠、磷酸镁、氧化镁、碳酸氢钠等）有助于增加混合料的稳定性，添加量为 0.02%~0.04%。

乳化剂：其主要作用是使呈微细粒子状态的脂肪球，呈微细的乳浊状态，使混合料成为稳定性高的料液。

酸度：混合料的酸度若超过正常，易于在加工时产生结块，影响稳定性。

其他影响因素：脂肪与非脂乳干物质的比例、热处理条件、冷冻工艺、老化时间等。

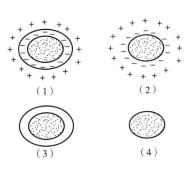

图6-37　悬浮液的种类及稳定性

①水化作用：最稳定的悬浮液是亲水性体系，粒子既高度水化又带有一定的电荷［如图6-37（1）］；次稳定的是粒子带有电荷但没有水化［如图6-37（2）］；较不稳定的粒子不带电荷但有水化作用［如图6-37（3）］；最不稳定的悬浮液，粒子既不带电荷又没有产生水化作用［如图6-37（4）］。

影响乳蛋白质水化的因素有：温度、热处理条件、盐类、酸碱度和均质工艺。

低温下冰淇淋混合料中的胶体物质水化作用强，经热处理蛋白质发生化学变化，蛋白质对水的亲和力增加。钙盐与钠盐、钾盐相比对蛋白质的水化作用负面影响更大。柠檬酸盐或磷酸盐与酪蛋白的水合作用可以用下述平衡式进行表示：

酪蛋白酸钙+柠檬酸钠⇌酪蛋白酸钠+柠檬酸钙

酪蛋白酸钙+磷酸钠⇌酪蛋白酸钠+磷酸钙

促使反应向酪蛋白酸钠方向移动的电荷增加了酪蛋白的水化度。在 pH 6.2~6.4 水化作用最强。两段均质可以增加结合水；一段均质则可以降低结合水的能力。

②乳化稳定性：混合料的稳定性与乳浊液（脂肪球）和胶态体系（蛋白质）的稳定性有关。冰淇淋均质的目的是使脂肪球变为微细的颗粒，达到高度的分散。均质混合料中的脂肪球被界面层包围，界面层有复合蛋白质组成，形成水化作用，界面层厚度达 0.3μm。内部液体产生的粘着力使脂肪乳浊液在冷冻搅拌过程中保持稳定，增加了泡沫的抗性。

冰淇淋中乳脂肪的分散状态表明使脂肪球分散的力有：均质时的剪切作用、破碎作用以及爆破作用；带电引起的相互之间的斥力。使脂肪球聚集的力有：均质后脂肪球之间的碰撞、小脂肪球的布朗运动；脂肪球周围吸附层的黏附力；近距离时脂肪球间的界面张力；料液中脂肪的浓度等。

高温增加了脂肪球表面的电量，减小了聚集现象的发生；柠檬酸盐以及磷酸盐增加了负电荷也降低了聚集现象的发生。低温和添加钙盐则增加了聚集发生的几率。

最好保持冰淇淋中脂肪原有的分散状态，利于维持乳浊液的稳定。脂肪球聚集的程度与其表面特性有关。乳脂肪去乳化作用的第一步是脂肪球表面部分或全部呈疏水状态。脂肪球处于部分固化状态，包含适宜比例的液态、结晶部分，第二阶段开始出现。聚集作用产生时，一定量的液态脂肪从脂肪球中挤压出来。液态脂肪黏附在脂肪球膜的外层，当脂肪球彼此接近时，液态脂肪就会发生融合。

低温条件下，仅存在小量的液态脂肪，不会出现聚集。冷冻改变了脂肪球膜特性，在融化过程中脂肪球聚集成团，液态脂肪平铺在脂肪球膜的外层，脂肪球呈疏水状态。

在特定的介质中运用光学方法可以检测冰淇淋内部结构中的脂肪球。检测到脂肪球分散在未冷冻部分中，单个分散在气泡周围或以链状排列。脂肪球以链状或簇状排列与脂肪含量以及搅打工艺有关。

影响冰淇淋中脂肪的稳定性的因素之一是凝冻工序。在搅拌和冷冻浓缩过程中脂肪球开始聚集。聚集开始时脂肪球聚集物象串串葡萄。脂肪球聚集的速率受搅拌程度、蛋白质稳定性、脂肪的熔点、凝冻温度、乳化剂、稳定剂、糖及盐含量有关。

冰淇淋的干燥度（Dryness）直接与乳化液的不稳定性有关，脂肪球聚集达到最大时冰淇淋达到最大程度地坚挺度和干燥度。

最近的研究表明冰淇淋的干燥度和坚挺度与乳脂肪球的聚集有关。脂肪球的聚集引起融化缓慢，这可能是流动性差引起的。在连续式凝冻机中脂肪球的聚集是有益的。

如果聚集作用进行过烈，在软质冰淇淋中可能得到类似奶油条的冰淇淋。脂肪球携带的负电荷在搅拌期间会被部分或完全中和。理想的冰淇淋是脂肪球聚集程度高但不会形成类似奶油条的冰淇淋。该条件下的冰淇淋可能具有适宜的组织结构、保形性、干燥度、坚挺度和良好的丰腴感。

更冷、更坚挺的冰淇淋混合料引起更快的搅拌速率。在较长时间的凝冻，温度越高，搅拌进行的越缓慢。

有些乳化剂倾向使脂肪球不稳定，增加了搅打性。冰淇淋融化后虽不能保持光滑的组织，但是即使放置在室温时也能较多地保持冰淇淋原有的状态，表明脂肪乳化液不稳定。凝冻温度的降低可以引起更为干燥的产品，不稳定的脂肪更多，脂肪的搅打性增加。

（2）混合料的密度　冰淇淋混合料的密度随组成而发生变化。混合料的相对密度可以用密度计或用密度瓶法进行测定。也可以通过下式进行计算混合料在 15.6℃时的相对密度：

$$\frac{100}{[脂肪（\%）/0.93]+[糖类、非脂乳固体、稳定剂（\%）/1.58]+水（\%）}×100\%$$

Wolff 对非脂乳固体使用 1.601 替代了 1.58。研究表明混合料的相对密度在 1.0544～1.1232 之间。

（3）混合料的酸度　通常混合料的酸度随冰淇淋含有的非脂乳固体的质量分数有关，可以由非脂乳固体的质量分数乘以 0.018 因子计算得出。11%非脂乳固体的混合料的酸度通常为 0.198%。冰淇淋混合料的 pH 为 6.3。冰淇淋混合料的酸度和 pH 与混合料的组成相关。非脂乳固体含量增加，酸度增加，pH 降低。不同非脂乳固体含量的混合料酸度和 pH 见表 6-15。

表 6-15　　　　　　　　　　　不同组成的混合料的酸度和 pH

非脂乳固体/%	酸度*/%	pH	非脂乳固体/%	酸度*/%	pH
7	0.126	6.40	11	0.198	6.31
8	0.144	6.35	12	0.206	6.30
9	0.162	6.35	13	0.224	6.28
10	0.180	6.32			

注：*酸度以乳酸计。

使用新鲜的质量优良的乳制品配制混合料，其酸度在正常范围内。冰淇淋混合料的酸度是由乳蛋白质、盐类和溶解的气体有关。乳制品细菌的增殖可能引起酸度的增加。混合料酸度在正常值之上，表明存在增加的酸度。高酸度可能引起混合料粘度的加大、搅拌速率下降、风味变劣、稳定性降低、在巴氏杀菌中引起蒸煮味或凝固。

（4）无机盐的影响　冰淇淋中的矿物盐类有利于控制凝冻过程中混合料的搅打性和脂肪的分离，赋予冰淇淋制品适宜的坚挺度、光滑感和其他特性。研究表明，磷酸钠、磷酸镁、氧化钙、氧化镁、碳酸钠可以增进产品的风味、保形性、组织结构和其他特性。

钠离子强烈的湿效应可能抵消或完全消除钠离子对蛋白质的有益反应。柠檬酸钠和磷酸氢二钠是有效的蛋白质稳定剂。氧化钙、氧化镁以及碳酸盐类可以控制混合料的特性。

研究了柠檬酸钠、磷酸氢二钠、焦磷酸钠对软质冰淇淋中乳脂肪搅打特性的影响。添加 0.10%的盐类是比较适宜的，添加量过高可能引起不良风味和过高的混合料的黏度。

（5）混合料的黏度　黏度反映了流体流动的抗性，是抵抗流体滑动时的内部摩擦力。冰淇淋混合料具有一定的黏度对混合料的搅打特性及空气的滞留具有重要的意义。黏度是冰淇淋混合料的重要特性。混合料的黏度受以下因素的影响：

①温度：温度与黏度关系密切。一般温度升高黏度降低；反之，则黏度升高。

②总固形物含量：一般是总固形物含量越多，浓度越高，则黏度越大；反之，则黏度越小。所以，在混合料中应控制总固形物的含量在42%以下。

③稳定剂：稳定剂是影响黏度最大的成分。海藻酸钠对黏度的影响比明胶大得多，应用较少的海藻酸钠就能起到提高黏度的效果。

④混合料的加工工艺：混合料需经过多道加工工序，这些工序所实施的不同加工条件，对黏度的影响很大。对混合料黏度影响最大的加工工艺是巴氏杀菌、均质和老化。

⑤混合料成分的种类和性质：各种成分对混合料黏度的影响也不同，如脂肪、无机盐对黏度有一定的影响。

已经对混合料黏度的起因和影响作了许多研究，但对多大的黏度是最适宜的以及如何准确测量黏度并无准确的答案。曾经认为高黏度是有利的；但对于现代设备的快速凝冻而言低黏度的混合料看来更为适宜。总而言之，随着黏度的增加，冰淇淋的抗融性增加，形体的光滑性增加，搅打速率降低。黏度认为是伴随这些特性而不是引起良好搅打特性、保形性、质构的起因。因此，不仅要有平衡的混合料而且要经过适宜的加工工序以生产适宜搅打特性、保形性好的产品。在该条件下必须保证要有适宜的黏度。

黏度可以以绝对或相对值进行表示。广泛应用的绝对黏度单位是厘泊。20℃时水的绝对黏度是1.005mPa·s。冰淇淋混合料具有表观黏度，随着搅拌作用的进行，黏度逐渐降低；基本黏度是在表观黏度消失之后所表现的黏度。冰淇淋混合料的基本黏度在50～300mPa·s。研究表明冰淇淋混合料可以看作是黏性体系而不是塑性体系。

（6）表面张力　表面张力来自液体表面分子之间的引力，使液体表现类薄膜的特性。分子之间的引力越大，表面张力就越大；反之，液体表面之间的引力越小，表面张力就越低。

表面张力的单位是达因。对冰淇淋表面张力的研究是很有限的。研究表明增加新鲜制备混合料的表面张力是困难的；但加入乳化剂可以降低混合料的表面张力。冰淇淋混合料的表面张力值在48～53达因之间。

（7）冰点　冰淇淋的冰点与可溶性组分有关，随组成不同而发生变化。12%脂肪、11%非脂乳固体、15%糖类、0.3%稳定剂、61.7%水组成的混合料的冰点为-2.5℃。高糖、高非脂乳固体的混合料的冰点为-3.06℃；高脂肪、低非脂乳固体或低糖含量的混合料的冰点大致为-1.39℃。

一般而言，冰淇淋混合料起始冰点为-2.78～-2.22℃之间。当潜热从冰淇淋混合料中移去后，开始形成冰结晶，可溶性组分得到一次浓缩，对剩余的可溶性组分而言存在新的冰点。图6-38为冰淇淋混合料的典型冷冻曲线。

（8）搅打速率　搅打至一定膨胀率的时间短，说明搅打速率高。较高的加工温度、正确的均质、混合料的老化均可以提高混合料的搅打性。较小的脂肪球、较少的堆积均可以提高搅打性。奶油、无水奶油、冷冻稀奶油制备的混合料脂肪分散性差，搅打性差。蛋黄固形物、新鲜稀奶油制备的混合料

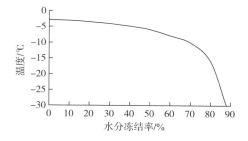

图6-38　冰淇淋混合料的典型冷冻曲线

搅打性好，这与卵磷脂-蛋白质复合物中存在的卵磷脂有关。乳化剂也可以提高搅打性。非脂乳固体含量的变化对搅打性无显著影响；非脂乳固体质量的变化具有一定的重要性。凝冻机本身的构造和操作也决定了冰淇淋混合料是否可以达到最佳的搅打性。

搅打速率可以通过测量分批式凝冻机中冷冻的混合料在1min间隔内膨胀率的变化而确定。一般而言，在凝冻过程开始3min内，混合料受冻；7min内可以达到90%的膨胀率。搅打速率高，混合料可以在5min内达到90%的膨胀率。膨胀率较低，达到90%的膨胀率需要8min或更长的时间。

（二）杀菌

Tayor研究了冰淇淋生产方式、设备及生产的布局，认为四种方法可以用来制备混合料：①大批配料、进行连续式高温短时巴氏杀菌；②小批罐内配料、进行高温短时巴氏杀菌；③大批配料、进行分批巴氏杀菌；④小批罐内配料、分批巴氏杀菌。以上四种方法经常使用，小规模生产采用方法④；中等规模的生产采用方法②或③；大规模生产常采用方法①。最经济的方法是方法④，因为设备简单、生产成本低。

混合料进行巴氏杀菌的目的主要有：采用加热方法杀死食品中的病原菌与非病原菌，保证消费者的健康；杀死料液中绝大多数的非病原菌，以保证冰淇淋的卫生指标；通过杀菌工序挥发掉一些不利于产品风味的蛋腥气；延长冰淇淋的保质期；在加热过程中利于混合料组分的溶解；在巴氏杀菌温度下均质效果好。

美国公共健康协会建议的巴氏杀菌制度见表6-16。

表6-16 冰淇淋混合料的巴氏杀菌制度*

杀菌方法	加热时间	加热温度/℃	杀菌方法	加热时间	加热温度/℃
分批巴氏杀菌	30min	68.3	真空杀菌器杀菌	1~3s	90
高温短时杀菌法	25s	79.4	超高温杀菌	0~40s	98.9~128.3

注：*美国公共健康协会推荐。

目前有采用更高的巴氏杀菌温度的倾向。有研究表明，121.1℃杀菌会产生蒸煮味，这与设备的种类也有关系。但使用98.9~104.4℃的杀菌温度效果最佳。

与分批式巴氏杀菌相比，连续杀菌稳定剂用量减少25%~35%。适合于高温杀菌的稳定剂主要有CMC-Na、卡拉胶以及褐藻胶。连续式杀菌有以下优点：①冷源、热源可以重复应用；②可以长时间连续操作；③可以进行循环清洗。

（三）均质

物料经过杀菌后即可进入均质工序。

杀菌后的料液要及时进行均质。因此均质前要做好均质机的清洗与消毒工作。在用95~100℃的热水进行消毒时，最好在均质前5min内完成，以免用过冷的均质设备进行均质时，料液中的脂肪会因突冷而凝聚。均质时间要快，生产效率高，可以防止料液中的脂肪球因在杀菌缸内停留时间过长而聚集。

控制混合原料的温度和均质压力是很重要的，它们对混合原料的凝冻搅拌和制品的形体组织有密切的关系。在较低的温度（48.9~54.4℃）下均质，料液的黏度大，则均质效果不良，需延长搅拌凝冻时间；当在最佳温度（62.8~76.7℃）下均质时，凝冻搅拌所需时间可以缩短；如若在高于80℃的温度下均质，则会促进脂肪聚集，且会使膨胀率降低。均质压力过低，脂肪乳化效果不佳，会影响制品的质地与形体；若均质压力过高，使混合料粘度过大，凝冻搅拌时空气不易混入。这样为了达到所要求的膨胀率，则需延长凝冻搅拌时间。

（四）冷却与老化

1. 混合料的冷却

混合料经过均质处理后，温度在60℃左右，应将其迅速冷却，适应老化的需要。

（1）冷却的目的

①防止脂肪上浮：混合料经过均质后，大脂肪球变成了小脂肪微粒，但这时的性能并不稳定，温度高黏度低，脂肪易于聚集、上浮，而当温度迅速降低，黏度增大，脂肪就难以聚集和上浮。

②适应老化操作的需要：混合料的老化温度为2~4℃。使物料迅速冷却，可以适应老化操作的需要，缩短工艺操作时间。

③提高产品质量：均质后的物料温度较高，微生物增殖，会使物料的酸度增加，风味逸散；而迅速降低料温，可以避免这些缺陷，稳定产品质量。

（2）冷却设备　用于混合料冷却的设备较多，常用的有圆筒式冷热缸、板式热交换器等。前者结构简单，易于操作，但生产不连续，生产能力较低；后者是较完善的快速冷却设备，冷却速度快，生产能力大，冷却效果好。

2. 混合料的老化

混合料的老化是将混合原料在2~4℃的低温下保持一定时间，进行物理成熟。

（1）老化的目的　迅速降低料液的温度，提高料液的黏度，防止料液出现脂肪上浮现象，同时也使微细的脂肪球的质地变硬；防止料液的酸度增加；促使料液中的蛋白质、脂肪及增稠剂等物料充分地溶胀水化，增强料液的持久性与稳定性，防止游离水析出；挥发掉一部分不良气体；提高黏度，可以缩短搅拌和凝冻时间，提高生产效率，并可改善冰淇淋的组织状态。

（2）老化过程的理化变化　冰淇淋混合料的老化是冰淇淋生产过程中凝冻前的一个重要工序。混合料在老化期间发生了如下的变化过程：乳蛋白质的水合作用；稳定剂的完全水合作用；液体脂肪的结晶作用；蛋白质的解吸作用。

①乳蛋白质的水合作用：当冰淇淋的混合料由巴氏杀菌温度冷却到老化温度时，酪蛋白胶束的物理结构逐渐发生变化，更多的亲水性分子结构舒展，与水结合。酪蛋白胶束充分水化需1~2h，否则不能达到充分的水合。

在混合料杀菌期间乳清蛋白发生部分变性，导致弯曲的乳清蛋白分子舒展开。在老化期间部分变性的乳清蛋白有效地与水结合达到类似于酪蛋白的水合作用，即3g 水/1g 蛋白质。发生在老化期间的水合作用，使混合料的黏度增加。

②稳定剂的完全水合作用：稳定剂具有亲水作用，与冰淇淋中的自由水结合成为结合水。尽管混合料在加热期间稳定剂已经完全溶解，但是还需要一定时间使稳定剂完全水合。在混合料冷却至老化温度及以后的老化过程中，有大量的水分子与稳定剂结合，水被

有效地束缚在稳定剂所形成的三维网状物中。这种网状物的形成是由于单个稳定剂分子间和分子内部或几个分子间同乳蛋白质结合，水被有效地束缚固定。不同稳定剂其完全水合作用的时间不同。

③液态脂肪的结晶：冰淇淋混合料的结晶速度和结晶程度的影响有两个重要的因素：乳化剂单甘酯的作用；脂肪的类型。

单甘酯的作用：混合料老化开始的 1h 之内，脂肪结晶显著。冰淇淋混合料中没有乳化剂时，5℃ 老化 1h，固体脂肪含量达 75%；乳化剂单甘酯存在时，老化 1h 固体脂肪含量就可达 85%。另外，脂肪球中甘油三酯的汇集在以后的凝冻操作中有两个重要作用：结晶的刚性外层赋予小球一定的机械强度；处于小球中的液体甘油三酯在凝冻时的机械作用下容易挤出，有助于在空气泡表面形成保护层。

脂肪的类型：长链的不饱和脂肪酸的结晶增加，脂肪结晶相对较少，且结晶比较缓慢。如果脂肪结晶不适当会导致冰淇淋口感质量差和贮藏稳定性低。

④蛋白质的解吸作用：在 30℃ 以上脂肪和乳化剂融化时，脂肪-蛋白质强烈的相互作用促进了酪蛋白胶束的吸附。当物料冷却到 5℃ 以下时，靠近脂肪-水界面的乳化剂结晶导致脂肪结晶，削弱蛋白质-脂肪的结合。同时，界面乳蛋白的水合作用增加，导致大部分 β-酪蛋白从脂肪球分离。出现了蛋白质的解吸作用。加入乳化剂单甘酯后将加速蛋白质的解吸。解吸是一个缓慢的过程，要达到完全的解吸需要很长的时间。

3. 老化的温度和时间

混合原料经过均质后，应立即转入冷却设备中，迅速冷却至老化温度（2~4℃）。如果混合原料温度较高（大于 5℃），则易出现脂肪分离出来；但亦不宜低于 0~1℃，否则容易产生冰结晶，影响质地。冷却过程可以在板式热交换器或圆筒式冷却缸中进行。

老化时间长短与温度有关。例如在 2~4℃ 时，进行老化需要延续 4h；而在 0~1℃，则需 2h 即可；而高于 6℃ 时，即使延长了老化时间也得不到良好的效果。

老化持续时间与混合原料的组成成分有关。干物质愈多，黏度愈高，老化所需的时间则愈短。一般制品老化时间为 2~24h。现由于制造设备的改进和乳化剂、稳定剂性能的提高，老化时间可以缩短。有时，老化可以分为两个阶段进行，将混合原料在冷却缸中先冷却至 15~18℃，并在此温度保持 2~3h，此时混合原料中明胶溶胀，比在低温下更充分，然后将混合原料冷却至 2~3℃ 保持 3~4h。这样进行老化时，混合原料的黏度可以大大提高，并能缩短老化时间，还能使明胶的耗用量减少 20%~30%。

（五）凝冻

凝冻是冰淇淋制造中的一个重要工序。它是将混合原料在强制搅拌下进行凝冻。这样可使空气呈极微小的气泡状态均匀分布于混合原料中，而使水分中有一部分（20%~40%）呈微细的冰结晶，体积膨胀。冰淇淋混合料成为半固体。凝冻搅拌是冰淇淋形成的最后一道极为重要的工序，是冰淇淋的比重、可口性、产量的决定因素。

1. 凝冻目的

（1）使混合料更加均匀　由于均质后的混合料，还需添加香精及色素等，在凝冻时，通过不停的搅拌，可使混合料液中的各成分进一步混合均匀。

（2）使冰淇淋组织更加细腻　凝冻是在 -6~-2℃ 的低温下进行的，这时混合料中的水分会结成冰，但是由于搅拌的作用，水分只能形成$4 \sim 10 \mu m$的小结晶且大小均匀，因而使冰淇淋的组织更加细腻、体形优良、口感滑润。

（3）通过凝冻搅拌能得到合适的膨胀率　冰淇淋具有松软的组织，这主要是因为在凝冻搅拌的同时也将空气混入冰淇淋料液中，空气变成微小的气泡，使冰淇淋容积增加，也使冰淇淋形成优良的组织和形体，使产品更加适口、柔润和松软。另外，细微的空气泡均匀分布于冰淇淋的组织中，可起到稳定和阻止热传导的作用。搅拌器的搅动可防止冰淇淋混合料因凝冻而结成冰屑，尤其是在冰淇淋凝冻机筒壁部分。

（4）可加速硬化成形过程　由于搅拌凝冻是在低温下操作，因而能使冰淇淋料液冻结成为具有一定硬度的半固体，经包装后可较快成形硬化。

2. 冰淇淋的形成原理

在凝冻机内的料液通过凝冻搅拌使料液的温度下降及外界空气的混入，浓郁的料液逐渐变为浓厚、体积膨大的固态，这是一个物理变化过程。

冰淇淋的形成大体经过以下三个阶段：

第一阶段——液态阶段。假定料液的温度为5℃，经过$2 \sim 3min$的凝冻与搅拌过程后，料液的温度从5℃降低到$2 \sim 3$℃。由于料液的温度尚高，仍未达到使空气混入的条件，故这个阶段称为液态阶段。

第二阶段——半固态阶段。继续将料液凝冻搅拌$2 \sim 3min$，此时料液的温度降至$-2 \sim -1$℃，料液的黏度也显著提高。由于料液的黏度提高了，外界的空气趁机大量混入，料液开始变得浓厚而体积膨胀，这个阶段称为半固态阶段。

第三阶段——固态阶段。此阶段为料液即将形成冰淇淋的最后阶段。经过半固态阶段以后，继续凝冻搅拌料液$3 \sim 4min$。此时，料液的温度已降至$-6 \sim -4$℃，在温度继续下降的同时，外界的空气继续混入，并不断地被料液层层包围，这时冰淇淋料液内的空气含量已接近饱和。由于整个料液的体积不断膨胀与扩大，而机内的凝冻搅拌仍在继续。此时，从凝冻搅拌机的窥视孔往里看，就会看到一层层犹如长带似的更浓厚的固态物质，此阶段即是固态阶段。

由于料液的配方不同，老化的温度与老化的时间不一，再加上机内冷剂的供应量不一和操作技术不同。因此，每次的凝冻搅拌时间不能千篇一律，对三个不同的阶段要掌握好。

在通常情况下，只要配方稳定，均质与老化条件适当，再加上熟练的凝冻操作技术，使冰淇淋达到适宜的膨胀率是完全可能的。

3. 凝冻时混合料的理化变化

混合料在凝冻时，受到低温、搅刮器搅打等作用，将发生冰点下降、产生过冷、凝结温度不固定等现象。

（1）冰点不断下降　当混合料被降温至冰点时，液态水变成冰结晶粒出现在混合料内，这些冰晶实际上是固体的纯水，使混合料中含水量减少，而糖类和其他溶解成分浓度更大，造成了混合料液态部分的冰点略为降低。这样，若使混合料中产生更多的冰晶，就必须使其温度再行降低。然而要使液态水变成固态的冰晶，就必须排除熔化潜热。此过程中，混合料的温度不会明显变动。图6-39为冰淇淋混合料的温度下降曲线。

（2）产生过冷现象　当水溶液温度由冰点下降至0℃以下而尚未凝结的现象，称为过

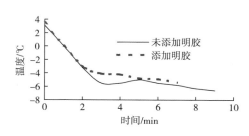

图6-39　冰淇淋混合料的温度下降曲线

冷现象。混合料在凝冻时的过冷现象，会给产品质量带来一些不利的影响。如使产品质量粗糙。但是在凝冻时由于有搅刮器在不停地进行搅刮，会使过冷现象得以缓和。为了减轻和防止局部过冷，可以控制制冷量，不使凝结温度过低；不要每次出料时完全出尽，让少量冰晶在凝冻筒内，起着降低导热的作用。

图6-38表明添加明胶的混合物未产生过冷现象，这是因为明胶黏度增加，妨碍混合料的对流，与凝冻机冷却面接触的一部分呈过冷状态，变成晶种，容易产生结晶。

（3）凝结温度不定　冰淇淋混合料是由很多原、辅料配制而成，而且各种配方的成分比例配比不同，凝结温度不定，所以对混合料来说没有固定的凝结曲线。

表6-17列出了在不同采样温度时冰淇淋中水分的冻结率。

表6-17　　　　　　　　　　　　不同采样温度时冰淇淋中水分的冻结率

温度/℃	水分冻结率/%	温度/℃	水分冻结率/%
-3.89	33	-6.67	59
-4.44	41	-7.22	62
-5.00	47	-7.78	64
-5.56	52	-8.33	67
-6.11	56	-26.12	90

由表6-17可以看出，凝冻过程第一阶段约33%~67%的水分冻结；硬化阶段约23%~57%的水分冻结。

在混合料中能形成有真溶液的有乳糖、蔗糖和乳中的盐类，特别是钠、钾、镁的氯化物、柠檬酸盐及磷酸盐等。而其中的氯化钙是一种具有很低共熔点的物质，达到-55℃，所以要使混合料全部凝结，至少要低于这个温度。一般冷库的温度也在-40℃以上。在此温度，冰淇淋混合料仅是保持一定的冻结程度。

（4）产生冰结晶　冰淇淋在凝结过程中约有30%~50%的水分凝结成冰结晶。为了获得细腻的组织，关键在于形成细微的冰结晶。

料液在凝结器中经过剧烈的搅拌使黏附在凝结器壁上的一部分冰淇淋被刮刀刮下，有效地形成细微的冰结晶进入到冰淇淋中。如果刮刀钝，或刮刀与筒壁间隙超过0.2~0.3mm，刮下的一层的冰结晶就不会足够的细小，会使成品组织粗糙，在凝结过程中要定期检查刮刀和进行磨修。只有刮刀在锋利的情况下转动才能加速细小晶体的形成。同时随着凝结的进行，料液的浓度不断相对地增加，使没有凝结的部分黏度上升，黏度增加能使溶液中分子扩散能力相应地减弱，这样就阻碍晶体的活动。结晶缓慢，但会造成普遍结晶，产生无数细小的晶体。

4. 冰淇淋的物理结构

冰淇淋的物理结构极为复杂，它是由气相、液相与固相三相组成的。在气相中，气泡包含着冰结晶，均匀分散在冰淇淋的液相中，冰结晶由水凝结而成，平均直径为 4.5 ~ 5μm，冰晶之间的平均距离为 0.6 ~ 0.8μm；在液相中，固态超微粒的蛋白质与部分不溶性盐类，又均匀分布于呈溶液状的砂糖、乳糖、可溶性盐中。因此，冰淇淋是一种以可塑性的泡沫乳浊液结构为主要特征的三相多分散体系。冰淇淋中所含的空气泡肉眼无法看到，只有在高级显微镜下才能观察到。这些气泡的直径为 10 ~ 120μm，在这种条件下，冰淇淋的膨胀率要达到 100% 是没有问题的。

水和气是冰淇淋的重要组成，但容易被忽视。水是连续相，可以液态、固态或液固共存状态存在。冰淇淋中的水分来自液态乳制品和添加的水分。添加的水分需要经过净化处理。空气分布在由液态水、冰结晶或固化的脂肪球组成的水-油（脂肪）乳化液中。水和气的界面是通过未冷冻物料的薄膜来稳定的。脂肪球的界面覆盖一层乳化脂的物质。

冰淇淋中的空气有重要的意义。空气影响着产品的质量，影响产品利润。有些冷冻机使用空气过滤器来保证空气的质量。有研究者将液氮注入混合料进行冷冻。也有将 CO_2 注入冰淇淋，取代空气，得到优质的产品。

冰淇淋的质地细腻与否与冰结晶体的大小和形状有关。由于冰淇淋料液中含有 65% 左右的水分，当凝冻到达水的冰点时，在冰淇淋半固态阶段的后期，冰淇淋中出现结晶是不可避免的。冰结晶体的大小与其排列形状有关，而冰结晶体的形态又与凝冻速度的快慢有关，若凝冻速度缓慢，则料液内的水分子有足够的时间形成六角形晶体；若凝冻速度加快，则料液中的水分子形成不规则的树枝形晶体；当凝冻速度再高时，料液内的水分子又会形成球形晶体；在极高的凝冻速度下，水分子形成细微的球形晶体。在正常的生产条件下，冰淇淋中的结晶体就是在后一种条件下形成的。冰淇淋内的水的结晶体越小，其形体就越光滑。有经验的技师与工程技术人员根据凝冻冰淇淋的表面状态，即光滑或毛粗程度，就能够辨别出冰淇淋凝冻质量的好坏。

5. 凝冻温度

冰淇淋混合原料的凝冻温度与含糖量有关，而其他成分则影响不大。

混合原料在凝冻过程中的水分冻结是逐渐形成的。在未冻结部分中的水分中，糖的浓度越高，其冰点越低，则有更多的水结成冰晶。

因此，冰淇淋凝冻时水分越多，硬化则越困难。在降低冰淇淋温度时，每降低一度，其硬化所需的时间就可缩短 10% ~ 20%，但凝冻温度不得低于−6℃。因为温度太低会造成冰淇淋不易从凝冻机内放出。

如果冰淇淋的温度较低和控制制冷剂的温度较低，则凝冻操作时间可缩短，但其缺点为所制冰淇淋的膨胀率较低，空气不易混入，而且空气混合不均匀，组织不疏松，缺乏持久性。

如果凝冻时冰淇淋温度高，非脂乳固体含量多，含糖量高，稳定剂含量高等均能使凝冻时间过长。其缺点是：成品组织粗并有脂肪微粒存在；冰淇淋组织易发生收缩现象。

6. 凝冻机

凝冻机是冰淇淋制造工程最重要的设备。工业用冷冻机，有间歇式和连续式两种。就冷冻方式而言，有夹层冷盐水式以及利用氨、氟利昂 R-22 等冷媒蒸发带冷却夹层直接膨胀冷冻式两种。

凝冻机的作用：将混合料的成分与添加物混合均匀；将混合料冷却到适合灌装、包装的温度与硬度，冷冻为半固体状；使制品凝冻、组织细腻，混合料中的水分 40%~50% 形成冰结晶为标准，低温凝冻机的冰结晶可达 70%~75%；保证适当的膨胀率。

(六) 冰淇淋的膨胀率

1. 冰淇淋的膨胀

冰淇淋的膨胀是指混合原料在凝冻操作时，空气被混合入冰淇淋中，成为极小的气泡，而使冰淇淋的体积增加而言，这种现象称为增容。此外，因为凝冻的关系，混合原料中绝大部分水分的体积亦稍有膨胀。冰淇淋的膨胀率，则系指冰淇淋体积增加的百分率而言。

冰淇淋体积膨胀的作用，可使混合原料凝冻与硬化后得到优良的组织与形体，其品质比不膨胀或膨胀不够的冰淇淋适口，且更为柔润与松散，又因空气中的微泡均匀地分布于冰淇淋组织中，有稳定和阻止热传导的作用，可使冰淇淋成型硬化后较持久不融化。但如果冰淇淋的膨胀率控制不当，则得不到优良的品质。膨胀率过高，则组织松软；过低时，则组织坚实。由于空气以极微小气泡的形式均匀分布于冰淇淋组织中，空气是热的不良导体，热传导作用大大降低，使产品抗融化作用大大增强，在成型后持久不融，提高了稳定性。

冰淇淋制造时应控制一定的膨胀率，以便使它能具有优良的组织和形体。表 6-18 列出了冰淇淋制品的膨胀率。

表 6-18		冰淇淋制品的膨胀率		单位：%
产品种类	膨胀率		产品种类	膨胀率
小包装冰淇淋	70~80		软质冰淇淋	30~50
大包装冰淇淋	90~100		乳冰	50~80
雪比特	30~40		奶昔	10~15
食用冰	25~30		高级奶油冰淇淋	0~20

冰淇淋的膨胀率按其体积增长量与开始形成体积之间关系来决定。冰淇淋混合原料及体积增加曲线如图 6-40 所示。曲线（1）为凝冻过程混合原料的温度曲线；曲线（2）为凝冻过程混合原料的体积增加曲线。

膨胀率的计算公式为：

$$B = \frac{V_I - V_M}{V_M} \times 100\%$$

式中　B——膨胀率，%

　　　V_I——冰淇淋的体积，L

　　　V_M——混合料的体积，L

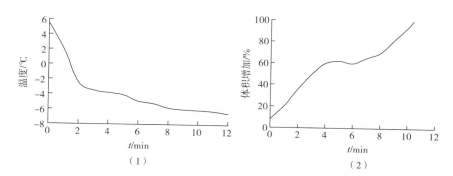

图6-40　冰淇淋混合原料凝冻及体积增加曲线

如以质量进行计算，则计算公式如下：

$$B = \frac{m_{\mathrm{M}} - m_1}{m_1} \times 100\%$$

式中　B——膨胀率，%

m_1——1L 冰淇淋的质量，kg

m_{M}——1L 混合原料的质量，kg

2. 影响冰淇淋膨胀率的因素

在制造冰淇淋中适当地控制膨胀率，是凝冻操作中的重要环节。为了达到这个目的，对影响冰淇淋膨胀率的各种因素，必须加以适当地控制，现将影响膨胀率的因素叙述如下：

（1）乳脂肪　乳脂肪含量与混合原料的黏度有关，如其含量多，则黏度高，影响空气的吸入。黏度适宜凝冻搅拌时空气容易混入。

（2）非脂乳固体　混合原料中非脂乳固体含量高，能提高膨胀率。但非脂乳固体中的乳糖结晶，乳酸的产生及部分蛋白质凝固，则会降低冰淇淋的膨胀率。

（3）糖分　一般生产中，都需要添加糖分，其含量约为 16%～18%。混合原料中糖分含量过高，可使冰点降低，凝冻搅拌时间加长，有碍膨胀率的提高。

（4）稳定剂　如用量适当则能提高膨胀率；但其用量过高，则黏度增强，空气不易混入，而影响膨胀率。

（5）乳化剂　适量的鸡蛋白，可使膨胀率增加。

（6）混合原料的均质　适当的均质压力，一般都在 14.7～17.6MPa，对改善冰淇淋的组织状态有很大的关系。压力过低，脂肪乳化效果不好，就会影响产品的质地和外观。压力过大，会使混合料的黏度增加，凝冻时空气不易混入，为了达到适宜的膨胀率，则需延长凝冻搅拌时间。另外在均质时温度高于 80℃，则会促进脂肪聚集，造成膨胀率的下降。

（7）混合料的老化　老化的适宜温度是在 2～4℃，保持一定的时间，进行物理成熟，目的在于使蛋白质、脂肪、凝结物和稳定剂等物料充分水化溶胀，提高黏度，利于凝冻搅拌时提高膨胀率，改善冰淇淋的组织结构。

（8）混合原料的凝冻　凝冻操作是否得当，对于冰淇淋的膨胀率有密切关系。如果凝冻时，冰淇淋温度较低，控制制冷剂的温度也较低，则凝冻时间也会相应的减少，导致冰淇淋的膨胀率降低。其他如凝冻搅拌器的结构及其转速对膨胀率同样有密切关系，故要得到适宜的膨胀率，除控制上述因素外，尚需有丰富的操作经验或采用仪表控制。

（七）冰淇淋的成形、硬化与贮存

1. 冰淇淋的成形

凝冻后的冰淇淋，为了符合便于贮藏、运输以及销售的需要，根据销售的要求进行分装成形。不经成形的冰淇淋可以作为软质冰淇淋销售。冰淇淋的成形较为简单。包装容器有纸质和塑料两类。而成形的形状有砖状、杯状、块状、锥状、带棒块状、异形状等多种。

关于冰淇淋的分装成型，系根据所制产品品种形态要求，采用各种不同类型的成型设备来进行的。冰淇淋成型设备类型很多，目前我国常采用冰砖灌装机、纸杯灌装机、小冰砖切块机、连续回转式冰淇淋凝冻机、异形冰淇淋灌装机、双色冰淇淋灌装机等。

2. 冰淇淋的硬化

为了保证冰淇淋的质量以及便于销售与贮藏运输，因此已凝冻的冰淇淋在分装和包装后，必须进行一定时间的低温冷冻过程，以固定冰淇淋的组织状态，并完成在冰淇淋中形成极细小的冰结晶过程，使其保证一定的松软与硬度，此称为冰淇淋的硬化。

经凝冻的冰淇淋必须及时进行快速分装，并送至冰淇淋硬化室或连续硬化装置中进行硬化。冰淇淋凝冻后不及时进行分装和硬化，则表面部分的冰淇淋易受热融化，如再经低温冷冻，则形成粗大的冰结晶，降低品质。

冰淇淋硬化的情况，对品质有着密切的关系。硬化迅速，则冰淇淋融化少，组织中冰结晶细，产品细腻润滑；若硬化迟缓，则部分冰淇淋融化，冰的结晶粗而多，成品组织粗糙，品质低劣。

（1）硬化设施　冰淇淋的硬化设备因企业的规模、条件不同，而采用不同的形式。

①速冻室：速冻室的温度一般保持在−25～−23℃。速冻室根据冷却的氨盘管摆设方法不同，分为天棚盘管式、水平棚盘管式、垂直盘管式、强制通风单元冷却器等。强制通风单元冷却器，是将氨盘管按箱形紧凑地排列，空气由其间通过被冷却到−40～−35℃，经高速螺旋风扇排入硬化室。最近工厂多采用这种方式。包装好的制品堆放于速冻室中时要使其四周完全置于流动的冷空气的包围之中。

②速冻隧道：在大批量生产的工厂，为了加速硬化和保证产品质量，可采用快速冻结设备——速冻隧道硬化室。冰淇淋制品经传送带送入冷冻隧道，隧道内装有高能力的冷冻蒸发器，并配备高速风扇，保证冷空气按一定的速度吹过需要硬化的产品。图6-41为螺旋式速冻隧道。

③液氮：液氮的沸点为−195.5℃，对食品的冷冻很有效。氮气在化学上是不活泼的气体，所以也无制品的变化及危险性。

冰淇淋的冷冻硬化使用液氮时，冷冻快速组织良好；并能适应制品的多样化。硬化的方式有液氮喷雾法、浸泡法等。目前实用的为喷雾法。液氮价格较贵，但冷冻设备本身不需要动力，设备费用较低。冻结1kg的食品约需液氮0.8～1.2kg。

灌装于一定容器的−3℃的冰淇淋，从硬化装置的入口到出口，冰淇淋的温度可降至−16℃左右，时间为7～8min。

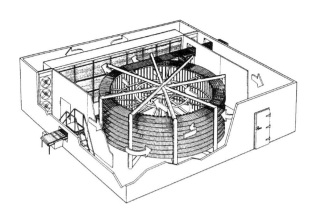

图 6-41　螺旋式速冻隧道

④盐水硬化设备：利用冷冻盐水为载冷剂，放入盐水槽中，另将待硬化冰淇淋置于盐水槽中，使其降温而硬化，其冷冻温度为-25～-30℃，硬化时间为 12～16h。

⑤冰盐硬化设备：碎冰块占 75%、盐占 25% 的冰盐混合物，可获得-17.8℃ 的低温，将待硬化冰淇淋置于这种冰盐混合物中，也可以达到要求，其硬化时间约为 14～18h。

此外，也有采用固体二氧化碳（干冰）进行冷却的，因其融化后变成二氧化碳而分散，没有融化水，在贮藏运输等方面都比较方便。

（2）影响冰淇淋硬化的因素　冰淇淋在硬化过程中的硬化时间取决于以下几个因素：

①冰淇淋的品种、包装规格、大小：如大冰砖在同一条件下比中冰砖硬化时间长一些，而 50～100g 的纸杯冰淇淋硬化时间比中冰砖快些。包装容器的导热性也是影响硬化的重要的因素。包装后，导热性差，硬化时间长。成形的尺寸越小，传热越快，越容易达到速冻要求。表 6-19 列出了在速冻室中不同硬化条件、不同分装形式的硬化时间。

表 6-19　　　　　　　冰淇淋的硬化时间（空气温度：-22℃）　　　　　　单位：h

硬化条件	分装形式				
	圆筒直径 230mm	模盘	砖块	纸杯装	
				50g	100g
空气自然流动	24～26	8～12	6～10	4～6	5～6
3～4m/s 强制流动	10～12	4～6	3～5	2～3	2.5～3

②速冻室中冷空气的流动方式：无鼓风装置的为自然对流，速冻时间长；有鼓风装置的为强制对流，速冻时间短。

③强制对流的循环速度：如室内空气流速为 1m/s，中冰砖硬化 6～8h；如室内空气流速达 3m/s，只需要 3～5h。

④制品堆装方式：堆装时，箱与箱之间要有一定的距离，最好间隔 2～4cm，不宜过于紧密，否则也会影响速冻效果。

⑤由凝冻机流出的冰淇淋温度高 0.5℃，硬化时间约增加 10%～15%。

⑥混合料中脂肪含量低、冰点高则硬化时间缩短；反之，硬化时间延长。

⑦膨胀率增加，所含气泡多，降低传热系数，硬化有略微增加的趋势。

3. 冰淇淋的贮藏

硬化后的冰淇淋可以立即销售；也可从硬化设备输出后，应立即装箱，运至冷库贮藏，贮藏时间一般不超过 10d。待检验合格即可作为成品投放市场销售。

冰淇淋的贮藏温度以 -20℃ 为标准，库内的相对湿度为 85%～90%，产品贮藏时的库温不可忽高忽低。若达到 -18℃ 以上时，则冰淇淋的一部分冻结水分溶解。再降低温度时，组织状态明显粗糙化；更有甚者，由于温度变化促进乳糖的再结晶与砂状化。冷库蒸发器设计为单、双排顶管和墙管。如能采用氨泵强制供液，则蒸发器的传热系数提高，蒸发面积可以减少，以节约初装费。产品堆放时要注意分期、分批和品种的不同。堆放的高度一般不超过 1.2～1.4m。为了提高库位的利用率，在库的周围和中间设堆货木架。库中设有回笼间、风幕等设施。

三、冰淇淋的常见质量缺陷

冰淇淋的组织状态是固相、气相、液相组成的复杂结构。在液相中有直径 150μm 左右的气泡和 10～50μm 大小的冰结晶，此外还分散有 2μm 以下的脂肪球、乳糖结晶、蛋白质颗粒以及不溶性盐类等。细微的冰结晶以及稳定剂和乳化剂的存在，使分解状态均匀细腻、具有良好的适口性，并改善了产品的保形性和溶解性。但由于配料不当、均质、凝冻工序处理的不合适，往往产生很多的缺陷，产品质量低劣。

冰淇淋的质量由风味、形体及组织、熔解状态、色泽、包装及容器的状态等决定。在法规上有成分的组成及细菌数的规定。

（一）风味的缺陷

这是在制造混合料时由牛乳及乳制品带来的异臭所引起的。包括生产牛乳时固有的气味、细菌污染的异臭、乳成分发生化学变化所形成的油臭、兽脂臭、脂肪分解臭、鱼臭等。也有甜度、香料的过量或不足所引起的缺陷。

1. 酸败味

酸败味主要由细菌繁殖引起的。冰淇淋混合料的杀菌工序不当，杀菌工艺条件有误，或是混合料在杀菌后放置过久，使微生物混入其中繁殖而引起的。另外，采用酸度较高的乳制品，如酪乳、鲜乳、炼乳等。

2. 烧焦味

对料液加热杀菌时温度过高、时间过长引起；使用酸度过高的牛乳也会出现烧焦味；使用烧焦的花生仁或咖啡也会引起。

3. 油哈味

使用已经氧化、变哈喇的动植物油脂或乳制品而产生的。

4. 咸味

在冰淇淋中含有过高的非脂乳固体或被中和过度，均能产生咸味。另外，在冰淇淋原料中采用盐分较高的乳品，也能产生咸味。

风味缺陷的主要防止方法是选用优质合格的原料、严格配方并掌握用量、控制杀菌条件、防止料液接触铜、铁、锡等金属材料。

（二）形体和组织的缺陷

所谓组织，就是物质的微细结构，即指有关微细粒子的大小、形状、配列等特性。形体就是物质全体的性状，即指黏度、浓厚度或硬度等，就冰淇淋而言，亦即耐熔性。形体和组织互相联系，形体和组织良好的制品呈天鹅绒状，入口时有咬头，熔解的好，舌感光滑，冰淇淋中的全部粒子被微细化，不残留在舌头上。图6-42为冰淇淋组织状态和形体特征的显微照片。

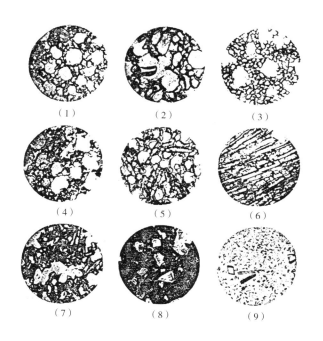

图6-42　冰淇淋组织状态和形体特征的显微照片

（1）密实光滑；（2）粗糙疏松；（3）组织蓬松；（4）冰晶；（5）粗糙、有冰茬（温度波动）；（6）粗糙、有冰茬、薄片状（搅拌不足＼凝冻缓慢）；（7）粗糙、有冰茬（表面受热）；（8）乳糖结晶（砂状冰淇淋）；（9）乳糖结晶

1. 组织的缺陷

（1）粗糙或冰状组织　粗糙或冰状组织是最多的缺陷，主要原因如下：

①气泡的大小与组织一致的关系：混入冰淇淋的气泡小，则组织光滑。混合料的搅打能被薄膜的强度所左右。因此薄膜越强，混合料就能将一定量的空气保持为微细的气泡形状。至于气泡的大小，以气泡平均直径 $60\sim100\mu m$ 为最好。

②混合料的组成对组织的影响：无论增加混合料哪一种成分的含量，在理论上就能增加一定的平滑的组织状态。其理由是：减少形成冰结晶的水分，有能抑制冰结晶的成长；降低混合料的冰点；混合料的浓度高，空气分散为小气泡。非脂乳固体对冰结晶大小的影响见表6-20。

脂肪球妨碍冰结晶的成长，又可使舌感平滑。蛋白质能保持混合料中的水成为结合水，从而减少游离水，以便形成微细的冰结晶。混合料酸度对冰结晶的影响见表6-21。

表 6-20 非脂乳固体对冰淇淋内部结构的影响

非脂乳固体/%	平均冰结晶大小/μm	平均气泡大小/μm	气泡壁的厚度/μm	组织状态
9	55.8	176.6	165.4	稍感粗糙
11	52.3	188.4	148.7	较为光滑
13	39.4	158.0	116.0	口感光滑
15	32.2	103.2	124.0	很光滑

表 6-21 混合料酸度对冰结晶大小的影响

酸度/（g/100g）	pH	冰结晶大小/μm
0.24	6.5	50.7×42.5
0.18	6.8	42.5×37.4
0.12	7.5	49.2×44.3

稳定剂在冻结时形成凝胶及保持成为结合水，所以是组织光滑的重要因素。但是使用过量会产生橡胶状组织。

③混合料处理方法的影响：由于均质，脂肪被分割得很小，对冰结晶的成长有一定的抑制作用。成熟是给水变成稳定剂以及蛋白质的结合水以时间，以便形成微细结晶。同时增强搅打能力，以便形成小气泡使组织良好。总固体物含量高的混合料，几乎看不出成熟的效果，但是含量低的混合料，成熟效果明显。

④冻结及硬化的影响：冻结及搅拌速度，是使冰结晶变小的重要因素。冷冻中尽可能冻结要硬，更能使组织均匀细腻。由于从冷冻机取出后的处理而部分熔解，再在硬化室内缓慢冻结致使组织不良。冰晶的粒径与组织的关系：小于 35μm 很光滑；35～55μm 光滑；大于 55μm 就粗糙不光滑。

（2）雪状及剥片状组织 是混入大量空气的大气泡所引起的缺陷。造成气泡大小的原因很多，这些主要原因适当配合就变成剥片状的组织。其主要因素为：总固体物含量低；稳定剂含量少；用冷冻机冻结得软；搅打不当，冷冻机旋转得慢，搅打能力低。

（3）砂化 由于乳糖结晶的存在造成的，故混合料中乳糖含量要控制在一定量以下。虽然正常的冰淇淋的乳糖在 5μm 以下，但是砂化的冰淇淋在 15μm 以上。为了防止粗大乳糖结晶的形成，混合料中的非脂乳固体物要在 12% 以下，水分中乳糖的比率必须在 9% 以下。

（4）奶油状组织 高脂肪的冰淇淋在冷冻中，有时脂肪球不稳定，被搅打成奶油状。这种奶油状组织的缺陷，虽然由于脂肪球的乳化、分散不完全引起的，即使完全乳化分散，如果进入冷冻机的混合料的温度过高，很难膨胀，而在冷冻机中搅打的时间过长，或冷冻机的运转效果不良，就会产生这种缺陷。

（5）组织坚实 组织坚实是指冰淇淋组织过于坚硬。这主要是因冰淇淋混合料中所含总干物质过高或膨胀率过低所引起。

（6）面团状组织 在配制冰淇淋混合料时，稳定剂用量过多、硬化过程掌握不好、均质压力过高等，均能产生这种组织。

2. 形体的缺陷

形体除冻结冰淇淋的性状之外，也包括熔解时的性质与状态。

（1）脆弱的形体　缺乏黏性，并且粗糙。其原因是膨胀过度、气泡大、稳定剂不足、总固体物含量低、均质不完全、冷冻速度慢等。

（2）湿润的形体　膨胀率低，特别是混合料的总固体物含量高时引起的。总固体物38%的冰淇淋，如果膨胀率在60%以下就会产生这种缺陷。

（3）橡胶状或糊状　明胶或其他胶体添加量过高。加上混合料的浓度过高时，或者蛋黄固体物过量0.5%~1.0%时，也会产生这种缺陷。蛋黄固体物若过多，则熔解时产生泡沫状的形体。熔解性不良的形体，多数起因于乳化剂的选择与使用。

（4）热震　冻结或硬化后的冰淇淋温度上升到足以使冻结晶熔解，这种冰淇淋称为受热震的冰淇淋。经急速冻结、硬化的冰淇淋，冰晶小，并均匀分散，但由于外部温度上升，冰晶开始熔解。这时温度再下降，冰晶会增大；同时周围的气泡薄膜及由冰晶形成的均一组织也被破坏。

（5）干燥性　这种现象主要与脂肪和乳化剂有关。所谓干燥性，就是指表面干燥。其反面就是湿性，表面呈湿润状态，脂肪少、糖分多的冰淇淋较常见。干燥性是在冻结中乳浊状被破坏、脂肪球聚集、一部分被搅成奶油团时出现。脂肪率越高，乳化剂越是具有使脂肪球不稳定的性质，就具有干燥性。

（6）融化后成泡沫状　冰淇淋融化后含有很多泡沫。主要是由于混合料的黏度较低或有较大的空气泡分散在混合料中，因而在冰淇淋融化时，会产生泡沫。也可能是稳定剂用量不足或没有完全稳定所形成。

（三）冰淇淋的收缩

冰淇淋的体积之所以能膨胀扩大，主要是由于混合料在凝冻机中受到搅拌器的高速搅拌，将空气搅成微细的气泡并均匀地混合在冰淇淋组织中，最后成为松软的冰淇淋。但是，如果空气气泡受到破坏，空气会从冰淇淋组织中逸出，使其体积缩小，造成了冰淇淋组织的收缩。

冰淇淋的收缩是冰淇淋制造中的质量问题之一，使冰淇淋制造厂商在经济上受到一定的损失。低脂冰淇淋及非脂冰淇淋的迅速开发，冰淇淋的收缩更被重视。这是因为冷冻含乳甜食中非脂乳固体的增加，使得本可缓解冰淇淋收缩的稳定作用或乳化作用减弱。

1. 冰淇淋收缩的机制

关于引起冰淇淋收缩的机制尚未完全明了。一种理论认为，收缩是由于敏感的冰淇淋中力的变化所引起，该力对空气泡产生压强，使空气泡破坏，空气从冰淇淋组织内逸出，发生收缩。其中较重要的力为重力、因温度变化而引起的空气泡中压力的变化、大气压变化以及贮存过程中由于冰变成水而产生的压力等。与此种收缩相对抗的力为介于冰淇淋与容器间的黏接程度，如果黏接坚实，尽管存在破坏空气泡的力，但冰淇淋能够适当抵抗收缩。

有两种方法测定冰淇淋的收缩程度：一是测量冰淇淋与容器底部及侧面的距离，以毫米表示；另一种是将冰水倾入置有收缩的冰淇淋容器中，测定其容积损失。

2. 影响冰淇淋收缩的因素

影响冰淇淋收缩的因素很多，主要如下：

（1）纸或纸板容器　冰淇淋在未涂蜡纸或纸板容器中的收缩常较涂蜡容器中的为明显。容器除了具有贮存功能外，它尚能阻抑空气从组织中逸出。

包装在纸容器中的冰淇淋当贮存期较长时，由于水分的损失会出现失重，这种现象部分是由于水分通过容器孔隙、接合部位以及密封不良所引起，或者是包装材料吸收水分，再将水分释放至大气中的缘故。

增加冰淇淋表面积或容器壁孔隙会使空气交换加剧，这样就易使空气从容器壁扩散，其结果是引起空气泡的破坏，导致冰淇淋发生收缩。

（2）干冰　冰淇淋运输或销售过程中使用的干冰是影响冰淇淋收缩的因素之一。这可能是由于干冰中的二氧化碳通过纸盒或容器壁，被冰淇淋所吸收，二氧化碳使冰淇淋的pH发生变化，蛋白质不稳定，引起空气泡的破坏。

（3）膨胀率　一般认为膨胀率较高的冰淇淋发生收缩较快，可能是一定容积单位内较多空气泡的渗入使冰淇淋的密度降低，因此即使很小的力就有可能破坏空气泡，使冰淇淋的结构塌陷。因此，冰淇淋由高处运至低处或由低处运往高处时，最好膨胀率保持在80%以下。膨胀率较高的冰淇淋，含有大量的空气泡，组织较脆弱，缺乏一定的骨架，空气泡易于破坏，使空气逸出，引起冰淇淋的收缩。

（4）空气泡与冰晶　细小的空气泡较较大的空气泡使冰淇淋收缩更快些，这是因为小气泡有较大的空气内压。冰淇淋内含有大量的细小的冰晶时，其骨架并不坚实，因此更易发生收缩。

（5）温度波动　冰淇淋最好在$-23.3 \sim -29$℃进行硬化，在-29℃硬化时更能抵制收缩的发生。冰淇淋在硬化室中进行硬化时作好温度记录，保持温度均一。冰淇淋贮藏和销售过程中尽量避免温度的波动。一般来说，温度波动越甚收缩越烈。

（6）凝冻条件　冰淇淋的收缩多由于凝冻时围绕空气泡的蛋白质胶体悬浮液发生去稳定作用所引起。凝冻使蛋白质失水，增加矿物盐浓度产生沉淀，当凝冻的冰淇淋中含有较小的结晶及细小的空气泡时常易发生收缩。

（7）冰淇淋浆料的加工条件　冰淇淋经过二次均质常较一次均质更易发生收缩，如果二次均质时压力比较接近，收缩趋势可能会小些。

含酸度较高的浆料用碳酸氢钠或碳酸镁中和时，常较低酸度未加入中和剂的冰淇淋浆料收缩明显。

（8）原料的影响　乳与乳制品富含蛋白质，是冰淇淋的主要原料。乳固体采用了高温脱水处理，牛乳及脂肪的酸度过高，致使蛋白质的稳定性较差，这样构成的组织缺乏弹性，易溢出水分，造成形体收缩，组织坚硬。

糖类是冰淇淋的重要组分，其对凝固点的影响较大。糖分含量高，则凝固点降低，收缩严重，尤其是使用淀粉糖浆、蜂蜜等小分子糖类。

冰淇淋中的脂肪含量增加，使表面张力降低，其收缩的可能性增加。冰淇淋中的脂肪球分散在胶体-水界面，脂肪球数量越多，体积越大，界面张力就越多，会使空气泡破坏，空气逸出，因此产生明显收缩。脂肪含量从10%增加至16%时对收缩的影响不大。增加非脂乳固体的浓度，也会增加收缩的可能性。

3. 冰淇淋收缩的控制

冰淇淋的收缩，大大影响了产品的外观和商品价值，应尽力避免。要防止冰淇淋的收缩，应从多方面全面控制，方能取得较好的效果，一般从以下几方面加以考虑。

（1）采用合格的原料　合格的原料有助于防止冰淇淋的收缩，有些原料对冰淇淋的收缩影响较大，更应多加注意。乳与乳制品应选择质量较好，酸度较低的。糖度也是一项重要的指标，糖分含量不宜过高，不宜过多使用淀粉糖浆、蜂蜜等相对分子质量小的糖类，以防凝固点降低。

（2）严格控制膨胀率　膨胀率过高是引起冰淇淋收缩的重要原因，影响膨胀率的因素很多。在混合料的组分上，脂肪、非脂乳固体、糖类等对膨胀率有较大的影响；而杀菌、均质、老化等操作也对膨胀率高低起很大的作用。但影响最大的是凝冻操作，应认真对待。

（3）采用快速硬化　冰淇淋经凝冻成型后，即进入冷冻室进行硬化。若冷冻室中温度低，硬化迅速，组织中的冰结晶细小，融化慢，产品细腻轻滑，能有效防止空气泡的逸出，减少冰淇淋的收缩。

（4）硬化室应保持恒定的低温　凝冻后的冰淇淋应尽快进入硬化室，避免高温融化。在硬化室中，要特别注意保持温度的恒定。冰淇淋一旦融化，即会产生收缩，这时即使再降低温度也无法恢复原状。尤其是当冰淇淋的膨胀率较高时更要注意，因其更易产生收缩。

（5）乳化剂与稳定剂　稳定剂可能会影响空气的混合状况，从而影响收缩的程度。最近研究表明，单、双甘油酯与吐温 80、刺槐豆胶、瓜儿豆胶以及卡拉胶一起使用时可以减少冰淇淋的收缩。

另外采用较高的杀菌温度也可以改善冰淇淋的收缩。

第五节　其他乳脂产品

一、奶油粉

稀奶油产量受到季节影响波动较大，为了便于存储运输，可干燥加工成奶油粉。CODEX STAN 207—1999 中规定奶油粉是去除稀奶油中水分，强化或者去除部分乳成分，调节产品中乳清蛋白和酪蛋白比例而制成的产品。奶油粉中脂肪含量不少于42%，水分含量低于 5%，且非脂乳固体中乳蛋白质含量不少于 34%。奶油粉常用作汤料、冰淇淋和甜点的配料。

奶油粉加工过程中，脂肪球受到破坏。应用时需要加入乳化剂，同时进行均质处理改善其加工性质。奶油粉干燥方式为喷雾干燥，在干燥温度下大部分的乳脂肪为液态，需要加入非脂固形物，如蛋白质和碳水化合物来包裹脂肪球，防止其高温下溶解。同时加入抗氧化剂，防止脂肪高温下氧化。为防止产品室温下结块，还应加入抗凝结剂。CODEX STAN 207—1999 规定了允许添加至奶油粉中的各类食品添加剂，包括乳化剂、稳定剂、抗凝结剂、抗氧化剂和营养性物质等。

奶油粉的加工工艺如图 6-43 所示。

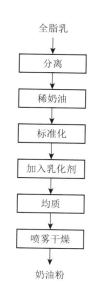

图 6-43　奶油粉生产工艺流程图

二、马斯卡彭（Mascarpone）干酪

马斯卡彭（Mascarpone）干酪起源于意大利北部地区，约有 1600 年的历史，脂肪含量为稀奶油奶酪的三倍。马斯卡彭用途广泛，多用于甜点加工，最为广为人知的莫过于意大利的提拉米苏；还可以用于馅饼和乳酪蛋糕的馅料或者表面涂层，或加入意大利面的酱料中，赋予产品浓郁的奶油风味；提高汤料和蘸酱产品的黏度；代替奶油和人造奶油，用于涂抹面包；代替稀奶油用于冰淇淋的生产，形成较好的产品质地。

虽然马斯卡彭为意大利传统食品，但是并没有相关的产品法规和标准。业内约定俗称的认为，马斯卡彭是一种软质的、能够涂抹的新鲜干酪产品，其基本成分和感官特性如表 6-22 所示。

表 6-22　　　　　　　意大利 **UNI 10710**＊标准中关于马斯卡彭尼干酪描述

指标	要求	指标	要求
干物质含量/（g/100g）	48~60	表观	奶油感外观且无褶皱
干物质中脂肪含量/（g/100g）	≥80	质构	质地柔软、紧密且有涂抹性
蛋白质含量/（g/100g）	2.8~6	色泽	白色或者淡黄色
pH	5.5~5.7	风味	风味柔和，有淡淡奶油香气

注：＊ UNI10710 为自愿标准，不具有法律约束力。

马斯卡彭是直接以稀奶油为原料，添通过调酸而制成的一种干酪产品，在 4℃左右能够保存 1~3 周。Robindon 和 Wilbey 描述马斯卡彭尼加工工艺如下：

（1）加热脂肪含量为 35% 的新鲜稀奶油至 90~95℃；

（2）添加食品级有机酸，如醋酸、酒石酸，同时缓慢搅拌保证酸度剂均匀分布，直至 pH 为 5.5~5.7；

（3）将高温下的稀奶油泵送至模具或者袋中进行排乳清；

（4）脱模，并根据需求进行盐渍，最后包装即可。

参考文献

［1］中华人民共和国卫生部．GB 19646—2010 食品安全国家标准　稀奶油、奶油和无水奶油［S］．北京：中国标准出版社，2004.

［2］McDowall F H, Singleton J A, Leheron B S. Studies on the manufacture of sweet cream starter butter. 3. Effect of age of stater cultures at time of inoculation［J］. Journal of Dairy Science, 1960, 27（2）：165-169.

［3］Walstra P & Jenness R. Dairy chemistry and physics［M］. New York：Wiley, 1984.

［4］Hill J. The fonterra research centre［J］. International Journal of Dairy Technology, 2003, 56：127-132.

［5］Wright A J, Scanlon M G, Hartel R W, et al. Rheological properties of milkfat and butter［J］. Journal of Food Science, 2001, 66：1056-1071.

［6］Frede E, Precht D & Peters K H. Consistency of butter. Ⅳ-Improvement of the physical quality of summer butter with special reference to the fat content of buttermilk on the basis of crystallisation curves［J］. Milchwissenschaft, 1983, 38：711-714.

［7］ Burgess K J. Milk fats as ingredients ［J］. International Journal of Dairy Technology, 2001, 54：56-60.

［8］ Vanhoutte B , Dewettinck K , Vanlerberghe B, et al. Monitoring milk fat fractionation：Filtration properties and crystallization kinetics ［J］. Journal of the American Oil Chemists Society, 2003, 80 （3）：213-218.

［9］ Achaya K T. Ghee, vanaspati and special fats in India. Lipids Technologies and Applications ［M］. (eds. F. D. Gunstone & F. B. Padley). New York：Marcel Dekker Inc., 2007.

［10］ Abdalla M. Milk inthe rural culture of contemporary Assyrians in the Middle-East. Milk and Milk Products from Medieval to Modern Times ［M］. Edinburgh：Canongare Press, 1997.

［11］ Fearon A M, Golding M. Butter and spreads：Manufacture and quality qssurance. Dairy Processing and Quality Assurance ［M］. Ames, Iowa ：Chandan , R. C., 2008.

［12］ Codex Standard for Milkfat products. 2006. Codex Stan 280 - 1973, revised 1999, amended 2006. Http：//www. codexalimentarius. net/we/standard_ list. jsp. Accessed 14/12/2009.

［13］ Warner JN. Ghee. Principles of dairy processing ［M］. Delhi, India：Wiley Eastern Ltd., 1976.

［14］ Rajorhia G S. Ghee. Encyclopaedia of food science, food technology and nutrition ［M］. London：Academic Press, 1993.

［15］ Pal M & Rajorhia G S. Technology of ghee I-Effect of multiple separation of cream on the phospholipids content of ghee ［J］. Indian Journal of Dairy Science, 1975, 28, 8-11.

［16］ Ray S C & Srinivasan M R. Pre-stratification method of ghee making ［J］. ICAR Research Series, 1976, 8：14.

［17］ Punjrath J S. New development in ghee making ［J］. Indian Dairyman, 1974, 26：275-278.

［18］ Abichandani H, Sarma S C & Bector B S. Continuous ghee making system-design, operation and performance ［J］. Indian Journal of Dairy Science, 1975, 48：646-650.

［19］ Patel R S, Mathur R K, Sharma P, et al. Industrial method of ghee making at Panchmahal dairy, Godhra ［J］. Indian Dairyman, 2006, 58：49-55.

［20］ Mehta S R & Wadhwa B K. Chemical quality of ghee prepared by microwave process ［J］. Indian Journal of Dairy Science, 1999, 52：134-141.

［21］ Flack E. Butter, margarine, spreads, and baking fats. Lipid Technologies and Applications ［M］. New York：Marcel Dekker, Inc., 1997.

［22］ Ashes J A , Gulati S K and Scott T W. Potential to alter the content and composition of milk fat through nutrition ［J］. Journal of Dairy Science, 1997, 80 ：2204-2212.

［23］ Murphy J J. Synthesis of Milk fat and opportunities for nutritional manipulation . Milk composition ［M］. Edinburgh：BSAS Occasional Publication, 2007.

［24］ Kaylegian K E , and Lindsay R C. Performance of selected milk fat fractions in cold-spreadable butter ［J］. Journal of Dairy Science, 1992, 75：3307-3317.

［25］ Osborn H T and Akoh C C. Structured lipids novel fats with medical, nutraceutical and food applications ［J］. Comprehensive Reviews in Food Science, 2002, 3：110-120.

［26］ Berntsen S. Dairy blend-new trend ［J］. Scandinavian Dairy Information, 1999, 13 （1）, 24-26.

［27］ Dungey S G, Gladman S, Bardsley G, et al. Effect of manufacturing variables on the texture of blends made with scraped surface heat exchangers ［J］. Australian Journal of Dairy Technology, 1996, 51：101-104.

［28］ Robinson D J & Rajah K K. Spreadable products. Fats in Food Technology ［M］. Sheffield：Sheffield Academic Press, 2002.

［29］ Pedersen A. Inversion of creams for butter products ［J］. Dairy Industries International, 1997, 63 （7）, 39-41.

［30］ Jones E L, Shingfield K J, Kohen C, et al. Chemical, physical and sensory properties of dairy products enriched with conjugated linoleic acid ［J］. Journal of Dairy Science, 2005, 88：2923-2937.

［31］ Lock A L, Bauman D E. Modifying milk fat composition of dairy cows to enhance fatty acids beneficial to human health ［J］. Lipids, 2004, 39（12）：1197-1206.

［32］ Deeth H C & Fitz-Gerald C H. Lipolytic enzymes and hydrolytic rancidity. Advanced Dairy Chemistry ［M］. Vol. 2：Lipids. New York：Springer, 2006.

［33］ Kornacki J & Flowers R. Microbiology of butter and related products. Applied Dairy Microbiology ［M］. New York：Marcel Dekker, 1998.

［34］ Varnam A H. & Sutherland J P. Milk and milk products；Technology, chemistry and microbiology. Gaithersburg, Maryland：Aspen Publishers, 2001.

［35］ Manners J, Tomlinson N & Jones M. Butter and related products ［M］. Australia：Victorian College of Agriculture and Horticulture, 1987.

［36］ Frede E. Butter. Encyclopedia of dairy sciences ［M］. Vol. 1. London：Academic Press, 2002.

［37］ Klapwijk P M. Hygienic productionof low-fat spreads and their application of HACCP during their development ［J］. Food Control, 1992, 1（4）, 183-189.

［38］ Murphy M F. Microbiology of butter. Dairy Microbiology ［M］. Vol. 2：The Microbiology of Milk Products , 2nd. London：Elsevier Science, 1990.

［39］ Kornacki J & Flowers R. Microbiology of butter and related products. Applied Dairy Microbiology ［M］. New York：Marcel Dekker, 1998.

［40］ Frede E. Milk - fat based spreads. Encyclopedia of Dairy Sciences ［M］. London：Academic Press, 2008.

［41］ Tossavainen O. Effect of milk protein products on the stability of model low-fat spread ［J］. International Dairy Journal, 1996, 6：171-184.

［42］ Rousseau D & Marangoni A G. The effects of interesterification on physical and sensory attributes of butterfat and butterfat-canola oil spreads ［J］. Food Research International, 1999, 31（5）：381-388.

［43］ Hoffmann W. Cream. Encyclopaedia of Dairy Sciences ［M］. London：Academic Press, 2002.

［44］ Brooker B E. The stabilization of air in foods containing fat-review ［J］. Food Structure, 1999, 12：115-122.

［45］ Anderson M & Brooker B E. Dairy foams. Advances in Food Emulsions and Foams ［M］. London：Elsevier Applied Science Publishers, 1998.

［46］ 孙颜君, 莫蓓红, 郑远荣. 热处理和调节 pH 改性乳清蛋白浓缩物对搅打稀奶油加工性质的影响 ［J］. 食品工业科技, 2015, 2（36）：133-137.

［47］ Needs E C & Huitson A. The contribution of milk serum proteins to the development of whipped cream-structure ［J］. Food Structure, 1991：10, 353-360.

［48］ Needs E C, Anderson M & Kirby S. Influence of somatic cell count on the whipping properties of cream ［J］. Journal of Dairy Research , 1988, 55：89-95.

［49］ Anderson M & Brooker B E. Dairy foams. Advances in food emulsions and foams ［M］. London：Elsevier Applied Science Publishers, 1988.

［50］ Camacho M M, Martinez-Navarette N & Chiralt A. Influence of locust bean gum/λ-carrageenan mixtures on whipping and mecha nical properties and stability of dairy creams ［J］. Food Research International , 1998, 31：653-658.

［51］ Hoffmann W & Buchheim W. Significance of milk fat in cream products. Advanced Dairy Chemistry （eds. P. F. Fox & P. L. H. McSweeney）［M］. Vol. 2, Lipids, 3rd edn. New York：Springer, 2006.

［52］ Walstra P, Wouters J T M. & Guerts T J. Cream products. Dairy Science and Technology ［M］. 2nd edn. Boca Raton：CRC Press, 2006.

［53］ Muir D D & Kjaerbye H. Quality aspects of UHT cream. UHT Cream, Document No. 315 ［M］. Brussels：International Dairy Federation, 1996.

［54］ Lyck S, Nilsson L E & Tamime A Y. Miscellaneous fermented milk products. Probiotic Dairy Products ［M］. Oxford：Blackwell Publishing, 2006.

［55］Tamime A Y, Saarela M, Korslund Sondergaard A A, et al. Production and maintenance of viability of probiotic micro－organisms in dairy products. Probiotic Dairy Products ［M］. Oxford：Blackwell Publishing, 2005.

［56］Codex Stan 288—1976 Standard for cream and prepared creams.

［57］Katrien L, Cao T L, Brecht V, et al. Effect of formulation on the emulsion and whipping properties of recombined dairy cream ［J］. International Dairy Journal, 2008, 18：1003-1010.

［58］张列兵，李海梅，阚传浦. 一种以黄油为原料 UHT 搅打稀奶油及其制备：中国，CN104365861 A ［P］. 2015-2-25.

［59］Tomas A, Paquet D, Courthaudon J L, et al. Effect of fat and protein contents on droplet size and surface protein coverage in dairy emulsions ［J］. Journal of Dairy Science, 1994, 77：413-417.

［60］Melsen J P, Walstr P. Stability of recombined milk－fat globules ［J］. Netherlands Milk and Dairy Journal, 1989, 43：63-78.

［61］Goff H D. Instability and partial coalescence in whippable dairy emulsions ［J］. Journal of Dairy Science, 1997, 80：2620-2630.

［62］Fredrick E. Fat crystallization and partial coalescence in dairy creams：Role of monoacylglycerols ［D］. Belgium：Ghent University, 2011.

［63］Niiya I, Maruyama T, Imamura M, et al. Effect of emulsifiers on the crystal growth of edible solid fats. Ⅲ. Effects of saturated fatty acid monoglycerides ［J］. Japanese Journal of Food Science and Technology , 1973, 20（5）：182-190.

［64］Smith P R, & Povey M J W. The effect of partial glycerides on trilaurin crystallization ［J］. Journal of the American Oil Chemists' Society , 1997, 74（2）：169-171.

［65］Foubert I, Vanhoutte B, Dewettinck K. Temperature concentration dependent effect of partial glycerides on milk fat crystallization ［J］. European Journal of Lipid Science and Technology , 2004, 106（8）：531-539.

［66］Eveline F, Bart H, Kim M, et al. Monoacylglycerols in dairy recombined cream：Ⅱ. The effect on partial coalescence and whipping properties ［J］. Food Research International, 2013, 51：936-945.

［67］Rombaut R, Dejonckheere V, Dewettinck K. Filtration of milk fat globule membrane fragments from acid buttermilk cheese whey ［J］. Journal of Dairy Science, 2007, 90：1662-1673.

［68］Thi T Q P, Kim M, Thien T L, et al. Potential of milk fat globule membrane enriched materials to improvethe whipping properties of recombined cream ［J］. International Dairy Journal, 2014, 39：16-23.

［69］Mcsweeney S L, Healy R, Mulvihill D M. Effect of Lecithin and Monoglycerides on the Heat Stability of a Model Infant Formula Emulsion ［J］. Food Hydrocolloids, 2008, 22（5）：888-898.

［70］Xilong Z, Lintianxiang C, Jie H, et al. Stability and physical properties of recombined dairy cream：Effects of soybean lecithin ［J］. International Journal of Food Properties, 2017, 10（20）：2223-2233.

［71］Fredrick E, Heyman B, Moens K, et al. Monoacylglycerols in dairy recombined cream：Ⅱ. The effect on partial coalescence and whipping properties ［J］. Food Research International, 2013, 51（2）：936-945.

［72］Munk M B , Larsen H, Berg F W J, Competitive displacement of sodium caseinate by low－molecular weight emulsifiers and the effects on emulsion texture and rheology ［J］. Langmuir, 2014, 30（29）：8687-8696.

［73］Sánchez C C, Patino J M R. Surface shear rheology of WPI-monoglyceride mixed films spread at the air-water interface ［J］. Colloids and Surfaces B：Biointerfaces , 2014, 36（1）：57-69.

［74］Nikiforidis C V, Kiosseoglou V. Competitive displacement of oil body surface proteins by Tween 80 effect on phy sical stability ［J］. Food Hydrocolloid , 2011, 25（5）：1063-1068.

［75］Züge L C B, Haminiuk C W I, Maciel G M, et al. Catastrophic inversion and rheological behavior in soy lecithin and Tween 80 based food emulsions ［J］. Journal of Food Engineering, 2013, 116（1）：72~77.

［76］Wu S, Wang G, LuZ. Effects of glycerol monostearate and Tween 80 on the physical properties and stability of recombined low－fat dairy cream ［J］. Dairy Science & Technology, 2016, 96（3）：377-390.

［77］Phil C，Christine M，Peter R. 澳大利亚乳品原料参考手册［M］.2 版. 澳大利亚乳业局，2008.

［78］Banks W & Muir D D. Stability of alcohol－containing emulsions. Advances in Food Emulsions and Foams［M］. London：Elsevier Applied Science，1998.

［79］Dickinson E，Narhan S K，Stainsby G. Stability of cream liqueurs containing low－molecular－weight surfactants［J］. Journal of Food Science，1989，54：77-81.

［80］Walstra P，Wouters J T M，Geurts T J. Dairy science and technology［M］. 2 nd edn. Boca Raton，Florida：CRC Press，2006.

［81］Davis J G，Wilbey R A. Microbiology of cream and dairy desserts. Dairy Microbiology，Vol. 2：The Microbiology of Milk Products［M］. New York：Elsevier Science，1990.

［82］Varnam A H，Sutherland J P. Milk and milk products. Technology，Chemistry and Microbiology［M］. Gaithersburg，Maryland：Aspen Publishers，2001.

［83］Kessler H G，Fink A. Physico-chemical effects of pasteurisation on cream properties. Pasteurisation of Cream［M］. Brussels：International Dairy Federation，1992.

［84］Robertson G L. Food packaging：Principles and practice［M］. 2nd edn. Florida：CRC Press，1992.

［85］Eyer H K，Rattray W，Gallmann P U. The packaging of UHT cream. UHT Cream［M］. Brussels Document：International Dairy Federation，1996.

［86］Jensen G K，Poulsen H H. Sensory aspects. Pasteurisation of Cream［M］. Brussels：International Dairy Federation，1992.

［87］Hinrichs J，Kessler H G. Processing of UHT cream. UHT Cream［M］. Brussels：International Dairy Federation，1992.

［88］UNI 10710-2013，Mascarpone Cheese-Definition，Composition，Characteristics

［89］Robinson R K，Wilbey R A. Cheesemaking practice-R［M］. Scott，3rd edn. Gaithersburg：Aspen Publishers，Inc.，1998.

［90］周莹. UHT 搅打稀奶油工艺及复合添加剂的研究［D］. 北京：中国农业大学，2010.

［91］阚传浦，李研，李海梅，等. 乳化剂对以黄油为原料成产 UHT 搅打稀奶油稳定性的影响［J］. 中国乳品工业，2013，41，3：8-11.

［92］Malcolm stogo. Ice cream and frozen desserts［M］. John Wiley & Sons Inc.，U.S.，1998.

［93］Arbuckle W. S.. Ice cream［M］. AVI publishing company inc.，1986.

［94］Igol R. S.. Hydrocolloid interaction useful in food systems［J］. Food Technology，1982，36（4）：72-74.

［95］Arbuckle W. S.. Ice cream services handbook［J］. AVI pub. Co.，1977.

［96］Bannar R.. Lactose revisited［J］. Dairy Record，1984，77-84.

［97］Bell S. L.. Use of computers in least－cost formulation of ice cream mixes，computer concepts corp［M］. Knovellie，1983.

［98］Desrosier N. W.，D. K. Tressler. Fundamentals of food freezeing［M］. AVI Publ.，Westport，CT，1977.

［99］Graham H. S.. Food colloids［M］. AVI Publ.，Westport，CT，1977.

［100］Maeno M.，Ogasa K.，Okonogi T.. Equipment and method for making ice cream［J］. Dairy Sci.，1968，30（7）：370.

［101］乳品工业手册编写组. 乳品工业手册［M］. 北京：中国轻工业出版社，1987.

［102］骆承庠，胡一匡，林金资. 食用乳品加工技术［M］. 北京：中国农业出版社，1989.

［103］骆承庠. 乳与乳制品工艺学［M］. 北京：中国农业出版社，1999.

［104］内蒙古轻工业研究所、内蒙古轻工业学校. 乳品工艺［M］. 北京：中国轻工业出版社，1993.

［105］李基洪. 冰淇淋生产工艺与配方［M］. 北京：中国轻工业出版社，2000.

［106］万国余，严纪宏，翁丽芳. 冷饮生产工艺与配方［M］. 北京：中国轻工业出版社，2000.

第七章 乳脂产品加工的科技新进展

第一节 非热加工技术在乳脂产品加工中的应用

非热加工技术是新兴的食品加工技术，包括超高压、高压二氧化碳流体、辐照、超声波和脉冲电场等。非热杀菌除了杀菌、钝化酶类，保护热敏性成分外，还能够改善食品的性质，赋予产品新的功能性质，满足消费者对新鲜、营养、安全及功能性的需求。

一、超高压在乳脂产品加工中的应用

超高压技术包括超高压均质处理（High-Pressure Homogenisation，HPH）和高压静态处理（High Hydrostatic Pressure，HHP）。其中 HPH 压力可达 400MPa，能够降低乳状液中液滴粒径，提高稳定性，防止存放过程中奶油上浮等现象。同时，HPH 处理还会引起空穴、湍流和高速剪切等效应，会破坏微生物细胞壁，促进胞内酶类释放，从而加速发酵等。

HHP 基本原理遵循帕斯卡定律和 Le Chatelier 原理，是指利用超高压对液体的压缩作用，即加在液体上的压力，可以瞬间以同样大小传到系统各个部分，压力传递快速、均匀。早在 1899 年，Hite 就发现采用 650MPa 高压处理牛乳可以显著降低牛乳的微生物数量，延长牛乳的货架期。在 1970—1980 年，超高压技术在制陶业和冶金业有了突飞猛进的应用，这也为其规模化用于食品加工奠定了基础。日本于 1991 年率先在市场上推出了超高压处理的食品，包括果汁、果酱、大米、蛋糕和甜点等。美国 Avomex 公司成功地商业化生产了鳄梨酱，并制定了相关的超高压处理标准。

乳品加工中，超高压技术还处于实验室开发阶段，尚未有商业化生产。超高压技术在液态乳、乳粉、天然干酪和发酵乳方面已经有大量研究，而乳脂产品中的应用研究较少。冯艳丽等进行了大量的有关超高压处理对牛乳中微生物数量影响的研究，发现液态乳中的细菌和酵母在 $100 \sim 600$MPa 高压下，经 $5 \sim 10$min 处理，数量就会大幅度降低。Sinead 等对比观察了普通均质、HPH 对稀奶油利口酒的脂肪球粒径分布和产品黏度的影响，还观察了保温实验，即 45℃下放置 28d 期间，产品脂肪球粒径分布和黏度变化。普通均质实验中，进料温度会影响均质效果。随着进料温度升高，均质效果更好，乳状液液滴粒径降低。而 HPH 均质效果不受进料温度影响，因为 HPH 处理过程中温度会有所升高。$50 \sim 150$MPa HPH 处理，稀奶油利口酒产品中液滴粒径较小，且粒径分布范围较窄，而普通均质机需要采用多级均质结合才能达到同样效果，但多重均质会过度加工产品，影响产品体系稳定性。

Gervilla 等研究了不同超高压处理压力（$100 \sim 500$MPa）和处理温度（4、25 和 50℃）对羊奶中游离脂肪酸含量的影响，结果发现超高压处理不会影响羊奶中游离脂肪酸（FFAs）含量，即使 50℃下处理的样品中 FFAs 含量还是低于新鲜牛乳，这表明超高压处

理可以避免牛乳中由于脂肪腐败引起的不良风味。这与 Butz 等的研究不一致，Butz 等表明 HPH 处理会对稀奶油的性质产生不良影响，主要原因即为脂肪的氧化。在 Butz 等研究中采用不同压力处理稀奶油，其中油酸含量不受压力影响；压力为 350MPa，亚油酸即可以发生自动氧化，且氧化程度随着压力升高而增加。与热处理引起的氧化不同，高压引起的氧化值较低且不会产生新的氧化物质。

Gervilla 等还发现，500MPa 处理会改变羊奶中的脂肪球粒径大小及其分布。粒径的变化还与处理温度有关，当温度为 25 和 50℃时，脂肪球粒径增加了 1~2μm，且此条件下的脂肪球较好地分散于牛乳中，有较好的稳定性。4℃下处理，脂肪球粒径下降，且较为不稳定，易于上浮，可以利用此工艺来帮助牛乳中脂肪的分离。

搅打稀奶油是具有搅打起泡性的一类乳制品，脂肪含量为 30%~40%。搅打稀奶油需易于搅打，产生细微的稀奶油泡沫，且泡沫必须稳定而耐久，不易脱水收缩。稀奶油脂肪含量为 40% 时一般易于搅打，但当含脂率降到 30% 或者更低时，搅打能力降低。随着人们健康意识的增加，低脂产品的需求量逐渐增加，如何保证低脂肪含量稀奶油的打发性质是研究的重点。Eberhard 等在 300~800MPa 压力下处理脂肪含量为 26%、29%、32% 和 35% 的稀奶油。其中，脂肪含量小于 32% 的稀奶油经高压处理后打发性质显著提高，打发时间缩短了 15%~25%，乳清析出量降低。在 500~600MPa 下处理 1~2min 后，打发效果最好，如果处理时间过长，则会降低稀奶油的稳定性。当压力小于 400MPa 时，不会对稀奶油打发性质造成影响。HHP 处理后改善了稀奶油打发性质，主要是因为脂肪球形成了较好的结晶体。过高的压力处理会导致稀奶油中乳清蛋白发生变性，从而不利于产品的打发，也会影响产品的稳定性。

Buchheim 和 Abou El Nour 研究了不同 HHP 条件对脂肪含量为 35%~43% 稀奶油性质的影响，处理条件为 100~500MPa，时间为 1~15min，温度为 23℃。扫描电镜观察发现，HHP 可以诱导乳状液液滴内部脂肪结晶，且随着压力的增加，结晶程度增加，当压力为 300~500MPa 时达到最大值。即便泄压后，在 23℃下结晶继续形成。这种性质有两个潜在应用价值，即冰淇淋中稀奶油结构的迅速老化和奶油制作过程中稀奶油的物理性成熟。

Eberhard 等研究发现，稀奶油经 600MPa 处理 2min 后搅打性质有所提高，这可能是因为超高压处理促进了脂肪球结晶。如果超高压处理强度过大，导致乳清蛋白变性，则会延长稀奶油打发时间，破坏体系稳定性；而压力低于 400MPa 时，对于稀奶油打发性质没有显著影响。

Dumay 等研究了 HHP 处理对巴氏杀菌和超高温瞬时灭菌（UHT）稀奶油的影响，处理条件为 450MPa，处理温度分别为 10、25 和 40℃，处理时间为 30min。其中特别对比研究了在 25℃条件下处理 15 和 30min 对产品的影响。对于巴氏杀菌奶油来说，在 10 或 25℃下处理并不会影响脂肪球粒径分布和产品流变性质，且产品 4℃下放置 8d 后，pH 未有显著变化。相反，40℃条件下 HHP 处理会诱导脂肪球表面发生变化，且这些变化在贮藏期间是不可逆的。高压条件下，UHT 稀奶油比巴氏杀菌稀奶油更易于聚集。

孙颜君等研究了 HHP 处理稀奶油加工性质的影响，并探索了 HHP 处理稀奶油的微观结构变化，处理温度为 25℃，处理压力为 300 和 600MPa，处理时间 10min。结果表明，超高压处理后会改变稀奶油乳状液的体系结构，粒径和光学显微镜测定发现，脂肪球的粒径分布和附聚程度发生了改变，表现为超高压处理后稀奶油的打发时间由 3.5min 缩短至

2.5min，且 300MPa 处理后稀奶油的膨胀倍数显著增加（$p<0.05$）。在 4℃下保藏 40d 后，与对照样品相比，超高压处理的稀奶油仍能保持较好的打发性质。

二、超声波技术在乳脂产品加工中的应用

超声波频率为 $2×10^4 \sim 1×10^9$ Hz，是一种高频的机械震荡，在物料中局部小区域中压缩和膨胀迅速交替，对物料施加张力和压溃作用，产生"空蚀"（也称"空化"作用）。在食品加工中，超声波技术可用于均质、切割、干燥、提取、脱气、钝化微生物和酶类以及促进晶核形成。低强度超声波功率<1 W/cm，频率为 $5 \sim 10$MHz；高强度超声波功率范围为 $10 \sim 1000$W/cm，频率为 $20 \sim 1000$kHz。

在乳品加工中，超声波尚未有规模化应用。相关研究表明，超声波处理能够促进冰淇淋中晶核的形成，降低结晶体粒径；降低脂肪球粒径，形成稳定乳状液；增加酸奶的保水力和粘度，减少脱水收缩现象，缩短发酵时间等。

Jayani Chandrapala 研究了 20kHz 超声波处理对于稀奶油、生牛乳及其超滤截留液性质影响，并与 8MPa 压力处理进行对比。结果发现，超声波处理稀奶油温度低于 10℃时，脂肪球会聚集形成葡萄状结构，50℃条件下处理并未有此现象；而高压均质正好与超声波处理呈现相反的现象。乳脂肪在 50℃以上为液态，因此工业生产中，稀奶油均质温度通常高于 50℃。Jayani Chandrapala 研究中发现，低温下（<10℃）超声波处理也能达到同样均质效果，可降低生产能耗。

S. Vijayakumar 等研究了超声波和热处理结合对稀奶油产品中纤溶酶活性的影响。其中超声波处理功率为 115W，处理时间 3min，与对照样品比较，纤溶酶活性降低了 94%，且保存 30d 后，纤溶酶活性没有显著变化。同时，超声波处理降低了稀奶油脂肪球粒径分布，随着处理时间延长，均质效果越明显。

近年来，非热加工技术在乳品中应用，国内外有大量的研究。非热加工技术具有操作简单、营养成分损失少、能够较好的保留或者提升乳品感官性质。非热加工技术在乳品中商业化应用，可满足消费者对天然、纯净和营养健康的乳制品的需求。

第二节 乳脂肪球膜

牛乳中的脂肪以脂肪球的形式存在，表面被生物膜包围，这层膜被称为乳脂肪球膜（Milk Fat Globule Membrane，MFGM），能够防止脂肪球的聚集。乳脂肪球膜含有独特的极性脂质和膜特异性蛋白质，其稳定结构不仅在乳清屏障界面中发挥着重要作用，还影响着多种物理和酶化学反应速度。乳腺分泌以及牛乳后续的加工处理过程，都会引起乳脂肪球膜发生变化。目前，人们普遍认同乳脂肪球膜是由蛋白质和磷脂构成的三层膜结构，厚度为 $10 \sim 50$nm。近年来有很多研究指出乳脂肪球膜中的蛋白质及脂质具有特殊的营养价值，具有治疗心肌梗死、调控胆固醇代谢及抑制某些肿瘤细胞等作用。

一、乳脂肪球的形成与分泌

乳腺上皮细胞通过独特生物过程释放的脂肪液滴，相比脂蛋白、脂质体和其他加工处理的脂肪液滴，有着特殊的组成和结构。科学家通过生物化学及电子显微镜已经证实了乳

中的甘油三酯以液滴的形式存在于乳腺上皮细胞的内质网中，在迁移至细胞顶端膜的过程中相互融合，体积增大，形成大小不同的脂肪液滴，并通过细胞质被转运到细胞顶端，然后包裹着一层来自内质网的膜，以出芽的形式释放到细胞质中。

包裹乳脂肪液滴的膜实际上是顶端膜、内质网以及细胞内功能区隔组成的三层结构。来源于顶端膜的部分称为初级膜，具有典型的双层膜结构，表面具有高电子致密物质。来源于内质网的物质是由蛋白质和极性脂质组成的单层膜，包裹着脂肪球内核的脂肪液滴。细胞内功能区隔的核心部分是脂质，参与不同脂质液滴之间的细胞内融合，这层膜的组成成分也会参与分泌过程中脂质液滴与细胞质膜之间的相互作用。

在乳脂液滴分泌过程中，一些细胞质可能残留在脂肪液滴和膜周围。这种细胞质残留物呈月牙状，位于初级膜的下面，一般称为细胞质新月。其包含核糖体、小囊泡、线粒体、细胞膜碎片及其他细胞物质。已经在许多物种的乳脂肪球中观察到新月，但是在人和牛乳脂肪球中更常见。细胞质新月形成的分子机制研究可以推进对乳脂肪球分泌机制的解释。

二、乳脂肪球膜的组成

乳脂肪球膜是一种独特的生物体系，它的组成和结构是乳脂肪球融合和分泌的结果，主要位于甘油三酯（70%）核心的周围。乳脂肪球膜占总乳脂肪球质量的 2%~6%。然而，它的质量主要依赖于乳脂肪球的大小。

乳脂肪球膜由大量的生物活性分子组成，如极性脂、蛋白质、糖蛋白类、胆固醇、酶及其他微量成分。许多关于乳脂肪球（MFG）的组成和结构、工艺、营养和健康性质的研究细节报道已经逐渐出现，表明科学家对乳脂肪球膜日益增长的研究兴趣。蛋白质和极性脂占乳脂肪球膜干重的 90%以上，但由于不同研究所使用的分离、纯化和分析技术有较大差异，所以关于乳脂肪球膜组分的结果表达未达成一致，乳脂肪球膜基本组分如表 7-1 所示。

表 7-1　　　　　　　　　　　　乳脂肪球膜组分的平均含量

组分	脂肪球/ （mg/100g）	乳脂肪球膜干 物质/（g/100g）	组分	脂肪球/ （mg/100g）	乳脂肪球膜干 物质/（g/100g）
蛋白质	1800	70	水	+	−
磷脂	650	25	类胡萝卜素+维生素 A	0.04	0.0
脑苷脂	80	3	铁（Fe）	0.3	0.0
胆固醇	40	2	铜（Cu）	0.01	0.0
甘油一酯	+	−	总计	>2570	100

注：+表示存在但没有定量；−表示未检出。

乳脂肪球膜是三层膜结构（厚 10~50nm）。最里层由蛋白质和极性脂组成，来源于内质网。外层的双层膜来源于哺乳动物乳房上皮细胞的顶端质膜，分泌的时候包裹住了脂肪球体。目前，已经有研究者用物理和化学技术研究了乳脂肪球膜以及分离的膜中蛋白质和极性脂的组成。当前许多关于乳脂肪球膜的结构和分子组成的信息是通过形态学和生物化学的方法得到的。

（一）乳脂肪球膜中的脂质

1. 脂质的组成

乳脂肪球膜的脂质成分是复杂的，主要脂质为极性脂质，同时存在一定的中性脂质，在若干综述中都有详细的介绍。由于小脂肪球具有更大的表面积，因此其乳脂肪球膜中的极性脂质含量也高。

乳脂肪球膜的极性脂质包含磷脂类和神经鞘脂类，二者都是具有疏水尾部和亲水头部的两性分子。磷脂在甘油骨架的 sn-1 位和 sn-2 位上酯化两个脂肪酸，磷酸盐残基结合不同的有机基团（如乙醇胺、胆碱、丝氨酸、肌醇）结合在 sn-3 位上。神经鞘脂类主要是神经鞘磷脂，其特征性结构单位为长链鞘氨基醇，含 2~3 个羟基基团。鞘氨基醇的氨基与脂肪酸连接后形成神经酰胺，进而通过连接不同有机磷酸酯基团形成鞘磷脂（如连接磷酸胆碱后形成的神经鞘磷脂）或连接糖类后形成糖脂（神经酰胺寡糖苷）。

在所有的哺乳动物中，乳脂肪球膜中主要的极性脂为磷脂酰乙醇胺（Phosphatidyl Enthanolamine，PE）、磷脂酰胆碱（Phosphatidyl Choline，PC）、神经鞘磷脂（Sphingomyelin，SM）、磷脂酰丝氨酸（Phosphatidyl Serine，PS）、磷脂酰肌醇（Phosphatidyl Inositol，PI）。不考虑乳脂肪球的大小，超过 20% 的极性脂为磷脂酰胆碱、磷脂酰乙醇胺、神经鞘磷脂。近期研究表明，小的乳脂肪球膜中神经鞘磷脂和磷脂酰胆碱的含量比较低，牛的品种、生理、饮食和环境因素都可能影响牛乳中极性脂的含量。

利用二维薄层色谱得到的分析结果显示，乳脂肪球膜中的极性脂质主要包括卵磷脂（PC，35%）、磷脂酰乙醇胺（PE，30%）、神经鞘磷脂（SM，25%）、磷脂酰肌醇（PI，5%）、磷脂酰丝氨酸（PS，3%）和微量中性鞘糖脂、葡糖苷酰鞘氨醇（GluCer）、乳糖酰基鞘氨醇（LacCer）以及神经节苷酯（Gang）。乳脂肪球膜中性脂质的主要成分为甘油三酯，其次是游离脂肪酸、1,2-甘油二酯、1,3-甘油二酯、单甘油酯和胆固醇。此外，还发现了少量溶血磷脂酰乙醇胺（LPE）和溶血卵磷脂（LPC）。

表 7-2 牛乳脂肪球膜脂质的组成

成分类别	缩写	占牛乳脂球膜总脂质的质量分数/%
甘油三酯（Triglycerides）	TG	62
甘油二酯（Diglycerides）	DG	9
固醇类（Sterols）	—	0.2~2.0
游离脂肪酸（Free Fatty Acids）	FFA	0.6~6.0
磷脂（Phospholipids）	PL	26~31
神经鞘磷脂（Sphingomyelin）	SM	22
卵磷脂（Phosphatidyl Choline）	PC	36
磷脂酰乙醇胺（Phosphatidyl Enthanolamine）	PE	27
磷脂酰肌醇（Phosphatidyl Inositol）	PI	11
磷脂酰丝氨酸（Phosphatidyl Serine）	PS	4
溶血磷脂酰胆碱（Lysophosphatidyl Choline）	LPC	2

乳脂肪球膜极性脂的脂肪酸组成与甘油三酯相比，含有大量的不饱和脂肪酸，尤其是 n-6 系列和 n-3 系列的脂肪酸。按不饱和脂肪酸含量由高到低的排序，依次为磷脂酰乙醇胺、磷脂酰肌醇、磷脂酰丝氨酸。而磷脂酰胆碱中则多以饱和脂肪酸为主。因此，极性脂的脂肪酸更容易氧化。乳中的磷脂含有丰富的多不饱和脂肪酸 [18：1（n-9）、18：2（n-6）、18：3（n-3）]，这些脂肪酸具有较低的熔点，为乳脂肪球膜的流动性发挥重要的作用。磷脂酰胆碱和磷脂酰乙醇胺中 18：1（n-9）等量地分布在 sn-1 位和 sn-2 位，而 18：2（n-6）主要酯化在 sn-2 位。在牛乳和人乳的脂肪球膜中，18：0 主要位于 sn-1 位。不同大小乳脂肪球膜中磷脂的脂肪酸组成没有显著的差异。

2. 极性脂质的分布（磷脂双分子层的非均匀分布）

早在 1975 年，Keena 等用磷脂酶 A 或 C 分别作用于完整的乳脂肪球，发现磷脂酰丝氨酸和磷脂酰乙醇胺是不发生反应的，但是作用于分离提取的乳脂肪球膜却可以发生反应。相反，用磷脂酶作用完整的乳脂肪球或提取的乳脂肪球膜，神经鞘磷脂和磷脂酰胆碱水解的程度相同。证明了乳脂肪球膜和其他红细胞和流感病毒类似，磷脂酰胆碱和神经鞘磷脂集中在脂双层的外层，而磷脂酰乙醇胺和磷脂酰丝氨酸主要位于内层。Deeth 等的研究指出磷脂酰胆碱和神经鞘磷脂和糖脂类大部分分布在膜的外层，而中性脂如磷脂酰乙醇胺、磷脂酰丝氨酸、磷脂酰肌醇，主要分布在膜的内层。磷脂的这种不对称分布和其他膜（红血细胞）类似。

（二）乳脂肪球膜中的蛋白质

1. 蛋白质的组成

乳脂肪球膜蛋白质的分泌特点决定了其成分。乳脂肪球膜中的蛋白质含量占乳脂肪球膜量的 25%~60%，只占总乳蛋白质的 1%~2%，但其来源广泛、功能丰富，可以部分代表泌乳细胞中的蛋白质。芦晶等运用过滤器辅助样品前处理法（FASP）结合纳升液相质谱（NanoLC-MS/MS）测定牛乳乳脂球膜蛋白质的种类和数量，鉴别出了 169 种蛋白质。根据功能性质对乳脂球膜蛋白质进行分析，其中与免疫及宿主防御反应相关蛋白质占最大比例，其他功能还有信号转导、蛋白质运输、脂类代谢、细胞周期及黏着、蛋白质合成、折叠、修饰、胞膜运输、氧化还原、糖类代谢等。而对乳脂球膜蛋白质的亚细胞定位显示，大多数蛋白质来自于细胞的膜结构，其中细胞顶膜是脂肪球膜的主要来源，也有来自于细胞内部膜结构的蛋白质，包括内质网膜、高尔基体膜、线粒体膜及膜泡结构。

乳脂肪球膜中蛋白质最主要的有 8 种：其中 6 种是糖蛋白，包括黏液素 1（Mucin1，MUC1）、黄嘌呤氧化还原酶（Xanthine Oxidoreductase，XO/XDH）、黏液素 15（Mucin15，MUC15 或 PAS Ⅲ）、CD36（Cluster of Differentiation 36，PAS Ⅳ）、嗜乳脂蛋白（Butyrophilin，BTN）和乳凝聚素（Lactadherin，MFG-E8 或 PAS6/7）；另外两种都是分子质量更小的非糖基化蛋白质，分别为脂肪分化相关蛋白质（Adipophilin，ADPH）和脂肪酸结合蛋白质（Fatty Acid Binding Protein，FABP）。它们的缩写、分子质量和占泌乳初期牛乳脂球膜蛋白质的比例见表 7-3。

2. 蛋白质的分布（乳脂肪球膜中蛋白质的非对称分布）

乳脂肪球膜中的蛋白质是不对称分布的，Patton 和 Trams 等通过分析搅拌前后牛乳脂肪球膜释放的各种酶的活性，揭示了所有的 5-核苷酸酶分布在膜的外表面，而部分分布于膜内层的核苷酸焦磷酸酶和二价镁离子能够激活腺苷三磷酸酶（ATPase）。事实上，从乳脂肪球膜和鼠肝细胞质膜中都能分离出鞘磷脂和这种酶，表明这两种物质存在于质膜的外表面。

表 7-3   **牛乳脂肪球膜蛋白质的组成**

成分类别	缩写	相对分子质量	占牛乳脂球膜蛋白质的比例/%
黏液素 1（Mucin I）	MUC1	194	2
黄嘌呤氧化还原酶（Xanthine Oxidoreductase）	XO/XDH	145	12
黏液素 15（Mucin I5）	MUC15 或 PASⅢ	94	4.2
分化抗原簇 36（CD36）	CD36 或 PASⅣ	78	4
嗜乳脂蛋白（Butyrophilin）	BTN	67	16
脂肪分化相关蛋白（Adipophilin）	ADPH	52	—
乳凝聚素（Lactadherin）	MFG-E8 或 PAS6/7	50/47	19
乳脂肪结合蛋白（Fatty Acid Binding Protein）	FABP	13	2

Mather 和 Keenan 发现了胰蛋白酶催化完整的乳脂肪球和分离的乳脂肪球膜的速率不同，揭示出若干膜蛋白质在分离的膜中比完整的乳脂肪球中更容易得到。

Koen Dewettinck 根据已有的文献报道绘制了乳脂肪球膜中主要蛋白质的分布情况。脂肪分化蛋白质（ADPH）对甘油三酯有很高的亲和力，因此分布在极性脂单层膜内部。Vanderghem 等通过酶水解乳脂肪球膜结合双向凝胶电泳（2-DE）和基质辅助激光解析电离飞行时间质谱（MALDI-TOF-MS）技术，对乳脂肪球膜上的主要蛋白质进行了准确的定位和鉴定，结合最新的研究进展，建立了牛乳脂肪球膜蛋白质的结构模型（图 7-1）。新的模型推翻以前嗜乳脂蛋白、脂肪分化相关蛋白质、黄嘌呤氧化还原酶相连或相邻的推测。构建乳脂球膜蛋白质的结构模型对于研究乳脂球膜蛋白质的合成、分泌和功能具有重要意义。

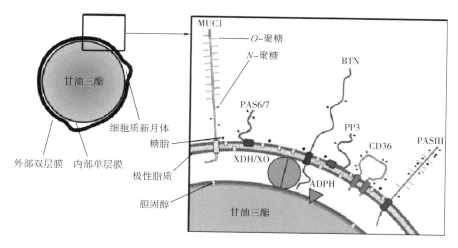

图 7-1 乳脂肪球膜蛋白质分布

MUC1：黏液素 1；XDH/XO：黄嘌呤氧化还原酶；PASⅢ：黏液素 15；CD36：分化抗原簇 36；
BTN：嗜乳脂蛋白；ADPH：脂肪分化相关蛋白质；PAS6/7：乳凝聚素；PP3：阮蛋白胨 3

（三）乳脂肪球膜的结构

尽管在过去的四十年中做了许多研究，乳脂肪球膜的详细结构依然没有完全明白。近几年，用亲脂性的荧光探针和外源凝集素进行染色处理后，再使用荧光共聚焦显微镜研究原乳中的乳脂肪球膜结构变得十分普遍。Evers 等报道了在组成和结构方面，同一物种和物种间的乳脂肪球膜的异质性。Lopez 等揭示，磷脂用荧光染料 Rh-DOPE 染色后，极性脂相分布于乳脂肪球膜平面上，神经鞘磷脂和胆固醇在刚性的液相有序区（Lo）被甘油磷脂的液体基质形成的液态无序区（Ld）所包围。这些结果第一次证明了极性脂非随机的组成。富含神经鞘磷脂的微区，可能源于分泌细胞顶尖质膜的脂筏。共聚焦实验同样揭示蛋白质和糖蛋白在乳脂肪球膜上的不均匀分布，呈补丁或网状结构。迄今为止，荧光探针用于研究乳脂肪球膜，表明神经鞘磷脂区不含有蛋白质和糖蛋白。通过乳脂肪球膜的向温性行为的研究，揭示出在生理学的温度下存在 SM 区。通过模拟胃肠道消化得知，乳脂肪球的神经鞘磷脂区可能在消化中起作用。

基于生物化学和结构数据的研究，以往乳脂肪球膜的二维示意图主要集中在定位膜蛋白在三层极性脂中的位置。所有的结构都是根据 Singer 和 Nicholson 的流动镶嵌模型推测的。近期，Lopez 组针对乳脂肪球膜的结构提出一个新的二维模型（图 7-2）。第一次表示了这些乳脂肪球膜的结构至少由两种脂相共存于乳脂肪球膜中：流动基质 Ld 区包含甘油磷脂（PE、PC、PI、PS）、蛋白质、糖蛋白；神经鞘磷脂和胆固醇在 Lo 区。关于乳脂肪球膜中成分的分子安排依然在胚胎期。不同物种乳脂肪球膜的结构是否有区别依然需要证明，进一步了解乳脂肪球膜结构将会是未来研究的关键。

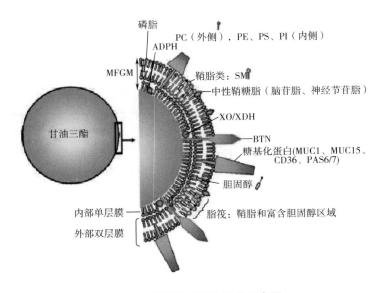

图 7-2　乳脂肪球膜的二维示意图

MFGM：乳脂肪球膜；PC：磷脂酰胆碱；PE：磷脂酰乙醇胺；PS：磷脂酰丝氨酸；PI：磷脂酰肌醇；
SM：神经鞘磷脂；ADPH：脂肪分化相关蛋白质；XDH/XO：黄嘌呤氧化还原酶；BTN：嗜乳脂蛋白；
MUC1：黏液素 1；MUC15：黏液素 15；CD36：分化抗原簇 36；PAS6/7：乳凝聚素

（四）乳脂肪球膜的生理功能

关于乳脂肪球膜的生理功能有很多研究，表明乳脂肪球膜成分能够带来一定有益健康的影响。

神经鞘磷脂可以对癌症和肠道疾病产生影响。SM 通过产生神经酰胺和神经鞘氨醇而促使结肠癌细胞发生生长停滞、分化及细胞凋亡，甚至诱导恶性肿瘤转变为良性。此外 SM 还参与减少肠壁对胆固醇的吸收。膳食中的神经鞘脂类能够降低血清胆固醇，并保护肝脏免受脂肪、胆固醇诱变的作用。另有研究表明，神经鞘脂类能够通过争夺或充当细胞结合位点，抵抗细菌、病毒感染，进而达到杀菌作用。

乳脂肪球膜蛋白质组分具有抗癌、杀菌等多重作用。膜蛋白中的脂肪酸结合蛋白（FABP）能够在低浓度下抑制乳腺癌细胞生长。有研究报道，经过层析纯化的 XDH/XO 能够抑制金黄色葡萄球菌、大肠杆菌、沙门氏菌的生长，在胃肠道内发挥抗菌作用。

表 7-4 和表 7-5 对乳脂肪球膜中的脂质及蛋白质的营养价值作出了概括性叙述。

表 7-4　　　　　　　　　脂肪球膜极性脂质及其他组分的营养学功能

组分	营养学功能
神经鞘脂类及其代谢产物	减少异常病灶点及腺癌的发生
	肿瘤性质的改变（恶性→良性）
	降低血清胆固醇
	保护肝脏远离脂肪和胆固醇诱发疾病
	抑制肠胃道内病原体生长
	促进新生儿肠道成熟
	促进中枢神经系统发育过程中的精髓鞘形成
	血管功能的内源调节物质
	与老年病和老年痴呆症的发展相关
1-磷酸-鞘氨醇	促进细胞有丝分裂
磷酯酰丝氨酸（PS）	多项任务重的记忆重建
	改善老年痴呆患者病情
	提高运动人群的运动能力
磷脂酰胆碱（PC）	帮助肝脏在受到化学或病毒损伤后的恢复
	保护人类肠胃道黏膜不受毒素侵害
	降低坏死性肠炎的发病率
溶血性卵磷脂（LPC）	抑菌及杀菌作用
	对十二指肠黏膜的高效保护作用
维生素 E 及胡萝卜素	抗氧化功效

表 7-5　　　　　　　脂肪球膜的主要蛋白质及其组分的功能特性和健康功效

组分	功能	健康功效
脂肪酸结合蛋白（FABP）	脂肪酸载体	细胞生长抑制剂
	脂质新陈代谢调节剂	抗癌因子（FABP 作为硒载体）
	细胞质中脂质液滴数量增长	与参与 EAN 的 P2 髓磷蛋白相似
嗜乳脂蛋白（BTN）	脂肪球膜分泌物	MS 抑制物
	属于免疫球蛋白	诱发或调解 EAE
		自闭症行为发病机制影响因素
黄嘌呤氧化酶（XDH/XO）	结构物质，脂质分泌物	杀菌物质
	参与嘌呤新陈代谢	氧化还原反应/抗炎物质
黏液素（MUC1）	物理损伤防护物	减少轮状病毒感染
1 型乳腺癌易感蛋白（BRCA1）	癌症抑制剂	抑制乳腺癌
2 型乳腺癌易感蛋白（BRCA2）	癌症抑制剂，胞浆移动调解物质	抑制乳腺癌
乳凝集素（PAS 6/7）	钙黏素成分	保护肠内不受病毒感染
	钙依赖黏附特性	上皮细胞形成、细胞极化、细胞移动及重排、神经突生长
阮蛋白胨 3（PP3）	膜结合物	—
	乳腺分泌细胞表达物质	
脂肪分化相关蛋白（ADPH）	脂肪酸/甘油三酯的摄入和运载体	—
过碘酸希夫氏 3（PAS3）	分泌及导管上皮细胞标记物	—
分化抗原簇	巨噬细胞标记物，中性粒细胞吞噬物	—
β-葡萄糖苷酸酶	—	结肠癌抑制剂
幽门螺杆菌抑制剂	—	预防胃部疾病有机磷光体/磷酸钙来源
脂肪球膜抗原	—	冠状粥样硬化影响因素

注：EAE 为是实验性自身免疫性脑脊髓炎；EAN 为实验性过敏神经炎。

三、乳脂肪球膜的技术特性及分离

乳脂肪球膜在奶酪、奶酪乳清、奶油以及干酪中的含量都很丰富。奶油中的乳脂肪球会被浓缩。在奶油的生产过程中，乳脂肪球会被机械打碎。这一过程使得水包油乳化液不稳定，分成两相：脂肪粒以及富含乳脂肪球膜的水相。水相是我们传统上称之为的酪乳，这与市售发酵产品在组成上有差异。工业化生产奶油的副产品富含乳脂肪球膜。图 7-3 表明了酪乳中的乳脂肪球膜片段以及酪蛋白胶束。

人们对乳脂肪球膜各组分的营养价值认识日益增加，这也使得许多研究致力于从酪乳中萃取和生产乳脂肪球膜。从其他乳成分中获得乳脂肪球膜的工艺也已经设计出来了。这样做的主要目的是利用它们的生物活性并作为功能性食品配料。不同来源以及不同工艺获得的产品的组分差异还不完全明了。但是，充分理解不同加工方法是如何影响加工出来的乳脂肪球膜的组成，这可能生产出独特功能的组分，并且能够提升酪乳作为食品配料的价值。

（一）加工工艺对乳脂肪球膜的组成及功能特性的影响

环境、动物或人为因素、乳的处理和加工过程等都可能引起包围在乳脂肪球周围的膜结构和成分的变化。影响乳脂肪球膜的因素大致可以分为三类即：生理学因素，包括奶牛的饲料、品种、脂肪球大小及哺乳期阶段；物理及机械因素，主要存在于挤奶过

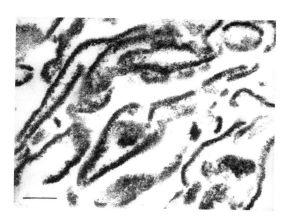

图7-3 酪乳经过处理后收集的乳脂肪球膜电子显微镜照片

程中以及之后的加工过程，如成熟、搅动、气泡、离心、热处理、以及化学或酶因素等。

1. 搅打、冷却及成熟

挤出的牛乳会经历从农场奶罐泵入奶罐车的输送过程，该步骤会对乳脂肪球膜造成进一步的破坏。但只有在剪切强度足够高的条件下，乳脂肪球膜才会受到明显影响，而且大脂肪球受到的影响程度更大。多个加工步骤都会向牛乳内引入空气，造成乳表面形成气泡，从而显著降低乳脂肪球膜的稳定性。脂肪球的性质影响产品的起泡性和掼打性（或称搅打性），也对产品的黏度和颜色等产生影响。当脂肪球和气泡接触时，乳脂肪球膜很容易破裂，进而造成膜物质、脂质内核在空气–乳清两相交界面扩散并释放进乳清。

冷却对乳脂肪球的稳定性有一定的影响。研究者让牛乳在4℃下冷藏，得出冷藏的时间影响乳脂肪球膜的结构，从而导致膜在分离过程中更容易被破坏。这种乳脂肪球膜稳定性的降低可能是由于乳脂肪球膜上一些特定蛋白质的缺失造成的。新鲜牛乳在8℃的条件下冷藏96h会导致乳脂肪球膜上10%的磷脂损失，但是不会减少5′-核苷酸酶和腺苷三磷酸酶的活性。但是，乳脂肪球膜的结构和组成到底是冷却还是成熟影响更大还不清楚。

2. 热处理

乳清中表面活性物质的吸附或膜组分发生特异性/非特异性解吸附会导致乳脂肪球膜组分变化，进而影响乳脂肪球膜的其他特性。在缺乏血清蛋白情况下加热脂肪球，60℃加热10min内嗜乳脂蛋白以及黄嘌呤氧化还原酶间就会形成高相对分子质量的复合物。在乳清蛋白存在的情况下，β-乳球蛋白（Lactoglobulin）和α-乳白蛋白（Lactalbumin）就与乳脂肪球膜相连。热诱导乳清蛋白与乳脂肪球膜蛋白质之间形成共价二硫键，导致乳脂肪球膜中嗜乳脂蛋白、黄嘌呤氧化还原酶和乳凝集素聚集络合。

温度的高低在一定程度上能够改变脂质内核的固液脂肪比。该比值影响着脂肪球的抗聚集能力以及多种膜组分的结晶行为。低温下（<7℃）的脂肪球内包含更多的结晶态脂肪，更容易发生聚集。

在浓缩、直接的UHT加热器及在热交换器中可发生沸腾的冷却段均可观察到脂肪球

的破坏；在乳的直接 UHT 加热过程中，乳脂肪球的平均大小能从 $3.5\mu m$ 降低至 $0.5\mu m$。

许多膜蛋白质易于受热变性，脂肪球在加热时释放 H_2S，血清蛋白沉积在脂肪球上，热处理也能造成铜由乳其他部分转移到脂肪球中。

3. 均质

均质广泛应用于液体乳及乳制品生产。这一处理的主要目的是降低脂肪球的大小，提高稳定性以及延缓分层。在均质过程中，界面面积会显著增加。这个过程是利用一定的压力迫使乳通过一个微小的孔而达到减小乳脂肪球粒径的目的。通过均质处理后，乳脂肪球的粒径减小到 $1\mu m$ 以下或者更小。伴随乳脂肪球及膜的分裂，乳脂肪球不再被完整的膜包裹而形成一个新的界面，随后吸附一些其他的活性物质形成新的膜。所以均质奶中的脂肪球比未处理脂肪球吸附更多的蛋白质。新形成的膜由大量的酪蛋白及乳清蛋白组成，约含有 2.3g 蛋白质/100g 脂肪，而在乳脂肪球膜中则含有 0.5~0.8g 蛋白质/100g 脂肪。

加热和均质都是乳加工过程中的单元操作，通常组合在一起使用。不同的均质条件与不同加热条件一样，都会导致乳脂肪球膜表面所吸附的蛋白质的量以及乳清蛋白以及酪蛋白比例的差异。如果将乳先进行均质，然后再巴氏杀菌，则酪蛋白大约占吸附蛋白质的 99%。先进行巴氏杀菌后均质，则乳清蛋白约占吸附蛋白的 5%。

乳品经过均质、复原等工艺，脂肪球不再是原有的天然脂肪球。这些工序改变了脂肪球的液滴大小，使直径由 $4\mu m$ 变为 $0.4\mu m$，表面膜则变为是由血浆蛋白，主要是酪蛋白酸盐组成，这些改变决定了产品中脂肪特性的不同。

高脂肪含量（如 30% 脂肪含量）的稀奶油在均质后变成糊状；酸稀奶油（20% 脂肪含量）如果得到了充分均质，可能会得到近似固态的状态。小于 9% 的稀奶油通常不会形成均质簇；而脂肪含量大于 18% 的稀奶油则会形成均质簇。

（二）乳脂肪球膜的分离

目前研究已经开发出一些快捷方便的分离乳脂肪球膜的方法，用于乳脂肪球膜的组成分析，也为大规模分离乳脂肪球膜提供了指导。为了分离乳脂肪球膜组分（蛋白质和磷脂），应该以最新鲜的牛乳为原料，并且不要经冷却处理。在储藏和加工乳的操作单元会引起乳脂肪球膜组成的变化，这已经从不同来源原料分离的组成分析中得到了证明。

1. 离心浓缩法

分离乳脂肪球膜的通用步骤是比重分离、水洗去除附着在脂肪球上的污染物、以及浓缩乳脂肪球。从酪乳、乳清中分离提取脂肪球膜主要有 4 个步骤：首先，用离心法从全乳中分离出脂肪球；其次，在特定温度下用生理缓冲液冲洗 2~3 次，乳盐缓冲液或蔗糖溶液能够减少膜成分的流失；再次，在低温（$<10\ ℃$）条件下，破坏脂肪球膜（搅拌、冻融、非离子洗涤剂、极性质子溶剂），释放出脂肪球膜成分；最后，用高速离心法（90~100 kg，60min）、低 pH 沉淀法或添加硫酸铵低速离心法收集脂肪球膜成分。

奶油生产的副产物（酪乳），含有较多的脂肪球膜，适宜作工业化、规模化提取脂肪球膜的原料。但是，酪乳中酪蛋白胶粒与脂肪球膜蛋白形状的相似性、相当数量的总蛋白以及在 pH4.6 的蛋白质溶解度影响了脂肪球膜成分的有效分离。研究表明，向酪乳中添加 2%~5% 的柠檬酸钠，将酪蛋白粒子解离成为较小的状态；然后，用高速离心法（100 kg，50min）将脂肪球膜成分沉淀出来。或者，将柠檬酸盐处理的酪乳通过 $0.1\mu m$ 孔径的微滤膜，可制备出约含 60% 蛋白质和 35% 脂类的脂肪球膜浓缩物。

奶酪加工的副产品，乳清源稀奶油（Whey Cream），是一个从去除凝乳之后的乳清分离出的脂肪组分，也是乳脂肪球膜的很好的来源。乳清源稀奶油含有较少的脱脂乳来源的蛋白质，乳脂肪球膜可以通过脂肪球离心得到水相获得。乳清源稀奶油以及酪乳作为奶酪加工的副产物，其营养价值较酪乳与脱脂乳比起来稍差，这是因为酪乳含有的多不饱和脂肪酸容易氧化。与脱脂乳相比，酪乳的批次间差异很大，这一特征限制了其在食品加工中的应用。生产酪乳的所有加工工序都会影响到血清蛋白与乳脂肪球膜之间的相互作用。目前酪乳以及乳清的基本情况是这两者的加工工艺不能很好地被控制。加工条件差异如何影响乳脂肪球膜的功能性仍需进一步研究来解决问题。

2. 膜分离法

膜分离技术的进步可以从商业化的产品中分离富含乳脂肪球膜的物质。可以从乳清和酪乳中分离富含磷脂的组分。有研究报道酪乳中分离乳脂肪球膜的得率为 0.25g 磷脂/g 蛋白质。从切达奶酪工艺中获得的乳清蛋白进行微滤，采用 0.2μm 的陶瓷膜获得了含有两种主要磷脂的组分，磷脂酰胆碱和磷脂酰乙醇胺，以及少量的磷脂酰肌醇、磷脂酰丝氨酸、鞘磷脂以及脑苷脂。

在实验室分离出不含污染物的乳脂肪球膜是可行的，尽管在水洗过程中会损失掉一些膜组分，但是从商业化的乳制品中分离乳脂肪球膜挑战很大。酪乳以及乳清中可能含有大量的脱脂乳组分（乳清蛋白、酪蛋白）。采用凝乳酶或者柠檬酸处理酪乳可以使得酪蛋白沉淀。采用 0.2μm 的膜过滤得到富含磷脂的部分，并且得到乳脂肪球膜组分，但是得率因凝集条件差别很大，特别是 pH 的差异。

微滤是最适宜从酪乳分离乳脂肪球膜组分的方法。采用孔径（0.1μm）的微滤经常用于生产酪蛋白胶束和磷酸酪蛋白酸盐（Phosphocaseinate）。但是单纯的采用微滤并不能从酪蛋白以及乳清蛋白中完全分离出乳脂肪球膜脂质和蛋白质。由于蛋白质组分的大小相当，可以通过增加可溶性酪蛋白来降低酪蛋白保留率比例。添加柠檬酸钠至酪乳后通过0.1μm 孔径膜过滤，可以从脱脂乳来源的酪蛋白中分离出乳脂肪球膜。这完善了脂肪的保留率以及酪蛋白的透过率，可以从酪乳中分离得到富含 80% 乳脂肪球膜含量的组分。

从酪乳分离出的乳脂肪球膜组分仍然含有大量的乳清蛋白，含有乳清蛋白的蛋白集聚物足够大，能够在微滤膜上保留，这些复合物可能是乳清蛋白的热诱导聚合物，更可能是脱脂乳蛋白的复合物（如 κ-酪蛋白）或者乳脂肪球膜蛋白质。采用复原酪乳为原料的与采用鲜酪乳为原料的相比，产品的组成会有差异。

微滤（0.8μm 孔径膜）与超临界流体萃取技术组合应用于分离获得富含磷脂的乳脂肪球膜分离物。超临界流体萃取可以用于从复合物中分离脂质和脂溶性物质。首先经过交叉微滤浓缩，之后采用超临界流体去除中性脂的萃取物进行分析表明，乳脂肪球膜分离物中非极性脂质含量显著降低，而极性脂质含量显著升高。尽管通过该项技术也可能获得高磷脂含量的萃取物，但是成本会非常高，而且脱脂奶源的物质也会作为污染物，含量也会很高。

应用微滤分离工艺从酪乳中提取脂肪球膜，实现规模化生产基本可行，但仍存在问题，即使温和的加工处理条件也很容易引起脂肪球膜蛋白质的变性与凝聚，影响其功能特性。因此，仍需要进行分离提取工艺的改进研究。脂肪球膜特定成分对人类健康的作用备受关注，需要进行更深入的研究。

四、乳脂肪球膜的功能特性

酪乳或是乳清源稀奶油（Whey Cream）通过分离，含有乳脂肪球膜成分加工成膳食补充剂在市场上已有销售，也有直接添加到食品中作为功能性食品配料。下面介绍乳脂肪球膜的功能特性。

（一）乳化特性

从天然乳脂肪球中分离的乳脂肪球膜组分具有很强的表面活性。天然乳脂肪球膜表面测定的表面张力与酪蛋白表面的表面张力相当。乳脂肪球膜可以用于复原乳脂肪体系的乳化剂，可以稳定其质量 25 倍的乳脂肪，复原乳液滴的大小与形成均质乳的相当。

由于酪乳含有乳脂肪球膜，所以酪乳作为食品配料，充分发挥其乳化特性，应用于烘焙以及冰淇淋生产上可以改善风味以及质构，尤其在低脂制品中改善更为明显。超滤得到的酪乳添加到低脂干酪中可以改善干酪口感、质构。添加酪乳到生产干酪的牛奶中，可以提高低脂切达干酪的得率，这是通过提高水分含量实现的。

（二）抗氧化特性

酪乳固形物的另一个应用是作为高附加值配料应用于特定食品，提高脂质氧化能力。酪乳固形物在延缓脂质氧化的诱发阶段并不明显，但是可以降低油脂氧化传播期的严重程度。

（三）对人体健康的作用

近期研究表明，乳脂肪球膜磷脂与一些乳脂肪球膜蛋白有抗癌活性。从脂肪球膜中分离出的脂肪酸键合蛋白，在很低的浓度时，能够抑制体外乳腺癌细胞生长。同样地，在人和牛脂肪球膜萃取物中发现的 BRCA1 和 BRCA2 具有抑制乳腺癌的作用。脂肪球膜中神经鞘磷脂的抗癌作用主要是通过其代谢产物鞘氨醇和神经胺而体现的，它们能够调节重要的跨膜信号机制，从而影响细胞的生长、发育和分化。神经鞘磷脂能够减少化学物质诱导鼠结肠癌和异常腺窝点（结肠瘤发育的早期指示剂）的发生率。神经鞘磷脂也具有抵抗老年综合症、压力反应症状、细胞凋亡和阿尔茨海默病的作用。神经鞘磷脂也具有抑制结肠瘤的作用，并且能够抑制肠道对胆固醇的吸收。

对乳脂肪球膜特征组分的营养学研究中，需要着眼于如何在天然生理环境下，对潜在的生物活性物质进行有效评价，以及如何将这些实验成果最终应用于改进乳品的加工操作。脂肪球膜特定成分对人类健康的作用备受关注，需要进行更深入的研究。

第三节　乳脂为原料制备风味物

一、乳相关脂肪酶和乳脂的酶解

牛乳中的脂质物质主要是由几种不同的脂肪酸组成的甘油三酯，其中 15%~20%（摩尔分数）是短链脂肪酸，由 4~10 个碳原子组成。这些脂肪酸赋予了乳脂独特的风味，但如果在牛乳中被水解出来，它们就会产生难以形容的风味变化，如肥皂味和腐败味等。

脂解，就是酶水解牛奶脂肪成为游离脂肪酸和部分甘油酯，由于其对乳的风味和其他特性的不良影响，在食品工业中受到持续关注。然而，游离脂肪酸也会对乳和乳品产生理想的风味，它在乳中常为低浓度，但在一些干酪中则为高浓度。

脂解后产生不利影响的酶主要是两种：牛奶中的和微生物来源的。牛奶中主要的酶是脂蛋白脂肪酶。当乳牛中断物理治疗之后或摄入了某些血清脂蛋白，这种酶就会对天然乳脂肪球中的脂肪产生活力。主要的微生物脂肪酶来自于嗜冷菌，这些酶很多是热稳定性的，这点对于产品贮存非常重要。

（一）脂肪酶的来源和特性

植物、动物和微生物都可产生脂肪酶，来自于微生物和动物的脂肪酶在乳品中的应用对风味的形成发生了很大的作用，而植物脂肪酶尚未被用于乳品中改良风味。

根据甘油三酯分子水解的特性，可将微生物脂肪酶分成两类。一类是来自白地霉、棒状杆菌、青霉菌和金黄色葡萄球菌等的能够将甘油三酯完全水解成甘油和游离脂肪酸的脂肪酶；另一类是仅从甘油三酯 $sn-1$ 和 $sn-3$ 位置水解脂肪，生成双甘酯和单甘酯的脂肪酶，如黑曲霉、白霉、根霉和假单胞菌等的脂肪酶。

微生物来源的脂肪酶由于具有价格低廉、不易受蛋白酶及动物病毒的污染等优点，适合犹太食品和素食食品的制作。

大多数动物和微生物的脂肪酶的最适 pH 为碱性（pH 8~9），由于盐的存在和乳化剂的使用，其最适范围可扩展到酸性范围，如几种微生物脂肪酶最适 pH 范围可扩展到 5.6~8.5。大多数脂肪酶作用的最适温度的范围为 30~40℃，但其受热失活的条件因时间和温度而不同，几种常见微生物脂肪酶的热力破坏条件如表 7-6 所示。此外，脂肪酶的失活温度还受媒介物组成的影响，如在牛乳中灭活比在中性缓冲水溶液中要求更高的温度和更长的时间，水分活度也是影响脂肪酶活性受热破坏的一个关键因素。

表 7-6　一些微生物脂肪酶的受热破坏的条件

脂 肪 酶 来 源	受热失活条件	
	时间/min	温度/℃
假单胞菌（Pseudomonas）	15	72
根霉（Rhizopus）	15	50
黑曲霉（Aspergillus niger）	15	45
洛克菲特青霉菌（Penicillium roqueforti）	10	50
金黄色葡萄球菌（Staphylococcus aureus）	30	70
白地霉链球菌	15	60
溶脂无色杆菌（Achromobacter lipolyticum）	40	99

脂肪酶作用于黄油后，黄油风味发生较大变化，其原因是脂肪酶从黄油分子中水解释放出了游离脂肪酸尤其是短链脂肪酸。脂肪酶的来源不同，释放出的脂肪酸成分也不同，因而形成的风味也有差异。表 7-7 所示为几种不同来源的脂肪酶从黄油中释放出的游离脂肪酸及短链脂肪酸的差异。

表 7-7　　　脂肪酶从黄油中释放出的游离脂肪酸及其中短链脂肪酸的比例

脂肪酶来源	游离脂肪酸的总量/（μmol/L）	短链脂肪酸的比例/%
小羊	142	40
小牛	108	31
牛乳	80	19
牛胰脏	140	17
洛克菲特青霉菌（Penicillium roqueforti）	110	38
无色杆菌（Achromobacter）	96	22

即使不同来源的脂肪酶水解奶油释放出的游离脂肪酸和短链脂肪酸的比例接近，其产物风味也可能有所不同，这种差异是由于不同来源的脂肪酶从奶油中释放出的游离脂肪酸的类型不同造成的。表 7-8 中显示了不同脂肪酶从稀奶油中释放出的游离脂肪酸的情况。

表 7-8　　　　　　不同种类的酶分解稀奶油产生的游离脂肪酸　　　　　　单位：%

酶的来源	相对丰度				
	丁酸（$C_{4:0}$）	己酸（$C_{6:0}$）	辛酸（$C_{8:0}$）	癸酸（$C_{10:0}$）	十二碳及以上脂肪酸（$C_{>12:0}$）
小羊胃液脂肪酶	48.1	8.6	14.2	9.3	19.8
小牛胃液脂肪酶	36.7	8.9	4.8	10.7	39.0
小牛凝乳酶	10.7	3.1	痕量	痕量	86.5
乳脂肪酶	13.5	8.2	10.2	8.7	60.0
猪胰蛋白酶	8.4	2.1	痕量	痕量	89.1
黑曲霉脂肪酶	43.1	18.9	20.2	17.5	痕量

1. 牛乳中的脂肪酶

早期对牛乳脂解酶的研究表明，至少有两种主要的脂肪酶：一个是存在于脱脂部分的"血浆脂肪酶"，一个是和乳脂肪球膜相关的"膜脂肪酶"。后来的研究证实，至少存在 6 个不同的带有脂肪酶活力的分子。Korn 的报道显示，牛奶含有一种脂蛋白脂酶（LPL），其特性与后肝素血浆、脂肪组织和心脏 LPL 的特性，特别在通过血清脂蛋白乳化甘油三酯的活力提高方面十分相似。如今已被接受的说法是，LPL 是牛乳中主要的而非唯一的脂肪酶。

LPL 是乳腺分泌细胞中合成的，多数被转移到毛细血管内皮，在毛细血管内皮上它在循环脂蛋白中水解甘油三酯为游离脂肪酸和 2-单甘酯。这些产物被乳腺吸收，用于乳脂的合成。乳中的 LPL 显示出与乳腺中酶的一致性。它在乳中的含量为：分娩期是低的，而在哺乳期的前几天迅速升高，并在哺乳期几乎保持不变。

通常情况下，乳中 LPL 多数存在于脱脂乳部分，主要与酪蛋白胶粒相关。一些是可溶形式的，少量与乳脂肪球膜有关。结合于酪蛋白的酶主要是静电作用，NaCl［（0.75~1）mol/L］可解除大部分结合的酶，使之进入乳清部分。胶束中脂肪酶的静电结合显示为酶的 via 正电荷对酪蛋白（如 κ-酪蛋白）的负电荷。LPL 结合在负电荷的肝素上，通过低浓度肝素钠可使之与酪蛋白胶束分离。由于脂肪酶可以从复杂的二甲基甲酰胺上分离下来，在脂肪酶-酪蛋白的相互作用中也可能存在疏水结合。

脂肪酶是一个自身分子质量约 100ku、单体单元约 50ku 的糖蛋白（8%碳水化合物重量）。Senda 等基于 cDNA 编码为基础计算了非糖基化形式的分子质量是 50548u。LPL 活性部位有丝氨酸，位于酶中的 β 扭转处，类似于其他丝氨酸水解酶的活性部位。

LPL 是一种相对不稳定的酶，紫外线、热、酸、氧化成分和长期冷冻都使它失活。即使在正常体温的乳腺中，它也慢慢失去活力，因此牛奶中包含了活性和非活性的 LPL 混合物。牛奶中，由于脱脂乳的因素，可能存在一种类肝素黏多糖的原因，LPL 被认为是稳定的。酪蛋白和一些脂肪也使它稳定。

牛奶高温短时（HTST）处理（72℃，15s）几乎完全使酶失活，以至于巴氏杀菌乳中几乎没有乳脂肪酶引起的脂解作用。有时稀奶油巴氏杀菌需要更高的温度，是由于脂肪的保护作用。然而，一些报道中提到乳脂肪酶完全失去活力需要更加强烈的热处理（79℃，20s 或 85℃，10s）。

LPL 的正常底物是血液和脂蛋白中的长链甘油三酯。这些微粒包含可以激发酶的载脂蛋白类（apo-LP，如 apo-LP CII）。在以乳化的长链甘油三酯为底物的实验中，牛乳或人乳的血清对 LPL 具有全面激活效应。在这个实验中，需要如牛血清白蛋白（BSA）的脂肪酸受体，因为 LPL 会受到积累在油-水界面的 FFA 的产物抑制。LPL 对三丁酸甘油酯也有活性，但在这个反应中既不需要血清辅助因子，也不需要脂肪酸受体，可以看到经脂蛋白分解酶的催化率大约为 50%。对硝基苯酯、吐温 20 以及单甘酯在缺乏血清辅助因子的情况下也可以被水解。

乳中，由于乳脂肪球膜的保护作用，LPL 通常对乳脂肪没有活力。然而，血清的加入促使酶和脂肪球间的反应以及酶解相继产生。这种乳清为媒介的酶解反应机制还不清楚，尽管 Bengtsson 和 Olivecrona 推断出活性的 apo-LP CII 既提高 LPL 与脂肪球的的结合率，也提高了它的催化效率。

磷脂在甘油三酯的 LPL 催化水解上也起到了作用。催化剂 apo-LP 在磷脂（磷脂酰胆碱）存在时活力提高，乳中如果缺乏磷脂时，通过固有的 LPL，apo-LP 不能启动全脂肪球的脂解。磷脂参与到反应中是通过与底物的、并非与酶的相互作用。

在脱脂乳、特别是阮蛋白胨 3（PP3）以及乳脂肪球膜中，脂解抑制糖蛋白的发现支持了早期有关乳中含有脂解抑制因子的报道。PP3 是一种表观分子质量 28ku 和 135 个氨基酸残基的磷酸化糖蛋白，其特别重要的意义在于 C-端 38-氨基酸残基片段，以此与膜结合。Shimizu 和 Yamauchi 认为 PP3 与乳脂肪球膜中主要的糖蛋白是相同的，它可溶于低浓度 NaCl。

磷脂酰胆碱在血清辅酶因子存在时也被乳 LPL 水解成 FFA 和溶血卵磷脂。LPL 这种功能的重要性表现为促进它进入甘油三酯、含有磷脂膜的粒子核心。溶血磷脂对 LPL 和脂蛋白有很高的亲和力，是很强的膜扰药物，可以帮助乳脂肪的脂解。

LPL 在水解混合甘油三酯过程中展现出并非脂肪酸特异性，而是很强的位点特异性。它对主要的酯键起作用，倾向于甘油三酯的 sn-1 到 sn-3 位点。在转化为 sn-1 或 sn-3 的异构体之后它可以水解 2-单甘酯。它还显示出对磷脂酰胆碱的磷脂酶 A1 活力（如它水解主要的酯键在 sn-1 部位）。

2. 牛乳的酯酶

除了现在证据确凿的脂肪酶系统，牛乳含有几种其他的羧酸酯水解酶，统指酯酶。它们不同于脂肪酶，存在于可溶性部分而非乳化部分，对酯类底物产生活力。它们更倾向于水解短链的酯类而并非长链脂肪酸。

尽管有几个关于乳中酯酶的报道已经发表，但几乎没有某一支酯酶的详细信息被报道。已经鉴定出来的有芳香酯或 A-酯酶、羧酸酯酶或 B-酯酶、胆碱酯酶或 C-酯酶。

芳香酯已经获得相当的关注，由于它的含量在初乳和乳腺炎乳中有所提高。由于芳香酯在乳腺炎乳中的含量与其他的乳腺炎的指数十分相关，因此可作为疾病的敏感指标。酶被认为源于血液，血液中它的活力可达到乳中的 2000 倍。

羧酸酯酶活力在乳腺炎乳和初乳中有所提高。母乳的胆盐激活脂酶（BSSL）与胰腺羧酸酯酶已被证明是相同的，具有视黄基酯酶活力。

相比于脂肪酶对牛奶脂肪或三丁酸甘油酯 [0.25~2.5μmol/（mL·min）] 的活力，酯酶活力（对可溶性三丁酸甘油酯）非常低，大约为其 1/10。但是在一些不正常的牛奶中，酯酶水平显著提高，可达 37 倍。牛乳中酯酶的意义以及它们之间的联系、酯酶与 LPL 的联系、其他组织中的酯酶，这些都仍在研究中。

3. 嗜冷菌的脂肪酶

嗜冷菌产生的胞外脂肪酶可导致乳和乳制品的水解酸败。产生这些脂肪酶的细菌主要是假单胞菌，尤其是荧光假单胞菌、莓实假单胞菌以及肠杆菌科，如沙雷氏菌属和不动杆菌属。其他主要的微生物，包括无色菌、气单胞菌属、产碱杆菌属、杆菌、黄杆菌属、微球菌、莫拉克斯氏菌属。在一个生乳的分解脂肪的菌群存在分解脂肪缺陷的研究中，Shelley 等发现荧光假单胞菌是最频繁遇到的种类，但莓实假单胞菌是与最严重的分解脂肪缺陷相关的。很多研究者的综述中已关注到细菌脂解和它们在乳和其他食品中的影响。

很多研究者报道假单胞菌，特别是荧光假单胞菌，是乳中产生脂解的主要的嗜冷菌。这些十分相关的种类在脂肪酶产生上表现出很大不同。Dogan 和 Boor 报道在假单胞菌分离株中胞外酶活力的表现与核糖体分型相关，核糖体分型 50-S-8 和 72-S-3 产生最高的胞外脂肪酶活力。核糖体分型已被用于识别高产脂肪酶的核糖核酸型。然而，Wang 和 Jayarao 发现尽管 16S-23S PCR 核糖体分型技术可发生菌株之间的分化，但它不会与 API 20 NE 生物型和分解脂肪成分同时发生。他们断定与脂解结合的生物型的使用对于荧光假单胞菌的追溯研究具有实际价值。

嗜冷菌在后对数期和早期的平稳增长阶段产生脂肪酶，时常会达到峰值，之后下降。在细胞数达到 $10^6 \sim 10^7$/mL 之前很少产生脂肪酶。生长率与脂肪酶产生没有表现出很好的相关性。事实上，Stevenson 等发现，多数情况下巴氏奶低生长率的假单胞菌产脂肪酶早于高生长率的。McKellar 综述了环境和营养多种因素对产酶的影响。

假单孢菌通常构成了生乳和稀奶油中脂解嗜冷菌的最大比例，因此引起了最大关注。荧光假单孢菌和莓实假单孢菌的脂肪酶已经被纯化出来。Fox 等综述了嗜冷菌脂肪酶的分离和分子特性。

通常，这些微生物酶的分子质量范围 25~50ku。Sugiura 等纯化了分子质量 33ku 的荧光假单胞菌的脂肪酶，发现它是一个没有脂质或碳水化合物、没有二硫化物连接的多肽链。而 Dring、Fox 和 Tepaniak 等（1987a）在不同的条件下分离荧光假单胞菌脂肪酶分子质量大约 16ku。在假单胞菌和伯克霍尔德菌脂肪酶的已知氨基酸序列基础上，Dieckelmann 等推断有两个主要的脂肪酶组，一个分子质量大约是 30ku，是由莓实假单胞菌、铜绿假单胞菌、荧光假单胞菌 C9、伯克霍尔德菌脂肪酶组成；一个是大约 50ku，是由荧光假单胞菌脂肪酶组成。然而，一些研究者发现与分子质量>100ku 材料相关的脂肪酶活力，可能说明与酶十分相关的亚基的聚集。荧光假单胞菌 SIK W1 的脂肪酶通过聚丙烯酰胺凝胶电泳，测定分子质量为 52ku，或者从独立的基因编码预测其分子质量为 48179u。这种酶包含了 9 个半胱氨酸残基，它们可能参与二硫化物桥。莓实假单胞菌脂肪酶基因编码被克隆进了一个预测分子质量 14643u、对应一个 135 个氨基酸的蛋白质的核苷酸序列的大肠杆菌中。

脂肪酶的最适 pH 通常在 7~9 的碱性区域。尽管也有报道称最适条件更高或更低些，它们一般在 40~50℃ 表现出最高活力。依据酶的纯度和实验条件，表现出来的最适温度也会改变。很多酶通常在储存乳制品的低温（1~10℃）下表现出活力。

这些脂肪酶最重要的特性之一是它们的热稳定性，这点根据种类、菌株以及它们在什么媒介中被加热而表现不同。很多酶的部分活力在巴氏杀菌、甚至 UHT 处理之后仍然十分稳定。除了 κ-酪蛋白，其他乳蛋白对脂肪酶具有保护作用。例如，在 80~90℃ 加热带有 β-乳球蛋白的脂肪酶不会改变酶的活力。一些研究者试验了两级加热灭活，活力起初快速下降，接下来则是缓慢的、微弱的下降。近来的报道显示，脉冲电场强度处理对于荧光假单胞菌脂肪酶的钝化比热处理更加有效，批量处理中用 27.4kV/cm、80 个脉冲可产生超过 60% 的钝化。同样，温度提到 110~140℃、在压力（650kPa）下会发现声波降解法对于钝化荧光假单胞菌脂肪酶比单独使用相应的热处理更加有效。

一些脂肪酶在低温（≤70℃）中比在更高的温度下更不稳定，因而是"低温钝化"，这个对于蛋白酶钝化是有效的（如 55℃、1h）。然而，在包含脂肪的介质中，55℃ 延长加热也会有大量的脂解产生，因此，在这个温度下处理对于乳品中的这些脂肪酶消除能力有限。在温度>70℃ 下加热可以激活一些脂肪酶、加剧脂解。Bucky 等在专利工艺中，采用 UHT 处理结合 60℃ 的 LTI（线性时不变系统）处理 5min，可以大大提高 UHT 对于降低脂肪酶活力的效力。这些酶的加热钝化机制研究显示，在高或低温下失活涉及酶的不同的变性状态。

与相应的蛋白酶不同，脂肪酶不含有金属离子，但是需要金属离子（如 Ca^{2+} 或 Mg^{2+}）产生活力。过量的乙二胺四乙酸（EDTA）引起多种细菌脂肪酶的全面抑制，但可以被 Ca^{2+} 或 Mg^{2+} 激活。不动杆菌脂肪酶由 EDTA 产生的钝化是不可逆的，而铜绿假单胞菌是个例外，过量的 EDTA 对它几乎没有影响。一些重金属是脂肪酶的抑制剂，特别是锌、铁、汞、镍、铜和钴，这些金属在浓度低于 10mmol/L 时就可以抑制脂肪酶。

低浓度 NaCl（10mmol/L）有激活作用，尽管高浓度的 NaCl 是抑制脂肪酶的。在 NaCl（2mol/L）中脂肪酶活力能保持一半以上，情况类似于在含盐黄油的水相中。

与乳 LPL 不同，微生物脂肪酶不需要脂肪酸受体，如牛血清白蛋白（BSA）。据发现，血清可激活这些酶中的一部分，包括荧光假单胞菌脂肪酶，这些最终特指为脂蛋白脂肪酶。

当嗜冷菌产生能够作用于乳化甘油三酯的、真正的脂肪酶的同时，也产生很多更倾向于降解可溶性底物或短链甘油三酯（如三丁酸甘油酯）到长链甘油三酯的酯酶。Chung 等证实，荧光假单胞菌中的脂解菌株的酯酶和脂肪酶活力来自于两种不同的酶。假单胞菌的 DNA 片段插入至大肠杆菌 JM83 之后，得到的 12000 个重组菌落中的 20 个对三丁酸甘油酯显示出活力，但是仅仅有一个对长链甘油三酯有活力。同样，McKay 等构想高解脂荧光假单胞菌菌株过度产生或特别缺乏一种脂肪酶（lipA 编码的）和酯酶（estA 编码的）。肉汤培养基分析显示，脂肪酶被分泌到培养基中，而酯酶在细胞内而不分泌出来。牛奶为培养基，微生物所产生的游离脂肪酸是来于单一的、被分泌的脂肪酶，不会产生酯酶。

Lawrence 等报道，铜绿假单胞菌脂肪酶倾向于降解长链甘油三酯，而费氏球菌脂肪酶则倾向于短链甘油三酯。温度对脂解的特异性具有明显的影响，温度较低时乳脂肪中更多释放出短链和不饱和脂肪酸。

纯化的荧光假单胞菌脂肪酶对天然植物油和一系列从三丁酸甘油酯到三油酸酯合成的甘油三酯具有活力，表现为倾向于甘油三酯，而非单甘酯以及中长链的底物（包含 C_8 ~ C_{10} 脂肪酸）。大多数脂肪酶作用于甘油三酯的主要位点（sn-1 和 sn-3）。从一种指定脂肪释放出来的游离脂肪酸片段主要源于酶的特性。

脂肪酶通常能够分解完整脂肪球中的甘油三酯，由于脂肪球膜的保护，原本乳中 LPL 的降解特性没有展现出来。尚未清楚的是，是否脂肪酶本身能够渗透到乳脂肪球膜中或者是否膜首先被其他酶，例如糖苷酶、蛋白酶、磷脂酶所破坏。GriYths 报道蜡样芽孢杆菌的磷脂酶 C 通过使底物更容易水解提高了生乳中 LPL 的脂解活力。然而，它不能提高荧光假单胞菌脂肪酶的活力。研究者认为当生乳均质处理时，添加磷脂酶 C 会对脂蛋白脂肪酶的脂解产生同样的影响。

4. 磷脂酶

磷脂酶在乳中具有一定的重要性，它可以降解乳脂肪球膜上的磷脂质，从而使乳脂肪易于脂解。

牛乳 LPL 含有磷脂酶 A1，但是它对乳磷脂的作用尚未报道。刚分泌出的山羊乳具有磷脂酶 A 的活性，但是尚不清楚是否这个缘于乳的 LPL。人乳包含酸性鞘磷脂酶 C 以及胆盐刺激脂肪酶提供的神经酰胺酶活性。

一些嗜冷菌可产生孢外磷脂酶，乳中最普遍的是假单胞菌（尤其是荧光假单胞菌），产碱杆菌属、不动杆菌和芽孢杆菌。它们中的大多数产磷脂酶 C，一些菌产磷脂酶 A1，一些菌两种都产生。沙雷菌属仅产生磷脂酶 A，而莓实假单胞菌不产生磷脂酶。一些假单胞菌产生的磷脂酶 C 已经被纯化和定性。像脂肪酶一样，这些酶多数具有不错的热稳定性，不会破坏受到巴氏杀菌破坏。它们的热稳定性根据菌株和生长条件的不同而不同。

芽孢杆菌的磷脂酶，特别是蜡样芽孢杆菌的深入研究，因为它们与乳的"碎片化脂肪"或"破碎的稀奶油"缺陷有关。乳脂肪球膜的部分降解，启动了脂肪球生成的奶油片或斑块的凝集。这种降解主要是由磷脂酶 C 引起的，同时蜡样芽孢杆菌产生一种鞘磷脂酶也起到一些作用。除了芽孢杆菌，磷脂酶产生的菌没有表现出能够引起"碎片化脂肪"。

5. 乳品生产中的脂解酶

发酵乳生产中用到的多数乳酸发酵剂产生的是孢内脂肪酶和酯酶，脂解能力很弱。这些酶出现在细胞质，随着成熟溶解的发酵剂细胞释放到干酪中。通常，脂肪酶最适合的 pH 和温度分别为 6~7、37℃。它们对短链脂肪酸具有专一性，表现为作用于部分甘油酯。干酪中发酵剂菌种主要的脂解作用是进一步水解其他脂肪酶生成的单甘酯和双甘酯。外来微生物的脂肪酶，如酵母、乳酸菌和微球菌，也会在干酪成熟中产生脂解。

青霉菌和卡地干酪青霉产生非常有活力的胞外脂肪酶，它们是霉菌成熟干酪中主要的脂解成分，它们优先水解乳脂肪中的短链脂肪酸。青霉菌产生两种脂肪酶，一个最适在 pH 碱性，另一个在 pH 6~6.5 最活跃，在脂肪酸特异性上相差不大。卡地干酪青霉分泌一种最佳活力在 pH 9 的单一脂肪酶。

分离自大量微生物的脂肪酶，已经用于从乳脂（黄油的或干酪的）合成"乳"的风味或者在干酪成熟中提高风味强度，其中包括米黑根毛霉（毛霉菌）、解脂无色杆菌、黑曲霉、米曲霉、白地霉、柱状假丝酵母、解脂假丝酵母、代氏根霉和少根根霉产生的脂肪酶。这些脂肪酶不同的性质，如最适 pH、专一性，可以根据目标针对性的选择合适的酶。

目标之一是利用脂肪酶 $sn-1,3$ 特异性和脂肪酸特异性从而减少长链饱和脂肪酸含量，以此改变乳脂肪提高它的营养特性。这点已经通过利用固定在疏水性中空纤维的脂肪酶以及在控制水分活度条件下，在无溶剂系统中进行水解和酯交换反应而实现。Garcia 等采用固定化微生物脂酶富集含有共轭亚油酸的乳脂肪，一种抗癌的脂肪酸自然而然地少量出现在了乳脂肪中。Safari 和 Kermasha 采用 4 种商业化脂肪酶改变乳脂肪的位置结构，其中的 3 个脂肪酶富集了在 $sn-2$ 位含有软脂酸的甘油三酯，这是一种人乳脂肪的重要贡献物。

前胃酯酶用在意大利干酪的生产中产生特征性的"Piccante"风味，这些风味是由于短链脂肪酸，特别是酪酸的，会优先被这些酶从乳脂肪中释放出来。前胃酯酶由唾液腺产生，从小牛、羊羔和皱胃中获得。它们的异构形式被分离到，分子质量大约为 172000（小牛）、150000（羊羔）u。它们的最适活力在 32~42℃、pH 4.8~5.5。前胃酯酶也被用于干酪风味的开发以及风味原料的生产。

Picon 等推断封装有蛋白酶的磷脂酶 C 加入到乳中激发曼彻格干酪（Manchego Cheese）中蛋白酶的释放。

（二）乳脂肪的酶改性

尽管加氢和化学酯交换工艺广泛用于油和脂肪工业，也可以应用于乳脂肪，但是有很多因素表明对于乳脂肪改性，这些工艺无法成为有吸引力的选择。原料生产者正在寻找化学用料的替代物，乳脂肪相对多数植物油脂是昂贵的，而它良好的奶油风味是有价值的。酶是化学品的一种替代方案，因为其用到的工艺条件温和。采用的最常见的酶是脂肪酶，可水解甘油三酯、甘油二酯和单甘酯。在特定条件下，也可能催化游离脂肪酸重新与甘油结合。

1. 酶酯交换

（1）酶的类型和作用　脂肪酶可用于水解乳脂肪生成乳品风味改善物，也可用于乳脂体系的酯交换，生成改善了营养或物理特性的乳脂肪。脂肪酶可以在含有或不含有有机溶剂的体系中使用。

常见的脂肪酶包括非特异性脂肪酶，其作用的脂肪酸在甘油三酯上的位置或类型（如柱状假丝酵母脂肪酶）与仅作用于甘油三酯的 $sn-1$ 和 $sn-3$ 位点的 1，3-特异性脂肪酶（如白地霉）没有区别。

脂肪酶的稳定性和反应率受到很多因素的影响，包括温度、pH、溶剂类型、水分活度和它是固定化的还是游离形式的。液体黄油本身既可以作为溶剂也可作为底物，当像己烷这样的有机溶剂存在时，会促进酯交换。

（2）乳脂肪的酶酯交换　乳脂肪的酯交换在溶剂和非溶剂体系中通过各种游离的和固定化的脂肪酶进行着。

Safari 等测试了在多种有机溶剂［己烷、己烷-氯仿（70：30，V/V）、己烷-乙酸乙酯（70：30，V/V）］中使用米黑根毛霉脂肪酶进行乳脂肪酯交换。氯仿或乙酸乙酯加入到己烷中提高了脂肪酶活力。这就说明溶剂的极性影响体系中水的分布，从而给酶活力带来了最终影响。Bornaz 等测试了在非溶剂体系中脂肪酶催化乳脂肪的酯交换，结果发现在搅拌桨反应器中，米黑根毛霉的 1，3 特异性脂肪酶会影响酯交换，固体脂肪含量经 20℃、约 48 小时后从 21% 提高到 46%。

其他研究者也使用酶处理乳脂肪以生成改善了营养特性的改性乳脂肪。爪哇根毛霉脂肪酶固定化到疏水性中空纤维则会降低其对短链脂肪酸的特异性。Balcao 等（1998a）测试了通过爪哇根毛霉 1，3-特异性脂肪酶固定化到疏水性中空纤维，实现乳脂肪的选择性水解和酯交换。在 40℃ 控制水分活度条件下，采用非溶剂体系，可能生成的改性乳脂肪比未改性的含有少于 10.9% 的月桂酸、少于 10.7% 的肉豆蔻酸和少于 13.6% 的棕榈酸。这个是通过中空纤维反应器联合乳脂肪的水解、酯交换和循环来完成。改性的乳脂肪有少于 2.2% 的总饱和甘油三酯、超过 5.4% 的总单烯甘油三酯和少于 2.9% 的多烯甘油三酯。酯交换后的乳脂肪的甘油三酯组成的改变导致脂肪熔化性的改变。

表 7-9 天然和酯化乳脂的甘油酯组成

甘油三酯	天然	酯化	甘油三酯	天然	酯化
C_{22}	—	0.1	C_{40}	12.1	9.9
C_{24}	0.3	0.8	C_{42}	7.7	7.6
C_{26}	0.1	1.4	C_{44}	6.8	8.3
C_{28}	0.6	1.5	C_{46}	7.5	10.7
C_{30}	0.9	1.3	C_{48}	8.8	12.8
C_{32}	1.9	2.0	C_{50}	11.2	14.2
C_{34}	4.4	3.0	C_{52}	10.8	10.9
C_{36}	9.5	5.9	C_{54}	4.6	0.4
C_{38}	13.1	9.1	比例 C_{38} : C_{50}	1.17	0.64

2. 酶的水解

大量研究已检验过各种来源的脂肪酶用于乳脂肪的水解。黑曲霉脂肪酶在黄油-油的乳化液中优先水解丁酸，从而提高对乳品风味有帮助的游离脂肪酸产物。在有机的非溶剂体系中，皱落假丝酵母脂肪酶相比荧光假单孢菌脂肪酶对丁酸有更高的活力。由此可证明，通过选择合适的酶有可能影响乳脂肪水解选择性的改变。

此外，酶可以采用包被的形式。Chen 和 Chang 报道了包被的念珠菌薪菇脂肪酶对乳脂肪的水解，通过采用更高浓度的酶和45℃下更高浓度的水表面活性剂，可以操控短链脂肪酸的释放。

二、乳中的酶解风味物质

（一）黄油的风味化合物

鉴于商业意义，黄油和乳脂肪的风味得到了深入的研究。不同种类的黄油和乳脂肪已经鉴定出了超过 230 种的挥发性化合物。新鲜黄油的典型风味受到乳中不饱和脂肪酸的氧化而形成的羰基化合物的影响。

Forss 等报道了采用气味活度值（浓度对嗅觉阈值的比率）评价，δ-癸内酯、δ-辛内酯、癸酸、月桂酸、粪臭素和吲哚作为重要的乳脂肪风味的贡献物。此外，Siek 的数据证实在新鲜黄油中，丁酸、己酸、δ-癸内酯的含量在味觉阈值以上。

新鲜的和贮存一段时间的乳脂肪的挥发部分经香气提取稀释分析（AEDA），Widder等断定双乙酰、丁酸、δ-辛内酯、粪臭素、δ-癸内酯、顺-6-十二碳烯酸-δ-癸内酯、1-辛烯-3-酮、1--己烯-3-酮是乳脂肪风味的重要贡献物。乳脂肪在室温贮存过程中，1-辛烯-3-酮、反-2-壬烯醛和顺-1，5-辛二烯-3-酮的浓度会提高。

Schieberle 等对不同种类黄油［即爱尔兰酸奶油（ISC）、发酵黄油（CB）、酸奶油（SC）、甜奶油（SwC）和农庄酸奶油（FSC）］进行了感官评价。表 7-10 表明了 ISC 黄油整体的气味强度最高。表中显示通过 AEDA 在 ISC 的馏分中检测到 19 种香味活性化合物，最大的风味稀释因素为 δ-癸内酯、粪臭素、顺-6-十二碳烯酸-γ-内酯和继反-2-壬烯醛、顺，顺-3，6 壬二烯醛、顺-2-壬烯醛和 1-辛烯-3-酮之后的双乙酰。

表 7-10 爱尔兰酸奶油黄油中的强烈风味物

化合物	风味稀释因子	气味描述
双乙酰	256	黄油的
1-戊烯-3-酮	32	类似蔬菜的
己醛	8	青草的
1-辛烯-3-酮	8	类似蘑菇的
顺，顺-3，6-壬二烯醛	64	似肥皂的
顺-2-壬烯醛	64	脂肪的，青草的
反-2-壬烯醛	128	青草的，哈喇味的
反，反-2-4-壬二烯醛	8	脂肪的，蜡状的

续表

化合物	风味稀释因子	气味描述
反, 反-2-4-癸二烯醛	32	脂肪的, 蜡状的
γ-辛内酯	64	类似椰子的
反-4, 5-环氧-反-2-癸烯醛	32	金属的
粪臭素	512	类似樟脑丸
δ-癸内酯	4096	类似椰子的
顺-6-dodeceno-γ-内酯	512	类似桃子的
醋酸	128	刺激性的
丁酸	512	黄油的, 甜的
己酸	32	刺激性的, 发霉的

风味提取物稀释分析也应用于了加热后的黄油。主要的香味化合物已被确认为 δ-辛内酯、粪臭素、δ-癸内酯、2, 5-二甲基-4-羟基-3 (2H) -呋喃酮 (Furaneol) 以及 1-己烯-3-酮、顺-2-壬烯醛、反-2-壬烯醛、反, 反-2, 4-癸二烯醛、反-4, 5-环氧树脂-反-2-癸烯醛、γ-辛内酯和 1-辛烯-3-酮。黄油脂肪中的不饱和甘油三酯被推测为在加热过程中产生了这些强烈风味物。此外, 蛋白质的热降解和美拉德反应是导致形成粪臭素、甲硫基丙醛和呋喃酮的因素。

(二) 乳及乳品中脂解的有利影响

1. 理想风味的产品

脂肪分解为很多乳品提供特征性风味起了重要作用, 特别是很多种干酪的成熟都伴随着脂解, 它们源于微生物的作用或者事先加入的酶, 即在原奶中加入乳 LPL。脂解不是很普遍, 但在一些干酪中更明显 (如青纹干酪和硬质的意大利类型的)。深度的脂解对于干酪来说也是不能接受的。

在一些霉菌成熟干酪中, 游离脂肪酸含量 (高达总脂肪酸的 25%) 非常高是可以接受的 (例如, 相比优质切达的游离脂肪酸含量小于 4000mg/kg, 蓝纹干酪的大于 66000mg/kg)。高含量的丁酸是意大利硬质干酪和某些腌制干酪的标志, 例如希腊菲塔羊奶干酪 (Greek Feta) 高达 520 mg/kg, 罗马诺干酪 (Romano) 的大于 3000mg/kg。然而, 风味物质的不平衡导致这些干酪出现不良的酸败味、膻味 ($C_{4:0} \sim C_{8:0}$) 或者皂味 ($C_{10:0} \sim C_{12:0}$)。

在成熟切达中, 乳脂肪的脂解形成了一些丁酸和大部分的高游离脂肪酸, 这种脂解主要来自于乳酸菌的脂肪酶。在瑞士品种干酪中, 酸增加是通过丙酸杆菌的脂肪酶作用或者通过发酵。意大利的品种中, 波罗伏洛干酪 (Provolone) 和佩科里诺干酪 (Pecorino) 从前胃酯酶的作用产物获得它们特征性风味, 传统的是从用于凝乳的凝乳酶膏的作用产物中获得, 而现在是以商业化的口腔腺提取物的形式获得。在蓝纹类干酪中, 如古冈佐拉干酪 (Gorgonzola)、罗奎福特干酪 (Roquefort) 和斯蒂尔顿干酪 (Stilton), 娄地青霉脂肪酶产生的游离脂肪酸作为风味成分本身和甲基酮的前体物质都是重要的, 它给这些干酪提供了辣味。卡地干酪青霉脂肪酶在表面霉菌成熟干酪［如布里干酪（Brie）和卡门培尔（Camembert）］中起到了同样的作用。脂肪酶制剂已经被用于提高风味和加速干酪成熟，例如切达、水牛奶高达（BuValo Milk Gouda）、蓝纹干酪。

典型的特殊品种的干酪风味制剂可以由适当的特异性的脂肪酶产生。这些风味物被用在再制干酪和酱汁。乳脂肪的脂解也被用于为烘焙、谷物产品、糖果糕点、咖啡伴侣和其他类乳制品生成奶油和黄油的风味。

2. 乳脂肪的消化

新生儿、尤其是早产儿脂肪的吸收比成年人更有限，这是由于脂肪酶产量相对低以及婴儿胰腺分泌的胆盐。

尽管 LPL 活力通常存在于哺乳动物乳中，但它对乳脂肪的消化作用在幼小动物上还没有得到证实。Olivecrona 等推断 LPL 可能在绑定乳脂肪球和黏膜、绑定到肠道细胞表面、脂质转移到细胞方面起辅助作用，这些作用可能不依赖酶的水解活性。

人乳中胆盐刺激的脂肪酶是作为一种辅助牛奶脂肪消化的酶。它的稳定性和活力都与新生儿胃肠道的环境相关。它不具有特异性，可以水解甘油酯和其他营养学意义的酯，例如视黄基和胆固醇酯。婴儿在消化了新鲜人乳之后，胆盐刺激性脂酶（BSSL）可以在他们的胃和肠道中检测到，并且平均脂肪吸收率比喂养牛乳配方粉或加热过的人乳之后更高。脂肪吸收率的增长对于早产儿或者胰功能不全的婴儿特别有意义。

Bernback 等发现体外人乳甘油三酯的完全消化需要胃脂肪酶、胰腺协同脂肪酶和 BSSL 的协同作用。当 BSSL 对甘油三酯和甘油二酯的水解起作用时，它特别的功能是水解单甘酯成游离脂肪酸和甘油，使之更容易被吸收。然而，这并不适用于棕榈酸，它作为游离酸很难被吸收，而是作为 2-单酰甘油被吸收。这种酸大约70%在人乳三酰基甘油的 $sn-$ 2 位被酯化。体内研究中，在狗和老鼠的实验模型中显示，BSSL 在胃内脂解比体外实验发挥更大的作用。BSSL 也有神经酰胺酶活力，它可以通过酸性鞘磷脂酶 C 水解之后从鞘磷脂分解产生神经酰胺。

在喂养小猫的配方粉中以纯化的人 BSSL 作为补充组分，小猫生长速度比单独喂养配方粉快两倍，从而建议以 BSSL 产品作为膳食补充。

通过调查婴儿母乳喂养对贾第虫病的抵御能力发现，在体外，人、大猩猩和白眉猴乳能够抵御兰伯氏贾第虫。Hamosh 报道，人乳中第三种脂肪酶，即血小板活化因子乙酰水解酶，可以在预防炎症性反应上起到作用。

（三）风味的分析方法

1. 游离脂肪酸

乳或乳品中所有游离脂肪酸的定量是个困难的分析问题，已经有大量的研究以此为主题。

游离脂肪酸的范围从水溶性、短链酸，如丁酸（$C_{4:0}$）和己酸（$C_{6:0}$）到非水溶性、长链酸，如软脂酸（$C_{16:0}$）和硬脂酸（$C_{18:0}$）。乳和乳品中它们伴随着相对大量的脂肪、甘油三酯、水溶性酸。

方法通常涉及的初始步骤是分离脂肪酸，含有或不含有乳脂肪；接下来是定量步骤，含有或不含有酸的衍生物。直接的方法是采用红外或生物传感器技术，不需要预处理步骤是明显的优势，适用于在线游离脂肪酸监控。

关于脂肪分离的方法，乳制品产业局（BDI）的方法是最常见的，仅仅检测脂溶性游离脂肪酸，因此会低估总游离脂肪酸水平。但是对于乳品，例如黄油，仅检测脂溶性游离脂肪酸是不会觉察到总游离脂肪酸的微小的增长的，只是长链游离脂肪酸的出现会对风味产生不良影响。

溶剂萃取法可测定游离脂肪酸的比例，然而，游离脂肪酸在滴定定量时，由于提取物中乳酸、酸性磷脂和其他酸性干扰化合物，其中的一些方法会高估游离脂肪酸含量。基于异丙醇、庚烷、硫酸混合物的溶剂萃取法已经在几个国家使用，采用自动化的方法用于日常大量的样品分析。

通常在溶剂萃取之后，鉴于游离脂肪酸对各种载体的吸附，从而可作为对产品中所有游离脂肪酸定性的最好的方法。这些方法中，一些通过气相色谱（GC）定量游离脂肪酸的方法，目前可作为参考方法。在一些早期的固体吸附方法中，脂肪的水解会导致高估游离脂肪酸的真实含量。然而，采用减活氧化铝或离子交换树脂开发出了一些方法，不会发生脂肪水解。

作为游离脂肪酸的毛细管气相色谱法提供了很好的组分酸的测定方法。同样的，乳游离脂肪酸在高效液相色谱（HPLC）分析中可获得高分辨率色谱图。因此，目前获得乳和乳品中单体游离脂肪酸的精确数据成为可能。

基于操作简易性的考虑，非常需要一些无需从乳脂肪或产品中分离游离脂肪酸的测定方法。Spangelo 等报道乙腈提取的牛奶与碘甲烷在阴离子交换树脂为催化剂时，游离脂肪酸能够甲酯化。Miwa 和 Yamamoto 衍生出了乳和乳品中游离脂肪酸，通过与 2-硝基苯肼盐酸化物直接反应用于 HPLC 分析。

Koops 等涉及酰基-CoA 合成酶、酰基-CoA 氧化酶和产生的过氧化氢色度检测的方法有望成为例行检测程序。此方法已经自动化并且显示出与农场牛奶样品的 BDI 方法很好的一致性。在另一个酶方法中，Christmass 等联合使用酰基-CoA 合成酶、UDP-葡萄糖焦磷酸化酶、葡萄糖磷酸变位酶、葡萄糖-6-磷酸盐-1-脱氢酶和烟酰胺腺嘌呤二核苷酸（NADH）-荧光素酶以判定人乳中游离脂肪酸。生成物 NADH 的荧光测定克服了加入奶、影响色度检测时浑浊的问题。

几篇公开发表的论文中比较了乳和乳制品中游离脂肪酸检测的多种方法。总之，各种方法间是高度相关的，尽管不同方法有不同的局限。

因此，要依据应用来选择方法。对游离脂肪酸的常规分析，BDI 方法或它的改进法，以及基于 Dole 的萃取法看起来是最普遍的。而对于产品中所有游离脂肪酸的精确检测，毛细管 GC 或 HPLC 方法是可选择的方法。酸或甲酯的毛细管气相色谱法是国际乳品联合会（IDF）的推荐方法。

上述多数方法已被用在乳的游离脂肪酸的检测上，大多数可应用于其他产品。但需要在萃取程序中做一些微小的改变，例如无水硫酸钠的包含物去除水或者酸性水溶液，包含物经水洗步骤去除乳酸。Collomb 和 Spahni 建议上述 IDF 推荐方法可作为通用方法。

2. 脂肪酶活力

大量的方法已经用来检测各种来源脂肪酶的活力，它们用到的底物、底物形式、添加到实验中的混合物和检测水解程度的方法有很多的不同。

脂肪酶的天然底物是甘油三酯，但是由于甘油三酯的复杂性以及它们很少含有色团或其他能够随时检测产品的标记，于是开发出了几个合成的底物。这使得不同的检测技术，如分光光度法、荧光法、色谱或辐射线测定将被利用。重要的是，真正的脂肪酶仅仅对非水溶性酯类有活力，而酯酶的分解仅仅在水溶性酯中。因此，用于乳和乳品的方法中所采用的底物是非常重要的。这种底物检测的是真正的脂肪酶而不是酯酶，因为乳脂水解中脂肪酶才是起重要作用的，而酯酶的作用则无关紧要。

由于脂肪酶在油-水界面对油脂产生作用，以合适的物理形式制备底物对于最大程度发挥脂肪酶活力非常重要。促进脂肪酶活力的方法包括：利用乳化成分的乳化；形成凝胶；水溶性有机溶剂溶解，例如 2-甲氧乙醇或四氢呋喃，紧接着添加至水反应混合物；声波降解法，含有或不含有乳化剂；形成薄膜或单层。

最常见的脂质底物的形式是一种乳化液，通过表面活性剂使之稳定的，包含胆盐和胶。无论所使用的方法，好的乳化剂的形式是必要的，由于脂肪酶反应率依靠在底物-水界面中底物的表面积，这可以通过剧烈的摇晃、混合、超声处理、或底物在水介质中的均质来获得。然而，尽管这些方法可以生产出相对好的乳化剂，但是在各方法中可以利用的脂类表面积仍不相同，因为底物系统的理化性质不相同。由此，从报道中获得的脂肪酶活力的比较数据因不同的分析方法而不同。

乳化的非水溶性底物通常与缓冲溶液酶制剂反应，酶活力可以通过反应产物连续测定，或者通过反应一段时间，测定形成的产物总量或被利用了的底物。酶活力的一个单位（U）通常被定义为在给定条件下一段时间内（如 1min）释放一定量产物（如 1μmol）所需要的酶的总量。

乳品工业中目前的挑战是细菌脂肪酶低含量的测定方法，它可引起乳和乳品中的不良现象，特别在长货架期产品。由此，上述描述的很多敏感的方法可以应用于检测在酶与甘油三酯底物反应过程中释放出的少量的游离脂肪酸。为了最大化细菌酶分析的灵敏度，采用在自有 LPL 没有活力的温度下长时间反应的方式。

此外，用 β-萘酚辛酸酯或 p-硝基苯酯作为底物的比色测定，以及用 4-甲基伞形酮酯的荧光试验已被提议作为测定乳和乳品中细菌酶的敏感方法。然而，例如非酶水解的问题、乳脂肪和乳蛋白干扰以及测得的活力与乳脂肪的少有的相关性等问题限制了这些方法用于预测贮存期乳品的脂解稳定性。基于伞形酮酯的试验比那些采用 4-甲基伞形酮酯的试验显示出很多优势，可以应用在乳和乳制品。

针对细菌脂肪酶开发敏感的酶联免疫吸附（ELISA）方法上取得了进展，然而，这种技术检测酶蛋白而不是它的活力，因此对于乳品工业的实际价值很小。在此领域期望有进一步的研究。

Deeth 和 Touch 评估了各种方法对于乳品应用的适用性。他们认为分为两类：筛选试验和确认测试。前者可在相对短的时间内容纳大量的样本，但可能导致一些错误的结果。后者包含天然甘油三酯底物的应用，通常是乳脂肪，一般更加耗时。对于这两类的每一个，受欢迎的方法参考如下：筛选试验包括，用非三酰甘油底物的荧光和比色分析试验；使用三丁酸甘油酯的滴定分析；使用三丁酸甘油酯、三油精或乳脂肪的琼脂扩散试验。确认测试包括，以三油精和乳脂肪作为底物的色谱分析；以三油精和乳脂肪作为底物的滴定分析。

（四）风味物的制备

将脂肪酶应用于乳品，生产改性产品的基本制作过程一般包括以下几个步骤：底物的准备（一般为炼乳、黄油或干酪）；酶制剂溶液的准备和标准化；应用与底物相对应的酶制剂（即确定酶制剂的添加量）；均质促进乳状液的形成和提高活力；保温至获得最佳转化；产生最小值挥发性风味时将酶灭活；最终产品的标准化、配制和包装。

1. 酶解稀奶油产品

脂解稀奶油是通过脂肪酶用于新鲜稀奶油而生产的天然乳香味的产品。乳脂水解释放出的游离脂肪酸和4种短链脂肪酸对挥发性风味的形成起主要作用，在完成产品时需控制风味形成。脂解稀奶油是一个产热的过程，能使添加的脂肪酶失活。产热过程中还能生成二级风味混合物（如内酯）。有的脂解稀奶油还可通过向稀奶油中接种乳酸菌制成，其生产过程中稀奶油产酸优先于脂解。除了稀奶油，纯黄油也可作为脂解的底物。黄油在25℃是固体（室温），当反应终止和混合物冷却后，脂解黄油还会恢复成固态。

脂解稀奶油和脂解发酵稀奶油制品可用于糖果、干酪、蛋糕、调味汁、浸渍汁、沙拉、甜点生面团、汤和焙烤食品等加强风味。需要清淡风味效果的添加量为0.05%～0.1%，要有更加显著的效果可以增加到0.1%～0.5%。部分脂解黄油用于油、脂肪、谷物、小吃和焙烤食品，例如用于爆米花的油可以含有0.05%～1%的脂解黄油。

2. 黄油风味物

近十多年来，黄油脂肪的水解技术生产和浓缩游离脂肪酸以提高产品的黄油风味得到了广泛应用。最近，生物技术专家开发的方法可生产各种纯度很高的酶，成本低且产量大。微生物来源的脂肪酶实用性的提高，使得研究者在创新领域中利用这些酶的催化特性成为可能。已建立起的脂肪酶的良好应用是采用天然来源的原料生产酶解风味物。

脂肪酶在疏水性载体的固定化具有如下潜力：保存和在某些情况下提高脂肪酶对底物的活力；提高热稳定性；避免脂肪酶改性产品带有的残效活力的污染；提高单位脂肪酶的系统效率；允许连续工艺的开发。脂肪酶对疏水界面的亲和性构成了这种机制的必须元素，在这个途径中酶要产生作用，以及固定化脂肪酶可以利用的、由微孔疏水聚合物制成的一束中空纤维组成的反应堆。

3. 酶改性干酪风味产品

天然干酪价格高，在许多食品配制中可加入酶改性干酪（浓缩干酪风味物，EMC）。EMC用于食品制作可能成为风味的唯一来源或者给予一种风味比较温和的干酪特殊风味。EMC风味包括帕马森干酪、罗马诺干酪、波罗伏洛干酪、古乌达干酪、切达干酪和瑞士干酪的风味物。另外，还有一种流行的干酪风味是蓝色干酪风味，这种风味来自类脂物，它的形成包括4个主要的酶解过程：①游离脂肪酸通过脂肪酶从乳脂中释放出来；②游离脂肪酸被氧化成β-酮酸；③β-酮酸经过脱羧作用生成甲基酮；④甲基酮被还原成仲醇。

与罗马诺干酪、波罗伏洛干酪和蓝色干酪相比，切达干酪、瑞士干酪、荷兰球形干酪和古乌达干酪仅经过程度非常低的脂解，在生产中它要求添加凝乳酶、胃液酯酶或胃脂肪酶以增加切达干酪的风味。添加蛋白酶和脂肪酶加速切达干酪的成熟，主要靠脂解来产生强烈的风味，同时要求少量的蛋白酶水解，应避免广泛的蛋白质水解产生的苦味肽和其他不受欢迎的风味。

第四节 乳中胆固醇的脱除及低胆固醇乳品的开发

牛乳中胆固醇的含量为 0.25%~0.46%。脱除牛乳中胆固醇的意义首先在于消费者关注胆固醇和心脏疾病的可能性联系。尽管在膳食胆固醇和心脏疾病的因果关系上仍存在一些争议，但是低胆固醇产品已成为市场需求，因此在 20 世纪 80—90 年代激发了胆固醇脱除转化方式的研究兴趣。大量的物理、化学和生物工艺被用作减少乳脂肪中的胆固醇水平。降胆固醇黄油在欧洲市场被推广。

在乳品工业中，热结晶分提法、气体脱除法、分子蒸馏法、超临界流体萃取法、吸附法、溶剂结晶法、酶法都可以使乳脂中的胆固醇含量发生改变。

一、胆 固 醇

胆固醇是一种环戊烷多菲烃的衍生物。早在 18 世纪人们已从胆石中发现了胆固醇，1816 年化学家本歇尔将这种具脂质性质的物质命名为胆固醇。胆固醇广泛存在于动物体内，尤以脑及神经组织中最为丰富，在肾、脾、皮肤、肝和胆汁中含量最高。乳制品的胆固醇含量如表 7-11 所示。胆固醇的溶解性与脂肪类似，不溶于水，易溶于乙醚、氯仿等溶剂。胆固醇是动物组织细胞所不可缺少的重要物质，它不仅参与形成细胞膜，而且是合成胆汁酸、维生素 D 以及类固醇激素的原料。

表 7-11 乳制品的胆固醇含量

乳制品	脂含量/ （g/100g 产品）	胆固醇含量/ （mg/100g 产品）	乳制品	脂含量/ （g/100g 产品）	胆固醇含量/ （mg/100g 产品）
脱脂奶	0.3	2	干酪		
全脂奶	3.3	14	切达干酪	33.1	105
中期奶油	25.0	88	布里干酪	27.7	100
脱脂乳粉	0.8	20	瑞士干酪	27.5	92
稀奶油干酪	34.9	110	黄油	81.1	219
冰淇淋	11.0	44			

胆固醇主要由血清总胆固醇、低密度脂蛋白胆固醇和高密度脂蛋白胆固醇，而其中低密度脂蛋白胆固醇过多，易引起动脉粥样硬化等疾病。高密度脂蛋白胆固醇可以将肝外组织中过多的胆固醇送到肝脏代谢。防止胆固醇在血管壁上沉积，同时还通过竞争抑制阻止血管壁内皮细胞对低密度脂蛋白的摄取，这样就可以防止动脉粥样硬化的发生。虽然目前市面上有许多降低胆固醇的药物，但人们希望通过非药物途径达到降低胆固醇的目的。

二、乳脂肪中胆固醇的脱除

在乳制品改性方面逐渐发展起来的一个显著的共识，就是去迎合消费者饮食习惯的改变而进行改性。消费者日益高度关注的健康问题的焦点，是与人体摄食的热量、胆固醇和饱和油脂相关的问题。对日常饮食中胆固醇量的关注，是源于血清中胆固醇的含量偏高，尤其在低密度脂蛋白较多的情况下，是导致动脉粥样硬化的危险因素之一的这一事实。造成血清胆固醇水平较高的因素之一可能是饮食中摄食的胆固醇较高；以及其他一些饮食方面的原因即摄入很高的脂肪总量、高饱和型油脂和膳食纤维过低等。

由于乳品工业对此兴趣浓厚，在世界各地已经产生了许多降低胆固醇食量的方法。不过，仅有少数几项技术可以进行技术转让。对乳品工业而言，热结晶分提法、气体脱除法、短程分子蒸馏法、超临界流体萃取法、选择吸附法、溶剂结晶法或酶法改性都可以使乳脂发生重大的改变。

（一）蒸馏法

真空和短程分子蒸馏工艺可以有效脱除胆固醇，但是以损失一些低分子质量三酰甘油和乳脂风味物质为代价的。减压汽提蒸馏通常用于纯化脂肪或乳脂，汽提蒸馏生产的低胆固醇乳脂已成功用于制备黄油、稀奶油和冰淇淋。如果乳脂的风味得以保存，那么随胆固醇分离出的风味应该被收集并再次回添至乳脂中。

1. 减压汽提蒸馏

直接应用于脱除胆固醇的减压汽提蒸馏是一种老方法。这种方法被广泛应用在油脂行业的油脂脱臭。

虽然胆固醇是一种低挥发性的化合物，但它比乳脂肪中主要的甘三酯成分的挥发性要高，过热蒸汽气泡穿过油层，间接地加热了可蒸馏化合物，为它提供了气化潜热，并可避免蒸汽凝结。由此，温度和压力可以各自变化。当水蒸气分压加上可蒸馏物蒸气分压之和与操作总压力相等时，水蒸气和低挥发性化合物，如胆固醇和游离脂肪酸，就可以被蒸馏脱除。

General Mills 的发明专利是一种脱除无水乳脂肪中胆固醇的方法。Tirtiaux 分馏装置同样揭示了称为 LAN 滚筒的减压汽提蒸馏设备的秘密。这种减压蒸馏装置已商业化了，用它可以生产出胆固醇量降低 90%～95%，得率为 95% 的无水乳脂肪产品，并且脱除的胆固醇被浓缩在 2% 的脂肪馏出物中。该方法的主要缺点是：把乳脂肪中的几乎全部的可挥发性风味物都脱除了。所以在蒸馏之前必须先收集（即在真空脱气过程中）这些风味成分，然后重新制备出这种精妙的风味物，以期重组黄油制品。

2. 短程分子蒸馏

就从乳脂肪中选择性地脱除胆固醇而论，短程分子蒸馏大有希望。采用此法可以完成所期望物质与高相对分子质量组分混合物的最纯粹的分离。

在任何一个给定温度下，蒸馏的速度始终是比率 $p : m_r^{1/2}$ 的函数，这里 p 为化合物的分压，m_r 为其相对分子质量。由于温度取决于蒸馏速率，所以可以采用保持温度恒定直到易挥发成分被完全蒸脱为止的方法，进行不同相对分子质量组分混合物的分馏。

这种方法已被应用在从油脂中完全脱除油溶性的维生素、固醇和脂肪酸方面。无水乳脂中的胆固醇含量已被成功地降低了 70%～90%。研究者已在这一方面进行了广泛深入的研究，并在各种不同温度和压力下进行了乳脂肪的分提。遗憾的是，这种方法在经济方面是很不合算的，因为在大量脱除胆固醇时，黄油的得率过低。

（二）超临界 CO_2 萃取

超临界 CO_2 萃取具有脱除胆固醇的可能性。精确的工艺参数调控是有效脱除胆固醇的

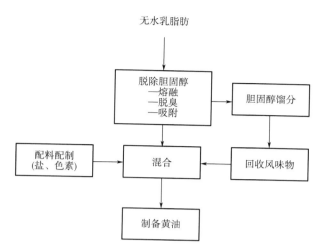

图 7-4　脱除乳脂肪中胆固醇的示意图

必要条件。当超临界 CO_2 萃取法用于分离乳脂时，随着固相部分的减少，含有胆固醇的液相部分被富集。

超临界气体类似液体的密度，使其具有类似液态溶剂的能力，这种性质加上由于其低气体黏度使它具有迅速扩散的特性，使超临界流体成为众人关注的萃取剂。超临界气体对溶质的溶解度来自范德华分子引力，并且在温度恒定的条件下，溶解度随压力了的提高而增大。温度对溶液平衡度的影响远比压力的影响复杂得多。采用改变气体密度，即调节温度和压力条件的方法，就可以使化合物选择性地溶解在超临界流体中。超临界 CO_2 萃取法脱胆固醇的效率依赖于温度和压力。采用提升压力分布图使用小型超临界二氧化碳萃取可脱除乳脂中大约 90% 的胆固醇。采用多级超临界 CO_2 萃取可脱除乳脂中超过 90% 的胆固醇。

流动气相对胆固醇的萃取取决于三种交互作用的综合结果。这三种交互作用为：甘三酯和二氧化碳、甘三酯和胆固醇、胆固醇和二氧化碳。对作为牛乳脂肪中次要成分的胆固醇而言，它也许与甘三酯组分中某类甘三酯具有更大的亲和力，这部分甘三酯可能是短或中碳链的甘三酯和某些长链不饱和甘三酯。在 20MPa 和 80℃ （低气体浓度）条件下，由于二氧化碳和胆固醇的亲和力低，无法与二氧化碳和甘三酯之间、甘三酯和胆固醇之间的亲和力竞争。在低气体浓度下，这些胆固醇分子将和短链和中等碳链的甘三酯联结在一起被洗提进入气相中。不过，在低气体浓度下，和长链甘三酯联结在一起到的胆固醇分子由于它们的尺寸较大而无法洗提。由于胆固醇酯的分子也较大，所以在低气体浓度下也无法被洗提。

使用吸附剂结合恰当的超临界 CO_2 萃取条件可提升胆固醇萃取的效率。使用硅胶作为在线吸附剂，97% 的胆固醇可选择性的脱除。通过超临界 CO_2 萃取结合氧化铝吸附可脱除乳脂中 96% 的胆固醇。

20 世纪 80 年代后期，许多公司都可采用超临界 CO_2 脱除胆固醇的技术，但是从来没有一家大型的食品公司尝试把这种脱除胆固醇的方法产业化。曾成功地扩大规模并大批生产的厂家是通用食品有限公司，它把超临界 CO_2 技术应用在脱除咖啡中咖啡因方面。对乳品工业而言，该法的弊病是产量太小、胆固醇脱除率太低、设备投资费用和操作费用太高。

（三）吸附法

用吸附剂（如碳、活性炭、金属盐中浸渍过的碳、多孔玻璃、浸渍过的或化学键合的多孔玻璃）处理乳脂肪可降低乳脂中的胆固醇含量。这些吸附剂也会脱除颜色和风味，但这些可以回填至乳脂中。

胆固醇可以选择性地被环糊精脱除。熔化的乳脂与环糊精溶液混合，混合物经水洗脱除。环糊精和胆固醇形成包合物的能力应用于减少乳脂肪、稀奶油或牛乳中的胆固醇。最有前途的脱除胆固醇的方法之一就是通过环糊精络合胆固醇，然后把胆固醇-环糊精络合物分离掉。这个方法是基于 β-环糊精与胆固醇可以形成一种不溶性复合物的特点。β-环糊精是一种环状的由 7 个葡萄糖单元组成的低聚糖。它由 1，4-α-D-相连的吡喃型葡萄糖基构成。当以葡萄糖基单元构型上的 C_1 为序时，第二位的羟基都将位于环糊精分子的环形圈纹曲面的边界线上，而所有一位羟基都被排列在另一侧边上。由此造成中央的空腔成为疏水性。就非极性的分子（如胆固醇）而言，这种空腔对它有亲和力。空腔的半径尺寸刚好可以容纳下一个胆固醇分子，这一现象能很好地解释为什么 β-环糊精有能力与胆固醇形成络合物的高度专一的特性。

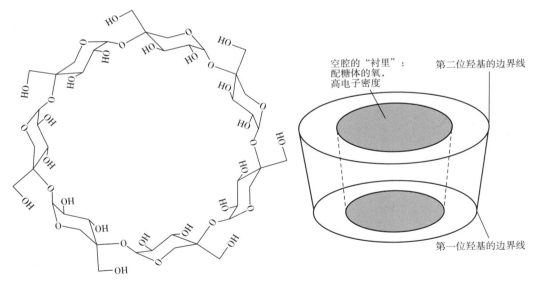

图 7-5 β-环糊精分子的示意图（显示出疏水腔）

可用于胆固醇的吸附剂是食品级的皂苷。水溶液中乳脂胆固醇和皂苷的络合以及胆固醇-皂苷的分离对于胆固醇脱除在技术上是可行的。Micich 等证实了皂苷聚合物可用于脱除乳脂的胆固醇，并且聚合物通过溶剂萃取后不会丧失胆固醇聚合能力，可再次利用。

这种方法的问世，提供了一种比其他（如汽提蒸馏和超临界 CO_2 流体萃取等）降低胆固醇含量的方法，更为经济，更加切实可行，例如它不存在维生素被吸附的问题，只需较低的操作温度和较低的生产费用。这种方法只有一个涉及到经济方面的问题，即相对于胆固醇的脱除率而言，β-环糊精的用量较高，由此可能造成加工成本较高。即便如此，欧洲人已将此产业化，并且降低了胆固醇含量的黄油和干酪制品已经进入市场。

曾对多种吸附剂进行了研究，其中包括毛地黄皂苷、番茄苷、胆酸钠（胆汁盐）和活性炭等。大多数吸附剂面临的问题是最严格的食品法规是否准允。新西兰人对活性炭进行了广泛研究，如采用各种金属盐溶液浸泡活性炭和选用各种有机化合物浸泡惰性支撑物。采用活性炭吸附的方法是没有前途的，因为这种处理方法既不能保全黄油的优雅精妙的风味，又会使胡萝卜素大量损失。牛乳脂肪还会产生一种令人讨厌的臭味。加利福尼亚大学曾对采用食品级皂苷作为吸附剂的方法进行评价。这种方法显示出良好的前景，但由于美国法规的禁止，已经终止大多数研究工作。

（四）酶法

脱除胆固醇的生物技术是利用微生物生产的酶使胆固醇转变为无害化合物的技术。世界各国曾对多种酶体系脱除胆固醇的方法进行了广泛的研究，多数的方法是利用胆固醇还原酶将胆固醇转化为粪固醇和粪固烯醇，从而降低胆固醇的含量。这些经过转化的化合物几乎不能被人体消化系统所吸收，从而完整地被排出体外。已有研究者从老鼠、狒狒和人类的排泄物中离析到一种能把胆固醇转化为粪固醇的真菌，并且对这种真菌的转化能力做了鉴定。据说黄瓜、大豆、玉米和豆角的叶中都含有类似的酶。已有报道嗜酸乳杆菌可以代谢胆固醇。胆固醇氧化酶，将胆固醇氧化成非甾体类化合物，氧化产物是有毒的。

一旦鉴别到适宜的酶系物，下一步工作就是把酶的基因密码转移到适宜的微生物中，例如乳酸菌和链霉毒菌中，大规模地生产这种酶并加以纯化。然后把这种酶固定在固形载体上，或者针对食品体系把纯酶加入到溶液中去而形成酶溶液。同样可以设想，把胆固醇降解酶，如胆固醇氧化酶，移植到通常所用的乳酸菌中，乳酸菌是传统乳品发酵工业的起始培养物。因此这种可以降低胆固醇的酵母菌可以应用在发酵乳制品如干酪的加工方面。

工业化规模实施酶法技术既十分复杂而且花费很大。另外首先遇到的障碍是法规方面的问题，尚需证实胆固醇酶法反应的最终产物和基因工程中所生产的任何一种化合物均是无害的。

（五）溶剂提取法

在实验中采用有机溶剂（如丙酮），来脱除乳脂肪组分（包括胆固醇）的方法已被证实是一种十分有效的方法。可惜的是，采用此法由于残余溶剂有可能存在于天然黄油和含有乳脂肪的制品之中，而受到法规的限制，并且被消费者否定。

三、未来趋势

基于消费者需求、安全和环境考虑，食品工业正在从化学加工逐渐转向物理加工。用于乳脂工业的物理方法，干法分提具有保存精妙风味的优势，是改变脂肪特性的优良方法。未来几年，干法分提很可能保持着乳脂改良的主导工艺地位。最优功能的优化结晶以及与其他油脂和脂肪混合的方式也将持续作为关注的重要领域。

目前食品工业的商业化设备，高压工艺采用了更高的压力。2005年已有超过65台商业化设备。随着研究的深入，这种技术可能实现牛乳脂肪的进一步分化。Buchheim 和 El-

Nour 报道乳脂肪在 100~400MPa 压力下 15min 会结晶化。近来的研究证实，高压也会导致大部分无水乳脂在熔化和结晶状态中改变。通过等压加热和冷却，可获得乳脂经每100MPa 约 16℃ 的相变转移。在改变乳脂成分上，高压工艺和其他新兴的食品加工技术的使用还没有得到全面开发。

单独乳脂或者与其他脂肪或脂肪酸的无溶剂酶法酯交换，对于乳脂中三酰甘油结构的改变提供了更多的可以接受的途径。期望此领域的进一步研究和开发可以提供出对于身体和生理具有益处的产品。从营养的角度，感兴趣的是研究改变的牛奶脂肪对血清胆固醇的影响。Christophe 等报道，化学酯化的乳脂替代物能够降低人体胆固醇含量。然而，其他研究者发现酶促改变的乳脂替代物对人体血清胆固醇含量没有影响。需要有进一步的研究证实酯化的乳脂是否能提供营养价值。

功能食品的出现以及更多证据表明一些脂肪、小的脂质和脂溶性产品在营养和疾病预防上能起到重要的作用，这些就给乳脂和它的成分在增长的功能性食品的市场上提供了机会。

第五节　脂肪替代品

一、脂肪替代品的产生

天然脂肪在膳食中有很多有用的功效，它们是生长、发育和维护身体健康的必需营养素。从生理的角度看，脂肪是脂溶性维生素、必须脂肪酸的来源和载体，还是前列腺的前体物，可作为亲脂性药物的载体。它们提供脂溶性维生素 A、维生素 D、维生素 E 和维生素 K，协助它们在小肠的吸收。它们是必需脂肪酸（EFA）的唯一来源，如亚麻油酸和 α-亚麻酸，它们在身体的所有组织中都起到了功能性作用。EFA 充足的摄入应该是总能量摄入的 5%~10%。当膳食能量的 1%~2% 来源于 $n-6$ 脂肪酸、1% 来源于 $n-3$ 脂肪酸时，不会产生缺乏症状。脂肪在食品制作和消费中也起着重要的作用。作为一种食品配料，油脂和脂肪提供了食物良好的口感、气味、一致性、稳定性和适口性，有助于我们体验除了吃以外的全部美好。脂肪含量也影响了食品的结构和色泽。此外，由于这种独特的功能特性，脂肪在一些食品的风味和香气特点上是重要的，因为很多风味或香气成分是脂溶性的。脂肪作为加热介质，频繁地用在烹饪和保藏食品中。可逆的固-液相转换特性使得它们具有煎酥油、糕点脂肪和糖果应用的功能。脂肪也给产品提供了光泽和外观，例如零食、饼干、糖果和煎炸食品。脂肪还对食品的结构产生影响。脂肪的物理状态是重要的，纯油脂对于多数人来说直接食用是不愉悦的，但是乳化液被感知到的是良好的奶油感。水包油的乳化液与化学成分相同的油包水的乳化液感觉非常不同。因此，全脂牛奶、奶油和黄油每一种都有各自的感官特性。脂肪可以结晶成不同的晶体形式。很多食品，如黄油、人造黄油、起酥油、猪油和可可油的一致性、可塑性、粒状和其他物理特性都依靠于甘油三酯（TAG）的特定的多晶型。

脂肪的热量密度，与蛋白质和碳水化合物的 17kJ/g 相比，它含有 38kJ/g，是高密度热源，对于很多成人、婴幼儿是重要的能量来源。脂肪应仅提供摄入总热量的 10%~25%。

然而，通过大量的研究结果及流行病学的调查事实证明，许多疾病与脂肪摄入过高有着直接的关系。脂肪替代品是近几十年来发展起来的一种属于食品添加剂范畴的化合物。作为脂肪替代品，必须满足三个条件：低能量或无能量；具有与脂肪类似或完全相同的物理化学特性；对人体无不良副作用。

二、使用脂肪替代品的基本原则

普通的西方饮食过度消费脂肪和油脂，这使得食用大量动物脂肪（如冰淇淋、巧克力、快餐食品和甜品）的人群中增加了健康风险。食用过多的脂肪可以导致体重增加。1999 年评估 61% 的美国成年人是超重的，儿童和青少年是 13%，近几年还在持续增长。自从 1980 年，成年人肥胖人数已经翻倍，青少年的超重已经增长了三倍。疾病预防和控制中心的统计显示，大约肥胖人群的 87%、超重人群的 80% 正在试图减肥。有很多饮食相关的人类疾病几乎成了西方世界的专有产物。这些包括冠心病（CHD）、中风、糖尿病和癌症。一份 2001 年美国卫生局局长的报告美国每年 30 万份死亡是由于脂肪相关的健康问题。

尽管众所周知高脂肪饮食会引起很多慢性健康问题，也许很少有人知道低脂肪或无脂肪膳食带给他们的一系列问题。营养专家鼓励人们选择总脂肪、饱和脂肪和胆固醇低的膳食。美国国家科学院、美国卫生局、美国心脏协会、胆固醇教育计划、美国癌症协会、美国饮食协会、国立卫生研究院、美国农业部（USDA）、美国卫生和服务部也在倡导消费者降低膳食脂肪的众多健康和政府机构之中。科研团体推荐限制总脂肪的量，使之提供不超过能量的 30%。美国居民膳食指南也推荐限制饱和脂肪不超过摄入的 10%。胆固醇摄入应该被限制在不超过 300mg/d。饱和脂肪和胆固醇是脂肪中的物质，它们会形成斑块，导致动脉阻塞，引发心脏疾病。为了达到推荐量，30% 的能量来自总脂肪、10% 的能量来自饱和脂肪，很多美国人不得不减掉他们目前脂肪摄入的 1/5。对减脂和减能量的推荐带来了更低脂肪含量、脂肪替代品食品的开发。

由于高热量含量，脂肪是减少热量的第一考虑要素。减少总脂肪摄入的方法包括低脂烹饪，如煮、烤、蒸、炖。消费者也可以切掉肉或禽类产品中看到的脂肪，采用限制脂肪的涂抹酱、调料、肉汁和其他调味料。获得更低总脂肪摄入的另一个方式是评估富含脂肪的甜点、小食，将甜点和油脂的零食以蔬菜和水果替代掉。近来的研究建议人们消费减脂和热量的膳食，包括食用改性脂肪产品比不食用任何改性脂肪产品有更加全面的营养。热量控制委员会——一个低热量、低脂和膳食及饮料生产商的国际协会，在 2000 年的一份调查显示，低脂、减脂和无脂产品在普通大众中仍然受欢迎。79% 的美国成年人食用这种产品，比男性（75%）更多的女性（82%）食用改性脂肪产品。调查人群中的 65% 表示食用减脂产品的数量与全脂量一样。消费者喜爱的减脂产品包括牛奶、干酪、沙拉酱、薯条、蛋黄酱、人造黄油、冰淇淋和冷冻甜点。另一份协会调查显示，成年人的 2/3 相信对食品中能够替代脂肪的食品原料是有需求的。

脂肪替代品正在成为美国膳食的重要部分。很多美国人正在寻找既享受美食同时保证低热量的方式。食品科学家正在开发新的食品添加剂，可以模拟脂肪在食品中的功能同时保持食品低热量。膳食脂肪替代品是能够全部、部分替代脂肪的食品原料，这种方式的膳食脂肪保留了食品的物理和感官特性，使之最大可能的不发生改变。有两种主要的方法替代膳食脂肪。首先是水合带有脂肪口感的碳水化合物和蛋白质，第二步包括具有食品中脂肪物理特性和技术功能的不被吸收的合成物质。目前，开发了大量的脂肪替代品。每一种有各自的优势、劣势和限制。脂肪替代品包括：酯醚来源的脂肪替代品、碳水化合物和蛋白质来源的脂肪替代品（也称为脂肪模拟物）、低热量结构油脂。

三、脂肪替代品的种类

脂肪替代品可以分为代脂肪和模拟脂肪。代脂肪是以脂肪酸为基础的酯化产品，具有类似油脂的物理性质，其酯键能抵抗人体内脂肪酶的催化水解，因此不参与能量代谢。代脂肪更接近传统食用油脂。模拟脂肪以碳水化合物或蛋白质为基础成分，原料经过物理方法处理，能以水状液体系的物理体特性模拟出脂肪润滑细腻的口感特性，但是不能耐高温处理。以碳水化合物为基本组分的脂肪替代品，可分为全消化、部分消化和不消化三种，所提供的热量为 $0 \sim 16.72 kJ/g$，与脂肪相比，热量的供给减少了 $20.90 \sim 37.62 kJ/g$；以蛋白质为基本组分的脂肪替代品，一般亦可降低热供给量。

（一）醚和酯型脂肪替代品

合成脂肪可以提供没有热量的脂肪功能性质，包括用于煎炸的乳化能力。典型地，这些原料采用食品级原料生产出可以抵制消化过程中酯键被脂肪酶水解的微粒。这些方法包括用脂肪醇和有机酸替代脂肪酸和甘油，取代甘油的糖分子，或者添加甘油的结构使脂肪酸不再是相邻的分子部分。

1. 碳水化合物脂肪酸聚酯（CPE）

碳水化合物脂肪酸聚酯（CPE）关注的科学研究范围从发生糖脂的研究到合成碳水化合物聚酯。一些研究者对这些建立结构变化的、能引入这些系统的分子产生兴趣，例如酯化脂肪酰基链的性质、酯化度以及碳水化合物部分的类型和数量。在 CPE 中，特别关注蔗糖脂肪酸聚酯（SPE）。对 SPE 的大量研究发现了基于它们理化特性的广泛应用。SPE可作为类脂分子发挥作用的能力可能是长链脂肪酸高酯化度的结果。此外，这些分子可以抵御胰脂肪酶的水解，因此是无热量的，不被胃肠道吸收，不参与代谢通过人体。SPE 有效作为亲脂性的粘合剂，可减少肠道吸收某些亲脂性的分子。例如，SPE 作为饮食中低热量替代品可降低低密度脂蛋白胆固醇。

作为脂肪替代品，研究最广泛的、以碳水化合物为支柱的脂基脂肪酸聚酯是蔗糖脂肪酸聚酯、山梨糖醇聚酯、棉子糖聚酯以及烷基糖苷为基础的脂肪酸聚酯。蔗糖可作为蔗糖脂肪酸聚酯的骨架，而其他糖，例如甲基葡萄糖、山梨醇和棉子糖也可用作蔗糖脂肪酸聚酯的骨架。通过用各种脂肪酸和碳水化合物，可生产出具有广泛物理和生物特性的产品。脂肪酸可以是饱和或不饱和的，特定组合使用的将影响功能特性、熔点、稠度和产品稳定性。这种类型的脂肪替代品不被消化酶水解，因为它们不能穿透围绕蔗糖中心的庞大的、非极性的地带。Mattson 和 Volpenhein 报道了山梨糖醇和辛酸蔗糖酯不能被胰脂肪酶水解。

蔗糖脂肪酸聚酯的物理特性和热稳定性是与那些传统的、同样脂肪酸组成的脂肪和油脂相比较的。蔗糖脂肪酸聚酯的物理特性，类似于甘油三酯，由脂肪酸侧链的特性决定。例如，主要由高度不饱和脂肪酸制得的蔗糖脂肪酸聚酯是类似于传统的植物油的澄清的液体。另一方面，由多数饱和脂肪酸制得的蔗糖脂肪酸聚酯是不透明的固体，类似高熔点的固体脂肪。

（1）蔗糖聚酯 蔗糖聚酯是蔗糖脂肪酸聚酯化合物家族中的一员，来源于蔗糖和植物油。蔗糖聚酯在蔗糖脂肪酸聚酯中是非常独特的，它遵循美国食品与药物管理局（FDA）的严格的规范而生产。它通过蔗糖和长链脂肪酸（主要是 C_{18}）的酯化合成的六、七和八酯的混合物。每个分子包含了 6~8 个脂肪酸，至少 70% 的八脂肪酸酯，1% 或更少的六酯。蔗糖聚酯的结构类似于甘油三酯，然而，蔗糖聚酯又不同于甘油三酯，它是由一个核心的蔗糖组成，而不是甘油，6~8 个羟基被酯化，而非三个脂肪酸部分。蔗糖聚酯可以由饱和及不饱和链长达 C_{12} ~ C_{20} 的脂肪酸生成，更多的来自传统的可食用的植物油，如棕榈油、玉米油、大豆油、椰子油和棉花籽油。它的卡路里为零，因为它的分子组成阻止了它被胃肠道酶的分解。蔗糖聚酯的大分子具有完好地通过胃肠道的能力，因为脂肪酸围绕着蔗糖中心，阻止了消化酶接触分解点，以至于不能代谢蔗糖聚酯为更小的片段而被身体吸收。这个原料熔点 60℃，烟点 249℃，闪点 288℃。活性氧法（AOM）测定，2h 过氧化值达到 100μg/g。蔗糖聚酯在环境和高温贮存条件下是稳定的，风味可以接受。蔗糖聚酯的主要优势是它具有脂肪的所有特性且不增加热量。它的外观、结构、口感和热稳定性以及半货架期与传统的脂肪和油脂类似。1987 年宝洁公司（辛辛那提，俄亥俄州）作为蔗糖聚酯生产商，向 FDA 申请使用蔗糖聚酯作为脂肪和油脂的无热量替代品。这份申请包括了超过 150 项安全研究，几个慢性饲喂研究和临床试验。依照 FDA，这些研究包括：

①动物和人群试验证明蔗糖聚酯不会在消化道内分解。

②动物研究表明蔗糖聚酯不会被身体吸收。

③动物研究表明蔗糖聚酯不会引起先天畸型。

④动物研究表明食用蔗糖聚酯不会和癌症的高发性有关。

⑤动物和人群试验证明在含有蔗糖聚酯的饮食中添加脂溶性维生素（维生素 A、维生素 D、维生素 E、维生素 K）能够补充会蔗糖聚酯食品中的维生素。

⑥动物和人群试验表明蔗糖聚酯不会降低 5 种关键水溶性营养素（叶酸、维生素 B_{12}、钙、锌和铁）的吸收。

⑦人体研究表明蔗糖聚酯不会影响正常的肠道微生物功能。

⑧人体研究表明以普通的零食消费水平，蔗糖聚酯在潜在地引起健康成人、健康儿童和炎症性肠道疾病成年人痉挛、肿胀、便溏、腹泻等胃肠道症状方面与全脂零食没有区别。

⑨动物和人群试验表明蔗糖聚酯不会影响一些常用的药品的吸收，特别是依附身体中脂肪的药物，例如口服避孕药。

1990 年这份申请修改为仅仅批准对小零食中达到 100% 的脂肪替代，包括油炸零食和零食饼干。宝洁公司决定用品牌"Olean"命名这种原料。1996 年 1 月蔗糖聚酯得到了 FDA 的一般认为安全认证（GRAS）。由于酯键不能被脂肪酶水解，因此它不会在肠道中水解或吸收，因此不产生热量。不吸收使它对低热量饮食有很大的吸引力，但会导致一些肠道疾病（腹泻和腹痛）。

蔗糖聚酯可以在小零食中 100% 替代植物油脂。小零食包括风味和原味的薯条，例如马铃薯条、玉米条和墨西哥粟米片，还有例如干酪泡芙、干酪卷和薄饼干的零食。蔗糖聚酯也具有用在人造奶油、沙拉酱和冷冻甜点中的潜力。然而，蔗糖聚酯有它的缺点，由于它有脂肪的物理特性，某些脂溶性维生素，如维生素 A、维生素 D、维生素 E、维生素 K

以及类胡萝卜素，会部分进入蔗糖聚酯，从体内消除。影响进入蔗糖聚酯中的量的因素包括：脂肪溶解能力（脂溶性营养越多，进入蔗糖聚酯的越多）；蔗糖聚酯对营养素的相对量；蔗糖聚酯和营养素消费的时机（当蔗糖聚酯和脂溶性营养素同时在胃肠道中，进入蔗糖聚酯部分会出现）。基于这些因素，可以断定蔗糖聚酯对营养状况的影响可以通过提供额外量的、有影响的营养素到膳食中而抵消掉。因此，FDA 要求用蔗糖聚酯生产的食品中要强化脂溶性维生素。蔗糖聚酯对常量营养素的吸收没有影响，例如碳水化合物、TAG、蛋白质、水溶性微量营养素和维生素 D 和维生素 K。蔗糖聚酯可以引起一些个体的胃肠道痉挛、潜在的痢疾、腹泻和稀便。通过利用蔗糖聚酯的半固体稠度或者增加蔗糖聚酯或产品的粘度来预防糊状便的出现。为了提醒消费者潜在的胃肠道和营养方面的影响，用蔗糖聚酯制成的产品必须包含如下的标签表述，FDA 规定的表述为："本品含有蔗糖聚酯。蔗糖聚酯可能引起腹部绞痛和稀便。蔗糖聚酯抑制一些维生素和营养素的吸收。添加了维生素 A、维生素 D、维生素 E、维生素 K。"基于动物和人的安全性研究表明，蔗糖聚酯没有毒性、诱变、致癌或致畸，它是安全的。这很大程度上因为蔗糖聚酯是不消化和吸收的。

蔗糖聚酯似乎提供了一些其他的健康益处。这种产品可帮助人们减肥，有利于心脏疾病、肥胖和结肠癌高风险人群，具有更低的胆固醇含量。它还可以抑制胆固醇的吸收，降低血中胆固醇含量。在双盲交叉研究中，20 个正常胆固醇水平的男性随着黄油或黄油-蔗糖聚酯混合物每天食用 750mg 的胆固醇，蔗糖聚酯的食用量大约 14g/d。食用蔗糖聚酯的人群比食用全部黄油的人群胆固醇吸收少了 18%，这个结果与动物试验中蔗糖聚酯取代甘油三酯得到的结果类似。

另一个研究中，24 个健康的、正常体重、正常胆固醇水平的男性，每天食用含有 300 或 800mg 胆固醇，持续 10d；每天食用少于 50mg 胆固醇，持续 21d。之后，8、16 或 25g 蔗糖聚酯加入到 10d 中的每份膳食中。膳食是典型的美国饮食，热量的约 20% 来自蛋白质，40% 是碳水化合物，40% 是脂肪。根据测试，体重没有明显的下降。膳食中加入蔗糖聚酯使得总胆固醇和 LDL 胆固醇含量都降低了。

Crouse 和 Grundy 也研究了蔗糖聚合物对肥胖男性的胆固醇代谢的影响。在这个研究中，11 个超重男性每天食用低热量（4kJ/d）、低胆固醇（19mg/d）膳食，热量的 21% 来自脂肪，含有和不含有 62g 蔗糖聚酯，持续 6 周。血浆胆固醇超过 20% 的下降由体重降低引起的，食用蔗糖聚酯在 6 个受试者中导致了血浆胆固醇额外 12.5% 的下降，而在其他 5 个受试者中对血浆胆固醇没有明显的影响。Grundy 等报道了在非糖尿病人中，限制热量的饮食加上蔗糖聚合物可表现出总胆固醇和 LDL 分别 20% 和 26% 的下降。在有高脂血症的糖尿病人中，热量控制在血浆甘油三酯上显示出明显的降低，不论含有或不含有蔗糖聚合物。限制热量的饮食通过减少胆固醇合成而降低胆固醇。蔗糖聚合物对 HDL 胆固醇的浓度几乎没有影响。

感官评价研究表明，蔗糖聚酯可以降低零食的脂肪含量而不影响其口感。以蔗糖聚酯零食替代全脂零食而降低脂肪摄入对于个体健康和体重控制有正向作用。例如，一袋 30g 的、用植物油制成的马铃薯薯条含有大约 10g 脂肪和 628J。同样一袋由蔗糖聚酯制成的马铃薯薯条不含脂肪，仅仅大约 293J。每天减少 10g 脂肪摄入，每天以一袋蔗糖聚酯制成的马铃薯薯条代替普通的马铃薯薯条，一年下来能减少相当于 3.6kg 脂肪的热量。大量的研究证实蔗糖聚酯能够帮助人们减少膳食中脂肪热量的占比。然而，也有一些食用蔗糖聚酯的负面报道。

（2）三梨醇酯　三梨醇酯，一种低热量脂肪替代品，山梨醇的三、四、五酯的混合物。三梨醇酯的新陈代谢可利用的能量大约是 4~8kJ/g。它是澄清的液体，熔点 15℃。它有一种清淡的类似油脂的口感，可作为低热量脂肪替代品。三梨醇酯在 20 世纪 80 年代后期被辉瑞食品科学组发现，目前在丹尼斯克（Cultor）美国公司开发。三梨醇酯的化学结构如图 7-6 所示。它是热稳定的，可用于煎炸和焙烤食品中。三梨醇酯通过含有脂肪酸甲酯或乙酯的山梨醇酯基转移而制成。脂肪酸来自传统的植物油脂，如向日葵、大豆、红花或棉花籽。三梨醇酯的脂肪酸部分主要由 80% 油酸（18：1）、10% 亚油酸（18：2）、4% 硬脂酸（18：0）、4% 棕榈酸（16：0）和不到 1% 亚麻酸（18：3）、花生酸（20：0）、二十碳烯酸（20：1）、二十二酸（22：0）组成。

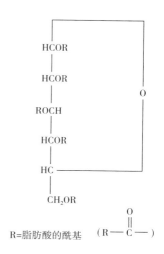

R=脂肪酸的酰基　$\left(R—\overset{O}{\overset{\|}{C}}— \right)$

图 7-6　三梨醇酯的化学结构

2. 丙氧基化甘油酯（EPGs）

丙氧基化甘油酯（EPGs）是甘油与环氧丙烷（亦称氧化丙烯）反应形成聚醚多元醇的产物，之后被单或多脂肪酸的酯化。环氧丙烷基团的数量和脂肪酸的选择（如碳链长度、不饱和程度）会带给产品一定范围的功能性。纳入到甘油中的氧化丙烯基团的平均值称为丙氧基化数量。它们对零热量是有贡献的，因为它们可抵御水解酶，用在烘焙和煎炸中足够稳定。终产品的物理特性类似于天然 TAG，依据酯化的脂肪酸的类型。短期动物试验证明丙氧基化甘油酯是安全的，耐水解的。丙氧基化甘油酯可以在人造黄油、煎炸食品、冷冻甜点、沙拉酱和焙烤产品中代替脂肪和油脂。然而，没有这种产品的法规许可依据。

3. 乙烷基三十二烷基丙二酸酯（DDM）

乙烷基三十二烷基丙二酸酯（DDM）是脂肪醇与丙二酸和烷基丙二酸的酯。DDM 早在 20 世纪 80 年代被 Frito-Lay 集团的研究者开发出来。它是低热量脂肪基取代物，适合用于高温油炸和烘焙。DDM 由单体和二聚物组成，熔点低于体温但高于传统的煎炸油脂。由于它加热时是稳定的，不被吸收，DDM 可与传统的煎炸油脂混合制成低热量煎炸油。DDM 和其他油脂的混合物，例如大豆油，构成的煎炸油脂比天然油脂热量低 33%~60%。DDM 的大鼠实验表明它的吸收率低于 0.1%。大鼠实验也证明 DDM 没有毒性效应。截至目前，没有这种产品的法规许可依据，没有产品的商业化进展。

4. 聚羧酸酯和醚

多元羧酸有 2 到 4 个羧酸基团在多元羧酸骨架上，以饱和或不饱和、直或支长链醇（C_8~C_{30}）酯化的。这些物质已被建议作为热稳定的低热量脂肪替代品。它们具有类似于典型的甘油三酯的物理和功能特性，但是不被消化和不对膳食有能量贡献。聚羧酸酯和醚的典型样品包括（Trialkoxytricarballylate，TATCA）、三烷氧基柠檬酸盐（TAC）和三烷氧基甘油三酯（TGE）。TATCA 是一种由饱和或不饱和醇酯化的三羧酸。它是非水解可食用的、类油脂混合物，目前正在被研究者们评估作为一种脂肪替代品用在人造黄油和蛋黄酱中。它也可以在烹饪用品中作为脂肪替代物。TATCA 类似一种天然的甘油三酯，以丙三羧酸代替了甘油以及饱和或不饱和醇代替了脂肪酸。因此，应用中作为低热量替代用在可食用脂肪和油脂方面，它是一种灵活的备选者。动物研究表明 TATCA 难于被吸收。大鼠的增重结果表明，TATCA 相对玉米油，热量值低。有证据表明动物饮食中 TATCA 浓度达到高剂量（1.0~3.0g）会引起肛漏、抑郁症、虚弱和死亡。TAC 结构类似于 TATCA，中心碳上带有羟基基团。研究表明 TAC 不具有用于煎炸的热稳定性。尽管一些动物研究已经报道了这些化合物，但是迄今为止还没有允许用于食用。

5. 聚甘油酯（PGE）

从 20 世纪 40 年代，聚甘油脂肪酸酯（PGE）在美国和欧洲就已经被使用。在 20 世纪 60 年代，美国允许 PGE 用在食品中。PGE 是脂肪酸与聚甘油的酯混合物，在各类食品中作为乳化剂。PGE 的分子式如图 7-7。在合成过程中，第一步是碱性条件下，230℃ 经甘油的聚合作用制备聚甘油酯。这些甘油分子由 α-羟基基团之间的醚键链接，之后聚甘油由植物油脂肪酸酯化。它们的来源可食用，例如棉花籽油、玉米油、大豆油、棕榈油、花生油、红花油和芝麻油，在美国联邦法规中可被用作食品添加剂。PGE 可通过分离、分子蒸馏或溶剂结晶法纯化。分馏的 PGE 功能更好，可在更低的浓度发挥作用。PGE 有很多不同的类型，可广泛地用于食品、化妆品，作为表面活性剂，要依据于聚甘油的聚合程度、亲水基团、酯化反应的程度的差异。PGE 的样品包括十油酸十甘油酯、三聚甘油单硬脂酸酯、八聚甘油单硬脂酸酯、八聚甘油甘油一棕榈酸酯。PGE 的大分子质量是由于其低水解性和生物利用度。PGE 的估计热值 25~29kJ/g，然而由于部分吸收，净热值低到 8kJ/g。目前，PGE 被用作乳化剂，用在人造黄油、起酥油、焙烤产品、冷冻甜点和糖果糕点产品。

动物实验显示 PGE 是安全的。一项研究中，100 只大鼠饲喂饮食中含有 0%、2.5%、5.0% 和 10.0% 的 PGE，饲喂 3 个月，对生存、生长、器官质量和体重的比率没有不利的影响。另一项研究中，大鼠饲喂饮食中含有 1% 的 PGE，为期 15.5 个月，在生长率和寿命测试中与对照组没有显著差异。

$$R_2—(OCH_2—\overset{\overset{\displaystyle OR_1}{|}}{CH}—CH_2O)_n—R_3$$

图 7-7　PGE 的分子式

R_1、R_2、R_3 是脂肪族酯酰基团；n 不超过 3

6. 结构化的甘油三酯

由于脂肪酸提供的能量与其链长成比例，可以合成含有一种长链脂肪酸（18:0 或 22:0）和两种中链脂肪酸（8:0）的三酰基甘油，或短链（2:0、3:0 和 4:0）脂肪酸三酰基甘油。

短长链甘油三酯（Salatrim）是通过酯交换获得的甘油三酯组中的低热量脂肪替代品。由于长链脂肪酸的低吸收和丁酸的低能量，短长链甘油三酯只能产生约 21kJ/g 热量，因此可用作低能量食品。短长链甘油三酯不会降低脂溶性维生素（维生素 A、维生素 D、维生素 E 和维生素 K）的吸收。建议每天消耗不超过 30g 的短长链甘油三酯。短长链甘油三酯于 2003 年获得欧洲议会批准在市场上销售。在法国，法国食品安全局（AFSSA）在 2004 年批准该产品，其使用仅限于专业人士，应标注消费量的限制。

7. 甘油二酯

在进行的大鼠研究中，通过用甘油二酯（DAG，主要是 1，3-DAG）代替膳食三酰基甘油可以减少餐后脂肪血症。2000 年日本 T. Nagao 的研究表明，用 DAG 替代 1/4 的脂质，显著降低了超重受试者 16 周后内脏和皮下脂肪的积累。富含 DAG 的饮食也能有效减少肥胖者的体重增加。日本的 Yanai 在 2007 年提出，DAG 对脂质和葡萄糖代谢的影响可以作为改善代谢综合征患者病情的可能依据，并可能预防这种疾病。这些影响与 DAG 的热量含量并不直接相关，因为它与三酰基甘油的热量非常相似。2012 年日本的 H. Yanai 对部分年轻人进行了研究，研究表明 DAG（30g/d）抑制了 VLDL 和胰岛素的餐后增加；此外，在相同的条件下发现血浆 5-羟色胺增加。

（二）碳水化合物模拟脂肪

碳水化合物来源的模拟脂肪由于它的结构和感官特性，可在食品中用于替代脂肪。碳水化合物通常通过结合水来模拟脂肪，可提供润滑的口感。有很多碳水化合物来源的脂肪替代品用在食品中。多数是通过水解和替代的改性淀粉产品。这些原料可以提供终产品全脂的结构和功能特性。微粒化的完整淀粉颗粒也可以模拟脂肪晶体的口感和结构。它们可以完全被消化，提供 17kJ/g 的热量。碳水化合物型脂肪替代品能够成功地用于低水分食品体系中减少脂肪，但是不能完全替代。

纤维素可以替代乳制品、酱料、冷冻甜点和沙拉酱中的部分或全部脂肪。纤维素的微粒分散进入食品提供一种非热量网格，其光滑度和流动性类似于脂肪。粉状纤维素、微晶纤维素和纤维素胶在保水性、成膜性、黏度、浆状和胶质方面具有各种可行性。

非可溶性纤维对于减少脂肪和热量是一种重要的配料。纤维型产品，例如阿拉伯胶、瓜尔豆胶、黄原胶、槐豆、卡拉胶、海藻酸盐和果胶实际上没有热量。它们在功能性上有很大差异，包括加热、剪切、pH 稳定性、结构类型和热稳定性。低浓度树胶形成凝胶，可提高黏度，提供结构和类似脂肪的口感，在食品中促进形成奶油的质构。树胶被用于低热量和无脂肪沙拉酱。它们也能被用于减少配方食品中的脂肪含量，例如再制肉和甜点中。

树胶为大分子带负电荷的碳水化合物，作为增稠剂，含量在 0.1%~0.5% 可提高黏度，也可作为稳定剂和胶凝剂。它常与其他胶配合使用代替脂肪。

糊精在一些产品中可以取代全部或部分脂肪，如沙拉酱、布丁、涂抹酱、冷冻甜点和乳制品。它们提供 17kJ/g 的热量。多数糊精来源于木薯淀粉，一个典型的例子是 N-油，由国民淀粉化学公司上市，它可以部分或完全取代食品中的脂肪或油脂，带来高脂肪含量的感觉。

麦芽糖糊精是一种淀粉通过酸或酶水解产物，它是 GRAS（一般认为是安全的）物质，可以用作脂肪替代品、乳化助剂或乳品中的膨松剂，还可用于沙拉酱、涂抹酱、酱料、烘焙产品、冷冻肉和冷冻甜点。多数麦芽糊精来源于玉米、马铃薯、木薯淀粉和大麦淀粉。

多聚糊精是葡萄糖、山梨醇、叶酸或磷酸随机聚合而成，可制成液态、粉态、酸性或中性产品。多聚糊精仅部分代谢，其热量仅为 4.18J/g，常用作体积膨松剂、致湿剂、组织改良剂、配方改良剂等。多聚糊精可应用于多种食品中，如前面提到的各种食品。但有一点要注意：在水分含量较高的食品或湿度较大的食品中，多聚糊精可能会有轻微的致泻性。所以，一般当每份食品中麦芽糊精含量超过 15g 时，应予以标明。对麦芽糊精敏感的人，过量摄入麦芽糊精会导致腹泻。

改性食品淀粉是一种低热量脂肪替代品，提供食品的 4~17kJ/g 的热量。这种原料模拟脂肪在食品中的口感。这种原料生产成细粉状，加入水，制成浆体，搅拌形成光滑的、类似奶油的物质，具有类似起酥油的性质。改性食品淀粉也被用作疏松剂和组织改进剂。它结合乳化剂、树胶、蛋白质和其他食品淀粉用来制备乳制品、沙拉酱、酱料、烘焙食品和馅料。

聚葡萄糖是一种低热量脂肪替代品，提供食品的 4kJ/g 的热量。它经常结合脂肪替代品提供低热量的、额外的膨胀体积和黏度。聚葡萄糖含有少量的山梨糖醇和柠檬酸。这个产品在 1981 年得到 FDA 的许可，用在几种食品类别中。聚葡萄糖在一些产品中的应用导致脂肪大幅度的削减。聚葡萄糖目前被用在烘焙食品、口香糖、明胶、布丁和冷冻乳制品甜点中。

Z-trim 是由美国农业部研制开发的一种脂肪替代品，属于非消化非溶纤维。它是由主要含纤维的燕麦、大豆、大米、谷物或小麦的壳加工成裂解的小分子纤维并经纯化、干燥、研磨而成的。Z-trim 也可以再以胶状形式应用于食品中。Z-trim 可提供纤维、水分、浓厚感和光滑的口感。主要用于干酪、焙烤制品、小馅饼中，而胶状形式可用于油炸汉堡包中。Z-trim 不适于深度油炸的食品。

（三）蛋白质型模拟脂肪

蛋白质对脂肪替代的贡献由变性程度决定，它影响了风味，还有蛋白质溶解性、热凝胶特性和温度稳定性。蛋白质是重要的搅打成分、乳化稳定剂。几种脂肪模拟物来源于各种各样的蛋白质，包括鸡蛋、牛奶、乳清、明胶、大豆和小麦面筋。其中的一些产品微粉化形成微观的、可变形粒子。这些物质通常带来比碳水化合物型模拟物更好的口感。然而，类似于碳水化合物型物质，蛋白质型模拟脂肪不能用于煎炸。

蛋白质来源的脂肪替代品，是一种低热量和无胆固醇脂肪替代品，由乳清蛋白浓缩物通过专利的微粉化工艺制成。通过这种加热和搅拌的特定工艺，鸡蛋蛋白结合乳蛋白，形成极小的微粒，大小 1~1.5μm。这些微粒是球形的、光滑的，在口中的感觉像脂肪。这些产品在 1988 年被纽特公司、孟山都公司的子公司引进，目前由斯比凯克公司上市。将含有 16% 黄油脂肪的顶级香草冰淇淋的脂肪、胆固醇和热量含量与使用脂肪替代品的冷冻甜品比较，4 盎司（113mL）的冰淇淋提供了 19g 脂肪、97mg 胆固醇、274kJ 的热量，而采用脂肪替代品的同样大小的冷冻甜点则含有不到 1g 脂肪、14mg 胆固醇和 120kJ 的热量。1990 年脂肪替代品得到了 FDA 的 GRAS 认证，允许用作冰淇淋和其他冷冻甜品的增稠剂或调质剂。它可以取代冷冻食品中 1/3 的脂肪。这个产品也适用于酸奶、涂抹干酪、奶油干酪和酸奶油，以及油脂为基础的产品，例如沙拉酱、蛋黄酱和人造黄油中。脂肪替代品的热量值是 4~8kJ/g，它提供了类脂肪的乳状。然而，类似于其他蛋白质，它往往可以掩盖味道。由于它是由蛋白质制成的，它不能用于需要高温的食品，如煎炸和烘焙。当它加热的时候，蛋白质凝胶和结构的效果会消失。含有脂肪替代品的产品不适合蛋白质限制饮食的人群。对牛奶蛋白和鸡蛋蛋白过敏的人群会对这种产品产生过敏反应。

改性的乳清浓缩蛋白——一种 GRAS 物质——由高品质的乳清浓缩蛋白制成。这个产品热量仅 17kJ/g。改性乳清蛋白帮助改善质构、风味和低脂食品的稳定性。它典型地用在酸奶油、冷冻乳甜品、干酪、烘焙食品、酸奶、蘸料和酱料。在冷冻食品中它可以防止收缩和冰晶，使它特别适合作为产品中的脂肪替代原料。

四、含有脂肪替代品的食品标签

由于增长的消费需求和膳食脂肪的改性摄入，食品标签中关于它们脂肪的组成受到越来越多的重视。预计增加食品营养标签的可用性会改善公共健康和帮助消费者提供饮食建议。热量控制委员会 1995 年调查发现，72% 的受访者表示他们寻找 "轻" 食品，他们最关注宣称 "减脂" 的食品。依据 1998 年的一份调查显示，54% 的消费者选择轻产品时 "减少脂肪和热量" 是吸引人的描述语。食品标签表明了脂肪的减少，因而对于消费者和食品工业都很重要。

改性脂肪产品的标签必须遵守营养标识和教育法（NLEA）中关于脂肪和热量相关条款的标准。1990 年 NLEA 要求多数食品遵守营养标签，食品标签遵守某种健康和含有营养元素声称的特殊需求。NLEA 允许采用能量转换因素来确定食品原料的能量可利用性。例如，短长链甘油三酯，已经证实 21kJ/g。因此，短长链甘三酯应该在原料声称中写在恰当的位置，并说明 21kJ/g。1996 年，FDA 提出了一个关于含有脂肪替代品的产品标签规则。FDA 要求含有脂肪替代品的食品标签中在 "营养元素" 标识上列出分析脂肪量，以脚注形式表明这个量是生物可利用的。例如，短长链甘三酯的可利用脂肪含量已确定为短长链甘三酯的每克脂肪的 5~9g。在标签的 "营养元素" 下，要求生产商提供某些营养素的信息。强制性的成分的顺序必须为：总能量、来自脂肪的能量、总脂肪、饱和脂肪、胆固醇、钠、总碳水化合物、膳食纤维、糖、蛋白质、维生素 A、维生素 C、钙和铁。NLEA 还要求所有食品要有原料描述，营养素含量声称，法规定义的、膳食相关疾病的声称。

依据 1994 年美国食品标签法规，FDA 提出定义营养素含量声称，例如无脂肪、低脂和减脂。产品标识 "无脂肪" 和 "低脂" 必须每份产品含有分别为低于 0.5g 脂肪和低于 3g 脂肪。"减少" 或 "更少脂肪" 可以被用在比常规（全脂）产品含有减少 25% 的脂肪的产品标签上。标识 "脂肪比例" 的产品应该是以 100g 为基准，当产品符合低脂或 100% 无脂标识，当产品符合无脂肪（不添加脂肪）定义，可以声称。建议书还发布了允许关于膳食脂肪含量和心血管疾病以及膳食脂肪水平和癌症之间关系的健康声称。

脂肪标签声称不提供任何食品的能量的指示。然而，产品含有参考食品三分之一到一半的能量可以标识 "轻"。如果食品中超过 50% 的能量来自脂肪，"减脂" 版本的脂肪含量必须减少 50% 或者更多。"无能量" 和 "低能量" 的条款分别仅仅可以用于每份低于 21J 和低于 167J 的产品，"减少" 或 "更少能量" 仅仅可以用于比常规产品能量少于 25% 的产品。

尽管标签法规没有要求专门把脂肪替代品列在 "营养元素" 项，但是加入食品中的脂肪替代品总量会影响标签信息。脂肪替代品，像所有其他原料，按添加量顺序列在原料表中。营养标签中列出的热量总量必须等同于每份食品中含有的可消化的热量。至于非可消化性原料，生产商必须有数据证明可消化热量的数值。

五、脂肪替代品的安全性

脂肪替代品的安全性是基于每一种混合物的毒理学意义、营养成分、对全面膳食的影响以及用于各年龄人群的期望值。FDA 有关脂肪替代品的安全性决定通过两个主要的路径。每个路径有它自己的一系列法规要求。第一种包括食品生产商声称这种物质具备 GRAS 资质，或者请示 FDA 允许使用这种原料。FDA 认为来源于普通食品的原料，通常通过科学验证在特定应用中是安全的，以食品中长期的安全使用或广泛的科学依据为基础，允许加入到食品中。用作脂肪取代原料的 GRAS 物质的样品包括各种碳水化合物来源的脂肪模拟物、微粒蛋白质、乳清蛋白和脂肪乳化剂。通常，GRAS 物质在用于食品前不必经过严格的检验。第二种方法是需要生产商申请一种新原料允许作为食品添加剂。1958 年食品添加剂修正案，关于食品、药品和化妆品联邦建立了一个试图用于食品的食品添加剂上市前的许可流程。"对于用在食品中的直接食品添加剂和色素添加剂安全性评估的毒理学评价的原则"被称为红书。生产商需要提交原料安全性和用途广泛的大量材料，开始用在食品中之前要等待 FDA 的许可。一旦许可，FDA 建立了使用的推荐量，可能还要求追踪一段时间内的使用和安全性。蔗糖聚酯就遵循了后者的路径。

在确定如脂肪替代品的新食品原料安全性的一个重要步骤是计算个体接触水平。这一步称为暴露评估。采用暴露评估模型是必需的，它是基于全国概率调查的食品消费数据。这些调查证明消费频率和单个食品的规格。当评估的暴露水平比安全数值更高时，通过限制产品含量或可使用的产品类别，它们的数值可以更低一些。

不像食品添加剂每天是少量的食用，脂肪替代品可以代替膳食脂肪的很大比例。因此，这些替代品的毒理学和营养评估必须要特别考虑。如果该物质不被消化或很少被消化，个体基本营养素的吸收会降低。另外一个有关非吸收性脂肪替代品的营养考虑是对整体营养摄入的影响。脂肪替代品对肠道微生物潜在的影响也应该被考虑进来。一些与特定营养素合成有关的肠道微生物，例如合成维生素 K、生物素和挥发性脂肪的微生物，会发生改变，因此会对健康产生长期影响。非消化性脂肪替代品对肠上皮、胆汁酸生理学和胰岛功能的影响也应该被考虑。不被消化的原料的通便作用也应引起关注。对于被吸收的脂肪替代品，应该考虑该物质的吸收、分布、代谢和消除。

参考文献

［1］ Antonio J, Marta C, Jordi S. Applications of high hydrostatic pressure on milk and dairy products：A review ［J］. Innovative Food Science and Emerging Technologies, 2002 （3）：295-307.

［2］ 冯艳丽. 余翔超高压杀菌技术在乳品生产中的探索 ［J］. 食品工业, 2005 （1）：30-31.

［3］ Sinead P. Heffernan, Alan L. Efficiency of a range of homogenisation technologies in the emulsification and stabilization of cream liqueurs ［J］. Innovative Food Science and Emerging Technologies, 2011 （12）：628-634.

［4］ Eberhard P, Strahm W, Eyer H. High pressure treatment of whipped cream ［J］. Agrarforschung, 1999, 6 （9）：352-354.

［5］ Gervilla R, Ferragut V, Guamis B. High hydrostatic pressure effects on colour and milk-fat globule of ewe's milk ［J］. Journal of Food Science, 2001, 66 （6）：880-885.

［6］ Jayani C，Lydia O，Bogdan Z. The effect of sonication and high pressure homogenisation on the proper-ties of pure cream ［J］. Innovative Food Science and Emerging Technologies，2016（33）：298-307.

［7］ Vijayakumar S，Grewell D，Annandarajah C. Quality characteristics and plasmin activity of thermosoni-cated skim milk and cream ［J］. Journal of Dairy Science，2015，98：1-14.

［8］ Buchheim，Abou E N. Induction of milkfat crystallization in the emulsified state by high hydrostatic pressure ［J］. European Journal of Lipid Science & Technology，1992，94（10）：369-373.

［9］ 任杰，胡志和. 超高压技术在乳品加工中的应用 ［J］. 核农学报，2013，27（8）：1189-1194.

［10］ Dumay E，Lambert C，Funtenberger S，et al. Effects of high pressure on the physico-chemical charac-teristics of dairy creams and model oil/water emulsions ［J］. LWT-Food Science and Technology，1996，29（7）：606-625.

［11］ 盖作启，李冰，李琳. 非热杀菌技术在牛奶加工中的研究进展 ［J］. 食品工业科技，2009，1（30）：239-232.

［12］ 刘延奇，吴史博. 超高压对食品品质的影响 ［J］. 食品研究与开发，2008，29（3）：137-14.

［13］ 芦晶，刘鹭，等. 过滤器辅助样品前处理法测定乳脂肪球膜蛋白质的研究 ［J］. 中国畜牧兽医，2013：（10）：93-100.

［14］ 芦晶，刘鹭，等. 蛋白质组学技术在乳品研究中的应用 ［J］，生物技术进展，2013，3（6）：385-388.

［15］ Wu H.，Hulbert G. J.，Mount J. R. Effects of ultrasound on milk homogenization and fermentation with yoghurt starter ［J］. Innov. Food Sci. Emerg. Technol.，2001（1）：211-218.

［16］ Ye A.，Singh H.，Taylor M. W.，et al. Charactreisation of protein components of natural and heat-treated fat globule membranes ［J］. Int. Dairy J.，2002（12）：393-402.

［17］ McManaman J. L.，Zabaronick W.，Schaack J.，et al. Lipid droplet targeting domains of adipophilin ［J］. J. Lipid Res.，2003（44）：668-673.

［18］ Merrill A. H. De novo sphingolipid biosynthesis：A necessary，but dangerous，pathway ［J］. J. Biol. Chem.，2002（277）：25843-25846.

［19］ Murphy D. J. The biogenesis and functions of lipid bodies in animals，plants，and mmicroorganisms ［J］. Progr. Lipid Res，2001（40）：325-438.

［20］ Newburg D. S.（ed.）. Bioactive components of human milk. New York：Kluwer Academic/Plenum Publishers，2001.

［21］ Lopez C.，Lavigne F.，Lesieur P.，et al. Thermal and structural behavior of milkfat. 1. Unstable spe-cies of anhydrous milk fat ［J］. J. Dairy Sci.，2001（84）：756-766.

［22］ McCarthy O. J. Liquid products and semi-solid products. In，Encyclopedia of Dairy Sciences（H. Roginski，J. W. Fuquay，P. F. Fox，eds）［M］. Amsterdam：Academic Press，2003：2445-2456.

［23］ Keenan T. W.，Winter，S.，Rackwitz H-R.，et al. Nuclear coactivator protein p100 is present in en-doplasmic reticulum and lipid droplets of milk secreting cells ［J］. Biochim. Biophys. Acta，2000（1523）：84-90.

［24］ Hayes M. G.，Kelly A. L. High pressure homogenization of raw whole bovine milk（a）effects on fat globule size and other properties ［J］. J. Dairy Res.，2003（70）：297-305.

［25］ Hayes M. G.，Kelly A. L. High pressure homogenization of raw whole bovine milk（b）effects on in-digenous enzyme activity ［J］. J. Dairy Res，2003（70）：297-305.

［26］ Hayes M. G.，Kelly A. L. Potential applications of high pressure homogenization in processing of liquid milk ［J］. J. Dariy Res.，2005（72）：25-33.

［27］ Mather I. H. A review and proposed nomenclature for major milk proteins of the milk-fat globule mem-brane ［J］. J. Dairy Sci.，2000（83）：203-247.

［28］ Patton S. MUC1 and MUCX，epithelial mucins of breast and milk. In：Bioactive Components of Human Milk（D. S. Newburg，ed.）［M］. New York：Kluwer Academic/Plenum Press，2001：35-45.

［29］ Smith W. L. , Merrill A. H. Sphingolipid metabolism and singaling minireview series ［J］. J. Biol. Chem. , 2002（277）: 25841-25842.

［30］ Kyazze G. , Starov V. Viscosity of milk: influence of cluster formation ［J］. Coll. J. , 2004（3）: 316-321.

［31］ Lee S. J. , Sherbon J. W. Chemical changes in bovine milk fat globule membrane caused by heat treatment and homogenization of whole milk ［J］. J. Dairy Res. , 2002（69）: 555-567.

［32］ Michalski M. C. , Briard V. , Michel, F. Optical parameters of fat globules for laser light scattering measurements ［J］. Lait, 2001（81）: 787-796.

［33］ Mutoh T. A. , Nakagawa S. , Noda M. , et al. Relationship between characteristics of oil droplets and solidification of thermally treated creams ［J］. J. Am. Oil Chem. Soc. , 2001（78）: 177-182.

［34］ Jensen R. G, Newburg D. S. Bovine milk lipids. In: Handbook of Milk Compositon ［M］. New York : Academic Press, 1995: 543-575.

［35］ Jensenm R. G. （ed.）. Handbook of milk composition ［M］. New York: Academic Press, 1995.

［36］ Kanno C. Secretory membranes of the lactating mammary gland ［J］. Protoplasma, 1990（159）: 184-208.

［37］ Keenan T. W. , Dylewski D. P. Intracellular origin of mik fat globules and the nature and structure of the milk lipid globule membrane. In: Advance Dariy Chemistry-2-Lipids ［M］. 2ⁿᵈ edn （P. F. Fox, ed.）. London: Chapman and Hall, 1995: 89-130.

［38］ Keenan T. W. , Mather I. H. Milk fat globule membrane. In: Encyclopedia of Dairy Sciences （H. Roginski, J. Fuquay, P. F. Fox, eds.）［M］. London: Academic Press, 2002: 1568-1576.

［39］ Walstra P. Physical chemistry of milk fat globules. In: Advanced Dariy Chemistry, Vol. 2: Lipids （P. E. Fox, ed.）［M］. London: Chapman and Hall, 1995: 131-178.

［40］ Ahrne' L. , Björck L. Lipolysis and the distribution of lipase activity in bovine milk in relation to stage of lactation and time of milking ［J］. J. Dairy Res. 1985（52）: 55-64.

［41］ Alkanhal H. A. , Frank J. F. , Christen G. L. Microbial protease and phospholipase C stimulate lipolysis of washed cream. J. Dairy Sci. 1985（68）: 3162-3170.

［42］ Anderson M. , Heeschen W. , Jellema A. , et al. Determination of free fatty acids in milk and milk products. Bulletin 265 ［M］. Brussels: International Dairy Federation,

［43］ Andrews, A. T. , Anderson, M. , Goodenough, D. W. A study of the heat stabilities of a number of indigenous milk enzymes ［J］. J. Dairy Res. , 1987（54）: 237-246.

［44］ Azzara D. C. , Campbell L. B. OV-Xavors of dairy products: In: OV-Xavors in foods and beverages （G. Charalambous, ed.）［M］. Amsterdam: Elsevier, 329-374.

［45］ Azzara C. D. , Dimick P. S. Lipolytic enzyme activity of macrophages in bovine mammary gland secretions ［J］. J. Dairy Sci. 1985a（68）: 1804-1812.

［46］ Azzara C. D. , Dimick P. S. , Lipoprotein lipase activity of milk from cows with prolonged subclinical mastitis ［J］. J. Dairy Sci. , 1985b（68）: 3171-3175.

［47］ Azzara C. D. , Dimick P. S. , Chalupa W. Milk lipoprotein lipase activity during long-term administration of recombinant bovine somatotropin ［J］. J. Dairy Sci. , 1987（70）: 1937-1940.

［48］ Bachman K. C. EVect of exogenous estradiol and progesterone upon lipase activity and spontaneous lipolysis in bovine milk ［J］. J. Dairy Sci. , 1982（65）: 907-914.

［49］ Balcao V. M. , Kemppinen A. , Malcata F. X. , et al. ModiWcation of butterfat by selective hydrolysis and interesteriWcation by lipase: Process and product characterization ［J］. J. Am. Oil. Chem. Soc. , 1998a（75）: 1347-1358.

［50］ Bendicho S. , Trigueros M. C. , Hernandez T. , et al. Validation and comparison of analytical methods based on the release of p-nitrophenol to determine lipase activity in milk ［J］. J. Dairy Sci. , 2001（84）: 1590-1596.

［51］ Bendicho S. , Estela C. , Giner J. , et al. EVects of high intensity pulsed electric Weld and thermal treatments on a lipase from Pseudomonas Xuorescens ［J］. J. Dairy Sci. , 2002 （85）: 19-27.

［52］ Bengtsson-Olivecrona G. , Olivecrona T. , Jörnvall H. Lipoprotein lipases from cow, guinea-pig and man. Structural characterization and identiWcation of protease-sensitive internal regions ［J］. Eur. J. Biochem. , 1986 （16）: 281-288.

［53］ Berkow S. E. , Freed L. M. , Hamosh M. , et al. Lipases and lipids in human milk: eVect of freeze-thawing and storage. Pediatr. Res. 18, 1257-1262.

［54］ Bhaskar A. R. , Rizvi S. S. H. , Bertoli C. , et al. A comparison of physical and chemical properties of milk fat fractions obtained by two processing technologies ［J］. J. Am. Oil. Chem. Soc. , 1998 （75）: 1249-1264.

［55］ Bhavadasan M. K. , Balasubramanya N. N. , Narayananm K. M. Lipoprotein lipase and lipolysis in bu-Valo milk ［J］. Indian J. Dairy Sci. , 1988 （41）: 427-431.

［56］ Blake M. R. , Koka R. , Weimer B. C. A semiautomated reXectance colorimetric method for the determination of lipase activity in milk ［J］. J. Dairy Sci. , 1996 （79）: 1164-1171.

［57］ Boudreau A. , Arul J. Physical and chemical modification of milk fat. 2. 1 Fractionation. In, Monograph on Utilizations of Milk fat, Bulletin, No. 260 ［Z］. Brussels: International Dairy Federation, 1991: 7-15.

［58］ Brand E. , Liaudat M. , Olt R. , et al. Rapid determination of lipase in raw, pasteurised and UHT-milk ［J］. Milchwissenschaft , 2000 （55）: 573-576.

［59］ Buermeyer J. , Lamprecht S. , Rudzik L. Application of infrared spectroscopy to the detection of free fatty acids in raw milk ［J］. Deutsch. Milchwirtsch. , 2001 （52）: 1020-1023.

［60］ Chazal M. P. , Chilliard Y. The effect of animal factors on milk lipolysis ［J］. Dairy Sci. Abstr. , 1985 （49）: 364.

［61］ Chen J. -P. , Chang K. O. Lipase-catalyzed hydrolysis of milk fat in lecithin reverse micelles ［J］. J. Ferment. Bioeng. , 1993 （76）: 98-104.

［62］ Chen L. , Daniel R. M. , Coolbear T. Detection and impact of protease and lipase activities in milk and milk powders ［J］. Int. Dairy J. , 2003 （13）: 255-275.

［63］ Choi I. W. , Jeon I. J. Patterns of fatty acids released from nilk fat by residual lipase during storage of ultra-high temperature processed milk ［J］. J. Dairy Sci. , 1993 （76）: 78-85.

［64］ Choi I. W. , Jeon I. J. , Smith J. S. Isolation of lipase-active fractions from ultra-high temperature-processed milk and their patterns of releasing fatty acids from milk fat emulsion ［J］. J. Dairy Sci. , 1994 （77）: 2168-2176.

［65］ Christmass M. A. , Mitoulas L. R. , Hartmann P. E. , et al. A semiautomated enzymatic method for determination of nonesteriWed fatty acid concentration in milk and plasma ［J］. Lipids , 1998 （33）: 1043-1049.

［66］ Christensen T. C. , Holmer G. Lipase catalyzed acyl-exchange reactions of butteroil, synthesis of a human milk fat substitute for infant formulas ［J］. Milchwissenschaft , 1993 （48）: 543-548.

［67］ Dairy Australia 2004. Dairy Industry in Focus, 2004. Dairy Australia, Melbourne.

［68］ Deeth H. C. , Touch V. Methods for detecting lipase activity in milk and milk products ［J］. Aust. J. Dairy Technol. , 2000 （55）: 153-168.

［69］ de Greyt W. , Huyghebaert A. Lipase-catalyzed modiWcation of milk fat ［J］. Lipid Technol. , 1995 （7）: 10-12.

［70］ de Laborde de Monpezat T. , de Jeso B. , Butour J. L. et al A Xuorimetric method for measuring lipase activity based on umbelliferyl esters ［J］. Lipids , 1990 （25）: 661-664.

［71］ Driessen F. M. Inactivation of lipases and proteinases indigenous and bacterial. Bulletin 238 ［Z］. Brussels: International Dairy Federation, 1987: 71-93.

［72］ El Soda M. , Korayem M. , Ezzat N. The esterolytic and lipolytic activities of lactobacilli. Ⅲ. Detection and characterization of the lipase system ［J］. Milchwissenschaft , 1986 （41）: 353-355.

［73］ Fox P. F. , GruVerty. Exogenous enzymes in dairy technology. In: Food Enzymology, Vol. 1 (P. F. Fox, ed.) ［M］. London: Elsevier Applied Science, 219-269.

［74］ Garcia G. S. , Amundson C. H. , Hill C. G. J. Partial characterization of the action of an Aspergillus niger lipase on butteroil emulsions ［J］. J. Food Sci. , 1991 (56): 1233-1237.

［75］ German J. B. , Dillard C. J. Fractionated milk fat: Composition, structure and functional properties ［J］. Food Technol. 1998, 58 (2), 33-34, 36-38.

［76］ Gibon V. , Tirtiaux A. Personal communication. Milkfat (AMF) and fractionation: Smart blends with a flavour ［M］.

［77］ Bailey's Industrial Oils and Fat Products ［M］. 5th ed. New York: Wiley, 1995.

［78］ Bailey's Industrial Oils and Fat Products ［M］. 6th ed. New York: Wiley, 2005.

［79］ Jellema A. Some factors aVecting the susceptibility of raw cow milk to lipolysis ［J］. Milchwissenschaft, 1986 (41): 553-558.

［80］ Joshi N. S. , Thakar P. N. Methods to evaluate deterioration of milk fat - a critical appraisal ［J］. J. Food Sci. Technol. Mysore, 1994 (31): 181-196.

［81］ Kim G. Y. , Kwon I. K. , Kang C. G. , et al. EVects of casein on the stability and activity of lipase isolated from milk fat globules ［J］. Kor. J. Dairy Sci. 1994 (16): 155-160.

［82］ Lai O. M, Ghazali H. M. , Cho F. , et al. Enzymatic transesteriWcation of palm stearin: Anhydrous milk fat mixtures using 1, 3-speciWc and non-speciWc lipases. Food Chem. , 2000a (70): 221-225.

［83］ LinWeld W. M. , Serota S. , Sivieri L. Lipid-lipase interactions. 2. A new method for the assay of lipase activity ［J］. J. Am. Oil Chem. Soc. , 1985 (62): 1152-1154.

［84］ Marangoni A. G. Candida and Pseudomonas lipase-catalyzed hydrolysis of butteroil in the absence of organic solvents ［J］. J. Food Sci. , 1994 (59): 1096-1099.

［85］ McKay D. B. , Dieckelmann M. , Beacham I. R. Degradation of triglycerides by a pseudomonad isolated from milk: the roles of lipase and esterase studied using recombinant strains over-producing, or speciWcally deWcient in these enzymes ［J］. J. Appl. Bacteriol. , 1995 (78): 216-223.

［86］ Nor Hayati I. , Aminah A. , Mamot S. , et al. Melting characteristic and solid fat content of milk fat and palm stearin blends before and after enzymatic interesteriWcation ［J］. J. Food Lipids. , 2000 (7): 175-193.

［87］ Oba T. , Witholt B. InteresteriWcation of milk fat with oleic acid catalyzed by immobilized Rhizopus oryzae lipase ［J］. J. Dairy Sci. , 1994 (77): 1790-1797.

［88］ Olivecrona T. , Bengtsson-Olivecrona G. Indigenous enzymes in milk. -II Lipase. In: Food Enzymology (P. F. Fox, ed.) ［M］. London: Elsevier Applied Science, 1991: 62-78.

［89］ Parviainen P. , Vaara K. , Ali-Yrrkö S. , et al. Changes in the triglyceride composition of butter fat induced by lipase and sodium methoxide catalyzed inter-esteri Wcations ［J］. Milchwissenschaft, 1986 (41): 82-85.

［90］ P. F. FOX, P. L. H. McSWEENEY. Advanced dairy chemistry ［M］. The United States of America, 2006.

［91］ Olivecrona, T. , Vilaro S. , Olivecrona G. Lipases in milk. In: Advanced Dairy Chemistry, Vol. 1, Proteins (P. F. Fox, P. L. H. McSweeney, eds.) ［M］. New York: Kluwer Academic/Plenum Publishers, 2003: 473-494.

［92］ Ren T. J. , Frank J. F. , Christen G. L. Characterization of lipase of Pseudomonas Xuorescens 27 based on fatty acid proWles ［J］. J. Dairy Sci. , 1988 (71): 1432-1438.

［93］ Rousseau D. , Marangoni A. G. Tailoring attributes of butter fat/canola oil blends via *Rhizopus arrhizus* lipase-catalyzed interesteriWcation. 1. Compositional modi Wcations ［J］. J. Agric. Food Chem. , 1998a (46): 2368-2374.

［94］ Rousseau D. , Marangoni A. G. Tailoring attributes of butter fat/canola oil blends via *Rhizopus arrhizus* lipase-catalyzed interesteriWcation. 2. ModiWcation of physical properties ［J］. J. Agric. Food Chem. , 1998b （46）: 2375-2381.

［95］ Rousseau D. , Marangoni A. G. The eVects of interesteri Wcation on physical and sensory attributes of butterfat and butterfat-canola oil spreads ［J］. Food Res. Int. , 1999 （31）: 381-388.

［96］ Rousseau D. , Marangoni A. G. The eVects of interesteriWcation on the physical properties of fats. In, Physical Properties of Lipids （A. G. Marangoni, S. S. Narine, eds. ） ［M］. New York: Marcel Dekker, 2002: 479-564.

［97］ Safari M. , Kermasha S. Interesteri Wcation of butterfat by commercial microbial lipases in a cosurfactant-free microemulsion system ［J］. J. Am. Oil Chem. Soc. , 1994 （71）: 969-973.

［98］ Stead D. Microbial lipases: Their characteristics, role in food spoilage and industrial uses ［J］. J. Dairy Res. , 1986 （53）: 481-505.

［99］ Soumanou M. M. , Bornscheuer U. T. , Schmid U. , et al. Crucial role of support and water activity on the lipase-catalyzed synthesis of structure triglycerides ［J］. Biocatal. Biotransform. , 1999 （16）: 443-459.

［100］ Thomson C. A. , Delaquis P. J. , Mazza G. Detection and measurement of microbial lipase activity: A review ［J］. CRC Crit. Rev. Food Sci. Nutr. , 1999 （39）: 165-187.

［101］ Yang B. , Harper W. J. , Parkin K. L. , et al. Screening of commercial lipases for production of mono and diacylglycerols from butteroil by enzyme glycerolysis ［J］. Int. Dairy J. , 1994 （4）: 1-13.

［102］ Anonymous, R&D applications, cholesterol reduced fat, prepared foods ［M］. Chicago: Illinois, 1989: 99.

［103］ Arul J. , Boudreau A. , Maklouf J. , et al. Distribution of cholesterol in milk fat fractions ［J］. J. Dairy Res. , 1988b （55）: 361-371.

［104］ Boudreau A. , Arul J. Cholesterol reduction and fat fractionation technologies for milk fat: An overview ［J］. J. Dairy Sci. , 1993 （76）: 1772-1781.

［105］ Bradley R. L. Jr. Removal of cholesterol from milk fat using supercritical carbon dioxide ［J］. J. Dairy Sci. , 1989 （72）: 2834-2840.

［106］ Courregelongue J. , MaVrand J. P. Process for eliminating cholesterol contained in a fatty substance of animal origin and the fatty substance with reduced cholesterol obtained. United States Patent, No. 4, 880, 573 ［Z］.

［107］ Elling J. , Harris J. , Duncan S. E. Incorporation of modiWed butter oil into high-fat dairy products: Ice cream manufactured with reduced-cholesterol reformulated cream ［J］. Dairy Food Environ. Sanit. , 1995 （15）: 738-744.

［108］ Elling J. L. , Duncan S. E. , Keenan T. W. , et al. Composition and microscopy of reformulated creams from reduced-cholesterol butter oil ［J］. J. Food Sci. , 1996 （61）: 48-53.

［109］ Bailey's Industrial Oils and Fat Products ［M］. 5th ed. New York: Wiley, 1995.

［110］ Bailey's Industrial Oils and Fat Products ［M］. 6th ed. New York: Wiley, 2005.

［111］ Micich T. J, Foglia T. A. , Holsinger V. H. Polymer-supported saponins: An approach to cholesterol removal from butteroil ［J］. J. Agric. Food Chem. , 1992 （40）: 1321-1325.

［112］ Mohamed R. S. , Neves G. B. M. , Kieckbusch T. G. Reduction in cholesterol and fractionation of butter oil using supercritical CO_2 with adsorption on alumina ［J］. Int. J. Food Sci. Technol. , 1998 （33）: 445-454.

［113］ Oakenfull D. G. , Sidhu G. S. , Rooney M. L. Cholesterol removal. World Patent, No. WO 91/16824 ［Z］.

［114］ P. F. FOX, P. L. H. McSWEENEY. Advanced dairy chemistry ［M］. The United States of America: 2006.

［115］ Small C. A. , Yeaman S. J. , West D. W. , et al. Cholesterol ester hydrolysis and hormone-sensitive lipase in lactating rat mammary tissue ［J］. Biochim. Biophys. Acta, 1991 （1082）: 251-254.

［116］Schlimme E. Removal of cholesterol from milk fat ［J］. Eur. Dairy Mag. ，1990（4）：12－13，16－21.

［117］Schroder B. G. ，Baer R. J. Consumer evaluation of reduced－cholesterol butter ［J］. Food Technol. ，1991，45（10），104－107.

［118］Shand J. H. ，West D. W. Acyl－CoA：Cholesterol acyltransferase activity in the rat mammary gland：Variation during pregnancy and lactation ［J］. Lipids，1991（26）：150－154.

［119］Versteeg C. Milkfat fractionation and cholesterol removal ［J］. CSIRO Food Research Quarterly，1991（51）：32－42.

［120］A. C. Bach，Y. Ingenbleek，A. Frey. The usefulness of dietary medium－chain triglycerides in body weight control：fact or fancy? ［J］. J. Lipid Res. ，1996（36）：708.

［121］Bailey's Industrial Oils and Fat Products ［M］. 5th ed. New York：Wiley，1995.

［122］Bailey's Industrial Oils and Fat Products ［M］. 6th ed. New York：Wiley，2005.

［123］B. C. Sekula，J. W. Golebiowski，U. S. Patent 6，361，817，2002 ［P］.

［124］D. E. Pszczola. A changing perception of taste perception ［J］. Food Technol. ，2003，57（3）：42.

［125］FDA Backgrounder BG 95－18，Olestra and Other Fat Substitutes，U. S. Food and Drug Administration ［Z］. Washington，D. C. ，November 28，1995.

［126］M. H. Auerbach，L. P. Klemann，J. A. Heydinger. In structural and modified lipids，marcel dekker：New York：Inc. ，2001：485.

［127］Economic research service，U. S. Department of Agriculature，agricultural outlook：Statistical indicators ［Z］. Washington，D. C. ，January 2003.

［128］N. O. V. Sonntag，fat splitting，esterification，and interesterification. Bailey's Industrial Oils and fats ［M］. 4th ed. New York：Wiley.

［129］P. F. FOX，P. L. H. McSWEENEY. Advanced dairy chemistry ［M］. The United States of America，2006.

［130］R. G. La Barge，in L. O. Nabors，R. C. Gielari，et al. Alternative sweeteners ［M］. 2nd ed. New York：Marcel Dekker Inc. ，1991：423.

［131］S. E. Gebhardt，R. G. Thomas. U. S. Department of Agriculture，agricultural research service，home and garden Bulletin 72. 2002 ［Z］.

［132］The lipid handbook ［M］. 2nd ed. 1994.

［133］张和平，张列兵. 现代乳品工业手册 ［M］. 北京：中国轻工业出版社，681－688.

| 光明乳业股份有限公司乳业研究院 |

光明乳业股份有限公司乳业研究院（简称光明乳业研究院）建有乳品行业唯一的乳业生物技术国家重点实验室、国家级企业技术中心、国家乳品加工技术研发分中心、上海市乳业生物工程技术研究中心等八个科技平台。光明乳业设有博士后工作站，博士、硕士研究生培养基地，与上海交通大学、江南大学、上海海洋大学等高校联合培养博士后和研究生。

光明乳业研究院拥有科技人员 70 余位，其中博士、博士后 11 人，教授级高工、高级工程师 30 位，汇聚了国家百千万人才、中国农业科技精英、国务院政府津贴、上海市领军人才、上海优秀技术带头人、上海青年科技英才等。研究人员专业结构广泛，分别来自食品科学、食品工程、微生物学、分析化学、发酵工程、遗传学和包装材料等专业。光明乳业研究院科研用房为一栋 8700 余平方米的独立实验楼，仪器设备价值近亿元。配套的检测中心、图书馆、中试车间等也为技术创新及试验工作的开展提供了基本保障。

光明乳业研究院累积授权发明专利 380 余项。其中，欧洲、美国、新加坡等国际授权发明专利 14 项。共承担国家及省部级重大科研项目 40 余项，获国家和省部级科技奖励 35 项，发表 SCI 论文 150 篇。

光明乳业研究院与国际一流科研机构建立合作关系，致力于推动中国乳业的科技进步和创新。